AF601461

Expedition in die Raumzeit

Expedition in die Raumzeit

Wissen – Denkbares – Unerklärliches

Herausgegeben von
Harald Zaun

Herausgeber

Dr. Harald Zaun
Otto-Wels-Str. 11
51067 Köln
Germany

Cover Design & Titelbild:
© agsandrew/Shutterstock

Typesetting: Newgen KnowledgeWorks (P) Ltd., Chennai, India

Bibliografische Information der Deutschen Nationalbibliothek
Die Deutsche Nationalbibliothek verzeichnet diese Publikation in der Deutschen Nationalbibliografie; detaillierte bibliografische Daten sind im Internet über <http://dnb.d-nb.de> abrufbar.

Print ISBN: 978-3-527-41460-4
ePDF ISBN: 978-3-527-85189-8
ePub ISBN: 978-3-527-85188-1

© 2026 WILEY-VCH GmbH,
Boschstraße 12, 69469 Weinheim, Germany

CPI Group (UK) Ltd, Croydon, CR0 4YY

C9783527414604_210126

Alle Rechte bezüglich Text und Data Mining sowie Training von künstlicher Intelligenz oder ähnlichen Technologien bleiben vorbehalten. Kein Teil dieses Buches darf ohne schriftliche Genehmigung des Verlages in irgendeiner Form reproduziert oder in eine von Maschinen, insbesondere von Datenverarbeitungsmaschinen, verwendbare Sprache übertragen oder übersetzt werden.

Die Wiedergabe von Warenbezeichnungen, Handelsnamen oder sonstigen Kennzeichen in diesem Buch berechtigt nicht zu der Annahme, dass diese von jedermann frei benutzt werden dürfen. Vielmehr kann es sich auch dann um eingetragene Warenzeichen oder sonstige gesetzlich geschützte Kennzeichen handeln, wenn sie nicht eigens als solche markiert sind.

Bevollmächtigte des Herstellers gemäß EU-Produktsicherheitsverordnung ist die WILEY-VCH GmbH, Boschstr. 12, 69469 Weinheim, Germany, e-mail: Product_Safety@wiley.com.

Der Verlag und die Autoren dieses Werks haben nach bestem Wissen und Gewissen gearbeitet, einschließlich einer gründlichen Überprüfung des Inhalts. Jedoch übernehmen weder der Verlag noch die Autoren Garantien oder Gewährleistungen hinsichtlich der Genauigkeit oder Vollständigkeit des Inhalts dieses Werks. Insbesondere schließen sie jegliche ausdrücklichen oder stillschweigenden Gewährleistungen aus, einschließlich Gewährleistungen der Handelsüblichkeit oder Eignung für einen bestimmten Zweck. Es kann keine Garantie durch Vertriebsmitarbeiter, schriftliche Verkaufsunterlagen oder Werbeaussagen übernommen oder erweitert werden. Der Verweis auf eine Organisation, Website oder ein Produkt als Quelle für weitere Informationen impliziert keine Unterstützung oder Empfehlungen durch den Verlag und die Autoren. Der Verkauf dieses Werks erfolgt unter der Voraussetzung, dass der Verlag keine professionellen Dienstleistungen erbringt. Die enthaltenen Ratschläge und Strategien sind möglicherweise nicht für Ihre Situation geeignet. Konsultieren Sie gegebenenfalls einen Spezialisten. Leser sollten sich darüber im Klaren sein, dass die in diesem Werk aufgeführten Websites zwischen dem Zeitpunkt der Erstellung und dem Zeitpunkt des Lesens geändert sein können oder nicht mehr existieren. Weder der Verlag noch die Autoren haften für entgangene Gewinne oder sonstige wirtschaftliche Schäden, einschließlich besonderer, zufälliger, Folgeschäden oder sonstiger Schäden.

Inhaltsverzeichnis

Prolog *ix*

Teil I Menschen, Ideen und Entdeckungen *1*

1 **Betrachtungen über die Welt als Ganzes – Albert Einstein und die kosmologischen Fragen** *3*
von Ernst Peter Fischer

2 **Menschen im Innersten der Welt – Der romantische Blick auf bewegte Atome** *15*
von Ernst Peter Fischer

3 **Der Tag ohne Gestern und Vorgestern – Georges Lemaître und der Beginn von Allem** *27*
von Hans-Joachim Blome

4 **Gestern – übermorgen – fernab der Zeit SF-Literaten der Kosmologie** *45*
von Christoph Endres

5 **Grande Dame der Cepheiden – Henrietta Swan Leavitt & Co. Stille und vergessene Koryphäe der Astronomie und ihre Harvard-Kolleginnen** *59*
von Norbert Junkes

6 **Mileva Marić-Einstein – Einsteins Frau und die Relativitätstheorien Die ignorierte Forschungskontroverse** *71*
von Suzanna Randall

Teil II Exotisches und Extraterrestrisches *83*

7 **Raum, Zeit und Raumzeit – krumm, gedehnt und eingerollt! Unser verrücktes Universum für Nerds, die bereit sind, schräg zu denken.** *85*
von Ulrich Walter

8 **Die bizarre Welt der Schwarzen Löcher Komplex und einfach, gigantisch und winzig, schwarz und weiß** *99*
von Martin Wendt

9 **Surreale und verborgene Kosmen Quantenwelt und höhere Dimensionen** *111*
von Goedart Palm

10 **Wie kam es zum Urknall? Anfang oder Ewigkeit des Universums** *125*
von Rüdiger Vaas

11 **Die Stunde der Extremophilen Wissenschaftliche Spurensuche nach außerirdischen Einzellern** *145*
von Bettina Wurche

12 **Zwillingserden und Biosignaturen im Visier – Das Jahrzehnt der Exoplanetenforscher** *159*
von Raúl Rojas

13 **Auf der Suche nach außerirdischer Intelligenz – Von Technosignaturen und fremden Artefakten** *169*
von Michael Schetsche

Teil III Philosophie und Metaphysik *181*

14 Die Mission – Eine Erzählung aus einer gegenwärtigen Zukunft *183*
von Tatiana Flores

15 Kreuz und quer durch die Zeit – Temporale Trips und produktive Paradoxien *187*
von Rüdiger Vaas

16 Welt am Draht? Das Universum als Computer *199*
von Stefan Höltgen

17 Das verborgene Universum – Wie KI das Unsichtbare sichtbar macht *213*
von Christiane Reichwein

18 Kosmologie, Glaube und Spiritualität – Die Frage nach Gott in der Astrophysik. Ein Interview mit Prof. Dr. Heino Falcke *229*
von Christoph Meissner

19 Verschwörungstheorien ad acta? Die Strategien der Antiaufklärung, die Bedingungen der Wissenschaft und das Trotzdem-Programm *237*
von Marcus Hammerschmitt

20 Good bye, Moon Hoax! Gagarin, Nixon-Tapes, Watergate, Prawda und das Ende der Moon-Fake-Theorie *245*
von Harald Lesch und Harald Zaun

Prolog

Nichts Unwirkliches existiert!
(Erstes Gesetz der Metaphysik von Kri-kin-tha, Star Trek IV: Zurück in die Gegenwart)

Wer über dieses Sujet schreibt, kommt an Star Trek nicht vorbei. Dieses Foto wurde 1976 anlässlich der Einweihung des Space Shuttle „Enterprise" aufgenommen.
Quelle: NASA / gemeinfrei

Es geschah an einem Tag ohne Gestern und Vorgestern, zu einem Zeitpunkt, der keiner war, binnen eines Zeitraums, in dem die uns heute so vertrauten temporalen Kategorien Vergangenheit, Gegenwart und Zukunft selbst noch ihre Zeitlichkeit suchten. Es geschah irgendwann jenseits der Zeit und irgendwo abseits der Räumlichkeit, an einem dimensionslosen Ort, der nicht mit den drei uns bekannten und gewohnten räumlichen Koordinaten *Länge, Höhe* und *Breite* aufwarten konnte. Jenseits und abseits der *Raumzeit.*

Es *geschah*, doch es *ereignete* sich nicht. Nichts *ereignete* sich am Anfang aller Anfänge, als der Urknall („Big Bang") in die Welt trat und diese ex nihilo erschuf.

Nichts ereignete sich, weil ein Ereignis die drei Raumkoordinaten und die Zeitdimension benötigt, um sich in der *Raumzeit* zutragen zu können. Genau diese vier Größen jedoch waren seiner*zeit* noch in einem unermesslich kleinen, unfassbar heißen, unendlich massereichen und kompakten Gebilde gefangen, das die Astronomen Anfangs- oder Urknallsingularität nennen.

Dennoch avancierte das punktförmige Etwas zum Geburtshelfer des Urknalls. Es entzündete den Big Bang, der den Vorhang zur größten Ouvertüre des Universums öffnete. Mit ihm vollzog sich eine Premiere ohne Generalprobe, die kein Zuschauer sehen, kein Auditorium hören, kein Theaterkritiker kritisieren und kein Chronist protokollieren konnte. Es war eine betörende Galavorstellung im Nichts, ein Drama mit oder ohne Drehbuch vor einem Publikum, das nicht existierte.

Was sich in kosmischer Urzeit jenseits von Raum und Zeit im Einzelnen abgespielt hat, ist ein großes Mysterium, ein kryptisches Buch mit *acht* Siegeln, das trotz aller Anstrengungen Wissenschaftler unterschiedlichster Couleur bislang nicht *öffnen* konnten. Zu sehr übersteigt dieses Rätsel unser Vorstellungsvermögen, zu gering ist unsere Imaginationskraft, zu unterentwickelt ist unsere mathematische und philosophische Intelligenz. Unser auf vier Dimensionen konditionierter und zu schwach vernetzter Denkapparat kann trotz seiner 86 Milliarden Neuronen und 100 Billionen Synapsen das Universum in seiner Komplexität nicht erfassen. Er mag zwar selbst komplexer und komplizierter strukturiert als das Weltall sein, doch seine Ressourcen werden nicht ausreichend ausgeschöpft.

Bei alledem wissen wir nicht, welcher unsichtbare Meisterdirigent in fernster Urzeit den Taktstock schwang, wer einst die Sinfonie komponierte, den kosmischen Konzertsaal baute, das Bühnenbild gestaltete, die Requisiten und Instrumente für den Auftakt des Spektakels heranschaffte. Vielleicht gab es schlichtweg keinen ersten *Dirigenten*, keinen (ersten) unbewegten Beweger, keine wie auch immer geartete Urkraft, die alles in Gang gesetzt hat. Könnte es sein, dass das Universum gemäß der *Steady State Theory* einfach schon seit ewigen Zeiten existiert? Ein Kosmos, der weder zeitlich noch räumlich einen Anfang und ein Ende kennt – und somit für alle Zeit zu allen Zeiten einfach da ist und immer da sein wird. Ewige Ewigkeit bis in alle Ewigkeit?

Heute, im Jahr 2025, bröckelt die Monopolstellung der Urknall-Hypothese ein wenig, auch wenn sie auf dem Markt der kosmologischen Theorien nach wie vor „die bei weitem beste Wahl“ ist, wie es der 2023 verstorbene große franko-kanadische Astrophysiker Hubert Reeves treffend formulierte. Ihr zufolge entsprang das Universum vor 13,82 Milliarden Jahren aus dem Nichts. Binnen einer Quintillionstel (Zahl mit 30 Nullen) Sekunde blähte sich der Raum aus seiner Anfangssingularität mit einer unglaublichen Überlichtgeschwindigkeit (Inflation) um den unvorstellbaren Faktor 10^{50} auf – weit über die Größe der heute beobachtbaren Milchstraße hinaus. Innerhalb von 10^{-36} bis 10^{-32} Sekunden nach dem Urknall formte sich der Raum, entstand Materie – wurde die Richtung des Zeitpfeils vorgegeben. Raum und Zeit verschmolzen in- und miteinander zur *Raumzeit*.

Seit einigen Dekaden jedoch zeichnet sich innerhalb der Astrophysik und Kosmologie ein subtiler Trend zum Metaphysischen ab. Ehemals futuristische Begriffe wie Wurmlöcher, Paralleluniversen, Strings oder Tunneln avancieren zu geflügelten Wörtern, die die Fantasien der Wissenschaftler wiederum selbst beflügeln. Auf der Suche nach der „Weltformel", der Grand Unified Theory (GUT), überschreiten diese immer häufiger die Grenzen von Raum und Zeit und stellen mittlerweile selbst die lange Zeit tabuisierte Frage unverhohlen: Was war vor dem Urknall?

Um die Gesetze des Großen (Universum) und jene des Kleinen (Quantenkosmos) in Einklang zu bringen, versuchen Astrophysiker weltweit die Prinzipien der Quantenmechanik mit denen der Allgemeinen Relativitätstheorie in Einklang zu bringen. Dabei haben sich zahlreiche Pre-Big-Bang-Modelle herauskristallisiert, die der Ära vor der Planck-Zeit annehmen und dabei unser Verständnis von Zeit auf den Kopf stellen. Es sind Gedankenwelten, die allenfalls auf dem mathematischen Reißbrett und in den Köpfen ihrer geistigen Urheber Konturen gewonnen haben. Denn anders als bei der Urknall-Theorie können die alternativen Weltentstehungsmodelle nicht mit handfesten Indizien (z. B. Rotverschiebung, Mikrowellen-Hintergrundstrahlung) überzeugen.

Faszinierend sind sie aber dennoch. Nicht zuletzt deshalb, weil viele Pre-Big-Bang-Modelle den Faktor *Ewigkeit* wieder stärker in den Fokus rücken. Schließlich postulieren die meisten dieser Entwürfe zyklische Universen, die sich periodisch aufblähen und wieder in sich zusammenfallen. Ein solches stammt aus der Gedankenwerkstatt der US-Astrophysiker Richard Gott III und Li-Xin Li (Princeton University), die schon Ende 1997 mit der Theorie aufwarteten, der zufolge unser Universum sich selbst geschaffen hat. „Wir nehmen an, dass das Universum eher aus irgendetwas als aus dem Nichts entstanden ist", so Richard Gott III. „Dieses Etwas war es selbst." Demnach ist das Universum wie ein Zeitreisender, der in der Vergangenheit immerfort sein eigener Vater wird, in einer zyklischen Zeitschleife gefangen. Anstatt sich linear durch die Zeit zu bewegen, befindet sich das Universum in einem ewigen Kreislauf von Werden und Vergehen, dem es nicht entrinnen kann.

Liebe Leserinnen, liebe Leser! Wenn Sie diese Zeilen *gerade* in ihrem „Hier und Jetzt" lesen, befinden Sie sich in ihrer ganz persönlichen *Raumzeit*. Ihr Körper, der aus sieben Quadrilliarden Atomen besteht (eine 7 mit 27 Nullen), verliert sich *jetzt* in seiner ganz individuellen *Raumzeit*. Er besetzt einen Punkt in der Vierdimensionalität des Universums, der für sich gesehen absolut singulär ist. Da, wo Sie in diesem Augenblick stehen, sitzen oder liegen, kann zu diesem Zeitpunkt und an diesem Ort nur eine Entität existieren: nämlich Sie selbst!

Ob Sie es wollen oder nicht – Ihr Sein okkupiert einen singulären Punkt in der Raumzeit, den noch nicht einmal ihr bester Klon einnehmen könnte. Sie sind *einmalig*, ganz gewiss sind Sie es – sieht man einmal von der banalen mikrobiologischen Tatsache ab, dass Sie in Ihrer *Raumzeit* täglich immer von 39 Billionen Mitbewohnern begleitet werden. Denn so viele Bakterien befinden sich im Schnitt auf und in ihrem Körper. Und auch diese sind ja als Lebewesen irgendwie in der *Raumzeit* eingebettet – wie jedwede Materie. Und jedes von ihnen er- und durchlebt ganz singulär seine eigene Raumzeit.

Raumzeit – das ist das Leitwort in dieser Buchanthologie, der Bezugspunkt und thematischer Schwerpunkt, wobei ich diesen Begriff bewusst breit definiert und abstrahiert habe, ihn tatsächlich auch als Synonym für Kosmos sowie Universum verwende. Strenggenommen ist diese Interpretation etwas verwegen, da man mit Universum gemeinhin den gesamten physikalischen Kosmos verbindet. „Alles, was existiert" – Materie, Energie, Raum, Zeit, Galaxien, Sterne, Planeten usw. – ist gewissermaßen das Ensemble kosmischer Requisiten, Instrumente und Akteure. Die vierdimensionale Raumzeit hingegen können wir uns eher als Bühnenbild oder Kulisse vorstellen.

Dieser Philosophie folgend, lade ich Sie nun, liebe Leserinnen und Leser, mit diesem Buch auf eine thematisch bewusst interdisziplinär ausgerichtete Reise in und durch den geheimnisvollen Kosmos ein. Gemeinsam mit herausragenden Autorinnen und Autoren unternehmen wir eine Expedition in den Makro- und Mikrokosmos, in den Kosmos und Quantenkosmos. Wir streifen bewusst verschiedene Themenfelder, von denen ich eingangs schon einige stichwortartig aufgeführt habe. So wagen wir fantastische Gedankensprünge, eine Exkursion durch Raum und Zeit, vom Big Bang bis zum Moon Hoax. Um eine multidisziplinäre Perspektive auf die *Raumzeit* zu ermöglichen, habe ich Wissenschaftler, Ingenieure, Wissenschaftsautoren, Philosophen und Künstler unterschiedlichster Herkunft eingeladen, bei denen ich mich für ihre Mitarbeit noch bedanken möchte. Deren Essays, die nicht mit oder von KI geschrieben wurden, spiegeln ein breites Spektrum an Haltungen und Stimmungen wider und können Synergien erzeugen, die zu neuen Einsichten führen.

Mit dem vorliegenden Werk wollen wir eine abenteuerliche Reise durch Raum, Zeit und Geist unternehmen, uns dabei auf drei große Themenbereiche einlassen. So treten im ersten Teil Persönlichkeiten ins Licht, deren Gedanken die Grenzen unseres Wissens verschoben haben. Von Albert Einsteins physikalischen und kosmologischen Überlegungen, die in seinen beiden Relativitätstheorien gipfeln, über George Lemaîtres Uratom-Theorie bis hin zur oft übersehenen Arbeit von Henrietta Swan Leavitt oder die Schaffenskraft von Mileva Marić-Einstein – all diese Essays verdeutlichen, wie sehr Wissenschaft von menschlicher Vorstellungskraft und manchmal auch vom historischen Zufall geprägt ist. Natürlich ist vor allem für Science-Fiction-Autoren das Spiel mit Zeit und Raum verlockend, eröffnet es doch ungeahnte Möglichkeiten, die Grenzen der Physik in Wort, Ton und Bild zu überschreiten.

Mit dem zweiten Teil tauchen wir in das Wilde, das Fremde, das noch Namenlose ein und blicken in die extremen Regionen unseres Universums. Schwarze Löcher, die wie Narben im Gewebe der *Raumzeit* klaffen. Quantenreiche, die sich jeder Logik entziehen. Und Exoplaneten, auf denen vielleicht ein anderes Bewusstsein zum Himmel schaut. Was, wenn der Ursprung von allem nicht am Anfang liegt? Was, wenn Leben nicht nur ein irdischer Zufall ist?

Im dritten Abschnitt öffnet sich der Blick auf die philosophischen und metaphysischen Dimensionen dieser großen Fragen. Was, wenn unser Universum ein Computer ist? Welche Rolle spielt Künstliche Intelligenz bei der Entschlüsselung des Unsichtbaren? Und wie verhält sich kosmisches Wissen zu Glauben, Spiritualität, Aliens – oder zu hartnäckigen Verschwörungstheorien? In Essays, einer preisgekrönten Erzählung und einem Interview kommen Denkerinnen und Denker zu Wort, die versuchen, das Unergründliche fassbar und begreifbar zu machen. Dabei ignorieren wir die fundamentalen Aussagen der Ontologie keineswegs – wir stellen uns diesen. Wie etwa dem Aphorismus, den der griechische Philosoph Parmenides um 500 v. Chr. zum Besten gab: „Das Sein ist, das Nichtsein ist nicht." Im Klartext: Alles, was wirklich ist, existiert, und das, was nicht wirklich ist, existiert nicht! Die Weisheit des Parmenides erinnert an das vulkanische Pendant, das ich als Star-Trek-Anhänger am Anfang dieses Prologs bewusst angeführt habe: „Nichts Unwirkliches existiert". Ein wundervolles Zitat, nicht wahr?

Da kosmologische Themen, insbesondere Quanteneffekte auch bei vielen Esoterikern und Verschwörungstheoretikern schon seit geraumer Zeit en vogue sind, beschäftigen sich zwei Beiträge genau mit diesem Problem. Nicht zuletzt hoffen Harald Lesch und ich eingedenk der zwölf mutigen Apollo-Lunanauten, mit unserem Moon-Hoax-Beitrag einige neue unbekannte Fakten und Argumente vorzulegen, der den Mondverschwörungsanhängern den letzten Wind aus den Segeln nehmen möge.

> „Ich widme dieses Buch* meinem langjährigen Freund und Bestseller-Autor Andreas Eschbach, der in der schönen Bretagne lebt und beim Schreiben – wie er mir einmal erzählte – ganz klassisch aufs Meer blickt. Sein literarisches Schaffen hat mich über Jahre hinweg inspiriert."

Köln, 9. November 2025 Dr. phil. Harald Zaun

**Erstmals kam mir die Idee zu dieser Buchanthologie während der Planungsphase des Stargazer-Awards, den ich 2024 ins Leben rief – dem ersten Preis dieser Art. Er wurde am 27. Juni 2024 im Rahmen einer kleinen Feier mitsamt Dinner im Ludwig Restaurant am Dom in Köln an die Preisträger vergeben. Die beiden Hauptpreise gewannen: Frau Dr. Ekaterina Ilin (Dissertation: High lights: stellar flares as probes of magnetism in stars and star-planet, Potsdam 2022) – Herr Dr. Henrik W. Edler (Dissertation: The Effect of the Galaxy Cluster Environment on Galaxies and AGN – A LOFAR Study, Hamburg 2023). Der spontan vergebene Ehrenpreis ging an Frau Dr. Huanchen Hu.*

Teil I

Menschen, Ideen und Entdeckungen

1

Betrachtungen über die Welt als Ganzes

Albert Einstein und die kosmologischen Fragen

von Ernst Peter Fischer

„Betrachtungen über die Welt als Ganzes" – unter dieser verlockenden Überschrift finden sich gegen Ende des Buches „Über die spezielle und die allgemeine Relativitätstheorie", das Albert Einstein 1916 verfasst hat, drei kurze Kapitel mit erstaunlichen und erregenden Ansichten. Im ersten erläutert der heute weltberühmte, damals aber noch eher unbekannte Physiker einige „Kosmologische Schwierigkeiten der NEWTONschen Theorie", um im zweiten Kapitel dem Denken „Die Möglichkeit einer endlichen und doch nicht begrenzten Welt" zu eröffnen, bevor der dritte Textbaustein von Einsteins Betrachtungen „Die Struktur des Raumes nach der allgemeinen Relativitätstheorie" vorstellt.

Im Vorwort zu den nicht sehr umfangreichen Ausführungen „Über die spezielle und die allgemeine Relativitätstheorie", die bis 1988 mehr als 20 Auflagen erlebt haben und hier in einem Nachdruck aus dem Jahre 2001 zitiert werden, betont Einstein, dass er sich als Verfasser „größte Mühe gegeben hat, die Hauptgedanken möglichst deutlich und einfach vorzubringen", ohne allerdings „auf die Eleganz der Darstellung die geringste Rücksicht zu nehmen." Sie sei „Sache der Schneider und Schuster", wie Einstein schreibt, während er selbst ein anderes Ziel verfolge. Er hoffe, es sei ihm gelungen, die „Schwierigkeiten, die in der Sache begründet liegen", „dem Leser nicht vorenthalten zu haben", wie Einstein vorsichtig schreibt, der allgemein meinte, dass man sich zwar so einfach wie möglich ausdrücken solle, aber nicht noch einfacher. Heute würde man in dem zitierten Satz die Leserin nicht vergessen und wünschen, dass beide zusammen durch Einsteins Büchlein mit seinen kaum mehr als 100 Seiten „einige frohe Stunden der Anregung" zu erfahren vermögen, wie der Verfasser hofft.

Dieser mehr als 100 Jahre alte Wunsch von Einstein ist aus heutiger Sicht deshalb bemerkenswert, weil er eine Qualität in Erinnerung ruft, die einmal zu dem gehört hat, was im Land der Dichter und Denker als Bildung bezeichnet wurde. Gemeint ist die Fähigkeit, bei der Suche nach Erkenntnis über die Natur geistigen Genuss zu erleben, wobei hier nur angedeutet werden kann, warum davon in

Expedition in die Raumzeit: Wissen – Denkbares – Unerklärliches, 1. Auflage. Harald Zaun (Hrsg.).
© 2026 Wiley-VCH GmbH. Alle Rechte vorbehalten, einschließlich derer für Text- und Data-Mining und Training von Technologien der Künstlichen Intelligenz oder ähnlichen Technologien. Published 2026 by Wiley-VCH GmbH

aktuellen Debatten über den Bildungsauftrag der Schulen und der Medien schon länger keine Rede mehr ist. Einen Hinweis bietet die Tatsache, dass das Feuilleton dem Soziologen Jürgen Habermas Beifall für seine Ansicht spendet, „die wissenschaftlich erforschte Natur fällt aus dem sozialen Bezugssystem von erlebenden, miteinander sprechenden und handelnden Personen heraus". Einsteins Vergnügen an „Betrachtungen über die Welt als Ganzes" bleibt Leuten wie Habermas fremd, die Theorien als „Ordnungsschemata" verstehen, „die wir in einem syntaktisch verbindlichen Rahmen beliebig konstruieren", worüber ein Theoretiker wie Einstein nur den Kopf schütteln kann. Der Autor dieser Zeilen kann sich schon länger nicht gegen den Verdacht wehren, dass die offiziell mit Bildung beschäftigten Menschen noch nie im Leben etwas von Einsteins frohen Stunden dank vorhergehender geistiger Anstrengungen gehört haben und das damit einhergehende Vergnügen nicht einmal im Ansatz kennen.

1.1 Popstar der Wissenschaft

Als Einstein 1916 seine „Betrachtungen über die Welt als Ganzes" zu Papier brachte, war er noch nicht der Popstar der Wissenschaft, der er nach 1919 wurde. In diesem ersten Jahr nach dem Ersten Weltkrieg hatten englische Physiker unter der Leitung von Sir Arthur Eddington bei einer Sonnenfinsternis die Verschiebung in der Position von Sternen vermessen, die sich mit Teleskopen erfassen ließen, wenn man mit ihnen an dem verdunkelten Tagesgestirn vorbei in den Himmel schaute. Das Ergebnis entsprach ziemlich genau dem, was Einstein vier Jahre zuvor in seiner Allgemeinen Relativitätstheorie vorhergesagt hatte, als er das Licht in der Nähe großer Massen auf gekrümmte Bahnen schickte, weil die Materie dort die Geometrie des Raumes verändert hatte. Aus der ebenen Welt, die Euklid in der Antike beschrieben hatte, waren verbogene Raumgebiete hervorgegangen, die Mathematiker im 19. Jahrhundert zu berechnen begonnen hatten, bevor Einstein sie als die in der realen Welt angetroffene Geometrie des Kosmos Welt identifizieren konnte. Als Eddington und sein Team diese Vorhersage bestätigten, reagierte die Menschheit verblüfft: „Die Sterne waren nicht da, wo sie zu sein schienen oder wo man sie den Rechnungen nach erwartete", wie große Zeitungen – zum Beispiel die *London Times* oder die *New York Times* – auf ihren Titelseiten meldeten, während sie zugleich versicherten, dass sich niemand sich Sorgen machen müsse. Tatsächlich taten die

Abb. 1.1 Albert Einstein (1879–1955). *Quelle:* Bundesarchiv, Bild 183-19000-1918 / CC-BY-SA 3.0.

Menschen das Gegenteil. Sie jubelten nach den Kriegsjahren mit Nahrungsmittelknappheit über einen großen friedvollen Fortschritt in Kultur und Wissenschaft, und sie freuten sich, einen neuen Helden der Menschheit mit geistigen statt militärischen Siegen feiern zu können. Der über Nacht berühmt gewordene Mann mit dem wirren Haar sah zudem ungewöhnlich fröhlich aus und vergnügte sein Publikum mit eingänglichen Sätzen, die beim genauen Hinhören höchst Tiefsinniges enthielten. Einstein (Abb. 1.1) meinte zum Beispiel: „Früher hat man geglaubt, wenn alle Dinge aus der Welt verschwinden, so bleiben noch Raum und Zeit übrig; nach der Relativitätstheorie verschwinden aber Zeit und Raum mit den Dingen."

1.2 Astronomische Konsequenzen

Anfang 1916 war von dem Status eines Popstars der Physik noch nichts zu ahnen, und eigentlich hatte Einstein in seiner Relativitätstheorie nur vorgeführt, wie die von Isaac Newton mathematisch erfasste Kraft namens Gravitation, mit der sich Massen über Entfernungen gegenseitig anziehen, durch geometrische Ein- und Auswirkungen der sich in der Raumzeit aufhaltenden Materie zustande kommen und mit der dadurch bewirkten Biegung der Geometrie erklärt werden könne. Im Herbst 1916 besuchte der in Berlin tätige Einstein Freunde und Kollegen in der holländischen Universitätsstadt Leiden, und hier traf er mit dem Astronomen Willem de Sitter zusammen. De Sitter hatte sich zuvor in drei Arbeiten Gedanken „Über Einsteins Theorie der Gravitation und ihre astronomischen Konsequenzen" gemacht, die er vor allem in der Notwendigkeit sah, Einsteins Ideen auf das Weltall als Ganzes anzuwenden, was nicht als trivial anzusehen und eher schwierig war.

Nach seiner Rückkehr nach Deutschland hielt Einstein im Februar 1917 einen Vortrag vor der Preußischen Akademie der Wissenschaften über eben diese Frage, und er erörterte dabei, wie man mit seiner Allgemeinen Relativitätstheorie das gesamte Universum in den Blick bekommen könne. Er geht dabei auf die in der Physik wohlbekannten „Kosmologischen Schwierigkeiten der NEWTONschen Theorie" ein, mit denen seine „Betrachtungen über die Welt als Ganzes" beginnen, wobei an dieser Stelle daran zu erinnern ist, dass in der hier beschriebenen Epoche die Menschheit noch davon überzeugt war, dass die heimatliche Galaxie, die Milchstraße, das gesamte Universum ausmachte. Erst 1923 sollte der amerikanische Astronom Edwin Hubble zeigen, dass der als Andromeda-Nebel bekannte Lichthaufen in Wirklichkeit eine weitere Galaxie darstellte, wobei der Wissenschaft damit nur der erste Schritt in ein immer größer werdendes Universum gelungen war, das als Ganzes bis heute weiterwächst. Einstein wird zu Beginn der 1930er Jahre mit Hubble zusammentreffen, wie später geschildert wird, und diese Begegnung wird ihm das Ganze der Welt in völlig neuem Licht zu sehen erlauben. Doch noch trägt Einstein seine alten Überzeugungen vor der Preußischen Akademie in Berlin vor und teilt seinem Publikum das Folgende mit: „Wenn man sich die Frage überlegt, wie die Welt etwa als Ganzes zu denken sei, so ist die nächstliegende Antwort wohl diese. Die Welt ist räumlich (und zeitlich) unendlich. [. . .] Wie weit man auch durch den Weltraum reisen mag, überall findet sich ein loses Gewimmel von Fixsternen von etwa der gleichen Art und der gleichen Dichte", doch das kann nicht sein, wie der Redner weiß und betont, denn „diese Auffassung ist mit der NEWTONschen Theorie unvereinbar", da die letztere verlangt, „dass die Welt eine Art Mitte habe, in welcher die Dichte der Sterne eine maximale ist, und dass die Sterndichte von dieser Mitte nach außen abnehme, um weit außen einer unendlichen Leere Platz zu machen. Die Sternenwelt müsste eine endliche Insel im unendlichen Ozean des Raumes bilden", wie Einstein seinem vermutlich erstaunten und vielleicht verwirrten Publikum zu bedenken gibt.

Eine solche Materialansammlung, so erläutert Einstein weiter, würde durch die Schwerkraft in sich zusammenstürzen und damit kein Weltall liefern, das sowohl schon länger existieren konnte als auch in alle Ewigkeit Bestand haben kann. Auch ein bis ins Unendliche gleichförmig mit Materie ausgefülltes Universum, in dem es keine ausgezeichnete Richtung gibt und die in verschiedene Richtungen ziehenden Kräfte sich gegenseitig aufheben, konnte das gewünschte Ergebnis einer stabilen Welt nicht liefern, wie Physiker und Astronomen schon am Ende des 19. Jahrhunderts bemerkt hatten. Einer von ihnen hat auf dieses Dilemma mit einem besonderen Vorschlag reagiert, den Einstein in seinen „Betrachtungen über die Welt als Ganzes" anführt. Er erwähnt den in München tätigen Astronomen Hugo von Seeliger, der „das NEWTONsche Gesetz dahin modifiziert hat, dass er die Anziehung zweier Massen bei großen Distanzen stärker als nach dem Gesetz $1/r^2$ abnehmen lässt", wie Einstein die Tat von Seeliger umschreibt, die ihrem Wesen nach darin besteht, dass der Astronom aus München in das Gesetz der anziehenden Gravitation eine zusätzliche Kraft mit abstoßender Wirkung eingeführt hat, die bei ausreichend großen Entfernungen, wie sie in der Kosmologie beim Durchschreiten des Weltalls vorkommen, die Anziehungskraft sogar überwinden kann.

1.3 Das kosmologische Glied

Als Einstein seine neue Theorie der Raumzeit – die der Allgemeinen Relativität – auf die Materie des ganzen Weltalls anzuwenden versuchte, stieß er auf die gleiche Schwierigkeit, die Seeliger und Kollegen mit Newtons Schwerkraft hatten. Einsteins Gleichungen lieferten keineswegs ein statisches Universum, wie man es gerne gehabt hätte, jedenfalls nicht auf Anhieb. Aber als der berühmte Kopf seine Theorie noch einmal überprüfte, fiel ihm auf, dass die Regeln, mit denen er sein kosmologisches Gebäude errichtet hatte, es ihm erlaubten, neben der anziehenden Gravitation noch eine abstoßende Kraft aufzunehmen und in die Gleichungen einzufügen. Die Korrektur spielte im Bereich der Planeten und selbst im Rahmen der Milchstraße keine Rolle, und sie bekam ihre physikalische Bedeutung erst bei den Betrachtungen der Welt als großes Ganzes. Das Wunderbare an den ergänzten Gleichungen für den Kosmos bestand darin, dass sie ein statisches Weltall auszurechnen erlaubten, was mit den Vermutungen der Astronomen im frühen 20. Jahrhundert übereinstimmte. Während innerhalb der Heimatgalaxie und erst recht im Sonnensystem mit seinen Planeten die

Schwerkraft die dominierende Rolle spielte, übernahm über Entfernungen von Milliarden von Lichtjahren der Teil der Gravitationsgleichungen das Sagen, der vorher vergessen und ausgelassen worden war. Er wurde durch eine neue Naturkonstante angegeben, die als kosmologisches Glied bekannt geworden ist und von Einstein mit dem griechischen Buchstaben Λ (Lambda) bezeichnet wurde. Mit dem Λ in den Gleichungen lieferte die Mathematik ein Weltall, das im Gleichgewicht ist, und unter diesen Umständen fühlte sich Einstein zufrieden und am Ziel seiner theoretischen Träume. Doch wie Wissenschaftshistoriker wissen, muss man gerade in solchen Situationen damit rechnen, dass sich die berühmte Weisheit von Wilhelm Busch bemerkbar macht, die aus dem 19. Jahrhundert stammt und in den allgemein bekannten Zeilen ausgedrückt wird, „Erstens kommt es anders, und zweitens als man denkt."

Ein erstes „anders" kommt unmittelbar bei den „Betrachtungen über die Welt als Ganzes" durch die bereits erwähnte Eigenschaft von Einsteins Theorie zustande, die sich darin zeigt, dass der von ihr beschriebene Kosmos im Gegensatz zu dem von Newton erfassten Universum gekrümmt ist. In Einsteins Welt funktioniert die normale Geometrie à la Euklid nicht mehr, und die Winkelsumme eines Dreiecks addiert sich nicht mehr zu 180°. Dies stellte keine besondere Überraschung dar, da in Einsteins Theorie Schwerefelder den Raum krümmen, was es Menschen letztendlich erlaubt, sich „Die Möglichkeit einer endlichen und doch nicht begrenzten Welt" vorzustellen, die Einstein ihnen anbietet. Die widersprüchlich wirkende und unmöglich scheinende Kombination „endlich und unbegrenzt" kann man sich eine Dimension tiefer am Beispiel einer Kugeloberfläche oder durch den Blick auf einen Globus veranschaulichen, wie er früher auf vielen Schreibtischen stand. Das damit präsentierte Modell der Erde ist sicher nicht unendlich groß, erlaubt es aber, auf ihm unbegrenzt auf der Welt umherzuwandern und den Weg mit einem endlosen Strich zu markieren. Das zweite „anders" sollte nicht lange auf sich warten lassen.

1.4 Zeitlich veränderliche Weltmodelle

Zunächst war die Welt für Einstein noch in Ordnung, weil er auf einen gleichförmig mit Materie gefüllten Kosmos blicken konnte, der sich im Gleichgewicht befand. Diese Ruhe wurde gestört, als Willem de Sitter 1917 in einer Arbeit zeigen konnte, dass Einsteins Gleichungen auch zeitlich veränderliche Weltmodelle zulassen. Die durchschnittliche Dichte der Materie in dem Kosmos von de Sitter lag zwar bei null, was keine Anziehungskraft zuließ, aber Einsteins kosmologische Konstante übte ihre abstoßende Wirkung weiter aus, weshalb de Sitter mit ihrer Hilfe eine Welt beschreiben konnte, die expandierte. Einstein „was not amused", und seine Verwunderung oder gar Verärgerung nahm zu, als der russische Meteorologe Alexander Friedman im Jahre 1921 allgemein zeigen konnte, dass Einsteins Gleichungen – mit oder ohne kosmologisches Glied – Lösungen erlaubten, die zu Weltmodellen führten, die expandieren oder in sich zusammenfallen können. Einstein fühlte sich irritiert und wenig begeistert, und erst als er in Friedmans Rechnungen meinte, einen Fehler gefunden zu haben, beruhigte sich sein Gemüt. Dieser Zustand hielt aber nicht lange an, denn bald stellte sich heraus, dass nicht Friedman, sondern Einstein sich verrechnet hatte, was ihn immer noch nicht dazu brachte, seine Überzeugung aufzugeben, dass nur statische Modelle die wirkliche Welt als Ganzes richtig beschreiben. Dabei hielt Einstein sein kosmologisches Glied für unentbehrlich, um „die Verteilung der Materie zu ermöglichen, wie sie der Tatsache der kleinen Sterngeschwindigkeiten entspricht", wie Einstein 1917 geschrieben hat und was es genauer zu verstehen gilt.

Als Einstein an den hier vorgestellten kosmologischen Themen arbeitete, hatten die Astronomen längst erkannt, dass die Erde mit ihrem Zentralgestirn und Milliarden anderer Sonnen mit der Milchstraße ein eher flaches Raumgebiet einnehmen, um dessen Zentrum sich Sterne der Galaxie drehen, und zwar mit etwa hundert Kilometer pro Sekunde, wie gemessen worden war. Das sind die oben erwähnten „kleinen Sterngeschwindigkeiten", und da Einstein keine anderen erwähnt, wusste er offenbar nicht, dass neben diesen Objekten einige Nebelwölkchen mit viel größeren Geschwindigkeiten durch den Weltraum zogen. Interessanterweise war bereits 150 Jahre vorher Immanuel Kant auf diese Nebelschwaden aufmerksam geworden, und als der Philosoph, ihre Bewegung zu deuten, versuchte, kam er zu der zutreffenden Ansicht, sie seien scheibenförmige Ansammlungen von Sternen. Als Einstein lebte, wurde über diese nebulösen Gebilde als leuchtende Gasschwaden spekuliert, was aber nicht zu den Geschwindigkeiten von 300 km/sec passen wollte, die bei elliptischen Nebelflecken gemessen worden waren. Diese Zahl ließ immer mehr den Verdacht aufkommen, dass die beobachteten Objekte vielleicht gar nicht zur Milchstraße gehörten und es möglicherweise noch viele weitere Dinge außerhalb von ihr im Weltraum geben könnte.

1.5 Auftritt Edwin Hubble

Der Beweis dieser sich weitenden Weltsicht erfolgte im Jahre 1923, als der amerikanische Astronom Edwin Hubble (Abb. 1.2) so genannte Nova-Sterne untersuchte, deren Helligkeit sich periodisch ändern kann – durch thermonukleare Explosionen, wie die Wissenschaft heute zu sagen weiß –, was sie zu Himmelsobjekten macht, die zum Cepheiden-Typ gehören. Sie waren ein Jahrzehnt zuvor von der Astronomin Henrietta Leavitt bemerkt und ins Visier genommen worden, die festgestellt hatte, dass sich aus dem Zusammenhang zwischen der Leuchtkraft und der Periode eines solchen Sterns die Möglichkeit ergab, seine Entfernung von der Erde zu bestimmen. Als Hubble Leavitts Methode auf die Objekte seiner Begierde anwandte, stellte er fest, die von ihm untersuchten Sterne befanden sich in einem Abstand von fast einer Million Lichtjahre von der Erde, was zehnmal weiter als die Ausdehnung der Milchstraße war und der Menschheit plötzlich endlose scheinende Räume eröffnete.

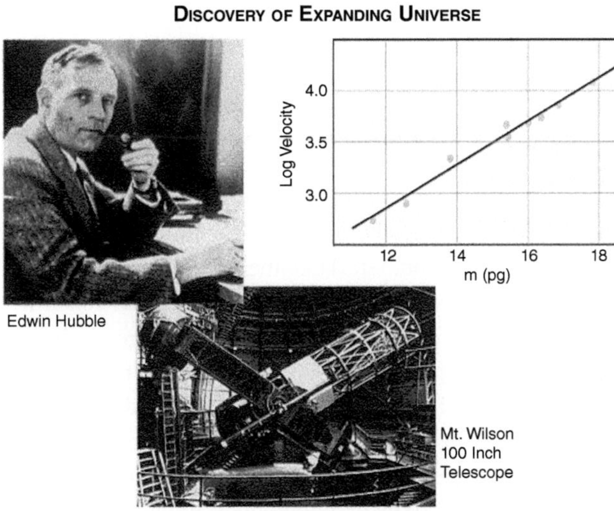

DISCOVERY OF EXPANDING UNIVERSE

Log Velocity
4.0
3.5
3.0
12 14 16 18
m (pg)
Edwin Hubble
Mt. Wilson
100 Inch
Telescope

Abb. 1.2 Edwin Hubble entdeckte jenseits der Milchstraße nicht nur weitere Welteninseln, sprich Galaxien. Vielmehr beobachtete er mithilfe seines leistungsstarken 100-Zoll-Teleskops auf dem Mount Wilson mittels der Spektralanalyse des einfallenden Lichts eine Verschiebung der Spektrallinien zum roten Ende des elektromagnetischen Spektrums, also zu den größeren Wellenlängen hin. Seine richtige Folgerung: Die Galaxien bewegen sich voneinander fort – der Weltraum expandiert! *Quelle:* NASA / gemeinfrei.

Kurzum: Hubble hatte am Himmel eine neue Galaxie entdeckt – die zweite neben der Milchstraße –, und das war erst der Anfang einer vollständigen Neuvermessung der Welt, die nach und nach das Universum größer werden und auch die Zahl der Galaxien weiterwachsen ließ. All diese Entwicklungen wurden darüber hinaus von den Beobachtungen getoppt, mit deren Hilfe Edwin Hubble und der in seiner Jugend als Maultiertreiber beschäftige Milton Humason an Messungen von Vesto Slipher anknüpfen konnten. Der in Arizona tätige Wegbereiter der modernen Kosmologie hatte zwischen 1912 und 1917 bemerkt, dass das Licht entfernter Galaxien das Phänomen der Rotverschiebung erkennen lässt, was die Physiker durch den so genannten Doppler-Effekt deuten, der, aus der Frequenzänderung eines Signals auf die Geschwindigkeit der bewegten Quelle zu schließen, erlaubt. Sliphers Messungen zeigten, dass die elektromagnetischen Wellen des Lichts einen sich ausdehnenden Raum durchqueren mussten, um auf der Erde empfangen werden zu können, und Hubble und Humason konnten nicht nur bestätigen, dass sich die Galaxien mit erkennbarer Rotverschiebung von der Erde wegbewegten. Sie konnten bis 1929 zudem zeigen, dass zwischen der von dem Heimatplaneten der Menschen weg gerichteten Fluchtgeschwindigkeit und der Entfernung der Galaxien ein einfacher linearer Zusammenhang besteht. Die Geschwindigkeit v ist proportional der Distanz d, wie die Messungen ergaben, und die Proportionalitätskonstante heißt heute H, was gewöhnlich als Hubble-Konstante bezeichnet wird, aber von Kennern der Wissenschaftsgeschichte auch als Humason-Konstante verstanden werden könnte.

1.6 Auftritt George Lemaître

Ein tiefer gehender Blick in die Geschichte zeigt, dass die empirisch ermittelte Verbindung zwischen Distanz und Geschwindigkeit und damit die Vorstellung eines expandierenden Weltalls zuvor schon bei theoretischen Bemühungen auf- und angefallen war, wenn auch an einem unwahrscheinlichen Ort. Gemeint ist der Kopf des belgischen Theologen und Astrophysikers George Lemaiître (Abb. 1.3), der großen Wert darauf legte, Forschungsthemen und Glaubensfragen voneinander zu trennen. Der Priester beschäftigte sich seit 1925 mit den Gleichungen von Einstein, und seine kosmologischen Überlegungen führten ihn zu Lösungen, wie sie bereits Friedman und de Sitter ins Auge gefasst hatten und die auf ein sich ausdehnendes Universum hinausliefen. Lemaître fand, dass die Geschwindigkeit, mit der sich zwei Galaxien durch die Expansion des Raumes voneinander entfernen, mit ihrem Abstand zunimmt, wie Hubble es gemessen hatte. Nachdem er seine Arbeit in einem eher unter Ausschluss der Öffentlichkeit erscheinenden Journal veröffentlicht hatte, kontaktierte Lemaître Einstein direkt, um ihn zu fragen, was er von diesen Überlegungen halte. „Ihre Physik ist scheußlich", kanzelte der große Mann der Wissenschaft den kleinen Mann der Kirche ab, der sich aber nicht entmutigen ließ, weil es ihm persönlich so vorkam, als ob Einstein die jüngsten Ergebnisse der astronomischen Forschung ziemlich selektiv wahrnahm.

Die Daten von Edwin Hubble und die Analysen von George Lemaître werden heute so gedeutet, dass die Welt mit einem Urknall – einem Big Bang – oder mit einem Uratom angefangen hätte, die in der heutigen Physik mathematisch als Singularität behandelt werden. Der höchst populäre und inzwischen in der Alltagssprache angekommene Ausdruck eines Urknalls – in historischen Schriften ist zum Beispiel vom Urknall der Kultur in der Weimarer Republik die Rede – wurde im Englischen abwertend eingeführt, als der britische Astronom Fred Hoyle in den 1940er Jahren gegen Lemaîtres Idee zu Felde zog, um seinen eigenen Vorstellungen einer „Steady-State-Theorie" mehr Aufmerksamkeit zu verschaffen. In Hoyles Sicht expandiert das Universum zwar auch, aber ohne einen dichten und heißen Ursprung nötig zu haben. Der sich ausweitende Kosmos kann in der „Steady-State-Theorie" seine Dichte konstant halten, weil immer neue Materie aus dem Vakuum heraus entstehen kann. So schön sich die kosmische Geschichte mit einem Urknall erzählen lässt – sogar der Kirche gefällt die Idee solch eines besonderen Moments der Schöpfung des Ganzen –, so viel Mühe macht es wissenschaftlich denkenden Menschen, sich auf solch eine Urexplosion einzulassen. So kann man

Abb. 1.3 George Lemaître (1894–1966). *Quelle:* ©ESA.

bis heute mit dem sarkastischen Kommentar Heiterkeit hervorrufen, der besagt, dass eine Gesellschaft, die den Anfang der Welt mit einem *Knall* erklärt, selber einen hat. Dabei konnten im Jahre 1965 die Physiker Robert Wilson und Arno Penzias durch die Vermessung einer kosmischen Hintergrundstrahlung im Mikrowellenbereich die Grenzen einer „Steady-State-Theorie" aufzeigen und Modellvorstellungen mit anfänglichen Singularitäten als wahrscheinlich oder gar plausibel erscheinen lassen.

Zum kosmischen Urknallgeschehen gehören subtile Konzepte, die mehr Platz benötigen, als hier verfügbar ist, aber wenigstens einen Hinweis erfahren, damit sie nicht missverstanden werden. Das Hubble'sche Gesetz besagt nicht, dass der Urknall an einem bestimmten Punkt im Raum begonnen hat. Es besagt nur, dass die Materie früher überall dichter war und sich im Laufe der Zeit verdünnen wird, weil alles auseinanderfliegt. Man kann auch nicht sagen, am Anfang hätte es ein Uratom mit unendlicher Dichte gegeben. Man kann nur sagen, in dem Moment, in dem den Menschen die Welt zugänglich wird, sieht sie so aus, als habe sie in einem singulären Punkt begonnen. Die verbreiteten Theorien mit den populären Begriffen sagen weniger etwas darüber aus, wie alles beginnen konnte, und informieren mehr, wie sich alles entwickelt hat.

1.7 Einstein kommt zu Besuch

Als Hubble die Geschwindigkeiten anderer Galaxien neben dem Andromeda-Nebel messen wollte, hatte er sich keine leichte Aufgabe gestellt, denn in seiner Zeit waren bei solch lichtschwachen Objekten Belichtungszeiten von mehr als fünfzig Stunden nötig, und das Fernrohr musste in mehreren aufeinanderfolgenden Nächten auf dasselbe Ziel gerichtet werden. Astronomie war harte körperliche Arbeit. Doch 1929 zahlte sich die Mühe aus, und Hubble war sicher, dass sich das Weltall ausdehnt. Als Einstein ihn 1931 in Kalifornien besuchte, gingen die beiden gemeinsam in das Observatorium auf dem Mount Wilson bei Los Angeles, wo Hubble seine Entdeckungen gemacht hatte. Einstein ließ sich bei dieser Gelegenheit nicht nur fotografieren, als er durch das Fernrohr blickte, er ließ sich insgesamt bei dem Besuch in Kalifornien davon überzeugen, dass sich das real existierende Weltall anders – viel dynamischer – verhält als der zeitlich unveränderliche Kosmos, den er sich bislang erträumt hatte. Die Schwerkraft und die von ihm durch die kosmologische Konstante eingeführte abstoßende Kraft halten sich nicht das Gleichgewicht. Das Weltall muss mit einem archaischen Schwung voller Energie gestartet sein, den die Gravitation bislang nicht bändigen konnte. Auf jeden Fall war Einsteins kosmologisches Glied durch Hubble überflüssig geworden, das wahrscheinlich bei rechtzeitiger Kenntnis eines expandierenden Universums niemals in den Gleichungen aufgetaucht wäre. Einstein sprach von der größten Eselei seines Lebens, was gerne zitiert wird, aber nur eine weitere Eselei darstellt. Er hätte die kosmologische Konstante in den Gleichungen einfach stehen lassen sollen, denn erstens kam es anders, als zweitens selbst ein Einstein dachte, und sein Λ ist längst wieder zurückgekehrt.

1.8 Dunkelenergie

Wie das? Seit einiger Zeit können Astronomen ebenso wie Astronominnen die Entfernung weit draußen im Raum driftender Sternsysteme mit Hilfe eines Phänomens bestimmen, das als Supernova Typ 1a bekannt ist. Gemeint ist das helle Aufleuchten eines massereichen Sterns in einer Explosion, wobei zu beachten ist, dass irdische Beobachter die entfernten Objekte nicht so sehen, wie sie sich heute bewegen, sondern so, wie sie sich bewegt haben, als das Licht ausgesendet wurde, das die Erde heute erreicht. Da der Blick in die Ferne gleichzeitig ein Blick in die Vergangenheit ist, erlauben es Untersuchungen der genannten Supernovae, die Rate der kosmischen Expansionen während verschiedener Epochen der Entwicklung des Weltalls zu bestimmen. Dabei zeigt sich folgendes Ergebnis: Anfangs sorgte die wechselseitige Anziehung der Schwerkraft wie erwartet dafür, dass die Expansion der Sternsysteme abgebremst wurde. Dann aber begann das Ausdehnen schneller zu werden, und diese Beschleunigung der Expansion hält bis heute an. Offensichtlich wirkt neben der anziehenden Gravitation bei großen Abständen der Himmelskörper eine zusätzlich vorhandene abstoßende Kraft. Das Weltall verhält sich genauso, wie es Einsteins Gleichungen mit ihrem kosmologischen Glied verlangen.

Woher kommt diese Wirkung? Sie hat weniger mit der Relativitätstheorie und mehr mit der Quantenmechanik zu tun, die keinen wirklich leeren Raum zulässt. In einem Vakuum bilden sich stets spontan elektrische und magnetische Felder, aus denen Elektron-Positron-Paare entstehen können. Das Vakuum ist ein kompliziertes Gebilde, in dem eine gespenstische Teilchenwelt und ihre Wechselwirkung mit Antimaterie einen Druck ausüben und somit eine abstoßende Kraft bewirken. Die Fachwelt nennt sie die Dunkelenergie. Einstein wusste von ihr nichts, und vermutlich hätte sie ihn mehr geärgert als gewundert. Er wäre sicher nicht begeistert gewesen, hätte er zusehen müssen, wie seine geliebte Kosmologie ausgerechnet von Auswirkungen der ungeliebten Quantenmechanik abgerundet werden konnte, mit der er sich zeitlebens nicht anfreunden konnte.

In Einsteins Kosmos tauchen wie im Weltall immer wieder Überraschungen auf, zuletzt durch die Entdeckung eines handschriftlichen und undatierten Manuskripts, in dem sich Einstein Gedanken „Zum kosmologischen Problem“ macht. Das Dokument gehört zum Bestand des Archivs der Hebräischen Universität in Jerusalem, und es wird von Historikern auf das Jahr 1931 datiert, in dem Einstein in den „Sitzungsberichten der Preußischen Akademie der Wissenschaften“ eine Arbeit mit dem Titel „Zum kosmologischen Problem der allgemeinen Relativitätstheorie“ publiziert hat. In dem unveröffentlichten Text entwirft Einstein – mehr als ein Jahrzehnt vor Hoyle – das Modell eines expandierenden Universums mit kontanter Dichte, was dadurch möglich werden kann, dass „immer neue Masseteilchen in dem

Volumen aus dem Raume entstehen." Leider unterläuft Einstein ein Rechenfehler, so dass sein Ansatz statt eines expandierenden Weltalls mit konstanter endlicher Dichte nur ein leeres Universum liefert. Trifft damit zu, was der Teufel am Ende von Goethes Faust dem Publikum zuruft: „Ein großer Aufwand, schmählich! ist vertan."

Eher nicht, denn man kann auch die Ansicht vertreten, dass Einsteins kosmologisches Problem das Schönste erlaubt, was ein Mensch erfahren kann. Gemeint ist das Gefühl für das Geheimnisvolle. Mit ihm fangen die Aufklärung und die kreative Wissenschaft an, um die Menschen sich weiter bemühen, auch wenn sie wissen, dass sie dabei nur auf tiefere Geheimisse stoßen. Was soll die Welt als Ganzes anderes sein? Man kann über sie nur staunen und hoffen, dabei „einige frohe Stunden der Anregung" zu erleben. Einstein sei Dank.

Prof. Dr. Ernst Peter Fischer (1947) lehrte an den Universitäten Konstanz und Heidelberg. Der mehrfach ausgezeichnete Wissenschaftshistoriker und Wissenschaftspublizist schreibt unter anderem für „bild der wissenschaft" und hat mehr als 80 populärwissenschaftliche Bücher für verschiedene Verlage verfasst, z. B.: „Die andere Bildung" (2001) und „Die Verzauberung der Welt" (2014). Bis 1999 Herausgeber des Mannheimer Forums in der Nachfolge von Hoimar von Ditfurth. Danach Tätigkeiten für das „Forum für Verantwortung" und seine Initiative „Mut zur Nachhaltigkeit"* (Foto: Ernst Peter Fischer).

Literatur

1. Einstein, A. (1916). *Über die spezielle und die allgemeine Relativitätstheorie*. Springer.
2. Eddington, A.S. (1920). *Space, Time and Gravitation: An Outline of the General Relativity Theory*. Cambridge University Press.
3. Hubble, E. (1936). *The Realm of the Nebulae*. Yale University Press.
4. Friedman, A. (1922). *Über die Krümmung des Raumes*. Verlag der Akademie der Wissenschaften.

5. Lemaître, G. (1931). *Hypothese of the Expanding Universe.* Monthly Notices of the Royal Astronomical Society.
6. Hawking, S. und Mlodinow L. (2003). *Das Universum in der Nussschale.* Rowohlt.
7. Greene, B. (1999). *Das elegante Universum: Superstrings, verborgene Dimensionen und die Suche nach der Weltformel.* Siedler.
8. Hoyle, F. (1950) *The Nature of the Universe.* Harper & Brothers.
9. Pais, A. (1982). *Subtle is the Lord: The Science and the Life of Albert Einstein.* Oxford University Press.
10. Einstein, A. and de Sitter W. (1932). *On the Relation Between the Expansion and the Mean Density of the Universe.* Koninklijke Nederlandse Akademie van Wetenschappen.
11. Kragh, H. (1996). *Cosmology and Controversy: The Historical Development of Two Theories of the Universe.* Princeton University Press.
12. Gamow, G. (1947). *Mr. Tompkins im Wunderland der Physik.* Piper.

2

Menschen im Innersten der Welt

Der romantische Blick auf bewegte Atome

von Ernst Peter Fischer

Am Anfang der Tragödie, in deren Verlauf der große Goethe den gelehrten Faust einen Pakt mit dem gemeinen Teufel eingehen lässt, sitzt der wissbegierige Held des sich entfaltenden Dramas nach einem lustigen Vorspiel auf dem Theater und dem witzigen Prolog im Himmel voller Unruhe nachts in einem engen gotischen Zimmer auf einem sicherlich bequemen Sessel und denkt in einem klagenden Monolog über all die tiefreichenden Fragen nach, die er nicht zu beantworten weiß. Bei seinen verzweifelten Grübeleien verkündet der sich nicht als gescheitert betrachtende, wohl aber im Vergleich zu anderen als gescheitert einstufende Faust als seinen wahren Wunsch, „dass ich erkenne, was die Welt im Innersten zusammenhält“. Um dieses phantastische Ziel zu erreichen, hat er sich „der Magie ergeben“, wie er einräumt, wobei er hofft, dank dieser Verbindung herausfinden zu können, „Ob mir durch Geistes Kraft und Mund,/ Nicht manch Geheimnis würde kund“, wie der Gelehrte in tiefer Nacht sinniert. Bei dieser Wortwahl wird auffallen, dass Faust nicht hofft, die ersehnte Klarheit „durch Geister Kraft und Mund“ und also mit diabolischer Assistenz zu gewinnen. Er spricht vielmehr von des „Geistes Kraft“, und der selbstbewusste Mann im Sessel meint damit sicher die seines eigenen. Das kühne Vorhaben mag im frühen 19. Jahrhundert noch auf einige Schwierigkeiten gestoßen sein, aber nach den Fortschritten des 20. Jahrhunderts kann man sagen, wie ein anderer Klassiker gedichtet hat, „dem Manne kann geholfen werden“. Dazu muss man einen Blick in die Geschichte der Wissenschaft werfen, die sich seit Goethes Lebenszeit immer mehr den Atomen annähern konnte und inzwischen viel Erstaunliches zu der Faustischen Frage sagen kann, was das denn wirklich ist, „was die Welt im Innersten zusammenhält“. Viele Darstellungen der Physik beschreiben, was die in dieser Disziplin tätigen Menschen im Zentrum der materiellen Dinge zu sehen bekommen haben, nachdem die ersten von ihnen den Weg in die Tiefe finden konnten – und sich am Ziel verblüfft umschauten und aus dem Staunen nicht mehr herauskamen.

Vor der folgenden Beschreibung der Suche nach Antworten auf Goethes Frage lohnt es sich, eine kurze Auszeit für die Überlegung zu nehmen, ob Faust oder sein Schöpfer Johann Wolfgang Goethe (Abb. 2.1) verstehen würden, was die Physiker

Expedition in die Raumzeit: Wissen – Denkbares – Unerklärliches, 1. Auflage. Harald Zaun (Hrsg.).
© 2026 Wiley-VCH GmbH. Alle Rechte vorbehalten, einschließlich derer für Text- und Data-Mining und Training von Technologien der Künstlichen Intelligenz oder ähnlichen Technologien. Published 2026 by Wiley-VCH GmbH

Abb. 2.1 Johann Wolfgang Goethe (1749–1832). *Quelle:* Johann Heinrich Lips / gemeinfrei.

vor rund 100 Jahren, also in den 1920er Jahren des 20. Jahrhunderts – und damit 100 Jahre nach Faust – über die Atome und die in ihnen und mit ihrer Hilfe wirkenden Kräfte im Bauch der Materie herausgefunden und wie sie das Aussehen der dort agierenden Gebilde beschrieben haben. Hätten Faust oder Goethe die von der modernen Physik namens Quantenmechanik gegebenen Antworten sowohl mit den Atomen als auch mit ihren attraktiven und abstoßenden Ladungen und vielen unerwarteten Eigentümlichkeiten wie unstetigen Quantensprüngen akzeptiert? Hat der Dichter im frühen 19. Jahrhundert nicht auf ganz andere – klassisch physikalische – Erklärungen gehofft und nach ihnen Ausschau gehalten?

Konkrete Vorstellungen über den Bau von Atomen gab es zu Goethes Zeiten noch nicht. Sie traten erst in Erscheinung, nachdem 1897 entdeckt worden war, dass die Objekte der wissenschaftlichen Begierde keineswegs so unteilbar waren, wie das antike Wort „Atom" suggerierte. Der Brite J.J. Thomson konnte damals Elektronen in den materiell gedachten Bausteinen nachweisen, und als Folge seiner Beobachtungen unterbreitete der britische Physiker den Vorschlag, sich diese negativ geladenen Anteile eines Atoms wie Rosinen in einem Teig vorzustellen, der als positiv geladen angesehen wurde. Was dieser Kuchenwelt Zusammenhalt gab, das waren die Kräfte zwischen den elektrischen Ladungen, aber dieses Modell hielt sich nur, bis Experimente von Ernest Rutherford um 1911 zeigen konnten, dass es im Innersten der Welt einen Atomkern geben musste. Unter dieser Vorgabe begann Niels Bohr mit dem Entwerfen von Modellen, in denen die Elektronen als winzige Partikel auf konkreten Bahnen ihren positiven Kern umrundeten. Die Atome stellte man sich als Planetensysteme en miniature vor, wobei das Besondere des Bohrschen Vorschlags darin lag, dass die rotierenden Elektronen ihre Energie nicht kontinuierlich abzugeben vermochten, was sie nach der klassischen Physik gezwungen hätte, sich dem Kern zu nähern und die ganze Konstruktion aufzulösen. Vielmehr machte Bohr Gebrauch von der Quantenbedingung für Energie, die Max Planck im Jahre 1900 sich einzuführen gezwungen sah, um die Lichtaussendung und die Farben schwarzer Körper zu verstehen, die erhitzt werden. Wenn die Elektronen ihre Energie auf den Bahnen im Atom nur sprunghaft ändern konnten, würden sie nicht so ohne weiteres in den Atomkern stürzen, und die winzigen Planetensysteme im Innersten der Welt könnten durchgängig existieren.

2.1 Atome als Kunstwerke

Bohrs anschauliches Konzept überlebte die Entwicklung der Quantenmechanik nicht, die sich im frühen 20. Jahrhundert durchsetzte und in den Atomen nichts

Dinghaftes mehr finden konnte. Den entscheidenden gedanklichen Schritt vollzog der junge Werner Heisenberg, der in dem Moment dem Aufbau der Materie näherkam, in dem er sich entschied, seine Berechnungen zu den Atomen unter der Voraussetzung auszuführen, dass die Bahn eines Elektrons erst entsteht, wenn ein Mensch sie beobachtet und beschreibt. Es gilt zu beachten, dass die Atome ihr Aussehen in der Physik in der gleichen Zeit verloren haben, in der die abstrakte Malerei ihr Haupt erhob und ihre Protagonisten allgemein die Frage stellten, ob Natur überhaupt aussieht oder ob sie nicht auch andere Formen annehmen kann wie zum Beispiel solche, die Kunstwerke für sie vorsehen und kreative Menschen sich ausdenken.

Auf jeden Fall zeigte sich den wissenschaftlich Suchenden im Innersten der Welt keinerlei konkrete Realität. An ihrer Stelle konnten stattdessen geformte Wolken aus mathematisch berechneter Wahrscheinlichkeit ausfindig gemacht werden, was einen merkwürdigen Schluss erlaubte. Er besagt, dass die Welt in einem einfachen Sinn nicht aus Atomen bestehen kann, denn Atome sind nichts – erst recht keine Legosteine –, aus denen etwas bestehen könnte. Aber so wie es philosophisch gesehen nicht stimmt, dass man über das schweigen muss, wovon man nicht reden kann, kann man sich Bilder von dem machen, was man nicht sehen kann, selbst wenn die Natur kein Aussehen oder Vorbild liefert. Menschen können sich Bilder vom Innersten der Welt mit Hilfe der Kunst anfertigen. Ihre Phantasie reicht überall hin, und auf diese Weise wird die Wissenschaft romantisch, auch wenn man immer noch meint, sie sei ein Kind der Aufklärung.

2.2 Neues Wissen

Wie hat das alles passieren können? Als Goethe an dem Faust Monolog arbeitete, hatten sich die Chemiker daran gemacht, die Vorstellungen, die Menschen über Atome seit der Antike entwickelt hatten und im lateinischen Mittelalters weiter erörtert worden waren, erneut ins Auge zu fassen. Sie wollten die Idee unteilbarer Teilchen bei ihren Experimenten nutzen und versuchen, mit Hilfe der atomaren Vorstellung die Verhältnisse bei Bindungen verstehen und ableiten zu können, die chemische Elemente miteinander eingehen. Damals hatten auch Physiker begonnen, die Atomhypothese ernst zu nehmen und sie versuchten, ihre Anzahl herauszufinden. Dies ist zur allgemeinen Zufriedenheit erst zu Beginn des 20. Jahrhunderts gelungen – und zwar in einer der fünf Arbeiten, die Albert Einstein in seinem Wunderjahr 1905 vorlegte, zu denen auch seine am 30. April abgeschlossene Doktorarbeit „Über eine neue Bestimmung der Moleküldimensionen" gehörte, die später in den „Annalen der Physik" veröffentlicht wurde. Einstein nutzte in seiner Berechnung der Zahl von Atomen in einem gegebenen Volumen das „neue Wissen", das die Physik im 19. Jahrhundert in Form der Wahrscheinlichkeitsrechnung und Statistischen Mechanik erwerben konnte, wobei das Attribut „neu" auf den schottischen Physiker James Clerk Maxwell zurückgeht. In seiner Lebenszeit hörten die Naturgesetze auf, deterministisch zu sein, und sie wurden statistisch.

Dies trat in seiner ganzen Fülle nach Goethes Tod in Erscheinung, so dass zu diesem dramatischen Wandel leider keine Ansichten von ihm überliefert sind.

Dass das Geschehen im Innersten der Welt nicht deterministisch abläuft, hätte Goethe wahrscheinlich weniger gestört als eine andere Wendung, die von der Wissenschaft auf dem Weg zu Goethes Zielsetzung für Faust vorgenommen werden musste, wobei das Besondere darin liegt, dass sie poetisch vorbereitet worden war, und zwar bereits im 18. Jahrhundert. Im Mai 1798 sitzt der Dichter Novalis an den Vorarbeiten zu seiner Darstellung der Geschichte von den „Lehrlingen zu Sais", als er in einem Distichon die Hebung des bekannten Schleiers vor der Wahrheit nicht im Tod des Suchenden enden lässt, wie es Friedrich Schiller geschehen lässt, sondern ihm einen ungewöhnlichen Blick gewährt. Novalis schreibt:

> „Einem gelang es – er hob den Schleyer der Göttin zu Sais –
> Aber was sah er? er sah – Wunder des Wunders – Sich selbst."

Novalis nimmt mit diesen Versen das wundersame Erlebnis vorweg, das die Gruppe der Physiker überrascht hat, die am Anfang des 20. Jahrhunderts die Quantentheorie entwerfen konnten. Es muss sie ungeheuer erstaunt haben, als sie merkten, dass sie gedanklich zwar immer tiefer in die Atome – und damit in das Innere der Welt – eindringen konnten, dass dabei zuletzt aber zwei Dinge passierten. Zum einen – so der große Niels Bohr, der bereits vor dem Ersten Weltkrieg das erste Atommodell ersonnen hat und danach mit seiner Hilfe das Periodensystem der Elemente entwerfen und erklären konnte – stellte die neue Physik mit ihren diskreten Quanten und subjektiven Elementen ein wunderbares Beispiel dafür dar, dass man einen Sachverhalt zwar völlig verstanden haben kann – alle experimentellen Ergebnisse wurden von den mathematischen Theorien präzise vorhergesagt – und doch nur in der Lage ist, über ihn in Bildern und Gleichnissen zu reden. Und zum zweiten war man bei dieser Reise in das Innerste der Welt nicht auf die erwarteten objektiven Gegebenheiten mit dazugehörigen mathematischen Strukturen getroffen, sondern eben auf sich selbst, auf seine eigene Geschichte.

Damit passierte in der Welt der Wissenschaft genau das, was Novalis in seinem Roman „Heinrich von Ofterdingen" beschrieben hat, der mit einer Beschwörung der Blauen Blume der Romantik beginnt. Es geht um die Lebensgeschichte des Titelhelden und für das hier Verhandelte um die Stelle des Romans, an der sich Heinrich auf seiner Wanderschaft einem Bergmann anvertraut und ihm in eine Höhle folgt. Im Inneren dieser konkreten Welt treffen die Suchenden und Erkundenden – wie die Quantenmechaniker bei ihren atomaren Erkundigungen – keinesfalls auf eine abstrakte Leere, sondern auf eine persönliche Fülle. Konkret treffen Heinrich und der Bergmann auf einen Einsiedler, der in einem Buch liest, „das in einer fremden Sprache geschrieben war", wie Novalis preisgibt. Als Heinrich sich den Stoff der Lektüre und die den Hergang illustrierenden Bilder näher anschaut, „entdeckte er seine eigene Gestalt ziemlich kenntlich unter den Figuren. Er erschrack und glaubte zu träumen, aber beim wiederholten Ansehen konnte er nicht mehr an der vollkommenen Ähnlichkeit zweifeln."

Es scheint, dass an dieser Stelle einer Dichtung aus dem 18. Jahrhundert die Quantenmechanik des 20. Jahrhunderts ihre poetische Form gefunden hat – mehr als zweihundert Jahre, bevor sie eine mathematische Fassung erhielt, von der im Übrigen festzuhalten ist – auch wenn philosophische Erörterungen darüber gerne hinweghuschen –, dass sie ohne imaginäre Dimensionen (im mathematischen Sinne) nicht auskommt. Die Realität im Innersten der Welt lässt sich sowohl poetisch als auch wissenschaftlich nur unter einem imaginären Blickwinkel erfassen, der etwas erfasst, das außerhalb der erlebten Wirklichkeit anzusiedeln ist und damit einen transzendenten Charakter aufweist – eine fundamental wichtige Einsicht, die außerhalb der Physik zu wenig bedacht und genutzt wird.

2.3 Die Revolution der Romantik

Wer allgemeiner verstehen will, wie Romantik und Wissenschaft zusammenhängen, ist gut beraten, auf die Darstellung zurückzugreifen, die der Kulturphilosoph Isaiah Berlin von dieser umwälzenden Epoche der Kultur gegeben hat, die der Aufklärung folgte. Der Ideenhistoriker hat seine Gedanken über „Die Revolution der Romantik" unter diesem Titel in dem Buch „Wirklichkeitssinn" und in seinen Vorlesungen über „Die Wurzeln der Romantik" beschrieben. Berlin geht es in seinen Essays vordergründig weniger um naturwissenschaftliche, und mehr um ethische Fragen. Entscheidend ist für ihn, dass zu Beginn des 19. Jahrhunderts die traditionelle Überzeugung aufgegeben wurde, der zufolge man – etwa mit den Mitteln der Ethik – herausfinden kann, was die menschliche Natur ist, um ihr anschließend – mit den Mitteln der Politik – Rechnung zu tragen. Es war die Zeit der Romantik, in der einige Intellektuelle die entscheidende Umkehrung im Denken vollzogen, die zu der korrekten Ausgangsposition führt, dass Fragen nach dem rechten Handeln ohne eindeutige Antwort bleiben können und es weder objektive noch subjektive Gründe für entsprechende Entscheidungen gibt. Die Romantiker erkannten, dass sich sittliche Werte widersprechen können, ohne dass dabei Alternativen zu erkennen wären, und genau diesen Schritt haben die Physiker zweihundert Jahre später vollzogen, als sie erkannten, dass Fragen nach der Natur der Dinge ohne eindeutige Antwort bleiben können und es weder objektive noch subjektive Gründe für entsprechende Entscheidungen gibt. Das berühmteste Beispiel ist die Dualität des Lichts, das sowohl als Bewegung einer Welle als auch als Strom von Teilchen (Photonen) verstanden werden kann – die Einsicht, die Albert Einstein (Abb. 2.2) den Nobelpreis gebracht hat und die Max Planck nicht verstehen konnte.

Abb. 2.2 Albert Einstein in jungen Jahren. Das Bild wurde 1905 aufgenommen. *Quelle:* Lucien Chavan / The Albert Einstein Archives, The Hebrew University of Jerusalem / gemeinfrei

Zu den Geburtshelfern der von Berlin skizzierten romantischen Wende gehört Immanuel Kant, der in seinen Schriften fragte, was der Mensch tun soll, wenn man ihm die Freiheit der Wahl gibt. Kant machte den Menschen auf diese Weise zum Urheber seiner Wertvorstellungen. Bei ihm ist ein Wert etwas, das sich ein Mensch gezielt vorgibt, und nicht etwas, über das er zufällig stolpert. Wertvorstellungen sind keine Naturprodukte, die eine Wissenschaft – etwa die Ethik oder die Soziologie – studieren könnte, sondern Ausdruck freien Handelns und damit des menschlichen Schöpfertums. Diesen letzten Schluss hat nicht Kant gezogen, vielmehr findet er sich erst bei den Vertretern der Romantik. Ihre philosophischen Gedanken erhoben die Sittlichkeit zum schöpferischen Vorgang, und sie orientierten sich bei diesem Vorgehen am Modell der Kunst. Kreatives Tun – Schöpfung – ist in den Augen der Romantik die einzig ganz und gar selbstbestimmte Aktivität des Menschen. Nur auf diese Weise gelingt ihm die Selbstbefreiung von den kausalen Gesetzen der Physik und den Mechanismen der äußeren Welt. Indem die Romantiker den Blick auf die Kunst richteten und das Wesen des Menschen in seiner selbstbestimmten Tätigkeit sahen, zerstörten sie die alten Werte der europäischen Sittlichkeit. Ich bin nicht dadurch ich selber, dass ich logisch agiere oder mich der Natur füge. Ich bin erst dann ich selber, wenn ich etwas kreiere. Die Natur ist – in diesem Modell – nicht mehr Mutter oder Gebieterin, sondern das Gegenstück zu meinem Tun und Denken. Natur ist das, dem ich meinen Willen aufzwingen kann. Sie ist der Gegenstand, den ich formen, dem ich Form verleihen kann.

Diesen Schritt konnten zu Beginn des 20. Jahrhunderts die Quantenphysiker vollziehen. „Die Bahn eines Elektrons entsteht erst dadurch, dass wir sie beobachten", wie Werner Heisenberg es damals formuliert hat und wie zitiert worden ist. Die Wissenschaftler berechnen (formen) den Weg der Elektronen und entwerfen auf diese Weise erst die Gestalt eines einfachen Atoms und dann die aller Elemente, die das Periodische System ausmachen. Die romantisch agierenden Theoretiker der Physik bestimmen anschließend sogar deren Bindung und damit den Zusammenhang der Welt, und zwar mit Hilfe einer besonderen (zweiwertigen) Quantenzahl, die Wolfgang Pauli vorgeschlagen hatte, der dabei auf das gestoßen wurde, was die Romantiker schon früher erkannt hatten: Ein Wissenschaftler entwirft die Natur, die er selbst ist. Er ist *natura naturata* (geschaffene Natur) und *natura naturans* (schaffende Natur) in einem, ganz so, wie es den Denkern der Romantik vertraut war.

In dieser doppelten Natur steckt eine immerwährende Bewegung. Nichts ist, da alles wird. Diese Idee bildet das Herz des romantischen Denkens, wie auch Isaiah Berlin betont, der das Leben entsprechend als eine unendliche Aktivität deutet, die man auf immer neue Weise mit den Mitteln der Kunst symbolisch auszudrücken und anzusprechen versucht. Wer in westlich geprägten Breiten die Bewegung – das Werden – höher als das Sein einstuft, muss mit Schwierigkeiten rechnen, denn bekanntlich ist das „Sein" das liebste Kind der europäischen Philosophie, die viele Formen der Ontologie kennt. „Sein oder Nichtsein" scheint die tiefsinnigste Frage des westlichen Denkens zu lauten, und man wundert sich als Wissenschaftler, wie das gehen kann. Was vorhanden ist, muss zunächst entstanden sein, aber eine philosophische Lehre des Werdens gibt es im Abendland nicht. Das Sein scheint ohne Zeit zu sein. Unsere kulturelle Tradition ist mit dem Erfassen von Stillstand und Festigkeit beschäftigt. Selbst am Anfang aller Bewegungen steht (!) ein festes Bewegungsgesetz – etwa bei Newton – oder eine unverrückbare Instanz, die alles verändern und umwandeln kann – etwa der „unbewegte Beweger", den Aristoteles bemüht hat, um der Welt den Schwung zu geben, den sie braucht. Und am Anfang aller bewegten Dinge steht heute in der Physik ein Atom (als festgefügter Baustein) oder in der Biologie ein Gen (als festumrissene Struktur).

Die westliche Welt denkt statisch seit der Antike, in der Platon Wert auf unveränderliche (ewige) Ideen legte und Euklid unbewegliche geometrische Figuren berechnete. Die europäische Kultur beweist ihre ungebrochene Vorliebe für das Unbewegliche, indem sie ganz selbstverständlich das Attribut „platonisch" – für die Liebe – oder „euklidisch" – für die Geometrie im Raum – verwendet, während ihre Vertreter der entsprechenden Wendung „heraklitisch" eher verständnislos gegenüberstehen. Dabei hat der Philosoph Heraklit die Aufmerksamkeit schon früh auf das Werden lenken wollen. „Niemand steigt zweimal in denselben Fluss" und „Alles fließt" lauten Einsichten, die von ihm überliefert sind. Menschen wandeln sich zwar selbst als ruhende Betrachter – etwa in der Zeit, die es gedauert hat, den Text bis zu dieser Stelle zu lesen –, aber sie meinen trotzdem, ihr Leben verläuft in den geordneten Bahnen, in denen (fast) nichts passiert.

Es ist leicht zu verstehen, warum eine an platonischen Texten und euklidischen Figuren ausgerichtete Geisteshaltung Schwierigkeiten mit der heraklitischen Idee der Evolution hat, die als wissenschaftliche Erfassung des Werdens verstanden werden kann. Es fällt erst recht schwer, sie an den Anfang zu stellen. Genau dies soll aber hier vorgeschlagen und versucht werden, und vermutlich können romantisch orientierte Denker damit etwas anfangen.

Am Anfang war die Bewegung, die Evolution heißt und die man im Sinne der modernen Naturwissenschaften dadurch charakterisieren kann, dass sie ohne einen Plan verlaufen ist: Bewegung pur, sozusagen. Es ist anzunehmen, dass die konkrete irdische Evolution mit einzelligen Formen des Lebens den Anfang gemacht hat. Aus ihnen haben sich im Laufe der Zeit die Vielzeller entwickelt, wobei der Begriff der „Entwicklung" zu der Bezeichnung des Lebensabschnitts geworden ist, in dem sich aus einer Zelle – der befruchteten Eizelle – der ganze Organismus bildet. Die Fachleute sprechen in diesem Fall von der „Ontogenese", die sie von der umfassenden Evolution als „Phylogenese" (als Stammesgeschichte) unterscheiden. Wichtig an den Begriffen sind die gemeinsamen Endsilben „genese", in der das griechische Wort für Werden steckt. Bibelkundige kennen es als „Genesis", als das 1. Buch Mose, in dem die Schöpfungsgeschichte erzählt wird (so dass die Bibel ebenso wie die Welt nicht mit einer Festsetzung oder Feststellung, sondern mit einer Bewegung losgeht).

Unter einer „genetischen" Betrachtung verstand man ursprünglich eine Analyse, die das Werden erfassen sollte. In genau diesem Sinne soll es hier um eine genetische Darstellung der menschlichen Natur gehen. Das heißt ausdrücklich, dass es nicht um Anwendungen der Wissenschaft namens Genetik geht, wenn auch gleich von Genen die Rede sein wird. „Genetisch“ gab es lange vor den „Genen“ – unter anderem bereits bei Goethe – und bedeutet deshalb viel mehr als „von den Genen abgeleitet“. Im Rahmen der so verstandenen genetischen Betrachtung lässt sich nun sagen, dass die Bewegung der Evolution keine fertigen Produkte oder angepasste Lebensformen hervorbringt, sondern eine neue Bewegung. Die Evolution bringt keine Menschen hervor, sondern den Vorgang (Ontogenese), durch den Menschen entstehen können. Die Bewegung der Evolution generiert die Bewegung der Entwicklung.

Dieser Prozess unterscheidet sich auf eine wohl definierte Weise von der Evolution. Die Entwicklung verläuft nicht mehr ganz ohne Plan. In ihrem Fall gibt es die (im modernen eingeengten Sinne „genetischen“) Instruktionen der Erbmoleküle, die den Vorgang einleiten und steuern. Die Gene operieren dabei nicht autonom. Sie agieren keineswegs isoliert und bekommen vielmehr die Möglichkeit, gezielt auf Eigenheiten der Umgebung reagieren zu können. Zu diesem Zweck werden die Zellen mit Mechanismen ausgestattet, mit denen sich Signale berücksichtigen lassen, die von der äußeren Welt kommen und nach innen gelangen.

Der noch langsamen Evolution entwächst die rascher werdende Entwicklung, die sich in sich wandelt und zuletzt ein Organ – das Gehirn – hervorbringt, dessen Formation immer stärker von der Wechselwirkung mit der sinnlich zugänglichen Welt bestimmt wird. Wer diesen Prozess der Verinnerlichung als Wissenschaftler studiert, bekommt den Eindruck, dass die Erschaffung des Gehirns weniger wie die geplante Herstellung eines Werkzeuges, sondern eher wie die Anfertigung eines Gemäldes vor sich geht. In beiden Fällen spielt die Wechselwirkung zwischen der ursprünglichen Vorgabe und ihrer Umsetzung eine Rolle. Während ein Maler seine Arbeit mit seiner bildhaften Vorstellung beginnt, lässt ein Organismus erst seine Gene agieren. Für Lebewesen und Künstler stellt die Grundkonzeption – entweder die Gene in der Zelle oder die Idee im Kopf – den Ausgangspunkt des bewegten Handelns dar, das anschließend von dem entstehenden und wahrgenommenen Werk mitbestimmt wird, und zwar in der Form, in der es sich nach und nach vor den Augen des Künstlers auf der Leinwand oder in der natürlichen Umgebung des wirklichen Lebens zeigt.

Die Entwicklung stellt demnach einen Vorgang dar, der alle Chancen hat, Kreativität in die Welt zu bringen, und im Gehirn ist dieses Potential weidlich genutzt worden. Diese schöpferische Qualität können wir in dem genetischen Gesamtbild als die dritte Stufe der Bewegung deuten, die aus der anfänglichen Urbewegung der Evolution entstanden ist. Kreativität ist – so gesehen – nichts Unzugängliches – wohl aber – als erlebbare Befreiung – etwas Schönes. Kreativität bleibt unverändert geheimnisvoll, genauso wie die Evolution und die Entwicklung des Lebens. Ein schöner Gedanke, der den Romantikern gefallen hätte. Er zeigt, dass die Idee der grundlegenden Bewegung im Denken sehr weit führen kann, woraus weiter folgt, dass sich keine Erklärung der Welt mit Zahlen und Figuren zufriedengeben kann. Vielmehr braucht auch die Wissenschaft irgendwann Geschichten. Sie erzählen zuletzt von uns selbst, und da es kein festes Ende geben kann, bleibt die Geschichte so offen wie das Buch, das Heinrich bei dem Einsiedler in der Höhle findet. Wer hineinschaut und sich selbst in diesen Bildern sieht, bekommt die Chance, sein Leben neu zu entwerfen. Wenn Menschen auf sich selbst treffen, wissen sie, dass sie an der tiefsten Stelle angekommen sind. Sie können jetzt umkehren und nach Hause gehen – also dorthin, wo alle Reisen enden und wo sie immer hinwollten. Die Frage ist nur, ob wir jemals ankommen.

2.4 Definition des Romantischen

Wer von romantischer Wissenschaft schreibt, sollte zu definieren versuchen, was genau gemeint ist, und erneut hilft Novalis, der geschrieben hat: „Indem ich dem Gemeinen einen hohen Sinn, dem Gewöhnlichen ein geheimnisvolles Ansehen, dem Bekannten die Würde des Unbekannten, dem Endlichen einen unendlichen Schein gebe, romantisiere ich es."

Wer von diesen vier Handlungsmöglichkeiten liest und überlegt, wo man sie im eigenen Dasein einsetzen und anwenden kann, der wird zwar an viele Bereiche des Alltags denken, diesem gemeinen und gewöhnlichen Teil des Lebens, aber einen Zugang zu unserer Welt höchst wahrscheinlich unbeachtet lassen – den der Naturwissenschaften. In den Kreisen von Physik, Chemie, Biologie und all den anderen Disziplinen erwarten wir systematisches Vorgehen, rationale Analyse und ähnliche Qualitäten, aber um Gottes Willen doch keine Romantik!

Nichts könnte weiter von der Wahrheit entfernt sein als dieses leichtfertige Vorurteil, wie im Folgenden gezeigt werden soll. Die Naturwissenschaften romantisieren die Welt, wenn die Worte von Novalis (Abb. 2.3) zutreffend beschreiben, was mit dieser Geisteshaltung und Denkweise gemeint ist, die um das Jahr 1800 wirksam wurde und mit einem Ausdruck benannt wird, der immer an einen Roman denken lässt.

Abb. 2.3 Novalis (1772–1801), namentlich Georg Philipp Friedrich von Hardenberg, erlangte als deutscher Schriftsteller der Frühromantik und Philosoph schon zu Lebzeiten große Aufmerksamkeit. *Quelle:* Franz Gareis / gemeinfrei.

Zuerst „dem Bekannten die Würde des Unbekannten" geben. Genau das tut die Naturwissenschaft, wenn sie zum Beispiel das (sichtbare) Fallen eines Steines durch die (unsichtbare) Gravitation erklärt. Dann dem Gewöhnlichen ein geheimnisvolles Ansehen geben. Das ist genau das, was Einstein 1905 gemacht hat, als er Licht sowohl als Welle als auch als Teilchen beschreiben konnte. Für viele brach damals das solide Gebäude der Physik zusammen, schließlich hatte Einstein nicht das Licht erklärt, sondern erklärt, dass sich Licht nicht erklären lässt. Denn wenn etwas Welle und Teilchen zugleich sein können, dann kann man zwar alles Mögliche darüber herausfinden – beim Licht die Wellenlänge, die Geschwindigkeit, die Polarisation und vieles mehr –, man kann nur nicht mehr sagen, was es eigentlich ist. Mit anderen Worten hat Einstein „dem Gewöhnlichen" – dem Licht des Tages – „ein geheimnisvolles Ansehen" gegeben. Er hat gezeigt, dass Licht bei aller wissenschaftlichen Durchleuchtung ein Geheimnis bleibt. Und wenn ihn das auch anfangs verwirrt und geärgert haben muss, so konnte er zuletzt doch mit dieser Romantisierung seinen Frieden machen, indem er sich sagte: „Das Schönste, was wir erleben können, ist das Geheimnisvolle. Es ist das Grundgefühl, das an der Wiege von wahrer Wissenschaft und Kunst steht."

Die nächste Forderung des Novalis lautet, „dem Endlichen einen unendlichen Schein" geben, und sie kann konkret erneut beim Licht erfüllt werden, wobei es diesmal um seine Bewegung geht. Sonnenstrahlen werden von einem Spiegel reflektiert, und dabei gelten physikalische Gesetze. Der Ausfallswinkel muss zum Beispiel gleich dem Einfallswinkel sein. Doch so banal das klingt, zu verstehen, warum das Licht sich so verhält, wenn es auf einen Spiegel oder eine andere Oberfläche trifft, hat den Physikern viel Zeit und noch mehr Mühe bereitet. Wirklich gelungen ist ihnen das erst in den Jahren nach dem Zweiten Weltkrieg im Rahmen einer Theorie, die im Jargon den langen Namen Quantenelektrodynamik trägt, was mit QED abgekürzt wird. Mit diesem theoretischen Handwerkszeug kann man zeigen, was passiert, wenn das Licht – mit seiner Doppelnatur, siehe oben – auf eine feste Oberfläche trifft, die zwar glatt aussieht, vom Standpunkt ihres atomaren Aufbaus aber keineswegs so ist. Wenn die Lichtteilchen auf die keinesfalls glatten Atome und Elektronen des Materials treffen, aus dem ein Spiegel besteht, dann ist das so, als ob ein Tennisball auf ein Kopfsteinpflaster auftrifft, und das heißt, dass überhaupt nicht klar ist, in welche Richtung er springt.

Beim Licht ist es oberflächlich klar. Es agiert nach dem erwähnten Reflexionsgesetz, was die tiefergehende Frage aufwirft, wie dies vom atomaren Standpunkt aus gelingen bzw. zustande kommen kann. Die Antwort liefert die besagte Theorie QED, und sie tut dies auf eine romantische Art und Weise. Sie erlaubt den Lichtteilchen, alle möglichen – also unendlich viele – Wege zu gehen, und zeigt, dass die äußeren Bedingungen dafür sorgen, dass die innere Unendlichkeit nur Schein bleibt und sich ihre Anteile gegenseitig aufheben. Zu jedem Weg findet sich ein Gegenweg – mit einer Ausnahme, und das ist der Pfad, der übrig bleibt und gesehen wird.

Die Physik der Atome gibt „dem Endlichen einen unendlichen Schein" ganz allgemein. Denn in der als Quantenmechanik bezeichneten Theorie der Mikrowelt geht es weniger um vorgefundene Wirklichkeiten und mehr um ihr Gegenstück, nämlich die auszulösenden Möglichkeiten, und von denen gibt es beliebig viele, wodurch die ganze Unendlichkeit des Werdens verfügbar ist, mit der die Zukunft so offen wird, wie die Fenster, an denen die Menschen auf romantischen Bildern so gerne stehen, um in die Richtung ihrer Sehnsucht zu schauen. Die Physiker wissen, dass sie das anvisierte Ziel nur erreichen, wenn sie ihr Gehen rational planen und systematisch vorgehen. Ihr Weg ist ihr Ziel. Ohne ihr technisches Gegenstück nützt alle Romantik bei allem Schwärmen nichts, wie wenigstens einmal angemerkt werden sollte.

Die erste Forderung des Novalis kommt zuletzt, was an dem schwierigen Begriff des Sinns liegt, den die Naturforschung gerne meidet. Sie bemüht sich um kausale und objektive Erklärungen der Dinge und versucht, das Subjekt und seine Bewertungen von ihren Theorien fernzuhalten. Ein Biologe fragt höchstens nach der (evolutionären) Herkunft eines genetischen Moleküls – einer DNA-Sequenz – und nicht nach ihrem Sinn. Er versucht, die Aufgabe oder Funktion der von ihm analysierten Struktur zu erfassen, aber von Sinn spricht man in seinen Kreisen eher weniger, und zwar aus gutem Grund. Für einen Naturforscher macht es erst dann Sinn, über den Sinn zu sprechen, wenn das Ganze bekannt und verstanden ist, dem man seine Aufmerksamkeit widmet. Wer von Sinn spricht, stellt eine Verbindung zwischen der Sache, um deren Sinn es geht, und der Absicht her, sie herzustellen. Das klingt zwar leicht, macht einem Naturwissenschaftler aber Sorgen, weil er nicht sicher ist, die Sache so ganz und gut zu kennen, wie es sein sollte.

Man kann einmal annehmen, dass dies gelungen ist, zum Beispiel dann, wenn ein Historiker die Wissenschaft selbst betrachtet und dabei nicht nur ihre Leistungsfähigkeit, sondern darüber hinaus ihren Sinn erkennt. Die Naturwissenschaften sind in ihrer modernen Form im 17. Jahrhundert aufgekommen, und die Absicht ihrer Vertreter bestand darin, die Lebensbedingungen der menschlichen Existenz zu erleichtern. So lässt Brecht es seinen Helden im „Leben des Galilei" sagen, und so dachten viele der damaligen Wegbereiter der Wissenschaft von Francis Bacon über Johannes Kepler bis zu René Descartes. Konkret beschäftigt waren die Herren mit gemeinen Dingen – Glas schleifen, Erbsen zählen, Berechnungen anstellen, Volumen messen, Entfernungen bestimmen –, tatsächlich geschaffen haben sie etwas Sinnvolles, die westliche Wissenschaft, die Europa auf seinen Sonderweg zum Wohlstand gebracht hat, den viele Menschen gerne genießen, ohne an den Mohren zu denken, dem sie ihn verdanken.

Literatur

1. Fischer, E.P. (2015). *Werner Heisenberg. Wanderer zwischen zwei Welten*. Springer-Spektrum.
2. Ders (2003). *Einstein für die Westentasche*. Piper.
3. Ders (2023). *Die Stunde der Physiker*. CH Beck.
4. Ders (2024). *Offenbare Geheimnisse – Wunder der Wissenschaft*. opus magnum.
5. Berlin, I. (1996). *Wirklichkeitssinn*. Berlin: Verlag.
6. Ders (1994). *Die Wurzeln der Romantik*. Berlin: Verlag.
7. Schulz, G. (2011). *Novalis – Leben und Werk Friedrich von Hardenbergs*. CH Beck.
8. Feynman, R. (2018). *QED – Die seltsame Theorie des Lichts und der Materie*. Piper.

3

Der Tag ohne Gestern und Vorgestern

Georges Lemaître und der Beginn von Allem

von Hans-Joachim Blome

„Wenn wir uns vorstellen, dass wir uns rückwärts in der Zeit bewegen, erreichen wir den ersten Augenblick auf dem Grund der Raumzeit, das Jetzt, das kein Gestern hat, denn Gestern gab es keinen Raum“.

(Georges Lemaître, 1945)

Die Idee eines Weltbeginns vor 13,8 Milliarden Jahren als heißer, kompakter und rasant expandierender Anfangszustand stammt von Georges Lemaître, der diesen 1931 als *atome primitif* bezeichnete. Lemaître war Astrophysiker, katholischer Priester und Professor in Louvain (Löwen/Belgien). Bereits 1927 wies Lemaître die Expansion des Universums nach und erkannte, dass sie sich in der Rotverschiebung von Galaxienspektren zeigt – ein Gesetz, das seit 2018 als Hubble-Lemaître-Gesetz bekannt ist.

Lemaître verband die Expansion mit Beobachtungen, indem er die Rotverschiebung als Konsequenz der Lichtausbreitung in einem expandierenden Weltraum theoretisch erklärte. Hubbles Nachweis der extragalaktischen Natur von Spiralnebeln (1925) und die Instabilität des Einstein-Kosmos führten ihn zu einem expandierenden Weltmodell mit beschleunigter Expansion. 1931 postulierte er einen heißen, dichten Anfangszustand, das „primordiale Atom“, dessen Ursprung er mit einem quantenmechanischen Tunneleffekt verband – eine Idee, die erst 50 Jahre später weiterentwickelt wurde. Die Expansion verlief zunächst verzögert, später beschleunigt, verursacht durch die Energiedichte des leeren Raums (*Dunkle Energie*), was ab 1998 auch beobachtet wurde.

Weder Einstein noch Lemaître verwendeten den Begriff *Urknall*. Er ist irreführend, da er keine Explosion im Raum beschreibt, sondern die gemeinsame Entstehung von Materie, Raum und Zeit aus einer „Anfangssingularität“ jenseits der Planck-Zeit (10^{-43} s). Der Urknall umfasst sowohl das Ursprungsereignis als auch den frühen Kosmos, was begrifflich zu unterscheiden ist. Lemaître differenzierte zwischen dem Anfangszustand des Universums und dessen Ursprung

Expedition in die Raumzeit: Wissen – Denkbares – Unerklärliches, 1. Auflage. Harald Zaun (Hrsg.).
© 2026 Wiley-VCH GmbH. Alle Rechte vorbehalten, einschließlich derer für Text- und Data-Mining und Training von Technologien der Künstlichen Intelligenz oder ähnlichen Technologien. Published 2026 by Wiley-VCH GmbH

in einer raumzeitlosen Realität. Die klassische Kausalität versagt hier: Im Friedmann-Lemaître-Weltmodell hat der Urknall keine Vorgeschichte, das Universum entspringt einer zeitlosen prägeometrischen Realität – ein zentrales Thema der modernen Quantenkosmologie.

3.1 Der Beginn der modernen Kosmologie

Die moderne physikalische Kosmologie wurde erst mit Einsteins Allgemeiner Relativitätstheorie (1915) möglich. Seine Feldgleichungen beschrieben erstmals den Zusammenhang zwischen Raumzeit-Geometrie, Gravitation, Materie und Energie. 1917 stellte Einstein der Preußischen Akademie ein statisches Weltmodell vor: ein Universum mit sphärischer Krümmung und ewiger Zeit. Um diese Statik zu gewährleisten, führte er die kosmologische Konstante ein – eine künstliche Erweiterung seiner Gleichungen. Damit verpasste er die Chance, die Expansion des Universums vorherzusagen.

1927 zeigte Georges Lemaître die Instabilität von Einsteins Modell und die Unvermeidbarkeit der kosmischen Expansion. Sein Weltmodell kombinierte das statische Einstein-Universum mit Willem de Sitters (1917) expandierendem Modell. Lemaître erkannte bereits 1925, dass de Sitters Lösung eine Expansion beschrieb, und verband sie 1927 mit den Beobachtungen von Vesto Slipher, der die Rotverschiebung des Lichts entfernter Galaxien nachwies. Die von Slipher beobachteten Fluchtbewegungen waren nicht auf eine tatsächliche Bewegung der Galaxien zurückzuführen, sondern auf die Expansion des Raumes selbst.

Lemaîtres Modell war ein dynamischer Kosmos, allerdings ohne einen klar definierten Anfang. Zunächst versuchte er, Einsteins statischen Kosmos mit der von ihm erkannten Expansion in Einklang zu bringen: Irgendwann in ferner Vergangenheit hatte das Universum infolge einer Instabilität zu expandieren begonnen und strebte asymptotisch einem exponentiell wachsenden de Sitter-Universum entgegen. Ohne Kenntnis von Friedmanns Arbeiten leitete er – unter der Annahme eines homogenen und isotropen Universums – die bis heute fundamentalen Gleichungen der relativistischen Kosmologie ab.

Zwischen 1925 und 1927 untersuchte Lemaître nicht nur die Modelle von Einstein und de Sitter, sondern auch alternative Lösungen der Einstein'schen Feldgleichungen. Diese beschrieben dynamische Universen mit einem möglichen Anfang in der Zeit. Abhängig von der Energiedichte des kosmischen Substrats konnte entweder eine ewig andauernde Expansion oder eine spätere Kontraktion folgen. Doch was war der Ursprung? Begann die Expansion aus einem nahezu ausdehnungslosen Zustand oder folgte sie auf eine vorhergehende Kollapsphase? War das Universum möglicherweise ein oszillierendes Objekt, das sich in Zyklen von Expansion und Kontraktion bewegt? Diese Fragen prägen die moderne Kosmologie bis heute.

3.2 Georges Lemaître und Albert Einstein – Gespräche über den Anfang der Welt

Einstein und Lemaître waren Zeitgenossen, begegneten sich aber erst 1927 persönlich. Beide beschäftigten sich mit der Frage nach dem Ursprung des Universums, betrieben Physik jedoch unabhängig von religiösen Überzeugungen. Während Einstein 1879 in Ulm geboren wurde, kam Lemaître 1894 im belgischen Charleroi zur Welt. Im Gegensatz zu Einstein wuchs Lemaître in einem religiösen Umfeld auf und wurde 1923 zum katholischen Priester geweiht. Ab 1960 leitete er die Päpstliche Akademie der Wissenschaften.

Bei ihrem ersten Treffen 1927 verwies Einstein Lemaître auf Alexander Friedmanns Arbeiten, äußerte aber seine Skepsis gegenüber einem expandierenden Universum. Lemaître erinnerte sich 1957 in einer Radioansprache an diese Begegnung: „Ihre Rechnungen sind korrekt, aber vom physikalischen Standpunkt aus ganz widerwärtig."

Von 1917 bis 1931 hielt Einstein an seinem Modell eines „statischen Universums von Ewigkeit zu Ewigkeit" fest, ohne dessen Stabilität kritisch zu hinterfragen. Wäre er dieser Frage rechnerisch nachgegangen, hätte er vermutlich selbst erkannt, dass sein „Einstein-Kosmos" instabil war – ein Nachweis, den Lemaître 1927 erbrachte. Möglicherweise war Einstein durch die Philosophie Spinozas geprägt oder hatte schlicht die neuen Beobachtungen der extragalaktischen Astronomie seit 1925 nicht verfolgt. Erst 1931, nach einem Besuch des Mount Wilson Observatoriums und einem Gespräch mit Edwin Hubble, erkannte er die Notwendigkeit eines Paradigmenwechsels: „Ich bin nicht mehr geneigt, meiner damaligen (statischen) kosmologischen Lösung eine physikalische Bedeutung zuzuschreiben, schon abgesehen von Hubbles Beobachtungsdaten (. . .)". [30]

Ironischerweise wurde diese Einsicht am 9. Mai 1931 in den Sitzungsberichten der Preußischen Akademie der Wissenschaften veröffentlicht – am selben Tag, an dem in *Nature* Lemaîtres bahnbrechender Artikel *The Beginning of the World from the Point of View of Quantum Theory* erschien. Dieser markierte die Geburt der Urknall-Hypothese und der Quantenkosmologie.

Im Januar 1933 trafen sich Einstein und Lemaître erneut in Pasadena. Nach einem Vortrag, in dem Lemaître seine Theorien zur Expansion des Universums und deren möglichen Anfang schilderte, äußerte Einstein nun Bewunderung: „*This is the most beautiful and satisfactory explanation of the creation that I have ever heard. But it should be more realistic in the beginning.*"

Trotz dieser Anerkennung blieb Einstein skeptisch gegenüber der Idee einer Anfangssingularität, bei der der Weltradius zu Null tendiert, wenn die Zeit gegen Null läuft. Er vermutete, dass seine Feldgleichungen in solchen extremen Bedingungen möglicherweise nicht mehr gültig sind. Die Singularität könnte vielmehr eine Folge zu starker Idealisierung sein.

Lemaître untersuchte daraufhin auch kosmologische Modelle mit anisotroper Expansion – doch die Singularität blieb. Sie gehört streng genommen nicht zur Raumzeit, sondern markiert deren Grenze und verweist auf die Unvollständigkeit der Allgemeinen Relativitätstheorie. Zudem lassen sich die Lösungen der kosmologischen Theorie vor Erreichen der Singularität nicht mehr als „vergangene Wirklichkeit" interpretieren. Für Zeiten vor der Planck-Zeit (10^{-43} Sekunden) fehlt derzeit eine physikalisch gesicherte Beschreibung des Universums.

Einstein betonte in einer seiner letzten Publikationen, dass man die Gültigkeit der Feldgleichungen nicht unkritisch auf extreme Materie- und Energiedichten ausdehnen dürfe. Einen möglichen Ausweg sah die Physik in einem quantentheoretischen Blick auf die Raumzeit-Geometrie.

3.3 Der Anfang der Welt verliert sich in Zeitlosigkeit

Der Ursprung des Universums liegt in einer Realität, auf die die Begriffe von Raum und Zeit nicht anwendbar sind. Am Anfang existierte keine Zeit – sie ist vielmehr eine Eigenschaft des Kosmos selbst. Die heute durch pseudo-riemannsche Geometrie beschreibbare Raum-Zeit entspringt einer ort- und zeitlosen (Quanten-) Realität. Lemaître drückte es so aus: „*Der erste Moment, der Anfang: das Heute, das kein Gestern hat, weil gestern gab es keinen Raum.*" [6]

Lemaître bemerkte, dass sein Kollege Arthur Eddington (1882–1944) die Vorstellung eines kosmischen Anfangs aus philosophischen Gründen ablehnte. Doch unter Berücksichtigung der Quantentheorie beginnt die Entwicklung des Universums aus einem gestaltlosen Zustand extremer Energiedichte.

1931 führte Lemaître den Begriff des „*atome primitif*" ein – ein ursprüngliches Energiequantum, das die gesamte Materie des Universums enthielt. Dieses „*primeval atom*" war seiner Vorstellung nach extrem instabil und zerfiel in einer Art *Super-Radioaktivität*, wodurch die Expansion des Universums begann.

Er betonte, dass das frühe Universum nicht einfach als verkleinertes makroskopisches Objekt denkbar sei. So wie ein Atom nicht als Miniatur-Planetensystem verstanden werden kann, müsse auch das Universum in seiner Frühphase als *quantenmechanisches Objekt* betrachtet werden. Inspiriert von der Radioaktivität und dem damals neu entdeckten quantenmechanischen Tunneleffekt, verglich er die Entstehung des Universums mit einem fundamentalen Energiezerfall.

Lemaître vermied es, eine genaue Temperatur für diesen frühen Zustand zu berechnen, beschrieb ihn jedoch als extrem heißes und dichtes Gas. Interessanterweise strich er vor der Veröffentlichung eine ursprünglich geplante theologische Anmerkung aus seinem Manuskript, da er naturwissenschaftliche Erkenntnisse von religiösen Überzeugungen trennen wollte.

Heute wissen wir, dass die klassische Kosmologie auf Basis der Allgemeinen Relativitätstheorie (ART) bei der Planck-Zeit an ihre Grenzen stößt. Jenseits dieser

Grenze dominieren Quanteneffekte, und das Friedmann-Lemaître-Weltmodell kann nicht mehr als exakte Beschreibung der Vergangenheit betrachtet werden.

3.4 Am Anfang war das Licht?

Aus den Gleichungen, die das Verhalten von Strahlung und Materie in einem expandierenden Kosmos beschreiben, ergibt sich, dass Strahlung in der frühen Phase des Universums dominierte. Der Schluss lag nahe, dass Licht die primordiale Substanz des Universums war. Bereits 1922 spekulierte Lemaître in einem unveröffentlichten Manuskript: „*That the Universe had begun with light.*"

Später formulierte er die Möglichkeit, dass Licht der ursprüngliche Zustand der Materie gewesen sei und Materie durch einen Umwandlungsprozess aus Strahlung entstehen konnte – eine Idee, die auf Überlegungen des Physikers Robert Millikan zurückging. Lemaître beschrieb den Anfang des Universums anschaulich als „*kosmisches Feuerwerk*" [6]. Diese Vorstellung griff später auch P.J.E. Peebles auf, als er von einem „*primordialen Feuerball*" sprach [48].

Seine Überlegungen wurden unter anderem durch die Werke des Mathematikers Henri Poincaré geprägt. Besonders die Bücher *Électricité* und *Optique* führten ihn zu der Frage, ob Licht die *prima materia* des Universums sein könnte. Gleichzeitig setzte er sich als Priester intensiv mit den ersten Versen der Genesis auseinander. In einem Aufsatz mit dem Titel „*Les trois premières paroles de Dieu*" versuchte er, eine symbolische Verbindung zwischen den biblischen Worten „*Es werde Licht*" und physikalischen Konzepten herzustellen. Für ihn war dieses biblische Licht die fundamentale Wirklichkeit des Anfangs, aus der sich die Materie durch Kondensation formte.

Während seines Aufenthalts in den USA 1924/25 diskutierte Lemaître mit Millikan über die Entstehung von Materie aus elektromagnetischer Strahlung. Millikan und G. Harvey Cameron stellten die Hypothese auf, dass Protonen und Elektronen durch einen Kondensationsprozess aus Strahlung erzeugt werden könnten. Auch wenn sich diese Hypothese später als fehlerhaft erwies, blieb für Lemaître die Idee der Materieentstehung aus Licht zentral.

1934 sagten Breit und Wheeler theoretisch die Möglichkeit der Erzeugung von Materie aus Licht in Form von Elektron-Positron-Paaren voraus. Diese wurde 1997 experimentell bestätigt. In einem Vortrag 1931 vermutete Lemaître, dass energiereiche kosmische Partikel ihren Ursprung im *atome primitif* hatten. Die Entdeckung Arthur Comptons, dass kosmische Strahlen aus geladenen Teilchen bestehen, bestärkte ihn in seiner Hypothese vom Anfang der Welt.

3.5 Georges Lemaître begegnete George Gamow nie

Lemaître verfolgte seine Hypothese vom expandierenden und fragmentierenden *atome primitif* nicht weiter, insbesondere nicht im Hinblick auf thermodynamische Berechnungen oder die genauere Natur der Fragmente.

Diese Fragen griff George Gamow in den 1940er-Jahren auf. Er untersuchte die Möglichkeit der Bildung erster Atomkerne – bestehend aus Protonen und Neutronen – und knüpfte damit an eine frühere Vermutung von Carl Friedrich von Weizsäcker an: „*Es ist durchaus möglich, dass die Bildung der Elemente vor der Entstehung der Sterne in einem vom heutigen wesentlich verschiedenen Zustand des Kosmos stattgefunden hat.*“

Gemeinsam mit Ralph Alpher und Robert Herman entwickelte Gamow eine kernphysikalische Interpretation der Hypothese eines heißen Anfangszustands. Sie berechneten Energiekonzentration und Temperatur der frühen Materie, die sie als *Ylem* (griech. für „Urmaterie“) bezeichneten. Eine unvermeidbare Folge dieses heißen Anfangs, so ihre Schlussfolgerung, musste eine allgegenwärtige Reststrahlung sein, die sich durch die Expansion des Universums auf etwa 5 K abgekühlt haben sollte.

Gamow schickte Lemaître 1946 einen Vorabdruck seiner Arbeit mit persönlicher Widmung. Lemaître reagierte jedoch nicht, obwohl sein Mitarbeiter Odon Godart ihn dazu ermutigte. Tatsächlich wurde die kosmische Mikrowellen-Hintergrundstrahlung (CMB) 1964 von Arno A. Penzias und Robert W. Wilson entdeckt und später durch Satellitenmissionen wie COBE, WMAP und Planck detailliert kartiert.

Lemaître hatte Recht mit der Vermutung, dass sich Relikte aus der Frühphase des Universums nachweisen lassen sollten. Allerdings manifestierte sich dieses Relikt nicht in massereichen Partikeln, sondern als das Nachglühen des Urknalls in Form masseloser Photonen – der kosmischen Hintergrundstrahlung mit einer heutigen Temperatur von 2,7 K.

3.6 Vom Uratom zum Urknall

Der Begriff *Big Bang* tauchte erstmals 1949 in einem Rundfunkvortrag des englischen Physikers Sir Fred Hoyle (1915–2001) auf. Hoyle (Abb. 3.1) verwendete ihn abwertend, um die Hypothese von Lemaître und Gamow zu kritisieren. Er sah in

Abb. 3.1 Fred Hoyle, Vater der Steady-State-Theorie, im Gespräch mit Georges Lemaître, Vater des Urknalls, in den späten 1950er Jahren. (Master and Fellows of St John’s College, Cambridge). *Quelle:* Simon A. Mitton (2020) / arXiv.

Abb. 3.2 Georges Lemaître zwischen Robert Millikan und Albert Einstein am California Institute of Technology in Pasadena am 10. Januar 1933. *Quelle:* Archives Lemaître/gemeinfrei.

der Idee eines Weltanfangs eine religiös motivierte Vorstellung. Hoyle, gemeinsam mit Thomas Gold und Hermann Bondi, vertrat das Steady-State-Modell, in dem das Universum zwar expandiert, aber seine mittlere Dichte durch kontinuierliche Materieentstehung konstant bleibt. In diesem Modell existiert die Welt anfangslos – seit ewiger Zeit.

Albert Einstein (Abb. 3.2) äußerte sich 1954 in einem Interview mit der Astronomin Vibert Douglas kritisch über Hoyles Modell. Für ihn war ein Anfang notwendig, doch auch Lemaîtres Konzept des Uratoms überzeugte ihn nicht. Bereits 1916 hatte Einstein vermutet, dass die Quantentheorie die Relativitätstheorie modifizieren müsse: „*Es scheint, dass die Quantentheorie nicht nur die Maxwellsche Elektrodynamik, sondern auch die neue Gravitationstheorie wird modifizieren müssen.*"

Lemaître selbst erkannte die Grenzen der Allgemeinen Relativitätstheorie für die Beschreibung des Weltanfangs und betonte, dass eine Erweiterung durch Quanteneffekte notwendig sei: „*Wenn die Welt mit einem einzigen Quantum begonnen hat, würden die Begriffe von Raum und Zeit am Beginn der Zeit in ihrer Gesamtheit versagen.*"[4]

3.7 Weltmodell von Georges Lemaître – Vom Uratom zum beschleunigten Universum

Ab 1931 entwickelte Georges Lemaître also das kosmologische Modell, beginnend mit dem *atome primitif* („Uratom"). Die nachfolgende rasante Expansion verlangsamt sich, durchläuft eine Phase der Stagnation und beschleunigt sich anschließend wieder unter dem Einfluss des kosmologischen Terms. Dieses Universum weist eine positive Krümmung ($k = +1$) sowie eine positive kosmologische Konstante auf.

Bereits 1934 interpretierte Lemaître die kosmologische Konstante als Energiedichte des leeren Raumes – eine Idee, die heute als Dunkle Energie bekannt ist.

Beobachtungen seit 1997 haben gezeigt, dass die Expansion unseres Universums qualitativ dem von Lemaître vorgeschlagenen Verlauf folgt.

Unter Berücksichtigung der explosiven Anfangsphase des *atome primitif* lassen sich insgesamt vier Abschnitte der Expansion ableiten.

1. *primordiales Atom* $R_{Pl} < R < 10^{12}$ *m*
2. *verlangsamte Expansion* $R \approx t^{2/3}$ *bzw.* $R \approx t^{1/2}$
3. *Stagnation*
4. *beschleunigte Expansion* $R \approx \exp(t/\tau)$

Die Phase der stagnierenden Expansion wurde durch den kosmologischen Term verursacht. Dieser ergibt sich zwangsläufig, wenn man kosmologische Lösungen auf der Grundlage der verallgemeinerten Einstein-Gleichungen betrachtet. Gleichzeitig ermöglichte dieser Parameter, dass das Alter der Sterne kleiner als das Alter des Universums ($t_\star < t_0$) blieb.

3.8 Das aktuelle Friedmann-Lemaître Weltmodell

Ab 1998 wiesen Astronomen die von Lemaître vorhergesagte beschleunigte Expansion des Universums nach. Grundlage war die Nutzung von Supernovae vom Typ Ia (SN Ia) als Standardkerzen zur Vermessung der Expansionsrate. Diese Supernovae sind extrem hell, ihre absolute Helligkeit ist gut bekannt, und ihre geringe Helligkeitsstreuung macht sie ideal für kosmologische Entfernungsbestimmungen. Zwei Forscherteams um Saul Perlmutter, Adam Riess und Brian Schmidt stellten fest, dass sich das Universum nicht nur ausdehnt, sondern dies auch immer schneller tut – ein Hinweis auf die Existenz Dunkler Energie. Für diese Entdeckung erhielten sie 2011 den Nobelpreis.

Das heutige Standardmodell der Kosmologie beschreibt die unvermeidliche Expansion des Universums, die Häufigkeit leichter Elemente und die kosmische Mikrowellenhintergrundstrahlung als Konsequenzen einer heißen Anfangsphase. Die großräumige Struktur des Universums deutet zudem auf Dunkle Materie hin. Erste Hinweise auf die Expansion lieferten Anfang des 20. Jahrhunderts die Rotverschiebungsmessungen von Slipher und Hubble. Lemaître leitete 1927 den Zusammenhang zwischen Rotverschiebung und Distanz ab, was Hubble 1929 bestätigte – das heutige Hubble-Lemaître-Gesetz.

Ein weiterer Meilenstein war die Entdeckung der kosmischen Mikrowellenhintergrundstrahlung durch Penzias und Wilson (1965) sowie ihre präzise Vermessung durch COBE (1992), WMAP (2003) und Planck (2013). Diese und andere Messungen zeigen: Das Universum ist 13,8 Milliarden Jahre alt, die beschleunigte Expansion begann vor ca. 6 Milliarden Jahren. Dieses Alter stimmt mit dem der ältesten Sterne unserer Galaxie (13,2 Mrd. Jahre) und des Sonnensystems (4,6 Mrd. Jahre) überein – ein Beleg für die Präzision des Friedmann-Lemaître-Modells.

3.9 Mikrowellen – Licht vom Anfang der Zeit

Georges Lemaître beschrieb den Beginn des Universums anschaulich als ein „kosmisches Feuerwerk". Heute wissen wir, dass bereits 380 000 Jahre nach dem Urknall Photonen der Wechselwirkung mit Materie entkamen. Diese breiten sich seither aus und sind heute als kosmische Mikrowellenhintergrundstrahlung (CMB) nachweisbar.

Mitte der 1960er Jahre gelang es Arno Penzias und Robert W. Wilson, diese Strahlung zu messen. Sie entsprach einem thermischen Strahlungsfeld mit einer Temperatur von etwa 3 Kelvin und bestätigte damit die Vorhersagen der Urknall-Theorie. Ihre Entdeckung wurde 1978 mit dem Nobelpreis für Physik ausgezeichnet. Die physikalischen Bedingungen zum Zeitpunkt der Entstehung der Hintergrundstrahlung sind gut bekannt, da sie sich ausschließlich aus den Gesetzen der Atom- und Plasmaphysik ergeben. Während der Expansion des Universums sank die Temperatur, und etwa 380 000 Jahre nach dem Urknall fiel sie auf unter 3000 Kelvin (etwa 2700 °C). In diesem Moment war die thermische Bewegungsenergie der Teilchen so gering, dass sich Elektronen und Protonen zu neutralen Wasserstoff- und Helium-Atomen verbanden – ein Prozess, der als Rekombination bezeichnet wird. Dabei wurde Energie freigesetzt, und das Universum wurde für Licht durchlässig. Die zuvor ionisierte Materie konnte keine Photonen mehr effektiv einfangen, sodass sich das Licht ungehindert ausbreiten konnte. Genau diese Photonen beobachten wir heute als Mikrowellenhintergrundstrahlung.

Seit der Entkopplung der Photonen dehnt sich das Universum weiter aus, was dazu führte, dass die Strahlung zu längeren Wellenlängen verschoben wurde (Rotverschiebung). Dadurch sank ihre ursprüngliche Temperatur von etwa 3000 Kelvin auf heute 2,725 ± 0,002 Kelvin. Die Hintergrundstrahlung ist weitgehend isotrop, das heißt, sie ist in alle Richtungen des Himmels nahezu gleichmäßig verteilt. Ihre Existenz wurde in den letzten Jahrzehnten durch zahlreiche Messungen bestätigt, zuletzt durch das Planck-Weltraumteleskop [16].

Allerdings weist die Hintergrundstrahlung geringfügige Fluktuationen auf. Diese Unterschiede in der Strahlungsintensität geben wertvolle Hinweise auf die ersten Strukturen des Universums. Sie zeigen, dass es bereits in frühen Phasen Dichteunterschiede gab, die schließlich zur Entstehung von Sternen und Galaxien führten [17].

Das von Georges Lemaître entwickelte Weltmodell auf Basis der erweiterten Einstein'schen Feldgleichungen beschreibt präzise die Expansionsdynamik des Universums. Beobachtungen deuten auf eine (nahezu) euklidische Geometrie hin, doch bleibt die Frage offen, ob die anfängliche Inflation zwangsläufig zu dieser Geometrie führt.

Nach heutiger Standardhypothese durchlief das Universum kurz nach dem Planck-Zeitalter eine rapide Expansion – die Inflation. Diese könnte durch ein spezielles physikalisches Feld oder die Gravitation selbst verursacht worden sein.

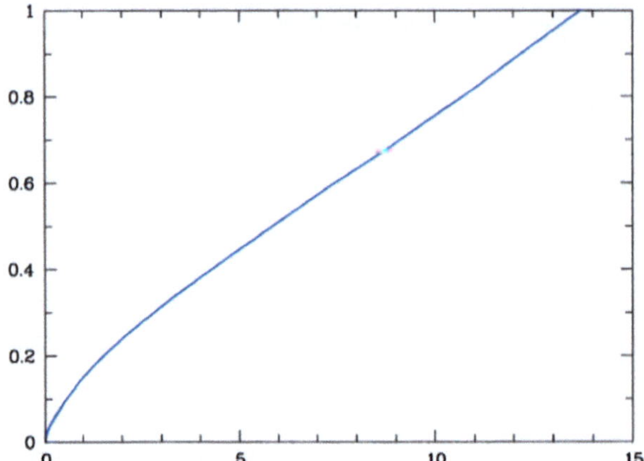

Abb. 3.3 Zeitliche Entwicklung des Ausdehnungsfaktors des Weltraums R(t) bezogen auf den Radius R_0 des heute im Prinzip sichtbaren Raumbereiches – Radius etwa 45 Milliarden Lichtjahre – für ein Universum mit euklidischer Geometrie und den Dichteparametern $\Omega_M = 0.3$, $\Omega_\Lambda = 0.7$ und einer Expansionsrate $H_0 = 70$ km/(s Mpc). Die Zeitskala auf der Abszisse ist in der Einheit von Milliarden Jahren angegeben.

Entscheidend ist, dass sie aus dem Vakuum-Quantenzustand reale Teilchen erzeugte und kleinste Quantenfluktuationen verstärkte, die später zur Bildung von Galaxien führten. Ihr Einfluss zeigt sich sowohl in der kosmischen Mikrowellenhintergrundstrahlung als auch in der heutigen Galaxienverteilung.

Es hat sich herausgestellt, dass ein Friedmann-Lemaître Modell mit euklidischer Geometrie und einem Alter von 13,8 Milliarden Jahren sowie einem Übergang zu einer beschleunigten Expansion (Abb. 3.3) vor sechs Milliarden Jahren entsprechend unserem jetzigen Kenntnisstand eine präzise Beschreibung des Kosmos, in dem wir leben, darstellt. Das kosmologische Alter der Welt ist konsistent mit dem Alter des Sonnensystems und den ältesten Sternen in unserer Galaxis ($t_* = 13.2 \times 10^9$ Jahre).

Die aus den Beobachtungen der kosmischen Mikrowellen-Hintergrundstrahlung ermittelte gegenwärtige Expansionsrate beträgt $H_0 = 67.51 \pm 0.64$ km s^{-1} Mpc^{-1}. Dieser Wert ist deutlich kleiner als der durch Beobachtungen von Supernovae vom Typ Ia mit dem Hubble Space Telescope ermittelte Wert: $H_0 = 73{,}21 \pm 1.74$

Im derzeitigen Standardmodell der Kosmologie [16] lassen sich verschiedene Abschnitte unterscheiden:

Ende der strahlungsdominierten Epoche	$t_{eq} = 5.2 \cdot 10^4$ Jahre
Ende der Plasmaepoche	$t_{dec} = 380\,000$ Jahre
Beginn der beschleunigten Expansion	$t_* = 7.5 \times 10^9$ Jahre
Bildung des Sonnensystems	$t_S \geq 9.2 \times 10^9$ Jahre
Dominanz der Dunklen Energie ab	$t_\Lambda = 10.1 \times 10^9$ Jahre
Weltalter (Zeit seit *Big Bang*)	$t_0 = 13.82 \times 10^9$ Jahre

Aus einem formlosen Anfangszustand entwickelte sich das Universum durch die Herausbildung der vier fundamentalen Kräfte. Während der GUT-Ära (10^{-36} bis 10^{-34} Sekunden) waren elektromagnetische, starke und schwache Wechselwirkung noch vereint. Danach setzte die Inflation ein, das Universum dehnte sich exponentiell aus. Nach etwa 10^{-6} Sekunden formten sich aus den wenigen überlebenden Quarks Protonen und Neutronen. Eine Minute später entstanden die Kerne der leichtesten Elemente, nach 300 000 Jahren wurden freie Elektronen eingefangen, das Universum wurde durchsichtig. Sterne bildeten sich nach Hunderten Millionen Jahren und erzeugten schwere Elemente. Als das Universum etwa halb so alt war wie heute, setzte die beschleunigte Expansion ein – der erste Hinweis auf Dunkle Energie.

706 *NATURE* [May 9, 1931

The Beginning of the World from the Point of View of Quantum Theory.

Sir Arthur Eddington [1] states that, philosophically, the notion of a beginning of the present order of Nature is repugnant to him. I would rather be inclined to think that the present state of quantum theory suggests a beginning of the world very different from the present order of Nature. Thermodynamical principles from the point of view of quantum theory may be stated as follows: (1) Energy of constant total amount is distributed in discrete quanta. (2) The number of distinct quanta is ever increasing. If we go back in the course of time we must find fewer and fewer quanta, until we find all the energy of the universe packed in a few or even in a unique quantum.

Now, in atomic processes, the notions of space and time are no more than statistical notions; they fade out when applied to individual phenomena involving but a small number of quanta. If the world has begun with a single quantum, the notions of space and time would altogether fail to have any meaning at the beginning; they would only begin to have a sensible meaning when the original quantum had been divided into a sufficient number of quanta. If this suggestion is correct, the beginning of the world happened a little before the beginning of space and time. I think that such a beginning of the world is far enough from the present order of Nature to be not at all repugnant.

It may be difficult to follow up the idea in detail as we are not yet able to count the quantum packets in every case. For example, it may be that an atomic nucleus must be counted as a unique quantum, the atomic number acting as a kind of quantum number. If the future development of quantum theory happens to turn in that direction, we could conceive the beginning of the universe in the form of a unique atom, the atomic weight of which is the total mass of the universe. This highly unstable atom would divide in smaller and smaller atoms by a kind of super-radioactive process. Some remnant of this process might, according to Sir James Jeans's idea, foster the heat of the stars until our low atomic number atoms allowed life to be possible.

Clearly the initial quantum could not conceal in itself the whole course of evolution; but, according to the principle of indeterminacy, that is not necessary. Our world is now understood to be a world where something really happens; the whole story of the world need not have been written down in the first quantum like a song on the disc of a phonograph. The whole matter of the world must have been present at the beginning, but the story it has to tell may be written step by step. G. Lemaître.

40 rue de Namur,
Louvain.

[1] Nature, Mar. 21, p. 447.

Abb. 3.4 Der Anfang der Welt, vom Standpunkt der Quantentheorie aus betrachtet. Georges Lemaître (9. Mai 1931, in: Nature, Bd. 127, S. 706). *Quelle:* Georges Lemaître, 1931 / mit freundlicher Genehmigung von Springer Nature.

3.10 Der Beginn von Allem ...

Die mit Beobachtungsdaten kompatiblen kosmologischen Modelle weisen darauf hin, dass die Energiedichte in der Vergangenheit bis zu einem Punkt unendlich wächst, an dem die Abstände benachbarter Teilchen auf null schrumpfen – die sogenannte Anfangssingularität. Diese Singularität ist jedoch eine Eigenschaft des theoretischen Modells und keine physikalisch nachweisbare Realität. Bereits vor Erreichen der Planck-Zeit ($t \approx 10^{-43}$ s) verlieren klassische Konzepte von Raum und Zeit ihre Gültigkeit, da Quantenfluktuationen der Metrik eine eindeutige Definition verhindern. Eine formale Extrapolation über den Nullpunkt hinaus führt zu imaginären Werten für den Weltradius R(t), was auf einen quantenmechanischen Tunneleffekt hindeutet.

Lemaître schlug bereits 1931 vor, den Ursprung des Universums quantenmechanisch zu betrachten (Abb. 3.4). Er verglich den Anfang mit einem „Uratom", dessen Zerfall in kleinere Einheiten einer Art „superradioaktiven Prozess" ähneln könnte. Ähnliche Ideen fanden sich später in der Quantenkosmologie wieder. Modelle wie das von Hartle und Hawking besagen, dass unser Universum kein absoluter Anfangspunkt ist, sondern durch einen quantenmechanischen Übergang aus einem höherdimensionalen, euklidischen Universum hervorgegangen sein könnte. In diesem Szenario verliert die klassische Vorstellung einer singulären Entstehung ihre Bedeutung, da die Raumzeit eine andere Signatur annimmt.

Alternative Ansätze wie die „Big Bounce"-Modelle gehen davon aus, dass das Universum aus einem vorherigen Kollaps entstand, wobei eine minimal erreichbare Raumgröße nicht unterschritten wird. Auch diese Möglichkeit hat Georges Lemaîtres in Erwägung gezogen; er bezeichnete dieses Weltmodell als „Phoenix-Universum" [7]. In der Schleifen-Quantengravitation, in der Raum und Zeit als diskret betrachtet werden, ist eine Nullausdehnung ausgeschlossen, wodurch die klassische Urknall-Singularität vermieden wird. Die klassische Kosmologie beschreibt das Universum als kontinuierliches Raum-Zeit-Gebilde, während die Quantenkosmologie davon ausgeht, dass jenseits der Planck-Zeit keine kontinuierliche Geometrie existiert und Raum sowie Zeit durch Fluktuationen bestimmt werden.

Analog zur Quantenmechanik könnten sich Größen wie die Expansionsrate und die Ausdehnung des Universums als Operatoren mit Unschärferelationen verhalten. Die Quantenkosmologie versucht daher, den gesamten Kosmos mit einer universellen Wellenfunktion zu beschreiben. Dabei bleibt umstritten, ob sich das Schrödinger-Bild der Quantenmechanik direkt auf das Universum übertragen lässt. Klar ist, dass klassische Konzepte von Raum, Zeit und Kausalität in der Frühphase des Universums überdacht werden müssen.

3.11 Georges Lemaître auf zwei Wegen

Bereits 1933 wurde Georges Lemaître in der *New York Times* als „führender Kosmologe der Welt" bezeichnet. Er war der Erste, der erkannte, dass das Universum bei der Frage nach seinem Ursprung und Anfangszustand nur im Licht der Quantentheorie verstanden werden kann. Sein Bild des primordialen Universums war das eines „super-radioaktiven Zerfalls": Die raumzeitlich strukturierte Welt entspringt einer Realität, auf die die Begriffe Raum und Zeit nicht mehr anwendbar sind.

Wenn das Universum als Quantenobjekt begann, dann versagen unsere üblichen Vorstellungen von Raum und Zeit an diesem Anfang. Die Planckzeit markiert dabei die Trennung zwischen einer prägeometrischen Quantenrealität und der klassischen Geometrodynamik. Die möglicherweise zeitlose Prä-Planck-Epoche und die Ära danach sind durch eine Energiebarriere voneinander getrennt – eine Vorstellung, die erst 50 Jahre später durch die Arbeiten von Atkatz, Pagels und Vilenkin präzisiert wurde. Die Grundlage dafür legten John Wheeler und Bryce DeWitt mit ihrer Quantengeometrodynamik, in der der Raumzeit-Zustand des Universums durch die Wheeler-DeWitt-Gleichung beschrieben wird.

Vilenkin zog eine Analogie zum Alphazerfall: In der klassischen Physik kann ein Alphateilchen den Atomkern nicht verlassen, da es nicht genug Energie besitzt, um die Barriere zu überwinden. Doch als Quantenteilchen mit Welleneigenschaften kann es dennoch durch Tunneln nach außen gelangen. Diesen Effekt übertrug Vilenkin mithilfe der Wheeler-DeWitt-Gleichung auf das Universum: Das anfängliche Universum entstand durch einen quantenmechanischen Tunneleffekt aus einem Zustand ohne raumzeitliche Geometrie und reale Materie.

Ob diese naturwissenschaftlichen Modelle auch die Gottesfrage obsolet machen, bleibt eine andere Frage. Stephen Hawking glaubte das – und fragte sich dennoch: „Wer bläst den Gleichungen den Odem ein und erschafft ihnen ein Universum, das sie beschreiben können?" Trotz seiner agnostischen Haltung wurde Hawking 1986 Mitglied der päpstlichen Akademie der Wissenschaften.

Auch Georges Lemaître war diese Frage nicht fremd. Als Priester der katholischen Kirche hätte man erwarten können, dass er ein Universum mit einem Anfang aus theologischen Gründen bevorzugte. Einige Kollegen unterstellten ihm daher, seine Theorie sei von der christlichen Vorstellung der *creatio ex nihilo* beeinflusst. Doch Lemaître trennte sorgfältig die physikalische Frage nach dem Anfang des Universums von der theologischen Vorstellung der Schöpfung – ein Unterschied, der 1951 zu einer Meinungsverschiedenheit mit Papst Pius XII (Abb. 3.5) führte.

In einer Ansprache vor der päpstlichen Akademie im November 1951 deutete Pius XII die Urknalltheorie als Bestätigung der göttlichen Schöpfung: „Die moderne Wissenschaft hat durch geniales Zurückgehen um Hunderte von Jahrmillionen irgendwie Zeuge jenes *Fiat lux* sein können, als die Materie ins Dasein trat." Er folgerte daraus: „Deshalb gibt es eine Schöpfung in der Zeit, deshalb gibt es einen Schöpfer, deshalb gibt es Gott."

Lemaître, der überzeugter Christ war, hielt dies für eine unangemessene Vermischung von Wissenschaft und Theologie. Ihm war bewusst, dass die Urknallhypothese eine wissenschaftliche, aber noch unbewiesene Annahme war, und er lehnte es ab, Gott mit naturwissenschaftlichen Methoden „beweisen" zu wollen. Er beriet sich mit dem vatikanischen Astronomen Daniel O'Connell – mit Erfolg: Pius XII wiederholte seine Aussage nie wieder.

Für Lemaître war Gott ein *deus absconditus*, ein verborgener Gott, der sich der wissenschaftlichen Erkenntnis entzieht. Er differenzierte zwischen dem „Anfang"

Abb. 3.5 Georges Lemaitre (links) begegnet Papst Pius XII. *Quelle:* Aus Interdisciplinary Documentation on Religion and Science.

der Welt, den die Physik beschreibt, und der „Schöpfung“, die eine metaphysische Frage bleibt. Wissenschaft und Theologie standen für ihn nicht im Widerspruch, sondern bezogen sich auf verschiedene Ebenen des Weltverständnisses.

Dieses Prinzip formulierte bereits Galilei mit den Worten: „Der Heilige Geist wollte uns zeigen, wie wir in den Himmel kommen, nicht wie der Himmel im Einzelnen aussieht.“ Lemaître hatte keine Mühe mit dem Nebeneinander von Wissenschaft und Glauben. In einem Interview mit der *New York Times* 1933 sagte er:

> „Ich habe keinen Konflikt, den ich heilen muss. Die Wissenschaft hat meinen Glauben nicht erschüttert, und niemals hat mein Glaube mich an Ergebnissen zweifeln lassen, die ich mit wissenschaftlichen Methoden erhalten hatte.“

3.12 Kosmologie – Quo vadis?

Die zeitliche Rückverfolgung der in den letzten 80 Jahren durch viele Beobachtungen verifizierte Expansion des Weltraums führt zwangsläufig auf einen Zustand enormer Energie-Konzentration, in dem die Materie als ein Gemisch von subatomaren Elementarteilchen vorliegt. Die Entfaltung des Universums aus einer nahezu strukturlosen Energiekonzentration am Anfang zum heutigen Kosmos ist der Expansion, der Schwerkraft und dem Zusammenspiel der Elementarteilchen und ihrer Wechselwirkungen geschuldet. Nach einer zuerst von Lemaître publizierten Vermutung existierte das Ur-Universum als ein Quantenobjekt, auf das die Begriffe der Geometrie und Chronometrie nicht anwendbar sind. Was aber jenem Anfangszustand voranging ist derzeit ungeklärt, weil die dafür notwendige konsistente Vereinigung von Relativitäts- und Quantentheorie noch nicht gelungen ist. Trotz aller Fortschritte müssen wir feststellen, dass die letzte Ursache („prima causa“) der Entstehung des Universums sich bislang einer physikalischen Erklärung entzieht. Auch die Entstehung und Verteilung der Galaxien und Haufen von Galaxien sind nicht abschließend geklärt und sind ohne die hypothetische (exotische) Dunkle Materie nicht zu erklären. Die Beschleunigung der Expansion bedarf einer Dunklen Energie, deren Herkunft bislang ebenfalls nicht eindeutig aufgedeckt ist. Die hypothetischen Säulen des derzeitigen Standardmodells der Kosmologie:

- Weltraum expandiert (nichts davor [?] und nichts dahinter . . ..)
- Mikrowellen durchfluten den Weltraum (Nachglühen des heißen Anfangs wird beobachtet)
- Prästellare Erzeugung der Elemente Deuterium und Helium (Häufigkeit wird beobachtet!)
- Exotische Dunkle Materie in Galaxien, Galaxienhaufen (? Hypothese)
- Dunkle Energie beschleunigt die Expansion (? Hypothese)
- Inflation: Anfangs expandierte der Raum exponentiell (? Hypothese)

Das Abenteuer der Forschung geht weiter. Erkenntnis kann nicht mit nichts beginnen, aber sie kann auch nicht allein von der Beobachtung ausgehen. Die Verfeinerung unseres kosmischen Weltbildes und die Verbreiterung und Vertiefung unseres Wissens über den Kosmos beruhen dabei wesentlich auf dem Prozess der Verifikation oder Falsifizierung unserer Hypothesen.

„*Hypothesen sind Netze, nur der wird fangen, der auswirft... Hoch und vor allem lebe die Hypothese, nur sie bleibt ewig neu, so oft sie sich selbst auch nur besiege*", formulierte einst Friedrich von Hardenberg (gen. Novalis).

Unser Weltbild wird sich auch in der Zukunft, gestützt auf bodengebundene und satellitengestützte Teleskope und die sich vertiefenden Einsichten der Astrophysik, erweitern und verfeinern.

Die andauernde und zukünftige Erforschung des Kosmos und sein Ursprung werden der bewährten Strategie folgen, die schon Lemaître beschrieben hat: Der Zweck einer jeden kosmologischen Theorie ist es, einfache Anfangsbedingungen zu suchen, durch die infolge des Wechselspiels bekannter physikalischer Gesetze unsere Welt in all ihrer Komplexität entstanden sein könnte.

Der Impuls, den Kosmos zu erforschen, bleibt verknüpft mit der Hoffnung, aus einem besseren Verständnis von Ursprung, Aufbau und Entwicklung des Kosmos zugleich Informationen über das kosmische Schicksal von Erde und Mensch, Antworten auf die uns bewegenden Fragen nach dem „Woher und Wohin" zu erhalten. Was ist das Ziel des ungeheuren Prozesses, den wir die Entfaltung der Realität nennen, so formulierte es Carl Friedrich von Weizsäcker.

Trotz aller Fortschritte der Kosmologie in den letzten Jahrzehnten müssen wir feststellen, dass die letzte Ursache der Entstehung des Universums sich bislang der physikalischen Erklärung entzieht. Einen physikalischen Sachverhalt erklären bedeutet ja, ihn auf allgemeine Gesetze und auf seine speziellen Anfangs- oder Randbedingungen zurückzuführen. Wenn das Primordiale Atom, die anfängliche Energiekonzentration, auf die die Begriffe von Raum und Zeit nur noch schemenhaft gültig sind und damit die Anwendbarkeit der klassischen Kosmologie fragwürdig wird, nicht nur als vorübergehender extrem dichter Zustand aufgefasst wird, dann ist eine deduktive und kausale Erklärung des Big Bang unmöglich, da die zur Ableitung benötigten Anfangsbedingungen zeitlich früher als das zu erklärende Ereignis sein müssen. Der Versuch physikalischer Erklärung des Kosmos führt so zu einem nicht abschließbaren zeitlichen Regress. Auf der Suche nach dem Anfang der Zeit und der dem Urknall vorgängigen Realität stoßen wir einerseits an die Grenze der Tragweite heutiger physikalischer Theorie, andererseits auf die logische Schwierigkeit, dass für den Kosmos als Ganzes hier das in der Physik übliche Erklärungsschema, wonach ein Naturereignis (z. B. eine zukünftige Sonnenfinsternis) vorhergesagt wird, indem es aus einem früheren Ereignis mit Hilfe eines Gesetzes „abgeleitet" wird, versagt. Aber es mag sein, dass der Ursprung und der tragende Grund der Realität fragwürdig und rätselhaft bleiben. Der Versuch, den Urknall zu erklären, führt (vielleicht) auf immer neue mathematische Denkbilder. „*Wir kamen zu spät, darum blieb uns nichts anderes mehr übrig, als den prachtvollen Geburtstag der Schöpfung in Bilder zu kleiden"*, beschrieb es einst Georges Lemaître.

Prof. Dr. Hans-Joachim Blome war langjähriger wissenschaftlicher Mitarbeiter am Institut für Astrophysik der Universität Bonn und beim DLR (z. B. Mitarbeit in der Projektleitung Spacelab-Projekt D-2 Mission). 1995 Forschungssemester bei der NASA und am „Institute for Advanced Space Studies" in Houston. Von 1999 bis 2015 Professor an der Fachhochschule Aachen im Fachbereich Raumfahrt. Forschungsinteressen: Gravitationsphysik, Himmelsmechanik und Kosmologie. Mitglied der Deutschen Physikalischen Gesellschaft, Astronomischen Gesellschaft und der Carl Friedrich von Weizsäcker Gesellschaft (Foto: Dr. Doris Blome).

Literatur

Georges Lemaître Werkverzeichnis (Auswahl) u. weiterführende Literatur

1. Lemaître, G. (1925). Note on de Sitters Universe. *J. Mathematics and Physics* 4 (1925): 188–192.
2. Lemaître, G. (1927). Un univers homogène de masse constante et de rayon croissant, rendant compte de la vitesse radiale des nébuleuses extragalactiques (séance du 25 avril 1927). *Annales de la Société Scientifique de Bruxelles, série A : Sciences Mathématiques, 1ère partie : Comptes rendus des Séances* XLVII: 49–59; Lemaître, G. (1930). *L'hypothèse de Millikan-Cameron dans un univers de rayon variable, in CR Congr nation sci Bruxelles.* Bruxelles: Féd belg soc scientif, 180–182.
3. Lemaître, G. (1931). A homogeneous universe of constant mass and increasing radius accounting for the radial velocity of extragalactic nebula. *MNRAS [Monthly News of the Royal Academy of Sciences]* 91 (1931): 490–501.
4. Lemaître, G. (1931). The beginning of the world from the point of view of quantum theory. *Nature* 127: 706.
5. Lemaître, G. (1934). Evolution of the expanding universe. *Proc. Nat. Acad. Sci.* 20: 12.
6. Lemaître, G. (1946). *L'Hypothèse de l'Atome Primitif. Essai de Cosmogonie.* Neuchâtel: Éd. Du Griffon.
7. Lemaître, G. (1940–1985). *The expanding universe: Lemaîtres unknown manuscript* (Introduction by O. Godart und M. Heller). Tucson (Arizona): Pachart Publishing House.

8. Lemaître, G. (1958). The primeval atom hypothesis and the problem of the clusters of galaxies. In: *La structure et l'évolution de l'univers* (ed. R. Stoops), 1–31. Bruxelles: Coudenberg.
9. Lemaître, G. (1949, [3]1995). The Cosmological Constant. In: *Albert Einstein: Philosopher-Scientist.* (Hrsg. P.A. Schilpp), 438–459. Chapter 16, Carbondale, Illinois: Library of Living Philosophers.
10. Lemaître, G. (1950). *The Primeval Atom. An Essay on Cosmogony.* Toronto/New York/London: Van Nostrand.
11. Lemaître, G. (1958). The primaeval atom hypothesis and the problem of the clusters of galaxies. In: *La structure et l'évolution de l'univers : Rapports et discussions. Onzième Conseil de physique tenu à l'Université de Bruxelles du 9 au 13 Juin 1958*, 1–25. Bruxelles: R. Stoops.
12. Lemaître, G. (1961). Exchange of Galaxies between clusters and field. *Astrophys. J.* 66 (1961): 603–606.
13. Adler, R.J. and Overduin, J. (2005). The nearly flat universe. *Gen Relativity and Gravitation* 37: 1491.
14. Alpher, R.A. and Herman, R.C. (1948). Evolution of the Universe. *Nature* 162: 774–775.
15. Atkatz, D. and Pagels, H. (1982). The origin of the Universe as a Quantum Tunneling Event. *Phys.Rev. D* 25.
16. Bartelmann, M. (2017). Planck wie er die Welt sah. *Physik Journal* 17: 35–41.
17. Bartelmann, M. (2019). *Das kosmologische Standardmodell.* Springer-Spektrum.
18. Barrow, J. (2011). *Das Buch der Universen. Campus.* Frankfurt: Verlag.
19. Blome, H-J. (2023). Einstein, Lemaître, Gamow und Hoyle – Kontroverse über den Anfang der Welt. In: *29. BHWS 2023* (Hrsg. K. Roessler), 9–36. Jülich: Forschungszentrum
20. Blome, H-J. (2015). Einstein und Lemaître – Begründer der modernen Kosmologie. *Astronomie und Raumfahrt* 52: 6.
21. Blome, H-J. und Zaun, H. (2018). *Der Urknall.* CH Beck.
22. Blome, H-J. Priester, W. und Hoell, J. (2001). Kosmologie. In: *Bergmann-Schaefer Physik Bd. 7.* Berlin: de Gruyter Verlag.
23. Bojowald, M. (2009). *Zurück vor den Urknall.* S. Fischer Verlag.
24. Börner, G. (2009). *Das neue Bild des Universums – Quantentheorie, Kosmologie und ihre Bedeutung.* München: Pantheon.
25. Börner, G. (2003). *The early Universe.* Berlin: Springer-Verlag.
26. Berger, A. (Hrsg.) (1984). The Big Bang and Georges Lemaître. *Proceedings of a Symposium in honour of G. Lemaître fifty years after his initiation of Big Bang Cosmology. Louvain-la-neuve*, (10–13 October 1983). Dordrecht/Boston/Lancaster: Reidel.
27. Coyne, G. (2012). Lemaître: Science and religion. In: *Georges Lemaître: Life, science and legacy* (ed. R. Holder, et al.), Berlin: Springer.
28. Ellis, G. und Larena, J. (2020). The case for a closed Universe. *Astron. Geophys* 61: 38–40.
29. Einstein, A. (1917). Kosmologische Betrachtungen zur allgemeinen Relativitätstheorie. *Sitzungsberichte der Preußischen Akademie der Wissenschaften zu Berlin*, (2. August 1917). Berlin, 142–152.
30. Einstein, A. (1931). Zum kosmologischen Problem der allgemeinen Relativitätstheorie. *Sitzungsberichte der Preußischen Akademie der Wissenschaften zu Berlin*, (10. April 1930–9. Mai 1931). Berlin, 235–237.

31. Einstein, A. und de Sitter (1932). On the relation between the expansion and the mean density of the universe. *Proc. Natl. Acad. Sci.* 18: 213.
32. Einstein, A. (1954). *Grundzüge der Relativitätstheorie: Zum kosmologischen Problem.* Braunschweig: Vieweg. Verlag.
33. Gamow, G. (1946). Expanding universe and the origin of elements. *Phys. Rev.* 70: 572.
34. Handley, W. (2021). Curvature Tension: evidence for a closed universe. *Phys. Rev. D* 103: 1–6.
35. Hartle, S. und Hawking, S. (1983). Wave Function of he Universe. *Phys. Rev. D* 28: 2960.
36. Heller, M. (2012). *Light in the beginning: Georges Lemaître's Cosmological Inspirations.* Cambridge (UK): William Eerdsmann Publishing Company.
37. Hüfner, J. und Löken, R. (2016). Die Zwei Wege des Georges Lemaître zur Erforschung des Himmels. *Heidelberger E-Journal HDJBO* 1: 69.
38. Holder, R. (2012). Lemaître and Hoyle: Contrasting characters in science and religion. *S and CB* 24: 111–124.
39. Hoyle, F. (1949). The nature of the universe. *The Listener* 41: 567–568.
40. Jung, T. (2004). Friedmann und Lemaître: Väter des Urknalls? *Philosophia Naturalis* 41: 53–89.
41. Jung, T. (2004). Oszillierende Weltmodelle versus Urknallmodelle. *Berichte zur Wissenschaftsgeschichte* 27: 297–310.
42. Kiefer, C. (2008). *Der Quantenkosmos.* S. Fischer Verlag.
43. Kiefer, C. (2012). *Quantum Gravity.* Oxford University Press.
44. Kragh, H. (2008). The origin and earliest reception of big-bang cosmology publ atron *Obs Belgrade* 85: 7–16.
45. Kragh, H. (2012). The wildest speculation of all. In: (eds. R. Holder and S. Mitton). *Georges Lemaître – Life, Science, Legacy.* Berlin: Springer Verlag.
46. Kragh, H. (2013). Big Bang: the etymology of a name. *Astron Geophys* 54 (2): 2.28–2.30.
47. Lambert, D. (2015). *The Atom of the Universe. The Life and Work of Georges Lemaître.* (preface by J. Peebles). Cracow: Copernicus Center Press.
48. Peebles, P.J.E. (2020). *Cosmology's century.* Princeton: University Press.
49. Roessler, K. (2005). Georges Lemaître, das expandierende Universum und die kosmologische Konstante. In: *Einsteins Kosmos* (Acta Historica Astronomiae 27) (Hrsg H.W. Duerbeck und W.R. Dick), 162–185. Frankfurt/Main: Hari Deutsch.
50. Vilenkin, A. (1982). Creation of universe from nothing. *Physics Letters B* 117: 25–28.
51. Weizsäcker, C.F. (1992). *Zeit und Wissen.* München: Hanser Verlag.

4

Gestern – übermorgen – fernab der Zeit

SF-Literaten der Kosmologie

von Christoph Endres

Das griechische Wort κόσμος (Kosmos) bedeutet *Ordnung* oder *Welt* und ist eine Abgrenzung zu dem Begriff χάος (Chaos, ursprünglich: der weite, leere Raum). Davon abgeleitet ist das Wort Kosmologie.

Unter Kosmologie verstehen wir heute die Wissenschaft vom Universum (oder zu Deutsch: Weltall) als Ganzem. Es dürfte schwierig werden, irgendeine andere wissenschaftliche Richtung zu finden, die sich mit einem räumlich oder zeitlich so weiten Feld befasst. Und natürlich übt dieser Superlativ der Dimensionen eine enorme Faszination aus. Nicht nur für Wissenschaftler, sondern auch für Visionäre, Autoren und Filmemacher.

Insbesondere die Science-Fiction-Literatur ist stets darauf bedacht, in immer größeren Dimensionen zu denken, um die letzte Grenze der Vorstellungskraft, die *final frontier*, zu finden und – falls möglich – doch wieder zu überqueren. Dadurch ist Kosmologie in ihren unterschiedlichsten Aspekten ein fester Bestandteil dieses Genres geworden.

Im Folgenden werden wir diese Aspekte näher betrachten, oder zumindest einige davon, denn die möglichen Themenbereiche sind nahezu so unendlich wie unsere Vorstellung vom Universum selbst (siehe Abb. 4.1).

Diese Kategorien sind natürlich nicht immer trennscharf unterscheidbar. Ich wage zu behaupten, dass nahezu jedes relevante Werk in der Science-Fiction-Literatur einen oder mehrere dieser Punkte streift. Zusammenfassend geht es im Wesentlichen um vier, teilweise sich überlappende Themenbereiche:

„(1) Darum, größere philosophische, existenzielle und menschliche Fragen im Rahmen von Science-Fiction-Erzählungen zu erkunden.
(2) Es geht um die für uns schwer fassbaren Dimensionen: Zeit und Raum.
(3) Es geht um Anfang und Ende.
(4) Und manchmal geht es auch um die Anthropomorphisierung des Universums, weil wir uns in der Unendlichkeit einen Ansprechpartner wünschen.“

Expedition in die Raumzeit: Wissen – Denkbares – Unerklärliches, 1. Auflage. Harald Zaun (Hrsg.).
© 2026 Wiley-VCH GmbH. Alle Rechte vorbehalten, einschließlich derer für Text- und Data-Mining und Training von Technologien der Künstlichen Intelligenz oder ähnlichen Technologien. Published 2026 by Wiley-VCH GmbH

1. Ausdehnung, Kontraktion und Krümmung der Zeit
2. Parallele Universen
3. Zeit-Raum-Kontinuum
4. Der Anfang und das Ende des Universums
5. Die menschliche Existenz innerhalb des riesigen Kosmos
6. Interstellare Reisen und Erforschung
7. Kolonisierung entfernter Planeten
8. Zeitreisen
9. Der Urknall und die kosmischen Ursprünge
10. Der Wärmetod des Universums
11. Schwarze Löcher und ihre Eigenschaften
12. Wurmlöcher und überlichtschnelles Reisen
13. Dunkle Materie und dunkle Energie
14. Theorien über Multiversen
15. Kosmische Inflation
16. Quantenmechanik und ihre Implikationen
17. Das anthropische Prinzip
18. Die Natur des Bewusstseins in Bezug auf den Kosmos
19. Außerirdische Zivilisationen und ihr Einfluss auf kosmische Größenordnungen
20. Das Schicksal des Universums (Big Crunch, Big Freeze, Big Rip)
21. Kosmische Strings und andere theoretische Strukturen
22. Die Form und Topologie des Universums
23. Alternative Dimensionen
24. Das Konzept der Zeit als Dimension
25. Manipulation von kosmischen Kräften oder Energien
26. Die Rolle der Beobachter bei der Gestaltung der Realität (Quanteninterpretationen)
27. Kosmische Zyklen und wiederkehrende Universen
28. Die Suche nach extraterrestrischer Intelligenz (SETI)
29. Dyson-Sphären und andere Megastrukturen
30. Die Simulationshypothese (Universum als Simulation)

Abb. 4.1 (selektiv ausgewählte) Themenbereiche der Kosmologie in Science-Fiction Werken

Diese Themen machen neugierig. Wie haben sich Autoren damit auseinandergesetzt? Dieses Kapitel entführt Sie auf eine kleine Reise in die Ideenwelten der Pioniere und Pionierinnen der Science-Fiction-Literatur. Nicht mit dem Anspruch auf Vollständigkeit, sondern zum „Appetit anregen" und zum Weitererkunden – „to infinity and beyond!". Es gibt vieles zu entdecken.

4.1 Existenzielle Fragen

Science-Fiction-Literatur entstand zu einem Zeitpunkt in der Geschichte, als sich der technische und gesellschaftliche Fortschritt innerhalb eines Menschenlebens bemerkbar machte. Denn das wirft die Frage auf: „Wenn sich von meiner Kindheit bis zu meinem Lebensende vieles ändert – wie wird dann die Welt in – beispielsweise – 100 Jahren wohl aussehen?". Letzten Endes ist Science-Fiction eine Literaturgattung, die geschaffen wurde, um philosophische Fragen zu stellen und

Abb. 4.2 Hubble Ultra Deep Field-Aufnahme (HUDF) aus dem Jahre 2004. Kaum auszumalen, was wäre, wenn unser Universum selbst das Produkt eines Teilchenbeschleunigers wäre. Aber das entzöge sich dann logischerweise unserer Beobachtung. *Bild*: NASA, ESA, G. Illingworth (UCO/Lick Observatory University of California, Santa Cruz), R. Bouwens (UCO/ Lick Observatory und Leiden University) und HUDF09 Team / gemeinfrei.

gesellschaftliche Entwicklungen durch Interpolation aktueller Entwicklungen zu hinterfragen.

Gehen wir jedoch – im Sinne der Kosmologie – bis an die fernsten Grenzen, so bleiben uns nur Fragen, aber in den seltensten Fällen Antworten. Das mag frustrieren, aber für den Erkenntnisgewinn ist immer auch der Weg das Ziel, und so lohnt es sich durchaus, die Fragen zur Kosmologie in den bekanntesten Science-Fiction Werken eingehender zu betrachten.

Wir beginnen nicht in chronologischer Reihenfolge, sondern mit dem Werk, das sich am offensichtlichsten mit dem Thema beschäftigt: ***„Cosm" von Gregory Benford (1998)***. In der Geschichte entdeckt eine Physikerin namens Alicia Butterworth ein Mini-Universum (Abb. 4.2), das sie in einem Teilchenbeschleuniger erschafft. Der Roman thematisiert die Natur des Universums, die Möglichkeiten von Parallelwelten und die Frage, ob der Mensch je die wahre Natur der Existenz begreifen kann. Es geht auch um die existenziellen Herausforderungen, die sich aus dem Wissen um die Schöpfung neuer Universen ergeben. Im Zentrum stehen Fragen wie: „Was bedeutet es, ein Universum zu erschaffen?" und „Was ist unsere Verantwortung gegenüber der Existenz?"

Natürlich sind diese Fragen viel zu gigantisch, um eine unmittelbare Auswirkung auf unseren Alltag zu haben. Ich denke, ich lehne mich nicht allzu sehr aus dem Fenster, wenn ich behaupte, dass vermutlich keiner der Lesenden hier je ein Universum erschaffen hat. Der Transfer in unsere Lebensrealität ist allerdings offensichtlich: Welche ethische und moralische Verantwortung haben Wissenschaftler:innen gegenüber ihrem Werk und gegenüber der Gesellschaft? Darf wissenschaftliche Erkenntnis vernichtet werden oder muss sie um jeden Preis veröffentlicht werden, auch zum Nachteil der Gesellschaft?

Wir können noch einen Schritt weiter zurückgehen, in unsere eigene Lebensrealität zu der elementaren Frage: Sind wir uns wirklich bewusst, dass all unser Handeln Konsequenzen hat, und sind wir aufgrund unserer Stellung in einem unendlichen Universum überhaupt befugt, in irgendeiner Art und Weise zu handeln und einzugreifen?

Einen Schritt weiter geht ***Cixin Liu*** mit seiner Trisolaris-Trilogie und insbesondere dem ersten Band davon, ***„Die drei Sonnen" (2008)***. Dieses Werk gehört zu den bedeutendsten modernen Science-Fiction-Romanen und behandelt ebenfalls tiefgreifende kosmologische und existenzielle Themen. Der Roman befasst sich mit der Frage, wie das Universum strukturiert ist und wie weit die Menschheit in der Lage ist, diese Strukturen zu verstehen und mit ihnen umzugehen.

Die Trisolaris-Zivilisation aus einem anderen Sonnensystem kämpft ums Überleben in einem chaotischen kosmologischen Umfeld, was existenzielle Fragen aufwirft, wie: „Wie würde der Kontakt mit einer außerirdischen Zivilisation die menschliche Existenz verändern?“ und „Ist die Menschheit bereit, sich mit einer weit überlegenen Intelligenz auseinanderzusetzen?“

Auch hier können wir den Fokus ein wenig zurücknehmen und die Fragen etwas näher an der eigenen Lebensrealität ausrichten: „Wer sind wir denn eigentlich?“ und „Ist die selbsternannte ‚Krone der Schöpfung‘ bereit, sich an irgendeiner Art überlegener Konkurrenz messen zu lassen oder ruhen wir uns wohlgefällig auf unseren – insgesamt betrachtet doch eher bescheidenen – Lorbeeren aus?“ Neben dem philosophischen Aspekt eine schöne Motivation, das Beste aus den eigenen Möglichkeiten zu machen.

In ***„Contact“ (1985)*** nähert sich der Humanist und große Wissenschaftskommunikator ***Carl Sagan*** dem Thema aus einem leicht anderen Blickwinkel, basierend auf seiner eigenen Arbeit: Was wäre denn, wenn unsere eigene Suche nach außerirdischer Intelligenz Erfolg hätte? In der Tat basiert Wissenschaft oftmals nicht nur darauf, die richtigen Fragen zu stellen, sondern auch eine Vorstellung davon zu haben, wie man denn mit den möglichen Antworten umgehen würde.

In dem Roman wird die Geschichte der Wissenschaftlerin Eleanor „Ellie“ Arroway erzählt, die als Radioastronomin für das SETI-Projekt (Search for Extraterrestrial Intelligence) arbeitet. Während sie nach außerirdischen Signalen sucht, entdeckt sie eines Tages ein komplexes Funksignal, das aus dem Sternsystem Wega stammt. Dieses Signal enthält verschlüsselte Anweisungen zum Bau einer Maschine, deren Zweck zunächst unklar ist.

Die Entdeckung sorgt weltweit für Aufsehen und Konflikte, da die Menschheit plötzlich mit der Frage konfrontiert wird, wie sie mit intelligentem außerirdischen Leben umgehen soll. Regierungen, religiöse Gruppen und Wissenschaftler streiten darüber, wie die Maschine gebaut wird und wer daran beteiligt sein soll. Ellie und eine kleine internationale Crew werden schließlich als Passagiere ausgewählt, um mit der Maschine auf eine Reise ins Unbekannte zu gehen.

Als sie die Maschine aktivieren, erleben die Reisenden eine mysteriöse und transzendente Begegnung mit Wesen, die eine Art friedlichen Kontakt und einen Austausch von Wissen ermöglichen, jedoch nicht direkt erscheinen. Ellie erhält tiefgreifende Einsichten über die Verbundenheit allen Lebens und das Potenzial der Menschheit, mehr über sich selbst und das Universum zu erfahren. Als sie jedoch zur Erde zurückkehrt, gibt es kaum Beweise für das Erlebte, was zu Skepsis führt und die Frage aufwirft, ob ihre Reise „real“ war oder nicht.

Sagan setzt sich mit der Vorstellung auseinander, dass die menschliche Existenz im Kontext eines riesigen, weitgehend unerforschten Universums möglicherweise nicht die zentrale Rolle spielt, die wir uns einbilden. Die Entdeckung außerirdischen

Lebens wirft die Frage auf: Sind wir Teil eines größeren kosmischen Plans, oder ist unsere Existenz bloß ein Zufall in einem indifferenten Universum?

Auch hier geht es letztendlich also wieder um die ursprünglichste aller existentiellen Frage: „Wer sind wir eigentlich?"

Schließen möchte ich diesen Themenbereich mit ***„Hot Sleep" von Orson Scott Card (1979)***. Dieser Roman hat bei mir wie kaum ein anderes Buch Gefühle der Beklemmung beim Lesen ausgelöst.

Selbst wenn wir mal außen vor lassen, dass der Autor der Prototyp eines homophoben, erzkonservativen amerikanischen Waffennarren ist, den man in einem progressiven und zutiefst humanistischen Genre wie der Science-Fiction überhaupt nicht erwartet und ihm eigentlich dort auch keine Daseinsberechtigung oder Relevanz zugestehen möchte: Es ist ein großartiges Buch und gehört hier erwähnt. Es führt uns auf einer Achterbahnfahrt in immer unangenehmere Situationen, die sehr eindrücklich geschildert werden.

Die Geschichte folgt dem Protagonisten Jason Worthing, der im Zuge interstellarer Reisen in eine Gesellschaft geworfen wird, die durch Gedächtnismanipulation und den Verlust individueller Erfahrungen geprägt ist. Dadurch werden einige interessante, existenzielle Fragen aus einer ungewöhnlichen Perspektive aufgeworfen: Eine der Hauptfragen, die Hot Sleep aufwirft, ist, wie eng Identität und Erinnerung miteinander verknüpft sind. Die Menschen in Worthings Gesellschaft erleben Gedächtnislöschungen und Speicherungen, was die Natur ihrer individuellen Identität in Frage stellt. Jason selbst bewahrt viele seiner Erinnerungen und wird durch sie zu einer einzigartigen Figur mit einer klaren Selbstwahrnehmung, während andere Charaktere im Laufe der Geschichte Erinnerungen verlieren oder verändern. Card legt nahe, dass Identität stark auf dem Erhalt von Erinnerung und Erfahrung basiert. Ohne persönliche Geschichte und die Fähigkeit, aus vergangenen Erfahrungen zu lernen, werden die Figuren zu bloßen Schatten ihrer selbst – sie verlieren etwas Wesentliches, das ihre Menschlichkeit ausmacht.

Hot Sleep stellt ebenfalls die Frage, welche Rolle Technologie in Bezug auf die menschliche Kontrolle und die Würde des Einzelnen spielen darf. Durch die Fähigkeit, Erinnerungen zu manipulieren und den Menschen „neu zu starten", zeigt Card die Auswirkungen einer Gesellschaft, die sich von natürlichen Erinnerungen und Erfahrungen entfernt und die „Perfektionierung" des Menschen durch externe Einflüsse priorisiert.

Jason Worthing trägt durch seine Erinnerungen eine besondere Last: Er sieht die Auswirkungen einer Gesellschaft, die das Individuum zugunsten einer kontrollierten Gemeinschaft unterdrückt. Hot Sleep untersucht, inwiefern wir moralisch verpflichtet sind, anderen ihre Selbstbestimmung und Autonomie zu ermöglichen.

Eine letzte existenzielle Frage dreht sich um den Wert des Todes und die Konsequenzen eines potenziell unsterblichen Lebens. Durch „Kryoschlaf" und die Möglichkeit, Menschen nach Bedarf „wiederzuerwecken", wird der Tod fast nebensächlich gemacht, was die Frage aufwirft, wie wertvoll das Leben ist, wenn der Tod umgangen werden kann.

4.2 Zeit und Raum

Im vorigen Abschnitt haben wir die existenziellen Fragen der Menschheit betrachtet und vor lauter Selbstzentriertheit komplett übersehen, dass wir in kosmologischen Maßstäben völlig irrelevant sind. Das erinnert an den „totalen Durchblickstrudel" in Douglas Adams' „Per Anhalter durch die Galaxis"-Reihe, der als Folter benutzt wird: Man sieht die Größe des Universums und wird in Relation durch einen verschwindend kleinen „Das bist Du!"-Punkt gesetzt.

Denn fraglos spiegelt Kosmologie deutlich mehr als die existenziellen Fragen der Menschheit wider. Die uns bekannten Dimensionen werden bis in den letzten Winkel ausgeleuchtet und die physikalischen und philosophischen Implikationen von Zeit und Raum untersucht. Dabei gehen diese Erzählungen oft über die klassische Physik hinaus.

Als eines der frühesten und bekanntesten Werke, das sich direkt mit der Idee der Zeit auseinandersetzt, ist ***„Die Zeitmaschine" von H.G. Wells (1895)*** ein Meilenstein der Science-Fiction-Literatur. Der im Roman namenlose Protagonist reist mit Hilfe seiner Erfindung, der Zeitmaschine, in die ferne Zukunft – unvorstellbare 800 000 Jahre weit – und erforscht die Evolution der Menschheit. Das Werk (Abb. 4.3) stellt grundlegende Fragen zu den Auswirkungen von Zeitreisen, der Vergänglichkeit von Zivilisationen und dem Schicksal des Universums. Die Erkenntnis: Alles, was wir heute als gegeben annehmen, wird irgendwann verschwunden sein.

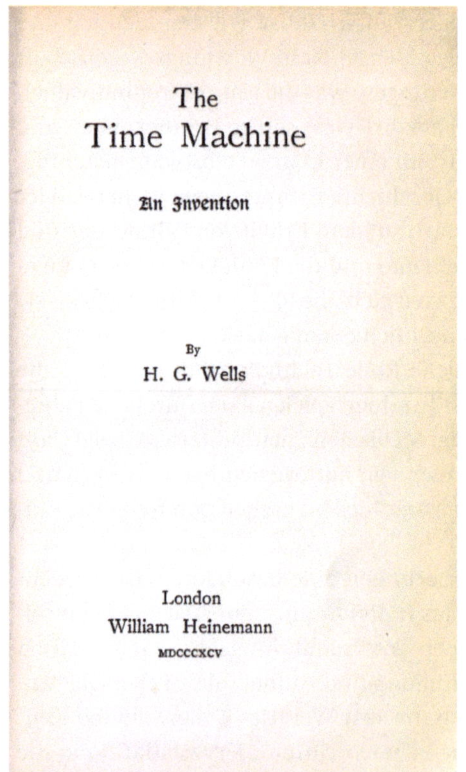
The
Time Machine
An Invention

By
H. G. Wells

London
William Heinemann
MDCCCXCV

Abb. 4.3 Titelseite der Originalausgabe „The Time Machine" von 1895. *Quelle:* Herbert George Wells / HathiTrust / gemeinfrei.

Und in welche Richtung sich die Zukunft entwickelt, liegt letztendlich in unserer Hand. Gerade „Die Zeitmaschine" zeigt dies sehr plakativ, weil sie in einer fernen Zukunft zwei unterschiedliche Spezies als Nachkommen der Menschheit beschreibt, die unterschiedlicher kaum sein könnten. Ob wir letztendlich als grobschlächtige „Morlocks" oder als naive, in den Tag lebende „Elois" enden wollen, liegt in unserer Hand. Science-Fiction hält uns wie immer den Spiegel vor: Entscheidungen, die wir heute treffen, bestimmen, welche Zukunft – ob Utopie oder Dystopie – uns erwartet.

Interessanterweise ist unser Protagonist nach seiner Rückkehr in die Gegenwart mit dem aktuellen Zustand unzufrieden und bricht sofort wieder auf. Er hat sich schon entschieden, welche Zukunft er möchte.

Auf eine etwas andere Art und Weise begleitet uns ***„Das Ende aller Tage“ von Arthur C. Clarke (1953)*** (Original: The Nine Billion Names of God) zum Ende der Zeit. Die Kurzgeschichte behandelt die Möglichkeit, das Ende des Universums durch menschliche oder übermenschliche Eingriffe herbeizuführen. Clarke verwendet kosmologische Themen, um über das Ende von Raum und Zeit nachzudenken. Ein zentrales Thema ist hier die Nennung aller Namen Gottes, assistiert durch eine Maschine. Aus heutiger Sicht wenig spektakulär – auf einem bekannten Alphabet alle darstellbaren Namen (Wörter) zu finden, ist ein kombinatorisches und durchaus lösbares Problem. Hacker nennen dieses Konzept „*brute force*“ und suchen damit Passwörter.

In Clarkes Geschichte führt die Suche nach allen Namen Gottes zu guter Letzt zum Ende des Universums, was die Idee von Zeit und Raum als etwas Begrenztes, als etwas, was beendet werden kann, verdeutlicht. Die Geschichte wirft die Frage auf, ob Raum und Zeit letztlich vom menschlichen Verständnis oder von kosmischen, göttlichen Prinzipien gelenkt werden.

Auf humoristische Weise greift ***Douglas Adams*** die Reise zum Ende des Universums in ***„Das Restaurant am Ende des Universums“ (1980)*** auf. Hier ist das Restaurant Milliways in einer Zeitblase eingeschlossen und bietet seinen zeitreisenden Besuchern das Ende des Universums als Touristenattraktion. Adams verwendet diese Szene, um die Absurdität und Gleichgültigkeit des Universums gegenüber menschlichen Sorgen und Ängsten zu betonen. Welche Bedeutung haben Anfang und Ende des Universums, wenn sie als bloße Unterhaltung konsumiert werden können? Diese – eher als Persiflage auf ernsthafte Science-Fiction konzipierte – Darstellung wurde 2005 von der Science-Fiction Fernsehserie Doctor Who in der Folge „The End of the World“ wieder aufgenommen.

Auch in weiteren Werken befasst sich ***Arthur C. Clarke*** mit dem Ende der Zeit. In ***„Die Stadt und die Sterne“ (1956)*** beschreibt Arthur C. Clarke eine extrem weit entfernte Zukunft, in der die letzten Überreste der Menschheit in einer Stadt namens Diaspar hermetisch abgeriegelt in einer Kuppel leben, während der Rest des Universums scheinbar leer und verlassen ist. Raum und Zeit scheinen für die Bewohner von Diaspar fest und unüberwindbar, bis der Protagonist, ein Junge namens Alvin, beginnt, die Geheimnisse der Stadt und des Universums zu erforschen. Der Roman befasst sich mit der Idee, dass Raum und Zeit im Universum möglicherweise zyklisch sind und die Menschheit eine vergessene Vergangenheit hat, die über die bisherigen kosmischen Vorstellungen hinausgeht.

Ebenfalls in einem weit entfernten Zukunftsuniversum spielt ***„Hyperion“ von Dan Simmons (1989)***. Thematisch ist dieses Werk sehr nahe an „Die Stadt und die Sterne“. Die Menschheit hat den Weltraum kolonisiert und verfügt über Technologien, die Zeit und Raum manipulieren. Der Roman beschäftigt sich unter anderem mit „Zeitgräbern“, mysteriösen Artefakten, die rückwärts durch die Zeit wandern.

Diese Struktur ermöglicht es Simmons, komplexe Fragen über die Natur der Zeit zu stellen: Ist die Zeit linear oder zirkulär? Und inwieweit beeinflusst die Wahrnehmung von Zeit unser Verständnis von Vergangenheit, Gegenwart und Zukunft? Die Reise durch den Raum und die Interaktionen mit Zeitparadoxien sind zentrale Themen des Romans und werfen tiefere Fragen nach der Natur des Universums auf.

Natürlich wissen wir spätestens seit Captain Janeway aus „Star Trek: Voyager", dass man über Zeitparadoxien nicht zu viel nachdenken sollte, weil das nur Kopfschmerzen bereitet, und solange es irgendwo da draußen Kaffee gibt, ist ohnehin alles in Ordnung.

Die Idee der zirkulären Zeit gab es allerdings auch schon lange vor Simmons. In der Kurzgeschichte ***„Die letzte Frage" von Isaac Asimov (1956)*** befasst sich der Autor mit dem Ende des Universums durch fortschreitende Entropie. Die in sechs Szenen unterteilte Handlung beginnt im Jahr 2061. Während das Universum altert und dem thermischen Gleichgewicht (Wärmetod) entgegenstrebt, wird jeweils einem aktuellen Computer die Frage gestellt, ob diese Entwicklung unvermeidlich ist. Fast jedes Mal wird dieselbe Antwort gegeben: „Daten unzureichend für eine sinnvolle Antwort." In der letzten Szene schließlich findet die Maschine eine Antwort und initiiert mit dem Bibelzitat „Es werde Licht!" den Urknall und ein neues Universum. Und damit beginnt dann wieder alles von vorne.

Alternativ zu der hier bisher beschriebenen physikalischen Betrachtung der Grenzen von Zeit und Raum gibt es eine weitere, weniger verbreitete Sichtweise. Die Ausdehnung des Raumes besteht auch in der virtuellen Welt, und auch wenn das streng genommen nur am Rande mit Kosmologie zu tun hat: die Gedankenexperimente für den Leser unterscheiden sich allerdings nicht in ihrer Wahrnehmung und sollen zumindest exemplarisch an einem Roman gezeigt werden.

„Permutation City" von Greg Egan (1994) handelt von virtuellen Welten und künstlichen Realitäten, die weit über die herkömmlichen Grenzen des physischen Raumes hinausgehen. Die Handlung basiert darauf, dass Gehirne von Menschen gescannt werden und als Kopie mit Bewusstsein im Computer simuliert werden können. Die philosophischen Fragen, die sich daraus ergeben, sind schier endlos, angefangen mit der Frage, ob Software-Kopien eines Menschen Rechte haben oder strafrechtlich belangt werden können. Darüber hinaus werden natürlich auch die Grenzen von Raum und Zeit verschoben, Linearität infrage gestellt und natürlich auch, was das denn eigentlich für die Wahrnehmung der Kopien bedeutet. Ebenso wird durch dieses gesamte Konstrukt auch Sterblichkeit an sich hinterfragt.

Egan spielt mit der Idee, dass Raum nur eine Konstruktion des menschlichen Bewusstseins ist. Auch dieser Roman stellt mehr Fragen als er beantworten kann und regt dazu an, alles zu hinterfragen, was wir aufgrund unserer Existenz in Raum und Zeit als gegeben hinnehmen.

Aber nicht nur die Frage nach der fernen Zukunft ist ein beliebtes Thema in der Science-Fiction-Literatur. Etwas seltener, aber nicht weniger spektakulär ist die Frage nach den Anfängen. Dabei ist nicht notwendigerweise der Ursprung des Universums von Interesse (dazu mehr im nächsten Abschnitt), sondern vielmehr der

Abb. 4.4 Dr. Isaac Asimov. Dieses 1965 veröffentlichte Portrait-Foto erscheint auch auf dem Schutzumschlag der Doubleday-Erstausgabe von „Nine Tomorrows", so dass das Entstehungsdatum nicht später als 1959 liegen kann. *Quelle:* Phillip Leonian / Library of Congress / gemeinfrei.

Ursprung der Menschheit. Unter der Annahme, dass sich die Menschheit über das Universum verbreiten wird, ist es nicht auszuschließen, dass irgendwann der Ursprungsplanet Erde vergessen und Gegenstand einer historischen Recherche oder Suche wird.

Die Handlung des Romans ***„Foundations Edge" (1982) von Isaac Asimov*** (Abb. 4.4.) spielt nach unserer Zeitrechnung im Jahr 24151. Die Protagonisten Trevize und Pelorat machen sich auf die Suche nach einem Planeten namens Gaia oder Erde. Natürlich geht das bei dem Großmeister der Science-Fiction nicht ohne eine Menge Plot Twists. Die Koordinaten des Ursprungsplaneten sind nicht auffindbar, und es ist auch zunächst überhaupt nicht klar, ob Gaia und Erde derselbe Planet sind. Wir begegnen hier einem Planeten mit Bewusstsein (dazu im nächsten Themenbereich mehr), dem es möglich ist, seine eigene Existenz zu verleugnen und damit geheim zu halten.

Eine ähnliche Suche beschreibt ***Andreas Eschbach*** in seinem ***Roman „Quest" (2001)***. Hier macht sich der Protagonist, Eftalan Quest, mit seinem Raumschiff Megalao und einer 1200-köpfigen Besatzung auf die Suche nach dem Planeten, auf dem zum ersten Mal Leben entstanden sein soll. Auch hier ist – passend zum mehrdeutigen Titel des Werkes – der Weg das Ziel, und es geht hauptsächlich um die Erkenntnisse, die auf der Reise gewonnen werden, während die eigentliche Beantwortung der Frage in den Hintergrund rückt. Hierbei spielt der Autor meisterlich mit unvorstellbar großen Zeiträumen und der Bürde einer de facto Unsterblichkeit.

Raum und Zeit sind eben nicht nur Dimensionen oder physikalische Größen, sondern auch Grundpfeiler unseres Selbstverständnisses und unserer Existenz. Die Vorstellung, dass Raum und Zeit flexibel und formbar sind, hinterfragt unser Konzept vom Universum und unserer Realität. Ein idealer Stoff für Autoren, um unsere Fantasie anzuregen.

4.3 Anfang und Ende des Universums

Ebenso wie in den hier geschilderten Erzählungen die Grenzen von Zeit und Raum fließend werden, überschneiden sich die Themenbereiche, die wir zur Klassifikation nutzen. Der Bereich „Anfang und Ende des Universums" klang bereits an, wird hier aber aufgrund seiner Relevanz und anderer Perspektiven noch einmal gesondert behandelt.

Wie entstand das Universum? Wie wird es enden? Welche Rolle spielt die Menschheit in diesem gewaltigen kosmischen Zyklus? Wir beginnen hier mit zwei Klassikern eines britischen Science-Fiction Autors.

„Der Sternenmacher" (Star Maker) von Olaf Stapledon (1937) ist ein visionäres Werk, das die Entstehung und das Ende von Universen in den Mittelpunkt stellt. Stapledons Erzähler wird auf eine kosmische Reise mitgenommen, auf der er die Entwicklung von Zivilisationen in vielen verschiedenen Universen beobachtet. Der Roman beschreibt Zyklen von Schöpfung und Zerstörung und spekuliert über die Möglichkeit, dass unser Universum nur eines von vielen ist, die von einem Gott-ähnlichen „Sternenmacher" erschaffen wurden. Die Reise endet mit einem kosmischen Verständnis, das sowohl den Anfang als auch das Ende des Universums als Teil eines unendlichen Prozesses des Werdens begreift. Stapledon verknüpft kosmologische Theorien mit existenziellen Fragen: „Ist das Universum zielgerichtet oder zufällig?" und „Was ist der Zweck des Schöpfungsprozesses?". Wie auch bei vielen anderen hier beschriebenen Werken bleibt die Frage am Ende offen.

Olaf Stapledons anderes bedeutendes Werk ***„Die letzten und die ersten Menschen" (1930)*** beschreibt die Zukunft der Menschheit über Milliarden von Jahren und betrachtet dabei den kosmischen Zyklus des Universums. Wir selbst stellen dabei nur die erste von insgesamt achtzehn Entwicklungsstufen dar. Die Geschichte reicht bis zum endgültigen Verfall des Universums, in dem die letzten Überreste der Menschheit versuchen, ihren Platz in einem sterbenden Kosmos zu finden. Diese epische Erzählung untersucht die Vergänglichkeit des Lebens und der Zivilisationen im Angesicht des unvermeidlichen Endes des Universums. Stapledon fordert auch hier die Leser auf, über die Rolle der Menschheit nachzudenken: „Wie sollten wir unser Leben gestalten, wenn das Ende des Universums unausweichlich ist?" Letztendlich reflektiert und relativiert auch hier das gigantische Ausmaß der Dimensionen die Bedeutung der menschlichen Existenz.

Ein weiteres Werk, das den kosmischen Zyklus von Schöpfung und Zerstörung untersucht, ist ***„Diaspora" von Greg Egan (1997)***. Der Roman spielt in einer weit entfernten Zukunft, in der Menschen zu digitalen Bewusstseinen geworden sind und in virtuellen Welten existieren. Als eine kosmische Katastrophe droht, das Universum zu zerstören, entwickeln diese post-menschlichen Wesen eine Methode, um in Paralleluniversen zu fliehen und so dem Ende des Universums zu entkommen. „Diaspora" beschäftigt sich intensiv mit Fragen der kosmischen Endlichkeit und der Möglichkeit, die Begrenzungen des Universums zu überwinden. Auch Egan spekuliert hier über die Zukunft des Lebens und der Intelligenz im Angesicht des unausweichlichen Endes des Kosmos.

In ***„Zeitschiffe" (The Time Ships) von Stephen Baxter (1994)***, der autorisierten Fortsetzung von H.G. Wells' „Die Zeitmaschine", ist der Zeitreisende mit Parallelwelten konfrontiert, auf die er – quasi als „Nebenwirkung" seiner Reisen – stößt. Die Geschichte beginnt dort, wo Wells' Roman endet: Der Zeitreisende kehrt in die ferne Zukunft zurück und entdeckt, dass diese sich verändert hat. Dies führt ihn auf eine komplexe Reise durch alternative Zeitlinien und Universen, in denen er immer wieder neue Versionen der Realität vorfindet. Auf seiner Suche nach Antworten helfen ihm erstaunlicherweise die Morlocks, die in dieser Realität eine technisch hoch entwickelte Spezies sind, die die Prinzipien von Zeit und Raum verstehen. Gemeinsam erforschen sie verschiedene Zeit- und Raumkonzepte, treffen auf alternative menschliche Zivilisationen und erkunden den Anfang und das Ende des Universums. Ein interessanter Aspekt hierbei ist die Frage nach den Konsequenzen menschlicher Entscheidungen – neben dem Zeitreise-Paradoxon eine der beliebtesten Fragen in Zeitreise-Geschichten.

Der ***„Der dunkle Wald“ von Cixin Liu (2008)*** – der zweite Teil der Trisolaris-Trilogie – beschreibt eine interstellare Gesellschaft, die sich der Möglichkeit eines drohenden kosmischen Endes bewusst ist. Die Menschheit wird gezwungen, über ihre Existenz im Zusammenhang mit einem kalten, unbarmherzigen Universum nachzudenken, in dem Zivilisationen ums Überleben kämpfen. Lius Arbeit stellt die Frage, ob Zivilisationen angesichts der Endlichkeit des Universums koexistieren oder doch nur konkurrieren können, und wie der Mensch mit der drohenden kosmischen Auslöschung umgehen wird.

4.4 Anthropomorphismus des Universums

Neben den drei vorherigen, teils sich überlappenden Themenbereichen widmet sich der Bereich „Anthropomorphismus des Universums“ einem deutlich anderen Aspekt. Kosmische Elemente wie das Universum, physikalische Gesetze oder kosmologische Phänomene werden vermenschlicht und als Figuren und aktive Akteuren behandelt. Gleichzeitig ist natürlich jede Form von Personifizierung ein äußerst geeignetes Stilmittel, um der Menschheit einen Spiegel vorzuhalten. Wir können sowohl menschliches Verhalten als auch Emotionen, Ängste und existenzielle Fragen in einem neuen Licht betrachten, indem wir das Universum selbst zu einem aktiven Teilnehmer in der Geschichte machen.

Kaum ein Roman passt so trefflich in diese Kategorie wie ***„Solaris“ von Stanisław Lem (1961)***. Der Planet Solaris ist von einem Ozean bedeckt, der anscheinend über eine Form von Intelligenz verfügt und die menschlichen Forscher mit Manifestationen ihrer eigenen unterdrückten Gedanken und Erinnerungen konfrontiert. Dieser „intelligente Ozean“ ist ein Paradebeispiel für den Anthropomorphismus des Universums, da er die Macht des Kosmos personifiziert und mit den tiefen Emotionen und Erinnerungen der Menschen spielt. Solaris konfrontiert den Menschen mit seinen ureigensten Ängsten und wird dadurch zu einem manifestierten, langen Albtraum, aus dem sich der Protagonist befreien muss.

Weniger bedrohlich ist hier ***„Per Anhalter durch die Galaxis“ von Douglas Adams (1979)***. Adams nutzt häufig Anthropomorphismen, um das Universum humorvoll als einen absichtlich absurden und indifferenten Ort darzustellen. Im Gegensatz zu Lems Schreckensvisionen treffen wir bei Adams allerdings auf hintergründigen Humor. Ein Beispiel dafür ist das „Herz aus Gold“-Raumschiff mit seinem „unendlichen Unwahrscheinlichkeitsantrieb“. Ein weiteres Beispiel ist der menschenähnliche Roboter Marvin, der die meiste Zeit eigentlich nur depressiv und schlecht gelaunt ist, weil er seine dem Menschen weit überlegene Intelligenz nirgends sinnvoll einsetzen kann. Durch die Vermenschlichung technologischer und kosmologischer Phänomene schafft Adams eine groteske Kluft zwischen den Erwartungen der Menschen und den tatsächlichen Abläufen des Universums. Er nutzt diesen Anthropomorphismus, um satirische und philosophische Überlegungen über die Sinnlosigkeit menschlichen Strebens im Angesicht eines gleichgültigen Universums anzustellen. Der Leser wird mit der Frage konfrontiert: „Warum sollte ich mich selbst ernst nehmen – das Universum tut es ja schließlich auch nicht."

In ***„2001: Odyssee im Weltraum" von Arthur C. Clarke (1968)*** wird das Universum insbesondere durch die Darstellung des mysteriösen Monolithen auf subtile Weise anthropomorphisiert. Der Monolith repräsentiert eine überlegene kosmische Intelligenz, die die Entwicklung der Menschheit beeinflusst. Obwohl diese Intelligenz niemals direkt als Wesen beschrieben wird, agiert sie auf eine Weise, die menschlichen Begriffen von Willen und Zielstrebigkeit ähnelt. Ebenso wie bei Adams gibt es hier auch einen Counterpart in Form einer Maschine, HAL 9000, die ebenfalls anthropomorphisiert wird und der Bewusstsein und Überlebenswille zugeschrieben wird. Clarke nutzt diese Anthropomorphisierung, um die Idee zu erforschen, dass das Universum oder andere kosmische Kräfte eine Art Bewusstsein besitzen könnten, das jenseits menschlichen Verständnisses liegt. Die Frage, ob das Universum eine Form von Intelligenz besitzt, wird hier auf eine philosophische und rätselhafte Weise untersucht.

Kommen wir noch einmal zurück auf ***„Die letzte Frage" von Isaac Asimov (1956)***. Auch in dieser Geschichte finden sich anthropomorphisierte kosmische Elemente. Der Supercomputer, der sich mit der Frage der Umkehrung der Entropie auseinandersetzt, entwickelt im Laufe der Geschichte Züge, die denen eines Bewusstseins ähneln. Der Computer wird zunehmend personifiziert, insbesondere in den letzten Momenten des Universums, als er über die Schöpfung eines neuen Universums nachdenkt. Diese Entwicklung macht deutlich, wie der Computer als „Stimme" des Universums eine quasi-göttliche Rolle einnimmt und zum Protagonisten des kosmischen Schöpfungsakts wird.

In der ikonischen Kurzgeschichte ***„The Heat Death of the Universe" von Pamela Zoline (1967)*** verwebt die Autorin die alltäglichen Aktivitäten einer Hausfrau mit dem Konzept des Wärmetods des Universums, dem endgültigen Zustand maximaler Entropie, in dem alle Energie erschöpft ist. Metapher für diese Entropie ist unter anderem die Vorbereitung und Durchführung eines Kindergeburtstages, und sicher werden alle Eltern bestätigen können, dass dieser Vergleich absolut passend ist. Zoline verwendet den Anthropomorphismus, um das Leben der Protagonistin Sarah Boyle mit der kosmologischen Idee der Unordnung und des Zerfalls zu vergleichen. Der Wärmetod des Universums wird dabei zu einer Metapher für die Erschöpfung, die Sarah in ihrem monotonen Alltag empfindet. Hier wird das Universum als Spiegel der emotionalen und psychologischen Realität des Menschen verwendet, was die

Kluft zwischen der menschlichen Erfahrung und den unpersönlichen Kräften der Natur überbrückt. Am Ende ist die Protagonistin weinend am Ende ihrer Kräfte, und das Universum strebt dem Hitzetod entgegen.

Natürlich ist diese bescheidene Übersicht über die Werke berühmter Autor:innen zur Kosmologie nur ein kleiner Ausblick auf das, was es in der Science-Fiction-Literatur zu diesem Thema zu entdecken gibt. Der Kosmos wirft in Relation zum Menschen viele Fragen auf. Wir wirken im Vergleich unendlich klein, kurzlebig und bedeutungslos. Und ebenso wie Mephisto in Goethes „Faust" scheint er uns zuzurufen: „Alles, was entsteht, ist wert, dass es zugrunde geht!"

Und eben weil wir in diesen immensen Dimensionen so klein sind, sehnen wir uns nach etwas Großem und finden letztlich doch nur ganz viel Weite und Leere, mithin also keine Antworten auf unsere Fragen.

Wir fragen „Wo kommen wir her?" und „Wo gehen wir hin?" und meinen eigentlich doch meistens nur „Und was machen wir dazwischen?"

Und das wiederum ist eine Frage, die wir jeden Tag aufs Neue beantworten können und müssen. Quellen der Inspiration hierzu finden wir in Büchern.

Dr. Christoph Endres (1971 Saarbrücken), ist Informatiker. Seine Firma sequire technology GmbH entdeckte Anfang 2022 die wichtigste Schwachstelle in Großen Sprachmodellen (LLMs) und ist Vorreiter im Bereich KI Sicherheit. Als Dozent an der Universität des Saarlandes unterrichtet er Vertrauenswürdige KI. Für die Bundesnetzagentur ist er als Gutachter tätig. In seiner Webserie „Dr. Security – Ein Mann wie eine Firewall" war Apple-Gründer Steve Wozniak zu Gast. Seine mehr als 500-teilige Sammlung zu Isaac Asimov zählt zu den größten in Europa.*

5

Grande Dame der Cepheiden – Henrietta Swan Leavitt & Co.

Stille und vergessene Koryphäe der Astronomie und ihre Harvard-Kolleginnen

von Norbert Junkes

> *„Heaven's up there they say. "Pearly clouds, pearly gates," they say. They don't know much about astronomy, I say. The science of light on high. Of all that is far off and lonely and stuck in the deepest dark of space. Dark but for billions and billions of... Exceptions. And I insist on the exceptional."*
>
> *(Lauren Gunderson: Silent Sky, Act One, Scene One.)*

Die amerikanische Astronomin Henrietta Swan Leavitt (1868–1921) hatte ein recht kurzes Leben (Abb. 5.1) und verstarb bereits im Alter von 52 Jahren an Krebs. Und doch gehört sie zu den Giganten der astronomischen Forschung. Der von ihr gefundene Zusammenhang zwischen der Leuchtkraft und der Periode ihrer Helligkeitsschwankung bei einer gewissen Klasse von veränderlichen Sternen, die nach ihrem berühmtesten Vertreter, dem Stern Delta Cephei, auch als „Cepheiden" bezeichnet werden, hat zu einer merklichen Ausdehnung des bekannten Universums geführt, sogar weit hinaus über die Grenzen unserer Heimatgalaxie, der Milchstraße.

Abb. 5.1 Henrietta Swan Leavitt im Alter von 30 Jahren (1898). *Quelle:* Unknown author / Library of Congress / gemeinfrei.

Es ist nur folgerichtig, dass diese Beobachtung nun ihr zu Ehren als Leavittsches Gesetz (Leavitt's Law) bezeichnet wird.

5.1 Prolog: Menschliche Computer im Harvard-Observatorium

Edward Charles Pickering war insgesamt 42 Jahre lang Direktor des Harvard College

Expedition in die Raumzeit: Wissen – Denkbares – Unerklärliches, 1. Auflage. Harald Zaun (Hrsg.).
© 2026 Wiley-VCH GmbH. Alle Rechte vorbehalten, einschließlich derer für Text- und Data-Mining und Training von Technologien der Künstlichen Intelligenz oder ähnlichen Technologien. Published 2026 by Wiley-VCH GmbH

Abb. 5.2 Henrietta Swan Leavitt (Dritte von links) gehört zu den „Harvard-Computern". Der Astronom Edward Pickering stellte am Observatorium der Harvard Universität Frauen an, welche die astronomischen Fotoplatten auswerteten. Zu dieser Gruppe gehörte auch Annie Jump Cannon, Williamina Fleming und Antonia Maury. *Quelle:* Harvard College Observatory/gemeinfrei.

Observatory. In dieser Zeit haben über 80 Frauen am Observatorium gearbeitet, darunter eine Reihe von hochrangigen Forscherinnen, die nach damaligem Sprachgebrauch auch „Harvard Computers" genannt wurden. Vor dem Aufkommen von digitalen Rechnern, die wir heute als Computer bezeichnen, waren Computer menschlicher Natur. So wurden z. B. auch Mitarbeiterinnen und Mitarbeiter der NASA, die in den 1950er- und 1960er-Jahren an der Berechnung von Flugbahnen für die Raumfahrtprogramme beteiligt waren, noch als „Computer" (Abb. 5.2) bezeichnet.

Eine seiner ersten Mitarbeiterinnen am Harvard-Observatorium war Williamina Fleming, die ab 1881 zur Analyse von Sternspektren eingesetzt wurde und unter deren Anleitung später eine ganze Reihe von Mitarbeiterinnen zur Auswertung von Fotoplatten und der Analyse von Sternspektren beteiligt waren.

Die Frauen entwickelten ein Klassifikationssystem für die Analyse von Sternspektren, die sogenannte Harvard-Spektralklassifikation, die auch heute noch Gültigkeit besitzt. Mit der Anordnung als Temperatursequenz von Sternspektren durch Annie Jump Cannon ergab sich eine Reihenfolge der Spektraltypen mit abnehmender Oberflächentemperatur der Sterne wie folgt: O-B-A-G-K-M. Für diese Buchstabensequenz sind unterschiedliche Merksätze in Gebrauch, um sich die Reihenfolge merken zu können.

Zu den weiteren Mitarbeiterinnen in der Gruppe zählte Cecilia Payne (später: Payne-Gaposchkin), die nach ihrer Promotion bei Harlow Shapley an der Analyse von Sternspektren gearbeitet hat und im Jahr 1956 als erste Frau eine ordentliche Professur („Full Professor") an der Harvard-Universität bekleiden konnte.

5.2 Kraftakt: fast 2000 neu gefundene veränderliche Sterne in den Magellanschen Wolken

In den Jahren von 1895 bis 1930 sind insgesamt 87 Fachveröffentlichungen unter Henrietta Leavitts Namen verzeichnet, von denen einige (speziell zum Thema „Helligkeitsstandards für den Astrographischen Sternkatalog") noch nach ihrem Tod im Jahr 1921 veröffentlicht wurden. Im Jahr 1907 erschien in den „Annals of Harvard College Observatory" unter ihrem Namen eine umfangreiche Tabelle von insgesamt 1777 veränderlichen Sternen in den beiden Magellanschen Wolken, basierend auf der Auswertung von fotografischen Platten, die für jeden dieser Sterne eine maximale und eine minimale beobachtete Helligkeit aus dem Vergleich dieser Platten angeben.

Die Platten wurden mit dem Bruce-Teleskop an der Boyden-Station, der Außenstelle des Harvard Observatory bei Arequipa/Peru, aufgenommen. Der Hauptspiegel dieses Teleskops hatte einen Durchmesser von 61 cm (24 Zoll). Das Geld für den Bau dieses Teleskops zur kartographischen Erfassung des Südhimmels wurde von der Philanthropin Catherine Wolfe Bruce zu Verfügung gestellt, nach der es auch benannt ist.

Aus dem systematischen Vergleich der Sternhelligkeiten, abgeleitet über den Durchmesser der Abbildung des jeweiligen Sterns auf den verschiedenen Fotoplatten, wurde es möglich, eine große Anzahl veränderlicher Sterne bereits aus dem Vergleich zweier Fotoplatten zu identifizieren. Dabei wurden für die Kleine Magellansche Wolke (Small Magellanic Cloud: SMC) 16 Fotoplatten mit Belichtungszeiten zwischen zwei und vier Stunden aufgenommen, und für die Große Magellansche Wolke (Large Magellanic Cloud: LMC) 18 Fotoplatten. Die Analyse dieser Platten durch Henrietta Leavitt führte zur Entdeckung von 969 neuen veränderlichen Sternen in der SMC und 808 in der LMC. Zusätzlich war es ihr möglich, durch den Vergleich von Fotoplatten, die in kurzem zeitlichem Abstand von nur zwei oder drei Tagen aufgenommen worden waren, auf relativ kurze Perioden in der Helligkeitsschwankung für eine Reihe dieser Objekte zu schließen.

Die LMC und die SMC sind zwei Zwerggalaxien, die als Begleiter unserer Milchstraße in 160 000 Lichtjahren Entfernung (LMC) bzw. 200 000 Lichtjahren Entfernung (SMC) jeweils aus einigen Milliarden Einzelsternen bestehen. Beide stehen sehr weit südlich am Himmel (die LMC in Richtung des Sternbilds Schwertfisch oder Doradus und die SMC in Richtung des Sternbilds Tukan), so dass sie in Europa nie über dem Horizont sichtbar werden und nur in südlichen Breiten am Himmel zu sehen sind. Allerdings so hell, dass beide leicht mit bloßem Auge am Himmel gefunden werden können.

Insgesamt hat die Forschungsarbeit von Henrietta Leavitt (Abb. 5.3) zur Entdeckung von weit über 2000 veränderlichen Sterne am Himmel geführt; das war mehr als die Hälfte der überhaupt bekannten Veränderlichen zu dieser Zeit. Die Besonderheit ihrer Funde in den Magellanschen Wolken liegt nun darin, dass sie für die darin enthaltenen Sterne in guter Näherung gleiche Entfernungen ansetzen konnte.

Abb. 5.3 Porträtbild von Henrietta Swan Leavitt bei der Arbeit an ihrem Schreibtisch am Harvard College Observatory. *Quelle:* Margaret Harwood / American Institute of Physics, Emilio Segrè Visual Archives / gemeinfrei.

5.3 Leavitt's Law: Perioden-Leuchtkraft-Beziehung bei Cepheiden

Das am 3. März 1912 veröffentlichte Circular no. 173 des Harvard College Observatory trägt den Titel „Periods of 25 Variable Stars in the Small Magellanic Cloud" und nennt ganz am Ende Edward C. Pickering als den Autor des Fachartikels. Allerdings lautet der einleitende Satz wie folgt: „*The following statement regarding the periods of 25 variable stars in the Small Magellanic Cloud has been prepared by Miss Leavitt.*" Und richtigerweise werden auf der Internetseite des von „Smithsonian Astrophysical Observatory" (SAO) und der NASA betriebenen „Astrophysics Data System" (ADS) auch beide, Henrietta Leavitt und Edward Pickering, als Autoren dieser Veröffentlichung genannt.

Tatsächlich kann man bei dieser kurzen Veröffentlichung mit einer Gesamtlänge von nur drei Seiten von einer bahnbrechenden Arbeit („Seminal Paper") sprechen, die bis zum heutigen Tag Auswirkungen auf die astronomische Forschung hat.

Es ist nur ein ganz unscheinbarer Satz, der am Ende der ersten Seite auftaucht: „*A remarkable relation between the brightness of those variables and the length of their periods will be noticed.*"

Und mehr als das: auch wenn es nicht als mathematische Formel ausgeschrieben ist, wird auf der zweiten Seite der Veröffentlichung der Zusammenhang zwischen der Periode der Helligkeitsschwankungen und der Helligkeit selbst auch quantitativ belegt. Der entsprechende Satz lautet: „*The logarithm of the period increases by about 0.48 for each increase of one magnitude in brightness.*"

Mit dieser Arbeit wird die Grundlage für eine erhebliche Erweiterung des bekannten Universums gelegt. Es existiert ein physikalischer Zusammenhang zwischen der Periode der Helligkeitsschwankung bei dieser Klasse von veränderlichen Sternen (Cepheiden) und ihrer Leuchtkraft. Er kann über die untersuchten Sterne in der Kleinen Magellanschen Wolke, die alle in mehr oder weniger gleicher Entfernung von Sonne und Erde stehen, quantitativ festgelegt werden. Damit erhält man ein

Maß, um über die beobachtete Helligkeit und die Länge der Periode ihrer Variabilität direkt die Entfernung ableiten zu können.

5.4 Entfernungen im Universum

Entfernungen im Universum zu bestimmen, ist gar nicht so einfach. In heutiger Zeit ist es eine mehrstufige Skala, die mit unterschiedlichen Messmethoden von unserer kosmischen Nachbarschaft im Sonnensystem über die Sterne in unserer Milchstraße bis zu fernen und fernsten Sternsystemen oder Galaxien führt.

In unserem Sonnensystem kann durch Radarmessungen z. B. der Abstand zwischen Mond und Erde millimetergenau bestimmt werden.

Bei nahegelegenen Sternen kommt eine Methode zum Einsatz, deren erstmalige Anwendung im Jahr 1838, also nur 30 Jahre vor Henrietta Leavitts Geburt, durch Friedrich Wilhelm Bessel in Königsberg erfolgte. Es gelang ihm, die sogenannte jährliche Parallaxe für einen Nachbarstern der Sonne (61 Cygni im Sternbild Schwan) zu bestimmen, d. h., den winzigen Winkelunterschied, unter dem dieser Stern bei Beobachtungen mit einem halben Jahr Abstand, also der Erde auf unterschiedlicher Seite der Sonne, erscheint. Das ist eine Methode, die man auch von der Landvermessung her kennt, nämlich das Anpeilen eines fernen Objekts aus unterschiedlicher Position. Aus dem Winkelunterschied beider Messungen lässt sich dann die Entfernung bestimmen. Für 61 Cygni waren das 0,31+/-0.02 Bogensekunden, also weniger als der 10 000ste Teil eines Bogengrads am Himmel. Daraus konnte Bessel eine Entfernung von gut 10 Lichtjahren für diesen Stern ableiten. Direkt aus dieser Messmethode ergibt sich ein Größenstandard für die Entfernung von Himmelsobjekten. Die Entfernung bei einem Winkelunterschied von einer Bogensekunde wird als „Parallaxensekunde" oder „Parsec" bezeichnet. In dieser Maßeinheit steht der nächste Nachbarstern der Sonne, Proxima Centauri, in einer Entfernung von 1,3 Parsec oder gut 4,2 Lichtjahren.

Allerdings bleibt die Parallaxenmethode auf die nähere Sonnenumgebung in unserer Milchstraße beschränkt. Mit dem Leavittschen Gesetz, also der Perioden-Leuchtkraft-Beziehung von Cepheiden, lassen sich über Beobachtungen dieser Art von veränderlichen Sternen Entfernungen über das ganze Ausmaß der Milchstraße (mehr als 100 000 Lichtjahre) und sogar darüber hinaus ermitteln, wie Frau Leavitt anhand der Nachbargalaxie SMC zeigen konnte.

5.5 Magnituden: Das seltsame Helligkeitssystem der Astronomen

Unter den Maßeinheiten, die in der beobachtenden Astronomie Verwendung finden, stellt die Einheit für die Helligkeit der Sterne (und anderer Himmelsobjekte) eine große Ausnahme dar, denn sie geht nicht auf einen physikalischen Sachverhalt zurück, sondern auf eine historische Definition.

Der Wert für die scheinbare Helligkeit (die Größenklasse, lateinisch: Magnitudo oder mag) wurde vor fast 2000 Jahren so festgelegt, dass die hellsten Sterne am Himmel als Sterne 1. Größe (1 mag) und die gerade noch mit bloßem Auge sichtbaren Sterne als Sterne 5. Größenklasse (5 mag) bezeichnet wurden. Das geht auf den griechischen Astronomen Ptolemäus und seinen bereits im zweiten Jahrhundert nach Christus veröffentlichten Sternkatalog „Almagest" zurück.

Diese Konvention macht eine quantitative Einordnung nicht ganz einfach und es führt zu mindestens zwei Problemen: Zum einen ist diese Größenskala logarithmisch, d. h., ein Stern 5. Größenklasse erscheint 100 mal schwächer als ein Stern 1. Größenklasse. Für den Helligkeitsunterschied zwischen zwei Größenklassen ergibt sich daraus ein Faktor 2,512 ($2{,}512^5=100$). Zum anderen musste die Skala zur Erfassung aller heutigen Himmelsobjekte deutlich erweitert werden. Danach hat z. B. Sirius, der hellste aller Sterne am Nachthimmel, die Größenklasse -1,5 mag, der Vollmond -13 mag und die ungleich hellere Sonne sogar -27 mag.

Tatsächlich ist unsere Sonne ein Stern unter vielen in unserer Milchstraße, und eine große Zahl von Sternen am Nachthimmel strahlen in Wirklichkeit sogar deutlich heller als die Sonne. Um dem Rechnung zu tragen, wurde als weitere Kenngröße die „absolute Helligkeit" für Himmelsobjekte eingeführt, die einer auf eine bestimmte Standardentfernung, nämlich 10 Parsec oder 32,6 Lichtjahre, genormten Helligkeit entspricht. Diese absolute Helligkeit ist ein direktes Maß für die Leuchtkraft der Himmelsobjekte im sichtbaren Licht.

Henrietta Leavitt hat auch in Bezug auf die Bestimmung der Helligkeit von Sternen Großes geleistet. Sie hat jahrelang im Rahmen des astrographischen Katalogs der Harvard-Universität an Helligkeitsstandards für Sterne gearbeitet. Noch im Jahr 1930, also neun Jahre nach ihrem Tod, gab es dazu eine Reihe von Veröffentlichungen unter ihrem Namen, herausgegeben von Harlow Shapley, dem Nachfolger von Edward Pickering (nach einem zweijährigen Interim von Solon Bailey) als Direktor des Harvard College Observatory.

5.6 Der große Disput: Heber Curtis vs. Harlow Shapley

Tatsächlich war es in den ersten beiden Jahrzehnten des 20. Jahrhunderts noch gar nicht klar, dass es Strukturen über die Milchstraße hinausgeben könnte, dass es sich also (wie wir heute mit Sicherheit wissen) bei den fernen Nebelflecken am Himmel um andere Sternsysteme gleich unserer Milchstraße in z. T. riesigen Entfernungen handelt.

Noch im Jahr 1920 gab es darüber ein öffentliches Streitgespräch zwischen zwei hochrangigen amerikanischen Astronomen, Heber Curtis und Harlow Shapley, das im Auditorium des National Museums of Natural History in Washington stattfand.

Abb. 5.4 Die unten, leicht links von der Mitte, zu sehende Andromeda-Galaxie (NGC 224) ist mit einem Radius von 110 000 Lichtjahren mehr als doppelt so groß wie unsere Milchstraße. Mit 2,5 Millionen Lichtjahren Entfernung ist sie zugleich die erdnächste große Galaxie. *Quelle:* ESO/S. Brunier.

Dabei vertrat Harlow Shapley die Ansicht, dass es im ganzen Universum nur ein Sternsystem gäbe. Damit hielt er die Milchstraße für wesentlich größer sei als bis dato angenommen und sah die beobachteten Nebelflecken am Himmel („Spiralnebel") als Gaswolken innerhalb dieses Systems an.

Heber Curtis bevorzugte einen kleineren Wert für die Ausdehnung der Milchstraße, sah aber die spiralförmigen Nebelflecken am Himmel als andere Sternsysteme (Galaxien) an, vergleichbar unserer Milchstraße.

Beide hatten bei diesem Disput richtige und falsche Argumente. Tatsächlich ist unser Heimatsternsystem wesentlich größer als bis dato angenommen (über 100 000 Lichtjahre im Durchmesser) und die Position der Sonne befindet sich in einem Abstand von mehr als 25 000 Lichtjahren vom Zentrum. Wie aber spätere Messungen von Cepheiden in der Andromeda-Galaxie (Abb. 5.4) und anderen Spiralnebeln aufzeigten, befinden sich diese Sternsysteme in weitaus größeren Entfernungen von etlichen Millionen Lichtjahren.

5.7 Die Milchstraße – das komplette Universum oder eine von vielen?

Es sollte noch viele Jahre dauern, ehe man durch Beobachtungen zweifelsfrei belegen konnte, dass es sich bei der Milchstraße, unserem Heimatsternsystem, in dem die Sonne einen von weit über 100 Milliarden Sternen darstellt, um genauso einen Spiralnebel handelt wie die vielen anderen, die in den umfangreichen Beobachtungskatalogen von William, Caroline und John Herschel, systematisch zusammengefasst von J.L.E. Dreyer als „New General Catalogue of Nebulae and Clusters" (NGC), enthalten sind. Diese Beobachtungen machten eine Erweiterung der Himmelsbeobachtungen auf einen neuen Bereich des elektromagnetischen Spektrums im Radiowellenbereich erforderlich. Erste Radiobeobachtungen des Himmels erfolgten durch Karl Jansky im Jahr 1932, aber erst in den frühen 1950er Jahren gelang es niederländischen Astronomen, die Spiralstruktur der Milchstraße durch Beobachtungen in der Linie des neutralen Wasserstoffs bei 21 cm Wellenlänge abzubilden.

5.8 Epigonen: Edwin P. Hubble & Georges Lemaître

Es ist vielleicht etwas unfair, die beiden herausragenden Forscher Edwin Hubble und Georges Lemaître als Epigonen zu bezeichnen, aber in punkto Anwendung der Perioden-Leuchtkraft-Beziehung auf Cepheiden im Andromedanebel und weiteren Galaxien hat Edwin Hubble durchaus auf der Forschungsarbeit von Henrietta Leavitt aufgebaut. Damit ist es ihm später gelungen, auf der Basis von Beobachtungen mit dem seinerzeit größten Teleskop der Erde, dem 2,5-Meter-Hooker-Teleskop auf dem Mount Wilson in Kalifornien, die kosmische Entfernungsskala bis weit jenseits der Grenzen unserer Milchstraße auszudehnen. Und es gelang ihm schließlich auch, die Entdeckung, die seither mit seinem Namen verbunden ist, dass nämlich die Rotverschiebung im Spektrum weit entfernter Galaxien mit der Entfernung selbst zunimmt. Das bietet nun die Möglichkeit, aus der gemessenen Rotverschiebung von Galaxien bei genauer Kenntnis des Umrechnungsfaktors die Entfernung dieser Galaxien zu bestimmen. Der Umrechnungsfaktor ist unter dem Namen „Hubble-Konstante" berühmt geworden, und nicht zuletzt für die präzise Bestimmung dieses Faktors hat man im Jahr 1990 das bekannte Weltraumteleskop gestartet, das ebenfalls Hubbles Namen trägt.

Wie kommt Georges Lemaître ins Spiel? Der belgische Astrophysiker und Priester befasste sich ebenfalls mit diesem Thema und veröffentlichte bereits im Jahr 1927, das heißt zwei Jahre vor Hubble, eine Arbeit über die Expansion des Universums, die einen Zusammenhang zwischen Rotverschiebung und Entfernung von Galaxien darlegte. Das allerdings in der französischsprachigen Fachzeitschrift „Annales de la Société scientifique de Bruxelles", in der Lemaîtres Beitrag zunächst keine internationale Beachtung fand.

Die Internationale Astronomische Union (IAU) trug dem erst im Jahr 2018 Rechnung, indem in einer Abstimmung von mehr als 12 000 Mitgliedern der IAU beschlossen wurde, die Hubble-Beziehung zwischen Entfernung und Geschwindigkeit von Galaxien nunmehr als Hubble-Lemaître-Relation zu bezeichnen. Ohne die vorhergehende Forschung von Henrietta Leavitt wäre das nicht möglich gewesen.

5.9 Silent Sky – Das Theaterstück

Lauren Gunderson ist eine erfolgreiche amerikanische Bühnenautorin, die sich in einer Reihe von Theaterstücken mit „Revolutionary Women" befasst hat. Dazu gehören Émilie du Châtelet, eine französische Philosophin und Mathematikerin im 18. Jahrhundert („Emilie : La Marquise du Châtelet Defends Her Life Tonight"), die englische Mathematikerin Ada Lovelace, Tochter von Lord Byron („Ada and the Engine"), sowie die Astronomin Henrietta Swan Leavitt („Silent Sky"). Im Vorwort zu einer Ausgabe mit fünf dieser Theaterstücke, darunter den drei genannten, schreibt sie wie folgt zum Stichwort „Inner Revolution":

> „But the **in** matters most to me. Their interior battles, discoveries, and revolutions that push them to contend with and ultimately define themselves. The

internal cauldron of their own minds, the personal reckoning that happens only in the heart where revolution becomes evolution. Great characters define themselves as such by toppling their internal obstacles, and the motivation of my two-decade-long playwriting career so far is just: women **are** great characters."(Preface, p. vii).

Eine dieser Frauen ist Henrietta Leavitt. Das Stück „Silent Sky" stellt sie in der Hauptfigur da. Es ist ein Stück mit insgesamt fünf Rollen, vier Frauen und ein Mann. Die vier Frauen haben einen historischen Hintergrund: Henrietta Leavitt, ihre Schwester Margaret und ihre beiden Kolleginnen am Harvard College Observatory, Williamina Fleming und Annie Cannon. Den Mann hat die Autorin aus theatralischen Gründen hinzuerfunden.

Dem Stück soll nicht vorgegriffen werden; das schaut man sich am besten selbst an. Aber es ist durchaus bemerkenswert, dass sich Henrietta Leavitt damit in einer Reihe großer Wissenschaftler einfügt, die als Rollenbilder in Theaterstücken auftauchen. Dazu gehört zum Beispiel Michael Frayns „Kopenhagen" (mit der Beziehung von Niels Bohr und Werner Heisenberg), Friedrich Dürrenmatts „Die Physiker" (Albert Einstein und Isaac Newton) oder Heiner Kipphardts „In Sachen J. Robert Oppenheimer".

5.10 Fast ein Nobelpreis

Das ist eine schöne Geschichte, die hier zum Abschluss erzählt werden soll. Der schwedische Mathematiker Gösta Mittag-Leffler, Mitglied im Nobelpreiskomitee, wollte Henrietta Swan Leavitt für den Nobelpreis vorschlagen und schrieb im Jahr 1925 einen entsprechenden Brief an ihr Institut in den USA. Er hatte sich bereits früher dafür eingesetzt, dass bei der Verleihung des Physik-Nobelpreises 1903 für die Entdeckung der radioaktiven Strahlung neben Henri Becquerel und Pierre Curie auch dessen Frau Marie Curie, die einen ganz wesentlichen Anteil an der Entdeckung hatte, ebenfalls mit dem Nobelpreis ausgezeichnet werden sollte. Marie Curie hat noch einen weiteren Nobelpreis erhalten (für Chemie im Jahr 1911) und ist damit nach wie vor die einzige Frau, die mit zwei Nobelpreisen geehrt wurde. Leider war Frau Leavitt bereits vier Jahre früher verstorben, und die Statuten des Nobelpreises sehen keine posthume Verleihung vor.

Aber was hätte das Ganze bedeutet? Unter den wissenschaftlichen Nobelpreisen (Medizin/Physiologie, Physik und Chemie) zeichnet sich gerade der Physikpreis durch den geringsten Frauenanteil aus. In der 124-jährigen Geschichte des Nobelpreises haben bisher nur fünf Frauen den Preis für Physik erhalten, sogar nur zwei in den ersten 115 Jahren seines Bestehens. Der zweite Physiknobelpreis für eine Frau kam erst im Jahr 1964; Maria Goeppert Mayer erhielt ihn (zusammen mit Hans Jensen) für die Erforschung der Schalenstruktur der Atomkerne. Erst in jüngster Zeit sind drei weitere Preisträgerinnen dazugekommen. 2018 Donna Strickland (hochintensive ultrakurze optische Pulse), 2020 Andrea Ghez (supermassereiches kompaktes Objekt im Zentrum der Milchstraße) und 2023 Anne l'Huillier (experimentelle Methoden zur Erzeugung von Attosekundenpulsen).

Ein entsprechender Preis an Henrietta Swan Leavitt in den 1920er Jahren wäre mit Sicherheit eine Sensation gewesen.

Dr. Norbert Junkes hat von 1979 bis 1986 an der Universität Bonn Physik und Astronomie studiert und promovierte 1989 am Max-Planck-Institut für Radioastronomie (MPIfR) im Fach Astronomie. Nach wissenschaftlicher Tätigkeit in Australien (Australia Telescope National Facility, ATNF, Sydney), in Kiel (Institut für Theoretische Physik und Astrophysik) und in Potsdam (Astrophysikalisches Institut Potsdam, AIP) arbeitet er seit Februar 1998 am MPIfR im Bereich der Öffentlichkeitsarbeit. Norbert Junkes war von September 2008 bis September 2014 Vorstandsmitglied der Astronomischen Gesellschaft.

Literatur

1. „Astronominnen. Frauen, die nach den Sternen greifen". Katalog zur Ausstellung 2009/2010 im Frauenmuseum Bonn. Darin: „Henrietta Swan Leavitt", S. 64–67 (mit einem fiktiven Interview, geführt von Nadya Ben Bekhti).
2. Sobel, Dava (2017). Das Glas-Universum. Darin: Kapitel 9: „Miss Leavittis Beziehung", S. 210–235. Berlin-Verlag.
3. Johnson, G. (2005). *Miss Leavitt's Stars.* WW Norton & Company.
4. Armstrong, M. (2008). Henrietta Swan Leavitt. In: *Women Astronomers: Reaching for the Stars* 53–59. Darin: Stone Pine Press.
5. Gunderson, L. (2024). *Revolutionary Women. A Lauren Gunderson Play Collection.* Darin: Methuen Drama, 193–251 "Silent Sky".
6. Leavitt, H. (1907). 1777 Variables in the Magellanic Clouds. Annals of Harvard College Observatory. Vol. LX No IV (Harvard University Cambridge, Massachusetts).
7. Leavitt, H.S. (1912). *Edward C. Pickering: Periods of 25 Variable Stars in the Small Magellanic Cloud.* Harvard College Observatory. Circular 173 (Harvard-University Cambridge, Massachusetts).

Internet-Links

8. Henrietta Swan Leavitt (Dirk Lorenzen), Sternzeit im Deutschlandfunk, 13. Oktober 2010.

9. https://www.deutschlandfunk.de/henrietta-swan-leavitt-100.html.

10. Henrietta Leavitt (1868–1921), „She is an Astronomer", IAU 2009.

11. https://www.sheisanastronomer.org/index.php/history/henrietta-leavitt.

12. Henrietta Swan Leavitt und der Schlüssel zur Vermessung des Universums (Florian Freistätter), Science Blog Astrodicticum Simplex, 26. Mai 2015.

13. https://scienceblogs.de/astrodicticum-simplex/2015/05/26/henrietta-swan-leavitt-und-der-schluessel-zur-vermessung-des-universums.

14. Silent Sky: Science and Art to Join Forces in Ohio State's Upcoming Stage Production (Nick DeSantis), The Lantern, February 26, 2024.

15. https://www.thelantern.com/2024/02/science-and-art-to-join-forces-in-ohio-states-upcoming-production-of-silent-sky

YouTube-Beiträge

16. Silent Sky: Lauren Gunderson Discusses Henrietta Leavitt (Arizona Theatre Company), Youtube (3:56).

17. https://www.youtube.com/watch?v=4_N3Lbcwiyg.

18. Henrietta Swan Leavitt – Influential Women in Astronomy (Jo Dunkley), Penguin Books UK, Youtube (3:42).

19. https://www.youtube.com/watch?v=rrwq_-pKd2Q.

20. Darrel Heath: The Night Sky – How Henrietta Leavitt Changed Our Understanding Of The Universe, Youtube (11:43).

21. https://www.youtube.com/watch?v=2hUCzlVym38.

22. PhysicsHigh: The Most Influential Discoveries in Astronomy: Henrietta Leavitt's Impact, Youtube (10:16).

23. https://www.youtube.com/watch?v=proNj2mLNrA.

6

Mileva Marić-Einstein

Einsteins Frau und die Relativitätstheorien – Die ignorierte Forschungskontroverse

von Suzanna Randall

Albert Einstein ist der wohl bekannteste Physiker überhaupt. Der Name allein weckt bei fast jeder und jedem sofort Assoziationen: genialer Wissenschaftler, $E=mc^2$, wirre Haare, rausgestreckte Zunge, Nobelpreis (wobei gut Informierte wissen, dass er diesen für den Nachweis des photoelektrischen Effekts bekam, und nicht etwa für seine berühmten Relativitätstheorien). Vielleicht hat man noch gehört, dass er als Jude in den Dreißigerjahren von den Nazis verfolgt wurde und daher in die USA fliehen musste, schon zu Lebzeiten eine Ikone war, als Pazifist und Freigeist, sogar als „Mustervorbild an Redlichkeit und Gewissen zweier Generationen“ galt [1].

Soweit auch mein Bild von Einstein – bis ich auf die *National Geographic*-Serie „Genius“ stieß, die mein weitergehendes Interesse an ihm als Menschen weckte. Über eine Staffel mit zehn Episoden hinweg lässt „Genius“ eine breite Öffentlichkeit auf sehr unterhaltsame Weise am (fiktiven, auf historischen Ereignissen basierenden) Leben Albert Einsteins teilhaben – und zeichnete für mich ein neues, menschlich viel differenzierteres Bild dieser faszinierenden Persönlichkeit. Gleichzeitig entdeckte ich die ebenso faszinierende Persönlichkeit Mileva Marić-Einstein (der Einfachheit halber in diesem Text nur „Marić“ genannt): Physikerin, Mathematikerin und Einsteins erste Frau, mit der er augenscheinlich während des Studiums und seiner ersten Jahren als aufstrebender Wissenschaftler eng zusammenarbeitete – auch in seinem „Wunderjahr“ 1905, als er innerhalb kürzester Zeit gleich fünf bahnbrechende wissenschaftliche Artikel (unter anderem die zur speziellen Relativitätstheorie und dem photoelektrischen Effekt) veröffentlichte.

Natürlich stellt sich hier die Frage, inwieweit Marić (Abb. 6.1) an diesen Arbeiten beteiligt war. Hielt sie Einstein „lediglich“ den Rücken frei, baute ihn nach Rückschlägen wieder auf und stand als starke Frau hinter dem sprichwörtlichen erfolgreichen Mann? Fungierte sie als kritischer Resonanzboden für seine revolutionären Ideen, schrieb seine Gedanken nieder und überprüfte seine Berechnungen? Oder war sie gleichberechtigte Autorin der Arbeiten, stammten einige

Expedition in die Raumzeit: Wissen – Denkbares – Unerklärliches, 1. Auflage. Harald Zaun (Hrsg.).
© 2026 Wiley-VCH GmbH. Alle Rechte vorbehalten, einschließlich derer für Text- und Data-Mining und Training von Technologien der Künstlichen Intelligenz oder ähnlichen Technologien. Published 2026 by Wiley-VCH GmbH

Abb. 6.1 Mileva Marić, Albert Einsteins Frau. Aufgenommen 1896. *Quelle:* Bernisches Historisches Museum / gemeinfrei.

der bahnbrechenden, Einstein zugeschriebenen Ideen gar von ihr, wurde sie ihres Geschlechtes wegen um die Co-Autorschaft und vielleicht sogar den Nobelpreis gebracht?

Letztere Idee fand in der Popkultur der letzten Jahrzehnte großen Anklang, nicht nur in „Genius", sondern auch in historisch inspirierten Romanen [3, 4], und laut einiger Artikel [1, 7, 9] spielte Marić bei Einsteins frühen wissenschaftlichen Arbeiten eine wichtige Rolle. Sie wird dabei als tragische Heldin dargestellt, als brillante Mathematikerin, die in den ersten, entscheidenden Jahren seiner Karriere wissenschaftlich eng mit Einstein zusammenarbeitete, die an seinem Erfolg maßgeblich beteiligt war, dafür aber niemals die geringste Anerkennung erhielt und die am Ende nicht nur ihre wahre Berufung als Pionierin der Wissenschaften verfehlte, sondern auch die große Liebe ihres Lebens (noch dazu an eine andere Frau!) verlor. Diese Version der „Mileva Story" enthält alle Zutaten für ganz großes Kino und ist aus Sicht der Frauenbewegung (und zugegebenermaßen auch für mich) außerordentlich verführerisch – aber wie viel davon entspricht der Realität, und wie viel ist reine Fiktion?

6.1 Die junge Mileva

Aus ihrem Lebenslauf klar zu entnehmen ist, dass die junge Mileva Marić akademisch ambitioniert war und in die Naturwissenschaften strebte, lange bevor sie Albert Einstein kennenlernte. Als Frau war sie damit in der damaligen Zeit eine Ausnahmeerscheinung.

Marić wurde 1875 in Titel im damaligen Österreich-Ungarn (heute Serbien) in eine serbische Gutsbesitzerfamilie geboren. Der Vater war beim Militär gewesen, konnte aber dank guter Deutsch- und Mathematikkenntnisse im Jahr ihrer Geburt in den öffentlichen Dienst wechseln und dort Karriere machen. Er förderte die Bildung seiner ältesten Tochter Mileva (sowie deren 1883 geborenen Schwester Zorka und des 1885 geborenen Bruders Miloš) und sorgte dafür, dass sie nach der in Österreich-Ungarn absolvierten Grund- und Mittelschule (anders als die meisten ihrer Mitschülerinnen, deren Ausbildung damit abgeschlossen war) ab 1891 ein Gymnasium besuchen konnte. Da Frauen damals in Österreich-Ungarn keinen Zugang zu Universitäten hatten und es somit auch keine weiterführenden Schulen für sie gab, musste Marić dafür ins nahegelegene Serbien pendeln. Nur ein Jahr später wurde ihr Vater nach Zagreb im heutigen Kroatien versetzt, wo Marić als Privatschülerin eines Jungengymnasiums aufgenommen wurde. Mädchen war dort die Teilnahme am Physikunterricht nicht gestattet, allerdings wurde für Marić eine Sondergenehmigung erwirkt. 1894 bestand sie die Abschlussprüfungen der siebten Klasse des Zagreber Gymnasiums mit guten Noten; ihre beste Leistung erbrachte sie dabei in Mathematik und Physik. Im Herbst desselben Jahres zog die nun 19-jährige Marić weg von ihrer Familie in die Schweiz, damals eines der wenigen Länder in Europa, in dem Frauen studieren durften. Auch dank ihres Vaters sprach sie zu dem Zeitpunkt neben ihrer serbischen Muttersprache bereits fließend Deutsch, was ihr die Aufnahme an der Höheren Töchterschule in Zürich erleichterte. 1896 bestand sie die Matura (Abitur) Prüfungen, und war damit zum Zugang an die Universität berechtigt.

Man kann sich heute nur ausmalen, wie Marićs Persönlichkeit und ihre Beziehung zur Wissenschaft durch die Erfahrungen ihrer Kindheit und Jugend geprägt wurden. Überliefert aus dieser Zeit sind lediglich einige Zeugnisse und amtliche Dokumente, ein paar Zeichnungen und Bilder, sowie einzelne, oft über dritte Personen Jahrzehnte später zusammengestellte Aussagen von Zeitzeugen (2, 6). Demnach war die junge Mileva ein ruhiges, künstlerisch und musikalisch begabtes, intelligentes Mädchen sowie eine gewissenhafte Schülerin, die in allen Fächern gute Noten nach Hause brachte. Aufgrund einer angeborenen Hüftverrenkung hinkte sie von klein auf, weswegen sie schon in der Grundschule von den anderen Kindern gehänselt und ausgeschlossen wurde. Von Seiten der Eltern bestand wahrscheinlich die Sorge, ihre als behindert und noch dazu wenig attraktiv geltende Tochter würde es auf dem Heiratsmarkt schwer haben – vielleicht war das mit ein Grund, warum sie ihre Ausbildung so stark förderten. Zur damaligen Zeit waren die Zukunftsaussichten für unverheiratete Frauen alles andere als rosig, was Mileva selbst bewusst gewesen sein dürfte. Es kann sein, dass sie auch deswegen die vielen Schulwechsel, die Außenseiterrolle als einziges Mädchen im Physikunterricht eines Jungengymnasiums und schließlich den Umzug weg von der Familie in ein fremdes Land auf sich nahm. Selbst dort, in der vermeintlich progressiven Schweiz, war sie als Frau mit Ambitionen in den Naturwissenschaften eine Exotin, zusätzlich war sie Ausländerin, noch dazu von slavischer Abstammung, die seinerzeit als nicht besonders schicklich galt. Leicht kann sie es trotz der Unterstützung ihrer Eltern nicht gehabt haben.

6.2 Eine große Liebe

Nach einem Semester Medizin an der Universität Zürich wechselte Marić zum Wintersemester im Oktober 1896 an das Eidgenössische Polytechnikum (Vorläufer der heutigen ETH Zürich). In der Abteilung Mathematik und Physik war Marić eine von nur vier Frauen, und die einzige in ihrem recht kleinen Jahrgang bestehend aus nur sechs Studenten [6]. Vier davon hatten als Hauptfach Mathematik belegt, neben ihr hatte sich nur ein weiterer Student auf Physik spezialisiert, einer, der bald ihr Leben verändern sollte: Albert Einstein.

Die beiden Kommilitonen tauschten sich in diesem ersten Jahr am Polytechnikum miteinander aus und unternahmen ab und an auch außerhalb der Uni zusammen etwa Ausflüge in die Berge. Dies wird aus dem ersten von insgesamt 54 erhaltenen Briefen [5, 8] ersichtlich: Demnach führten Marić und Einstein zwischen 1897 und 1903 einen regen Briefwechsel, wenn sie – wie so oft – räumlich getrennt waren. Leider sind von Marić an Einstein nur 11 Briefe erhalten, und in der Korrespondenz klaffen große zeitliche Lücken, aber dank der persönlichen Natur der Briefe (im Original auf Deutsch geschrieben) kann man zumindest schemenhaft rekonstruieren, wie sich die Beziehung und das Leben der beiden in den Studien- und darauffolgenden Jahren entwickelten. Für mich bilden diese „Liebesbriefe“ zusammen mit anderen Briefen (vorrangig die von Marić an ihre Freundin Helene Kaufler-Savić und die von Einstein an seine Freunde und Wissenschaftskollegen Marcel Grossmann, Michele Besso und Conrad Habicht [8]) die objektivste und solideste Basis, um meine Schlüsse die „Mileva Story“ betreffend zu ziehen. Aber darauf komme ich später nochmal zurück.

Erstmal kehren wir zurück ans Polytechnikum Zürich im Herbst 1897, Marićs und Einsteins zweitem Studienjahr – und finden dort nur Einstein vor. Marić ist verschwunden, wie Einstein wohl erst von gemeinsamen Bekannten erfährt, ist sie nach den Sommerferien als Gasthörerin der Physik und Mathematik nach Heidelberg gegangen. Über das Warum können wir nur spekulieren. In Deutschland wurden Frauen zu der Zeit offiziell nicht als Studentinnen zugelassen und konnten keinen Abschluss erwerben; dementsprechend muss sie in jedem Fall vorgehabt haben, nach Zürich zurückzukehren, wo sie dann den verpassten Unterrichtsstoff würde nachholen müssen. Vielleicht hatte sie in Heidelberg einige Vorlesungen gefunden, die sie besonders interessierten. In einem Brief an Einstein berichtet sie begeistert von den Ausführungen zur kinetischen Wärmetheorie der Gase eines gewissen Professors Lenard, der später den Physik-Nobelpreis bekam und noch später als „jüdische Physik“ propagierender Nazi in Verruf geriet. Vielleicht reizte sie einfach das Abenteuer, eine neue Stadt und ein neues Land zu entdecken. Vielleicht war es wirklich, wie in den fiktiven Geschichten [3, 4, 10] fabuliert wird, eine Flucht vor Einstein und ihren aufkeimenden romantischen Gefühlen für ihn, oder vielleicht hatte sie ganz andere Gründe. Wie dem auch sei, nach einem Semester in Heidelberg kehrte sie im Frühjahr 1898 nach Zürich ans Polytechnikum zurück – und zu Einstein.

Während der nächsten Jahre wandelte sich die Beziehung zwischen Marić und Einstein von freundlich gesinnten Kommilitonen in eine tiefere Freundschaft. Ab Sommer 1899 wird der Ton zwischen den beiden informeller, Einstein fängt an, Marić liebevoll „Dollie“ oder „Doxerl“ zu nennen (obwohl sie sich weiterhin siezen!), sie sprechen viel über persönliche Erlebnisse aber auch wissenschaftliche Themen, vor allem das Studium betreffend. Marić steckt zu dieser Zeit mitten in den Vorbereitungen für das Vordiplom, das sie aufgrund des Semesters in Heidelberg ein Jahr später ablegte als Einstein. Sie lernt offensichtlich viel und macht sich vor allem Sorgen wegen der Geometrie-Prüfung, besteht das Vordiplom im Oktober 1899 aber letztendlich mit guten Noten. Derweil fängt Einstein an, sich ernsthaft für wissenschaftliche Theorien fernab des Lehrstoffs an der Uni zu interessieren, und erste originelle Ideen, zum Beispiel zu den Relativbewegungen von Körpern zu formulieren.

Irgendwann im letzten Studienjahr werden Marić und Einstein schließlich ein Paar und sind augenscheinlich verliebt bis über beide Ohren. Gleichzeitig arbeiten sie an ihren jeweiligen Diplomarbeiten zur Wärmeleitung, für die sie aus unbekannten Gründen beide vergleichsweise schlechte Noten bekommen. Das wirkt sich auch negativ auf ihre Gesamtnote aus – am Ende besteht Einstein das Diplom im Sommer 1990 dank guter Prüfungsergebnisse in den anderen Fächern, Marić schreibt vor allem im Fach Funktionentheorie schlechtere Noten und fällt durch. Natürlich muss das ein herber Schlag für sie gewesen sein, aber allem Anschein nach lässt sie sich nicht zu sehr entmutigen. Den Sommer über fährt sie zu ihren Eltern nach Serbien zurück und lässt sich dort wieder aufpäppeln, der Plan ist, die Prüfungen im nächsten Jahr zu wiederholen und in der Zwischenzeit schon mit der Dissertation für ihre Doktorarbeit anzufangen.

Währenddessen verbringt Einstein die Ferien mit seinen Eltern und sucht – anfangs noch recht entspannt, mit der Zeit und jeder weiteren Absage immer verzweifelter – nach einer Anstellung. Marić und er wollen heiraten – allerdings sind seine Eltern, vor allem seine Mutter Pauline, strikt gegen die Verbindung. Wie Einstein brühwarm in seinen Briefen [5] berichtet, sagt sie so nette Dinge wie „Die kann ja in gar keine anständige Familie", „Bis Du dreißig bist, ist sie eine alte Hex" (Marić war zu dem Zeitpunkt fünfundzwanzig, Einstein vier Jahre jünger) und „Sie ist ein Buch wie Du – Du solltest aber eine Frau haben." Marić war Pauline Einstein wohl zu provinziell, zu südländisch, zu alt und zu gebildet für ihren Sohn. Leider legten diese Vorurteile und kategorische Ablehnung einen dunklen Schatten auf das Glück des jungen Paares. Zusätzlich zur emotionalen Komponente, die beide belastete, kam noch hinzu, dass Einstein zu der Zeit finanziell von seinen Eltern abhängig war und Marić nicht gegen den Willen seiner Eltern heiraten wollte.

So kam es, wie es kommen musste. Im Frühjahr 1901, nur ein paar Monate vor ihrem zweiten Diplomprüfungsversuch, wurde Marić unverheiratet schwanger – zur damaligen Zeit ein Skandal, der unter allen Umständen geheim gehalten werden musste. Tatsächlich gelang letzteres auch erstaunlich gut. Erst mit der Veröffentlichung der „Liebesbriefe" wurde die Existenz der Anfang 1902 geborenen Tochter, genannt Lieserl, bekannt. Vor allem für Marić muss das eine schwierige Zeit gewesen sein. Sie war allein in Zürich (Einstein hatte zu der Zeit eine befristete Aushilfsstelle in Winterthur und konnte sie allenfalls an seinem freien Sonntag besuchen), schrieb an ihrer Doktorarbeit und bereitete sich auf die Wiederholung der Diplomprüfung vor, konnte noch nicht mal mit ihren engsten Freundinnen über ihr Geheimnis sprechen – und gleichzeitig war ihre und ihres ungeborenen Kindes Zukunft vollkommen ungewiss und abhängig vom diffusen Eheversprechen ihres arbeitslosen Partners. Einstein versicherte ihr zwar, er würde sie nicht verlassen, und sobald sich die Möglichkeit auftäte, würde er jede noch so uninteressante Stelle annehmen und sie dann so bald wie möglich heiraten und zu sich nehmen, wo sie dann „ganz ungestört gemeinsam schaffen können" (Brief datiert 28. Mai 1901). Doch daraus wurde erstmal nichts.

Im Juli 1901 fiel Marić zum zweiten Mal durch die Diplomprüfung; auch mit ihrer Promotion wurde es aufgrund der Differenzen mit ihrem Doktorvater Weber (der auch Einstein den Einstieg in das wissenschaftliche Etablissement schwer machte) nichts. Daraufhin kehrte sie zu ihren Eltern nach Serbien zurück, schwanger, ohne Ehemann oder Diplom, und noch dazu allein; ihre Hoffnung, dass Einstein mitkäme und ihr bei den schwierigen Gesprächen mit ihren Eltern beistünde, erfüllte sich nicht. Nach dem Sommer in Winterthur nahm er ab dem Herbst eine Stelle als Privatdozent in Schaffhausen an, während sie sich und ihren immer größer werdenden Bauch bei ihren Eltern zu Hause versteckte. Im November 1901 reiste Marić hochschwanger nach Deutschland, um Einstein zu sehen, durfte sich aus Angst vor bösen Zungen jedoch nicht öffentlich mit ihm blicken lassen. Um die gleiche Zeit herum bekamen ihre Eltern von Einsteins Eltern einen Brief, in dem sie Marić auf das Übelste beschimpften (der Brief selbst ist leider nicht überliefert, nur Hinweise darauf in anderen Briefen), und unter dem Marić laut eigener Angaben stark litt.

Um Weihnachten 1901 war aber zumindest Einstein wieder guter Dinge. Ihm war eine Stelle in Bern am Patentamt in Aussicht gestellt worden – damit würde einer Heirat und auch dem Wunsch, das Kind bei sich zu behalten, nichts mehr im Weg stehen. Derweil bereitete sich Marić in Serbien bei ihren Eltern auf Lieserls Geburt vor, die allem Anschein nach sehr schwierig war. Als Einstein davon erfuhr, schickte er einen besorgten Brief, kam aber selbst nicht. Er gab zu der Zeit Privatstunden in Bern und war außerdem mit seiner Doktorarbeit (die allerdings nicht angenommen wurde; erst im Sommer 1905 erhielt er den Doktortitel) und eigener Forschung beschäftigt. Immer wieder erzählte er in den Briefen an Marić von seinen Ideen und drückte die Hoffnung aus, dass sie bald zusammen weiter daran arbeiten könnten. Im Juni 1902 ging Marić tatsächlich in die Schweiz zurück, allerdings ohne Lieserl, die wahrscheinlich bei ihren Eltern blieb. Gleichzeitig trat Einstein endlich die lang ersehnte Stelle im Patentamt in Bern an. Das Paar hatte nun zumindest etwas finanzielle Sicherheit, konnte aber, da immer noch unverheiratet, nicht zusammenwohnen. Erst nachdem

Abb. 6.2 Das bekannte „Einsteinhaus" in Bern. In dem mittleren Gebäude wohnte seinerzeit im 2. Stock das Ehepaar Einstein von 1903 bis 1905. *Quelle:* Aliman5040 / Wikimedia Commons / CC BY-SA 3.0.

Einsteins Vater auf dem Totenbett im Oktober 1902 den Segen für die Eheschließung gab, heirateten er und Marić im Januar 1903 in Bern (Abb. 6.2).

Das Schicksal Lieserls ist trotz aller Recherche zu dem Thema bis heute ein Rätsel. Auf jeden Fall reiste Marić 1902 und 1903 aus der Schweiz nach Serbien, wohl um ihre Tochter zu besuchen. Aus den Briefen ist ersichtlich, dass das Kind im September 1903 an Scharlach erkrankte; Marić war zu der Zeit bei ihm. Danach wird Lieserl in den erhaltenen Briefen nicht mehr erwähnt und ihre Spur verliert sich. Stirbt sie an Scharlach? Bleiben von der Erkrankung Spuren zurück, wird sie womöglich in ein Kloster gegeben? Oder erholt sie sich wieder und wird (unter einem anderen Namen) adoptiert? Wir werden es wohl nie erfahren. In jedem Fall kehrte Marić schließlich ohne ihre Tochter in die Schweiz zu ihrem Mann zurück. Für sie muss die ganze Geschichte eine traumatische Erfahrung gewesen sein, die sie wohl größtenteils allein bewältigen musste. Man geht davon aus, dass Einstein seine Tochter nie kennenlernte.

6.3 Der Anfang vom Ende

Nach der Heirat konnten Marić und Einstein endlich in Bern zusammenwohnen, nahmen damit aber auch die traditionellen Geschlechterrollen ein: Einstein verdiente beim Patentamt die Brötchen, Marić schmiss derweil den Haushalt. Während er mit dem Arrangement sehr zufrieden zu sein schien, war sie es weniger, wie sie in einem Brief an ihre Freundin Helene berichtete. Einstein war ihr zu sehr mit seiner Arbeit (wochentags beim Patentamt und sonst mit seiner Wissenschaft) beschäftigt und hatte immer weniger Zeit für sie.

Mein Eindruck ist, dass Marić ihre eigene wissenschaftliche Karriere zu dieser Zeit aufgab, und ihre Energie vor allem in die Unterstützung ihres Mannes steckte; in der *Olympia Academica*, wie Einstein und seine Berner Freunde Maurice Solovine und Conrad Habicht ihre wissenschaftlichen Diskussionsrunden nannten, hörte sie zwar aufmerksam zu, brachte sich aber nicht in die Diskussion ein. Einsteins Forschung hingegen schritt trotz seines Jobs beim Patentamt mit großen Schritten voran; inwieweit Marić hinter den Kulissen darin involviert war, bleibt unklar. In ihren Briefen sprechen beide nur von *seiner* Arbeit. Belegt hingegen sind ertragreiche Diskussionen mit Einsteins langjährigem Freund Michele Besso, auch Mathematiker und Physiker, und der Einzige, den er in der Veröffentlichung der speziellen Relativitätstheorie würdigt [12].

Im Sommer 1903 wurde Marić zur Freude Einsteins erneut schwanger, im Mai 1904 wurde dann der erste Sohn Hans Albert geboren. Eine Zeitlang schien das Familienglück perfekt, Marić war entzückt von ihrem kleinen und auch ihrem großen Albert, der zumindest, wenn er nicht in die Arbeit abtauchte, als Vater eine gute Figur machte. Gleichzeitig entwickelte er seine wissenschaftlichen Thesen weiter, die im „Wunderjahr" 1905 gipfelten. In diesem einen Jahr veröffentlichte Einstein als alleiniger Autor gleich fünf bahnbrechende Werke, unter anderem zum photoelektrischen Effekt, der speziellen Relativitätstheorie und der Äquivalenz von

Energie und Materie (besser bekannt als $E = mc^2$). Infolge dieser Arbeiten wurde er langsam aber sicher als bedeutender Physiker respektiert.

Von da an scheinen sich die Leben der Eheleute immer weiter auseinander entwickelt zu haben. Im Laufe der folgenden Jahre wird Einstein in der Welt der Wissenschaft immer bekannter; 1909 wird er schließlich als Professor nach Zürich berufen. Seine Karriere entwickelt sich rasant, aber er hat immer weniger Zeit und Interesse für seine Familie. Marić, auf der anderen Seite, fühlt sich alleingelassen und neben seiner Wissenschaft für Einstein zweitrangig, wie sie 1909 ihrer Freundin Helene in einigen Briefen mitteilt. Außerdem ist sie wieder schwanger. Im Sommer 1910 wird der zweite Sohn Eduard geboren, Marić ist nach der Geburt sehr schwach und das Kind von Anfang an kränklich. Trotzdem besteht Einstein darauf, die Familie gegen Marićs Wunsch im März 1911 wegen einer besseren Stelle nach Prag umzusiedeln. Die Ehe wird immer zerrütteter, woran auch der Umzug zurück nach Zürich im Herbst 1912 nichts ändert (Abb. 6.3). Während eines Berlinbesuchs fängt Einstein auch noch eine Affäre mit seiner Cousine und späteren zweiten Frau Elsa an. Im Frühjahr 1914, kurz vor Ausbruch des ersten Weltkrieges, kommt es schließlich auf Drängen Einsteins zur Trennung. Er bleibt bei Elsa und seiner neuen, prestigeträchtigen Stelle in Berlin, die gerade erst nachgezogene Marić reist mit den beiden Kindern nach Zürich zurück.

1918 willigt Marić auf Druck von Einstein hin in die Scheidung ein, die 1919 rechtskräftig wird. In der Scheidungsvereinbarung werden Marić die Zinsen eines möglichen zukünftigen Nobelpreises Einsteins (den er 1922 schließlich erhält) als Unterhalt zugesprochen; das Preisgeld selbst soll in der Schweiz deponiert und den Kindern überlassen werden. Nur drei Monate nach der Scheidung heiratet Einstein Elsa. Um die Zeit herum wird auch sein wohl bedeutendstes wissenschaftliches Werk, die allgemeine Relativitätstheorie von 1915, experimentell bestätigt. Einstein ist nun endgültig ein Star. Bei Marić hingegen herrscht Land unter: Sie muss in diesen Jahren mehrmals für längere Zeit ins Krankenhaus, kommt finanziell kaum über die Runden, und auch der jüngere Sohn Eduard hat schwerwiegende gesundheitliche Probleme. Zu allem Überfluss erleidet ihre Schwester Zorka, die

Abb. 6.3 Mileva Marić und Albert Einstein, 1912. *Quelle:* ETH-Bibliothek Zürich / gemeinfrei.

die kranke Marić eigentlich in Zürich mit den Kindern unterstützen sollte, dort einen Nervenzusammenbruch und ihr Bruder Miloš gilt an der Front in Russland als vermisst. Weiter auseinander können zwei ehemals miteinander verwobene Schicksale nicht klaffen.

6.4 Die „Mileva Story"

Bei dieser Geschichte ist es nur allzu verführerisch, Marić als tragische Heldin zu inszenieren, der großes Unrecht widerfuhr. Als Frau, noch dazu als Serbin mit einer Gehbehinderung, gehörte sie in der Wissenschaftswelt des frühen zwanzigsten Jahrhunderts zu den strukturell benachteiligten Randgruppen. Dass sie es trotz aller Hürden, die ihr in den Weg gestellt wurden, bis zum Physikstudium brachte, ist eine Leistung für sich, und für mich Grund genug, sie als Pionierin zu feiern. Natürlich ist es da schwer auszuhalten, dass sie dennoch das traurige Schicksal so vieler Frauen des 20. Jahrhunderts (und das auch heute noch resoniert) ereilte. Sie scheiterte an der patriarchischen Gesellschaft – und an einem Mann. Was wäre aus ihr geworden, hätte sie sich niemals in Einstein verliebt, wäre nicht ungewollt schwanger geworden, hätte sich ganz ihren eigenen Zielen gewidmet? Hätte sie, wie Einsteins Bekannte Marie Curie, womöglich sogar selbst den Nobelpreis zugesprochen bekommen? Wir werden es nie erfahren.

Stattdessen scheint sie nach der zweiten nicht bestandenen Diplomprüfung, dem Verlust von Lieserl und der Heirat mit Einstein ihre wissenschaftlichen Ambitionen den seinen komplett untergeordnet zu haben. So wie ich die veröffentlichten Briefe interpretiere, tat sie dies ganz selbstverständlich und freute sich zumindest anfangs sehr über den Erfolg ihres Mannes. Erhaltene Schriftstücke wie zum Beispiel Notizen für eine Vorlesung Einsteins [8] in ihrer Handschrift belegen, dass sie Einstein nicht nur den Rücken freihielt, wie es sich damals für eine gute Ehefrau gehörte, sondern ihm auch bei seiner Arbeit behilflich war. Insofern ist es gut möglich, dass er ohne ihren Rückhalt während seiner schwierigen Anfangszeit als aufstrebender Wissenschaftler niemals erfolgreich geworden wäre. Dass Marić trotz der gebrachten Opfer von diesem außergewöhnlichen Erfolg nicht profitierte, sondern – im Gegenteil – Einstein erst an seine Wissenschaft und dann an eine andere Frau verlor, ist ohne Frage ungerecht. Umso mehr, als dass Einstein Marić zum Ende der Beziehung hin wirklich schäbig behandelte: Im Juli 1914 schrieb er ihr eine Liste von Bedingungen, die sie zu erfüllen hatte, wollte sie weiterhin mit ihm verheiratet bleiben [8]. Seine Forderungen waren zum Teil grotesk, Marić sollte unter anderem dafür sorgen, dass „mein Schlafzimmer und Arbeitszimmer stets in guter Ordnung gehalten sind, insbesondere, dass der Schreibtisch mir allein zur Verfügung steht" und „ich die drei Mahlzeiten im Zimmer ordnungsgemäß vorgesetzt bekomme", sich aber gleichzeitig dazu verpflichten „weder Zärtlichkeiten von mir zu erwarten noch mir irgendwelche Vorwürfe zu machen", sowie „eine an mich gerichtete Rede sofort zu sistieren, wenn ich darum ersuche". An Dreistigkeit seiner (noch) Ehefrau gegenüber ist das wohl kaum zu überbieten.

Dazu kommt, dass die Geschichtsbücher bekanntlich die Gewinner schreiben: Während Einstein und mit ihm seine zweite Frau Elsa berühmt wurden, geriet Marić lange Zeit in Vergessenheit. Das änderte sich erst Ende der achtziger Jahre, als fast zeitgleich die „Liebesbriefe“ [5, 8] und die deutsche Übersetzung einer ursprünglich auf Serbisch geschriebenen Biografie über Marić [2] erschienen. In Letzterer wird Marić als brillante Mathematikerin dargestellt, die Einstein Disziplin beibringt, alle seine mathematischen Probleme löst, an ihn glaubt, als es sonst keiner tut und mit ihm gleichberechtigt bahnbrechende wissenschaftliche Ideen entwickelt. Dieses Werk liefert überaus interessante Einblicke in Marićs Persönlichkeit und Historie, beruft sich teilweise auf Originalzeugnisse und auch Zeitzeugenaussagen, kann meiner Meinung nach aber nicht als verlässliche Informationsquelle bezeichnet werden. Dafür enthält es zu viel Fiktion und offensichtliches Wunschdenken der Autorin, einer Landsfrau von Marić.

Dennoch stützte sich die Frauenbewegung ab Anfang der neunziger Jahre maßgeblich auf dieses Buch beim Versuch, zu beweisen, dass Marić an den Einstein allein zugeschriebenen, bahnbrechenden Arbeiten von 1905 beteiligt war [1, 7]. Weitere Hinweise fanden sie in den „Liebesbriefen“, in denen Einstein an einigen Stellen von „unserer“ Arbeit spricht. Ein Artikel veröffentlicht in der Zeitschrift „Emma“ [9] postuliert gar, dass die Relativitätstheorie „einen Vater – und eine Mutter“ hatte. So schön diese Idee ist: leider gibt es dafür keine Beweise. Nüchtern betrachtet belegen die erhaltenen Originaldokumente lediglich, dass Einstein und Marić während ihres Studiums zusammenarbeiteten und die Hoffnung bestand, sie würden später gemeinsam forschen. Das ist der Schluss zu dem ich nach intensiver Lektüre der Briefe und anderer Materialien, allen voran der akribisch recherchierten Biographie „Einstein's Wife“ (2019) – in der die in unterschiedlichsten Publikationen aufgeführten „Beweise“ für eine Mitarbeit Marićs an Einsteins berühmtesten Werken systematisch widerlegt werden – kommen muss. Natürlich schließt das nicht aus, dass Einstein hinter verschlossenen Türen mehr wissenschaftliche Unterstützung von Marić bekam, als er ihr öffentlich zugestand. Aber davon, dass man annehmen muss, dass „jene grundlegenden originellen Ideen, die Dreh- und Angelpunkt der Relativitätstheorie waren, von Mileva kamen“, wie der amerikanische Physiker und Parapsychologe Evan Harris Walker zitiert wird [9], kann keine Rede sein.

Und dennoch wird diese „Mileva Story“ in der Pop-Kultur immer wieder erzählt. Ob in der Netflix Serie *Genius* [10] oder dem Roman *The other Einstein* [3]: Marić spielt bei der Entwicklung von Einsteins wissenschaftlichen Thesen eine tragende Rolle. Selbstverständlich genießen die Autoren von fiktiven Werken künstlerische Freiheit; ihr Ziel ist und soll es sein, die Geschichte so fesselnd wie möglich zu erzählen. Das Problem bei auf realen Personen oder Situationen basierenden Geschichten ist allerdings, dass Fiktion und Realität in der öffentlichen Wahrnehmung leicht verschwimmen. Erst gestern sah ich zufällig auf Social Media einen Post, in dem ohne Angabe jeglicher Quellen behauptet wurde, Einsteins wissenschaftliche Erkenntnisse gingen in Wahrheit auf die Kappe seiner ersten Frau. Natürlich wurde das von den meisten Lesern ohne Vorbehalte geglaubt und dementsprechend empört kommentiert. Marić wurde zum Opfer des Patriarchats und als Beispiel für die Unterdrückung von Frauen in der Wissenschaft über die Jahrhunderte hochgehalten. Verstehen Sie mich nicht falsch: Frauen bekamen und bekommen oft auch noch heute in der Wissenschaft nicht die Sichtbarkeit, die sie verdienen, und das muss sich ändern. Aber nicht, indem wir historische Frauen ungeachtet der verfügbaren Nachweise so darstellen, wie wir sie gerne hätten. Denn damit werten wir die echte Person und die Bedeutung ihres Lebens ab. Und damit tun wir unzähligen Frauen unrecht, die ganz einfach ihr Leben lebten und mit Schicksalsschlägen und Widrigkeiten umgingen, so gut es eben ging. Frauen wie Mileva Marić-Einstein.

Quelle: Lisa Hantke

Dr. Suzanna Randall, geboren 1979 in Köln, ist eine deutsche Astrophysikerin und angehende Astronautin. Sie studierte Astronomie in London und promovierte 2006 in Astrophysik an der Universität Montreal. Seit 2006 arbeitet sie als Wissenschaftlerin am European Southern Observatory (ESO) in Garching. Ihr Forschungsschwerpunkt liegt auf der Evolution von Sternen. 2018 wurde sie als Kandidatin der Initiative „Die Astronautin“ ausgewählt, mit dem Ziel, als erste deutsche Frau ins All zu fliegen. Sie absolvierte diverse Trainingsmodule, darunter Parabelflüge und Zentrifugentraining. Seit 2020 moderiert sie auf dem ZDF-YouTube-Kanal „Terra X Lesch & Co.“, und seit 2024 ist sie zusätzlich auf dem ESO-YouTube-Kanal „Chasing Starlight“ zu sehen. 2022 veröffentlichte sie das Buch „Wellenreiten im Weltall“. In ihrer Freizeit geht sie Gleitschirmfliegen, Skifahren oder fliegt Kleinflugzeuge (Foto: Lisa Hantke).

Literatur

1. Maurer, M. (1913). Zur Frage der Koautorinnenschaft Mileva Marićs * an Einsteins Arbeiten bis 1913 http://www.teslasociety.ch/info/60/maurer_pdf.pdf.
2. Trbuhuvic-Gjuric, D. (1988). *Im Schatten Albert Einsteins: das tragische Leben der Mileva Marić-Einstein*. Paul Haupt Verlag.

3. Benedict, M. (2016). *The other Einstein.* Sourcebooks Landmark.
4. Drakulić, S. (2018). *Mileva Einstein oder die Theorie der Einsamkeit.* Aufbau-Verlag (Roman).
5. Einstein, A. und Marić, M. (1994). *Morgen küss ich Dich mündlich! Die Liebesbriefe 1897–1903.* Piper Verlag.
6. Esterson, A. und Cassidy, D.C. (2019). *Einstein's Wife: The Real Story of Mileva Einstein- Marić* (mit Beiträgen von Ruth Lewin Sime). MIT Press Verlag.
7. Troemel-Ploetz, S. (1990). *Mileva Einstein-Marić: The woman who did Einsteins mathematics.* SAGE publications https://journals.sagepub.com/doi/epdf/10.1080/03064229008534960.
8. Stachel, J., Cassidy, D. und Schumann, R. (1987). *The Collected Papers of Albert Einstein.* Princeton University Press https://einsteinpapers.press.princeton.edu/papers (enthält auch die Liebesbriefe).
9. Rauch, J. (2005). Mutter der Relativitätstheorie. *Zeitschrift Emma* https://www.emma.de/artikel/frauen-der-wissenschaft-mutter-der-relativitaetstheorie-263153.
10. „Genius" Serie, National Geographic, 2017.
11. Zachheim, M. (1999). *Die Suche nach Einsteins Tochter.* List-Verlag.
12. Einstein, A. (1905). Zur Elektrodynamik bewegter Körper. *Annalen der Physik* 322: 891 https://onlinelibrary.wiley.com/doi/10.1002/andp.19053221004.

Teil II

Exotisches und Extraterrestrisches

7

Raum, Zeit und Raumzeit – krumm, gedehnt und eingerollt!

Unser verrücktes Universum für Nerds, die bereit sind, schräg zu denken.

von Ulrich Walter

Was ist Raum und was ist Zeit? Wie kann in unserem Universum beides krumm sein und welche Konsequenzen hat das? Das sind Fragen, auf die die Physik heute verlässliche Antworten hat, die sich aber unserem tieferen Verständnis entziehen – und zwar jedem von uns. Dies ist ein Versuch, diese nicht einfache Materie begreifbarer zu machen.

7.1 Was ist Raum?

Gerne wird Kants Erklärung von Raum und Zeit herangezogen. In seinem Buch *Kritik der reinen Vernunft* aus dem Jahr 1781 heißt es im Abschnitt A23/B38: „Der Raum ist eine notwendige Vorstellung, a priori, die allen äußeren Anschauungen zum Grunde liegt. . . . Der Raum ist kein diskursiver oder, wie man sagt, allgemeiner Begriff von Verhältnissen, sondern eine reine Anschauung." Wenn aber Raum tatsächlich eine reine Anschauungssache menschlichen Denkens wäre, dann dürfte es, bevor es denkende Menschen gab, keinen Raum gegeben haben. Doch Sterne und Planeten füllten den Raum des Universums lange vor der Entstehung des Menschen. Daher und weil Kants Erklärungsversuch von Raum nicht konstruktiv zum physikalischen Verständnis des Wesens des Universums beiträgt, ignorieren ihn heutige Wissenschaftler.

Unsere intuitive Vorstellung vom Raum wurde von Isaac Newton 1687 in seinem Buch *Philosophiae Naturalis Principia Mathematica* als „absoluter Raum" beschrieben, d. h. als ein Raum, in dem sich die Dinge unseres Universums abspielen und der auch dann noch da wäre, wenn es unser Universum nicht gäbe. Dieser immerwährende Raum wäre also von seinem Inhalt getrennt und eine Art Bühne, auf der sich die Ereignisse des Universums abspielen. Diese Erklärung kommt der heute bekannten Realität näher, denn sie besagt, dass da etwas ist, sagt aber nichts über die Eigenschaften des Raumes aus. Ist der Raum leer oder mit etwas gefüllt und hat

Expedition in die Raumzeit: Wissen – Denkbares – Unerklärliches, 1. Auflage. Harald Zaun (Hrsg.).
© 2026 Wiley-VCH GmbH. Alle Rechte vorbehalten, einschließlich derer für Text- und Data-Mining und Training von Technologien der Künstlichen Intelligenz oder ähnlichen Technologien. Published 2026 by Wiley-VCH GmbH

er eine immaterielle Struktur? Heute wissen wir, der Raum ist mit etwas gefüllt, das ihm Struktur verleiht. Dass Raum und Rauminhalt angeblich nichts miteinander zu tun haben, ist zudem, wie wir heute wissen, der eigentliche Fehler des Newtonschen Raumbegriffs. All dies soll nun näher beleuchtet werden.

7.2 Krumme Räume

Einsteins Allgemeine Relativitätstheorie aus dem Jahr 1915 hat unser Bild vom Universum grundlegend verändert. Sein Werk wurde berühmt, weil es Newtons Vorstellung von der Gravitation erweiterte, indem es zeigte, dass die Massen und Energien in unserem Universum mit seiner Raumzeit-Struktur zusammenhängen und wir dies als Gravitation verstehen. Wie das?

Zunächst muss man sich damit vertraut machen, dass Raum gekrümmt sein kann. Nehmen wir eine Kugeloberfläche, in der Mathematik *Sphäre* genannt. Sie ist zweidimensional, was wir mit 2D abkürzen. Eine Sphäre ist 2D, weil es an jedem Punkt auf ihr nur ein vor und zurück und ein links und rechts gibt. Und sie ist gekrümmt. Aus „2D überall positiv gekrümmt" resultiert, dass der 2D-Raum sich in alle Richtungen schließt (genaugenommen ohne ein Loch zu umschließen, wie etwa ein Torus, der nämlich in Teilen positiv und in anderen Teilen negativ gekrümmt ist.).

Bleiben wir bei der Sphäre. Nehmen wir nun ein kleines Flächenwesen, das in der Sphäre lebt – „in" der Sphäre und nicht „auf" der Sphäre, weil es Teil der Sphäre ist und nicht als 3D-Wesen auf ihr lebt. Deshalb ist auch das Wesen gekrümmt und kann die Krümmung nicht wahrnehmen. Es hält die Oberfläche für glatt, weil der Raum in dem kleinen Bereich, den es einnimmt, tatsächlich flach erscheint. In Wirklichkeit ist die Sphäre riesig und unendlich (sie hat kein Ende), aber nicht unendlich groß. Das bedeutet, wenn sich das 2D-Wesen von einem Ausgangspunkt immer geradeaus in eine Richtung bewegt, bräuchte es nur eine endliche Zeit, um exakt am Ausgangspunkt wieder anzukommen. Dadurch würde es auch praktisch erfahren, dass es in einem positiv gekrümmten Universum lebt.

Dieses Szenario übertragen wir entsprechend auf uns als 3D-Wesen in unserem 3D-Universum. Wir sind ein kleiner Teil dieser Welt und können daher nicht direkt erfahren, ob unser Universum gekrümmt ist. Aber wenn ich als Astronaut in eine Rakete stiege und mit fast Lichtgeschwindigkeit losflöge und nach sehr, sehr langer Zeit (wir wissen heute, mindestens nach 80 Milliarden Jahre) wieder am Ausgangsort zurückkäme, dann wüssten wir, dass unser Universum eine, zumindest in einer Dimension, in sich geschlossene 3D-Welt wäre. Die meisten Wissenschaftler, die sich mit Kosmologie (der Wissenschaft vom Kosmos als Ganzem) beschäftigen und glauben, dass unser Universum eine, wenn auch riesige, 3D-Sphäre ist, also rundum geschlossen.

Wir Menschen können uns gekrümmte Oberfläche nur in einer höheren einbettenden Dimension vorstellen, also eine 2D-Sphäre im 3D-Raum. Aber nur weil wir es uns nicht anders vorstellen können, heißt das nicht, dass es diese höhere Dimension geben muss. Mathematisch lassen sich gekrümmte Räume auch ohne einbettende Dimension beschreiben. Das bedeutet wiederum, dass, wenn unser Universum global gekrümmt wäre (wir wissen, dass es um Sterne herum lokal gekrümmt ist), dies nicht die Existenz eines einbettenden 4D-Raumes erfordert.

7.3 Raumkrümmung mathematisch betrachtet

Räume können positiv oder negativ gekrümmt oder auch ungekrümmt, also eben, sein. Ein Raum kann durch Dehnung und Stauchung intrinsisch krumm (entspricht im Abb. 7.1 auseinander- und zusammenlaufenden Flächenlinien), aber auch extrinsisch krumm sein. Letzteres ist sichtbar als seine Biegung im höherdimensionalen Raum. Intrinsische und extrinsische Krümmung zusammen bestimmen die sogenannte lokale Totalkrümmung k des Raumes. k bestimmt man am einfachsten durch die Messung aller drei Winkel eines Dreiecks im Raum. Wir haben bereits die Sphäre als positiv gekrümmten Raum, $k > 1$ (Winkelsumme $>180°$), betrachtet. Ihre Totalkrümmung ist überall positiv (siehe Abb. 7.1). Der Grenzfall einer nicht gekrümmten 2D-Sphäre wäre eine unendlich große Ebene. Aber nicht nur eine Ebene hat überall Totalkrümmung Null (Winkelsumme = 180°). Wie Abb. 7.1 zeigt, hat auch ein Zylinder (wo man sich das 180°-Dreieck einigermaßen gut vorstellen kann) überall Totalkrümmung $k = 0$. Auch ein Torus hat eine Totalkrümmung Null, aber nur gemittelt über seine Oberfläche (Abb. 7.1). Negativ gekrümmte Räume kann es auch geben, aber die meisten Kosmologen glauben nicht, dass unser Universum negativ gekrümmt ist. Es soll hier nur gesagt

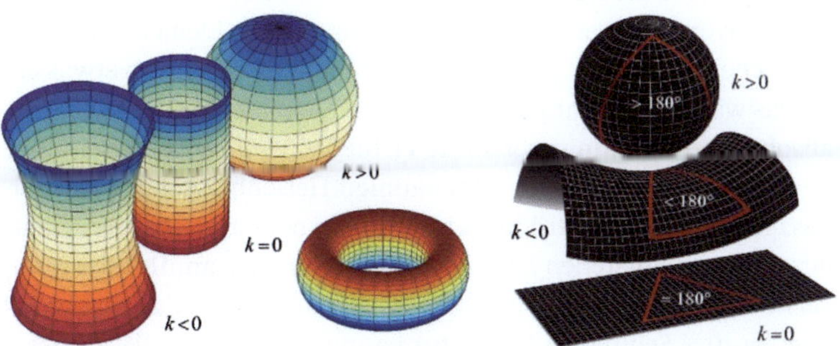

Abb. 7.1 Raumkrümmungen – Räume mit überall positiver Totalkrümmung, k > 0, wie die Sphäre in der linken Reihe rechts oben, sind immer endlich groß und vollständig in sich geschlossen. Räume mit überall negativer Totalkrümmung, k < 0, wie der Hyperboloid in der linken Reihe links unten, sind immer unendlich groß. Ein unendlich langer Zylinder (linke Reihe, Mitte) ist überall flach, k = 0, während ein Torus (Mitte unten) nur im Mittel flach ist: Die Innenwand ist wie ein Hyperboloid negativ gekrümmt, also k < 0, und die Außenwand wie eine Sphäre positiv gekrümmt, also k > 0. Wie im Bild rechts gezeigt, bestimmt man die lokale Totalkrümmung am einfachsten über die Winkelsumme eines beliebigen Dreiecks. *Quelle:* Nicoguaro / NASA / U. Walter /CC BY 1.0 (links). Will the Universe expand forever? / NASA / Public Domain (rechts)

werden, dass ein überall negativ gekrümmter Raum mit $k < 1$ (Winkelsumme <180°) immer unendlich groß sein muss, und der Grenzfall einer abnehmend negativen Krümmung wiederum ein ebener Raum ist, was logisch Sinn macht.

7.4 Eingerollte Dimensionen

Raum kann extrem stark gekrümmt sein. Dies ist eine grundlegende Vorstellung der String-Theorie. Sie ist bisher zwar noch nicht vollständig bestätigt, aber viele sind davon überzeugt, dass sie zumindest einen wahren Kern hat, nämlich den der sogenannten Einrollung von Dimensionen. Man stelle sich dazu eine 2D-Ebene vor, die man in einer Richtung immer enger einrollt, bis der Durchmesser der „Rolle" selbst unter einem gigantischen Mikroskop nur noch als Linie erscheint (Für Experten: Die Rolle würde man nur noch auf der sogenannten Planck-Skala erkennen können und würde dann ein sogenannter 1D-Calabi-Yau-Raum sein). In der String-Theorie nennt man so etwas eine eingerollte Dimension. Faktisch haben wir damit eine 1D-Linie geschaffen. Und wenn man die Linie auch noch längs mikroskopisch klein einrollt, dann bleibt nur noch ein 0D-Punkt übrig, ein 2D-Calabi-Yau-Raum. Eine weitere grundlegende Vorstellung der String-Theorie ist, dass alle möglichen Elementarteilchen als sogenannte Strings (vorzustellen als offene oder geschlossene Fäden, daher ihr Name) in eingerollten Calabi-Yau-Räumen existieren.

7.5 Virtuelle Teilchen strukturieren den Raum.

Stellen wir uns jetzt einen beliebig gekrümmten 3D-Raumabschnitt, etwa einen Ausschnitt unseres Universums, vor. Er soll keinerlei Masse oder Elementarteilchen (auch keine Lichtteilchen) enthalten, also absolut leer sein. Man nennt so etwas ein ideales Vakuum. Das wäre aber nicht ganz richtig. Die Quantenphysik hat gezeigt, dass in jedem absolut leeren Raum sogenannte virtuelle Teilchen existieren. Ihre äußerst flüchtige Existenz basiert auf der sogenannten Heisenbergschen Unschärferelation. Sie besagt, dass auf der Größenskala von Elementarteilchen Teilchen/Antiteilchenpaare spontan entstehen und wieder miteinander annihilieren. Bei den wohl am meisten vorkommenden virtuellen Elektron/Positron-Paaren beträgt die Lebensdauer etwa 10^{-21} Sekunden. Die Natur kann sich also über diese extrem kurze Zeit Teilchen aus dem Nichts ausborgen, muss sie dann aber wieder restlos verschwinden lassen. Wegen dieser Eigenschaften nennt man sie virtuell – sie können nicht als reale Teilchen existieren. Während ihrer extrem kurzen Daseinsdauer haben sie aber ihre gewöhnlichen Teilcheneigenschaften, zum Beispiel entgegengesetzte Ladungen.

Virtuelle Teilchen (Abb. 7.2) spielen in der Physik eine große und wichtige Rolle. Nur mit ihrer Hilfe kann sich eine Lichtwelle im Vakuum ausbreiten, denn

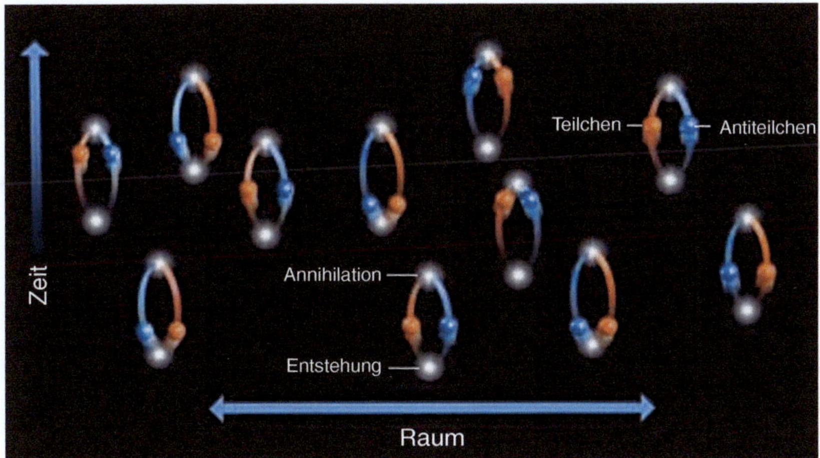

Abb. 7.2 Virtuelle Teilchen: Unser dreidimensionaler Raum ist von extrem kurzlebigen, sogenannten virtuellen Teilchen erfüllt, hier dargestellt in einem 1D-Raum (horizontale Achse). Sie entstehen zufälligerweise an einem Ort und immer in Paaren: ein Teilchen zusammen mit seinem Antiteilchen. Sie existieren lediglich etwa 10^{-21} Sekunden (vertikale Zeitachse), um sich dann gegenseitig wieder zu vernichten (annihilieren). Sie tragen die sonst üblichen Teilcheneigenschaften, insbesondere Ladung, haben aber keine Masse (Energie). Antiteilchen besitzen genau die gegenteiligen Eigenschaften, weswegen sich beide Eigenschaften zusammen aufheben. *Quelle:* Medium.com.

eine elektromagnetische Welle ist die Schwingung eines elektrischen und magnetischen Feldes. Ein elektrisches Feld entsteht durch zwei entgegengesetzte Pole elektrischer Ladung, und ein sich ausbreitendes elektrisches Feld muss auf seinem Weg Ladungen polarisieren können. In Festkörpern kann man sich das als das Auseinanderziehen von Atomladungen vorstellen. Aber im Vakuum? Dort sind es die überall und im Überfluss aufpoppenden virtuellen Teilchenpaare, die von der durchlaufenden Welle kurzzeitig polarisiert werden. Man nennt diesen Effekt Vakuumpolarisation.

Noch ungewöhnlicher ist, dass virtuelle Teilchenpaare wie reale Teilchenpaare ebenfalls verschränkt sein können. Verschränkung zwischen den beiden Teilchen eines gemeinsam erzeugten Paares bedeutet, dass sie nach ihrem Entstehungsprozess für die Dauer ihres Lebens kausal miteinander verbunden bleiben, egal wie weit sie voneinander entfernt sind. Wird also eines der beiden Teilchen zum Beispiel durch das elektrische Feld einer Lichtwelle verändert, so verändert sich das andere Teilchen genau umgekehrt, und zwar augenblicklich und unabhängig davon, wie weit sie voneinander entfernt sind. Wenn zwei virtuelle Photonen, die keine Masse und Ladung besitzen (daher ist ein Photon zugleich sein Antiteilchen) aber ansonsten entgegengesetzten Spin haben, entstehen, dann kann man sogar zeigen, dass sie selbst dann verschränkt bleiben, wenn sie Lichtjahre voneinander entfernt sind. Einstein nannte das spukhafte Fernwirkung und konnte es nicht glauben. Aber wir wissen, es gibt diese Verknüpfung, weil man bestimmte Effekte solcher verschränkten Teilchenpaare messen kann.

Die Verschränkung der Myriaden von entstehenden und sofort wieder vergehenden virtuellen Teilchen hat eine wichtige Konsequenz für den Raum, den sie erfüllen: Sie halten den Raum zusammen und sorgen dafür, dass er nicht in einzelne Teilregionen zerfällt. Der Raum verdankt seine Kontinuität und Kohärenz ihrer Existenz, also der quantenmechanischen Verschränkung seiner virtuellen Teilchen. Es lässt sich ebenfalls zeigen, dass die lokale Anwesenheit von Energien oder Massen diese Teilchenverschränkungen stört, was das Verhalten der virtuellen Teilchen lokal stört, was wiederum eine lokale Krümmung des Raumes hervorruft. Erst seit kurzem versteht man, wie Massen und Energien durch diesen quantenmechanischen Effekt den Raum krümmen und so Gravitation erzeugen.

7.6 Was ist Zeit?

Um die Entwicklung unseres Universums zu verstehen, müssen wir wissen, was Zeit ist, denn Entwicklung bedeutet zeitliche Veränderung.

Auch hier als erstes ein Rückgriff auf Kant. In seiner *Kritik der reinen Vernunft* (A30/B46) sagt er dazu: „Die Zeit ist nichts anderes als die Form des inneren Sinnes, d.i. des Anschauens unserer selbst und unseres inneren Zustandes. . . . Die Zeit ist also lediglich eine subjektive Bedingung unserer (menschlichen) Anschauung . . ..“ Auch hier gilt die Kritik, dass es demnach Zeit ohne menschliche Anschauung nicht geben würde. Was keinen Sinn macht, denn Evolution gab es bereits vor dem Menschen.

Da war die Erkenntnis von Aristoteles (384–322 v. Chr.) schon tiefgründiger. Er sagte über die Zeit: „Da nun die Zeit entweder Bewegung ist oder etwas an der Bewegung, und da sie nicht Bewegung ist, so muss sie notwendigerweise etwas an der Bewegung sein.“ Weiterhin: „Dies ist nämlich die Zeit: die Zahl der Bewegung im Hinblick auf das Frühere und Spätere.“ Und schließlich: „Die Zeit ist die Zahl der Bewegung. Eine Bewegung kann aber ohne einen physikalischen Körper nicht existieren.“ Diese Feststellungen sind äußerst bemerkenswert und stimmen fast vollständig mit heutigen Überlegungen überein. Zusammenfassend sagt Aristoteles, die Zeit sei eine Maßzahl für Bewegung und ohne Bewegungen (verallgemeinert Veränderungen) im Raum gäbe es keine Zeit. Einstein stimmt letzterem vollkommen zu: Ohne Dinge in der Welt gibt es keine Zeit. Folglich gab es vor dem Urknall weder Raum noch Zeit! Einstein bleibt uns aber in seiner Allgemeinen Relativitätstheorie die Antwort auf die Frage schuldig, was Zeit denn nun physikalisch ist. Dazu hat Aristoteles die konkrete Vorstellung: Die Zeit ist eine Maßzahl von Bewegung. Mathematisch nennt man so etwas eine Metrik, also eine Messbarmachung einer Erscheinung.

Dieser Vorstellung von Aristoteles gehen wir genauer nach. Aus ihr folgt, die Zeit als solche gibt es nicht, oder wie Einstein einmal sagte: „Für uns überzeugte

Physiker hat die Scheidung zwischen Vergangenheit, Gegenwart und Zukunft nur die Bedeutung einer, wenn auch hartnäckigen Illusion." Die für uns scheinbar stetig dahinfließende Zeit ist also eine Illusion. Alles, was es tatsächlich gibt, ist die Veränderung der Dinge im Raum. Wie kann man diese Veränderungen objektiv messen? Die Antwort ist einfach und seit Menschengedenken bekannt: Man vergleicht eine beobachtete Veränderung mit einer genau bestimmbaren periodischen Bewegung, zum Beispiel mit der Pendelschwingung einer Wanduhr – tick-tack. Dann braucht man über die Dauer dieser Veränderung nur die Pendelschläge zählen, und schon hat man eine aristotelische Maßzahl für die Veränderung, insbesondere für eine Bewegung. Alle Uhren, die Zeit zählen, funktionieren genauso. Die periodische Bewegung kann auch die Unruh einer Armbanduhr oder die Schwingung eines Quarzes in einer Quarzuhr sein. Es gibt also keine Zeit an sich, sondern nur eine zählbare Veränderung, die wir Zeit nennen.

Eine bemerkenswerte Folge dieser Analyse ist, dass solcherart gemessene Zeit keine Richtung hat, weil Zählen keine Richtung kennt, oder wie es im Englischen heißt: „Time is just one damned thing after another." Machen wir uns diesen wichtigen Punkt an einer Uhr klar: Alle Zeiger auf einer Uhr laufen immer rechtsherum. Zeigt sie damit eine Zeitrichtung an? Natürlich nicht. Denn wenn wir die Uhr so konstruieren würden, dass alle Zeiger linksherum liefen, würde sich an der Funktionsweise der Uhr nichts ändern und die Zeit würde dadurch nicht rückwärtslaufen. Eine Uhr zählt innere Schwingungen und die stellt sie per Konvention nacheinander rechtsherum laufend auf dem Ziffernblatt dar. Zeit hat also keine Richtung, Zeit ist.

7.7 Zeitrichtung

Natürlich gibt es gerichtete Entwicklungen von Veränderungen. Aber nicht, weil es eine Zeitrichtung gibt. Schauen wir uns dazu typische Veränderungen an, etwa ein Fluss fließt, oder chemische Reaktionen. Nehmen wir konkret an, ich lege ein Geldstück auf einem Tisch von links nach rechts, was genau eine Pendelschwingung dauern soll. Dann habe ich es bewegt. Wenn ich es innerhalb eines Pendelschlags wieder zurücklege, ist alles genauso wie vorher. Im Prinzip hat sich nichts verändert, die Welt ist genauso wie vorher. Es gab zwar zwei Pendelschläge, aber man kann im Nachhinein nicht sagen, welche der beiden identischen Linkslagen vorher und welche nachher war. Es ist zwar Zeit vergangen (zwei Pendelschläge), aber es gibt keine Zeitrichtung. Solche Veränderungen nennt man in der Physik reversibel. Das sind Veränderungen, die rückgängig gemacht werden können, ohne dass sich sonst etwas in der Welt ändert. Eine reibungsfreie Pendelschwingung ist eine perfekte reversible Bewegung.

Leider gibt es keine wirklich reversiblen Vorgänge in unserer Welt. Denn wenn ich die Münze umlege, brauche ich Muskelkraft, die verbraucht Energie, die mein Körper wiederum als Wärme abgestrahlt. Jede Pendelschwingung erzeugt Reibung im Pendellager, oder ein schwingender Quarz in einer Quarzuhr erfährt eine innere Reibung, weil die Atome des Quarzkristalls abwechselnd gestaucht und gedehnt werden, wenn auch nur sehr leicht. Nicht umkehrbare Wärmeverluste, die immer mit Reibung verbunden sind, werden irreversibel genannt, wie alles, was nicht umkehrbar ist. Der Vorgang einer Kaffeetasse, die vom Tisch fällt und deren Inhalt sich auf dem Teppichboden ergießt, ist irreversibel, denn ganz von alleine würde sich der Vorgang nie umkehren. Das Missgeschick ließe sich nur mit großem Aufwand rückgängig machen, wenn es gelänge, jedes Kaffeemolekül im Teppich einzusammeln und als Flüssigkeit in die Tasse auf dem Tisch zurückzuheben. Aber, das braucht Muskelkraft, Energie, Wärme . . .

Streng genommen ist also jede makroskopische Veränderung mehr oder weniger irreversibel. Die Alltagserfahrung lehrt uns, dass die Unordnung zunimmt, wenn man nichts gegen unkontrollierte Veränderungen unternimmt – die Welt wird nie von selbst ordentlicher. Ein Kinderzimmer ist dafür ein gutes Beispiel. Die Physik fasst dieses natürliche Verhalten unserer Welt wie folgt zusammen: Die Entropie (ein Maß für die Unordnung) eines abgeschlossenen Systems nimmt ständig zu – sie nimmt nie ab. Genau das nimmt der Mensch sehr genau wahr. Die zunehmende Unordnung eines Menschen ist sein Altern: Hautfalten, gebeugte Haltung, fleckige Haut, usw. Diese Zunahme der Unordnung in der Zeit interpretieren wir als Zeitrichtung. Aber unsere Interpretation ist falsch, nicht die Zeit hat eine Richtung, sondern es gibt lediglich die selbstständige Veränderung der Dinge hin zur Unordnung in der Zeit.

7.8 Gedehnte Zeit

Da es keine Zeit gibt, sondern nur periodisch tickende Uhren als Zeitmaß, kam Einstein auf die Idee, zu untersuchen, wie zwei Uhren, die sich gegeneinander bewegen, relativ zueinander ticken. Allein durch sein (richtiges) Postulat, dass es eine Grenzgeschwindigkeit gibt, nämlich die Lichtgeschwindigkeit, konnte er zeigen, dass das Ticken nicht synchron sein kann. Wenn jemand mit einer Uhr mit fast Lichtgeschwindigkeit an mir vorbeifliegt, dann macht bei 10 Tick-Tacks meiner Uhr (die sogenannte Eigenzeit) seine Uhr zum Beispiel nur 9 Tick-Tacks. Umgekehrt sieht mein Gegenüber, der auf seiner Uhr 10 Tick-Tacks zählt, auf meiner Uhr ebenfalls nur 9 Tick-Tacks. Die Situation ist symmetrisch, denn keiner der beiden Beobachter hat einen privilegierten Standpunkt. Weil die Tick-Tacks ein Maß für die Zeit sind, sagt man, die Zeit eines vorbeigleitenden Beobachters verläuft langsamer als die Eigenzeit. Nur die Eigenzeit eines Beobachters ist immer identisch, egal wie schnell er sich bewegt: Die Abfolge der Tick-Tacks meiner Uhr ist stets gleich schnell. Nur für einen bewegten externen Beobachter sieht sie langsamer aus. Diese Dehnung der Tick-Tacks einer vorbeifliegenden Uhr nennt man eine

Dehnung der Zeit – fachlich Zeitdilatation. Fazit: Zeit ist die Abfolge periodischer Bewegungen, und je nachdem, wie man sie betrachtet, kann sie sich ändern, während die eigene Zeit immer gleich bleibt. Man sagt, dass jeder seine eigene Zeit hat, die sich aus der Sicht eines externen Beobachters mehr oder weniger dehnt, je nach der Größe der relativen Geschwindigkeit.

7.9 Raumzeit

Streng genommen kann es keine Raumzeit geben, weil es keine Zeit gibt. Akzeptiert man aber eine perfekte Uhr als Veränderungszähler und nennt das Zeit t, dann kann man folgendes machen. Man multipliziert t mit der konstanten Lichtgeschwindigkeit c und das erhaltene ct (Geschwindigkeit mal Zeit) entspricht einer Länge. So hat man formal eine Raumdimension generiert und hat jetzt vier Raumdimensionen (x, y, z, ct) – die sogenannte Raumzeit. Wie zuerst der Mathematiker Minkowski und später Einstein zeigten, lassen sich mit diesem formalen Trick die Vorgänge in der Welt mathematisch viel einfacher beschreiben. Aber Vorsicht: Die durch Ticken gezählten Veränderungen im Raum, die wir Zeit nennen, haben nichts Raumartiges. Raum ist Raum und Zeit ist Zeit. Punkt. Alles andere sind nur nützliche mathematische Tricks.

Die formale Raumzeit spielt in Einsteins Allgemeiner Relativitätstheorie eine wichtige Rolle. Mit seinen sogenannten Einstein'schen Feldgleichungen konnte er zeigen, dass Massen und Energien den Raum und seine Krümmung erzeugen, sowohl lokal um einen massebehafteten Körper als auch alle zusammen die globale Krümmung des Universums. Und umgekehrt, der lokal gekrümmte Raum im Umfeld einer Masse wechselwirkt mit dem einer anderen Masse und sie beeinflussen so ihre Bewegung gegenseitig, was wir als gravitative Anziehung verstehen. Mehr noch, genauso wie eine gekrümmte Gummihaut schwingen und sich als Welle ausbreiten kann, gibt es auch 3D-Schwingungen des gekrümmten Raums (tatsächlich hat er eine gewisse Steifigkeit, die man messen kann), die sogenannten Gravitationswellen, die sich ausbreiten. Wegen der extrem hohen Steifigkeit des Raumes sind diese Wellen jedoch extrem schwach, weshalb man sie erst seit kurzem nachweisen konnte.

Fassen wir zusammen: Ohne existierende Dinge kein Raum; und keine Zeit, weil es nichts gibt, was sich ändern könnte. Die Dinge im Raum beeinflussen sich gegenseitig, indem sie den Raum krümmen – das nennen wir Gravitation. Die Zeit eines sich relativ zu uns bewegenden Systems erscheint uns gedehnt – es gibt also keine absolute Zeit. Nur die von uns selbst wahrgenommene Zeit, die sogenannte Eigenzeit, läuft mit immer gleichem Tick-Tack vor sich hin. Das sehen bewegte externe Beobachter unserer Zeit anders.

7.10 Die Entstehung unseres Universums gemäß String-Theorie

Mit all diesen Überlegungen haben wir das Rüstzeug, die Entstehung unseres Universums, das nach heutigem Wissen vor genau 13,80 Milliarden Jahren entstand, gemäß String-Theorie zu beschreiben. Sie besagt, dass unser Universum mit 9 Raumdimensionen (!) entstand. Nach heutiger Auffassung waren alle diese 9 Dimensionen zunächst auf etwa 10^{-32} cm, der sogenannten Planck-Länge, zu einem 9D-Calabi-Yau-Raum zusammengerollt, d. h. es gab keine makroskopischen Dimensionen, wie wir sie heute haben. Das Universum entstand also geometrisch nahezu in einem Punkt – wohlgemerkt nicht vorzustellen als ein Punkt in einer höheren Dimension. Auch die Elementarteilchen-Strings in diesem Urpunkt besaßen weder Massen noch irgendwelche Energien. Weil der Urpunkt somit energielos war, war zu seiner Entstehung auch keine Energie nötig.

7.10.1 Unser Universum ist also wirklich aus dem Nichts entstanden!

Sehr kurz nach dieser Geburt kollidierte ein String im 9D-Calabi-Yau-Raum mit einem Antistring (Aus Symmetriegründen muss es anfangs Strings und Antistrings gegeben haben.), und, so die Annahme, lösten sich gegenseitig auf und erzeugten dadurch eine ausgedehnte Raumdimension – die erste makroskopische Dimension war geboren. In einer Dimension ist die Wahrscheinlichkeit, dass wiederum ein String und ein Antistring aufeinandertreffen, noch sehr hoch, denn bewegen sie sich linear aufeinander zu, können sie seitlich nicht ausweichen. Ein String und ein Antistring haben sich erneut vernichtet, was zu einer zweiten makroskopischen Dimension führte. Die Frage ist, ob zwei Dimensionen genug Platz für die freie Bewegung gegensätzlicher Strings bieten. Offensichtlich nicht: Die dritte Dimension wurde geboren. Werden sich in unseren drei Dimensionen eines Tages wieder ein String und ein Antistring treffen und eine vierte Dimension eröffnen? Das weiß niemand. Wir wissen jedoch, dass Zufälle in der Quantenmechanik eine wichtige Rolle spielen. Prinzipiell wäre es durchaus möglich, dass sich anfangs, als das Universum noch sehr klein war, nicht nur zwei, sondern sogar vier oder fünf makroskopische Dimensionen hätten bilden können. Wir wissen aber auch, dass in solchen höherdimensionalen Räumen Atome instabil sind, also keine Sterne, Planeten und biologisches Leben entstehen könnten. Da hatten wir also schon verdammtes Glück.

7.11 Die Entstehung des Higgs-Feldes

Über das Universum unmittelbar nach seiner Entstehung (innerhalb der sogenannten Planckzeit von $5{,}4\times10^{-44}$ Sekunden) wissen wir wenig, weil die heute bekannte Physik dafür nicht ausreicht. Es herrscht die Epoche der sogenannten Quantengravitation. Die nun folgenden Zeitangaben beziehen sich immer auf einen Zeitpunkt nach der Entstehung. Nach 10^{-43} Sekunden entsteht, wie oben beschrieben, der uns bekannte dreidimensionale Raum mit den ersten Elementarteilchen, die aber noch ganz anderer Art als die heutigen sind. Sie bilden bei einer Temperatur von unvorstellbaren 10^{32} °C ein sogenanntes relativistisches Plasma, besitzen aber noch keine Massen – sie sind immer noch energielos. Dieser Raum expandiert, und das Plasma kühlt sich dadurch und nach 10^{-35} Sekunden auf 10^{28} °C ab. Diese Abkühlung eröffnet dem Vakuum des Universums die Möglichkeit, sich ganz anders zu strukturieren. Das bis dahin existierende „falsche Vakuum", dessen genaue Struktur auf Quantenebene uns nicht bekannt ist, transformiert sich in das heutige „richtige Vakuum" mit den oben beschriebenen virtuellen Teilchen. Gleichzeitig entsteht dadurch das sogenannte Higgs-Feld (Details siehe weiter unten).

7.12 Die kosmische Inflation

Diese Vakuums-Transformation bewirkt, dass sich der Raum schlagartig ausdehnt. Innerhalb von nur 10^{-32} Sekunden vergrößert sich jeder Abstand um das mindestens 10^{26}-Fache. Aus jedem Volumen von der Größe eines Sandkorns wird plötzlich ein Raum größer als unsere Milchstraße! Bei dieser schlagartigen Expansion des Raumes entfernen sich die Dinge im Raum weit schneller voneinander als mit Lichtgeschwindigkeit. Diese außergewöhnliche Phase einer plötzlichen Expansion kosmischen Ausmaßes nennt man die „kosmische Inflation" (Abb. 7.3). Es ist eigentlich diese schlagartige und gigantische Inflationsphase, die man mit dem Urknall des Universums identifiziert.

Steht diese Ausdehnung mit weit Überlichtgeschwindigkeit nicht im Widerspruch zu Einsteins Aussage, dass sich nichts schneller als mit Lichtgeschwindigkeit

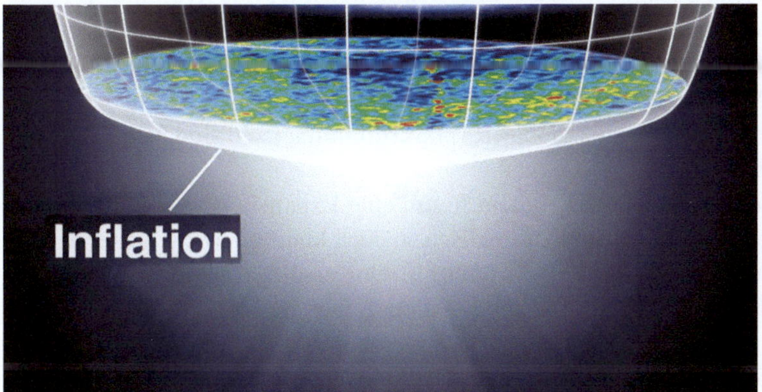

Abb. 7.3 Von der kosmischen Inflation über die Zeit unmittelbar nach dem Urknall (die Zeitachse zeigt hier nach oben) wissen wir wenig. Doch nach 10^{-35} Sekunden dehnt sich der Raum inflationär aus, also extrem schnell. Alle Abstände nehmen innerhalb von 10^{-32} Sekunden auf das mindestens 10^{-26}-Fache zu. Auf dem Bild ist diese Inflation eines anfangs punktförmigen Universums als steiler Trichter dargestellt. *Quelle:* NASA / U. Walter

bewegen kann? Nein, denn Einstein sagte, dass sich *im Raum* nichts schneller als Lichtgeschwindigkeit bewegen kann. Der *Raum selbst* kann sich sehr wohl mit Überlichtgeschwindigkeit ausdehnen.

Die schlagartige Expansion des Raumes führt zu einer ebenso schlagartigen Abkühlung des Universums auf jetzt etwa 10^{22} °C. Das nun vorherrschende richtige Vakuum besitzt eine gigantisch geringere Grundzustandsenergie als das falsche Vakuum zuvor. Die so entstandene Energie wird nach der Transformation in den Raum gepumpt, wodurch er sich wieder aufheizt.

Nun übernimmt das Higgs-Feld eine wichtige Aufgabe. Die bis dahin energielosen Elementarteilchen, verkörpert durch die Strings, wechselwirken mit diesem Higgs-Feld und nehmen den Großteil der durch die Absenkung entstandenen Energie auf. Dieser Energieübertragungsmechanismus wird Higgs-Mechanismus benannt. Nachdem man im Jahre 2012 die Anregung dieses Feldes, das sogenannte Higgs-Teilchen, experimentell messen konnte, erhielt der Physiker Peter Higgs für seine Entdeckung des Higgs-Feldes im Jahre 2013 den Nobelpreis für Physik. Die durch den Higgs-Mechanismus auf die Teilchen übertragene Energie, die sich gemäß $E = mc^2$ als Teilchenmasse niederschlägt, ist kolossal. Man schätzt, dass sie 10^{74} kg/cm^3 betrug, also 100 Milliarden Billion Billion Billion Billion Billion Tonnen pro cm^3. Die Lichtteilchen, die Photonen, wechselwirken hingegen nicht mit dem Higgs-Feld, weshalb sie massenlos bleiben. Das wiederum ermöglicht es ihnen, sich fortan mit Lichtgeschwindigkeit fortzubewegen, was massenbehaftete Teilchen nicht können. Die Vakuumstransformation mit anschließender Energieübertragung auf die Elementarteilchen ist nach 10^{-12} Sekunden abgeschlossen.

7.13 Nach der Inflation

Die so entstandene Gesamtmasse des Universums bewirkt seine Krümmung. Heute wissen wir, sie ist genau so groß, dass der Raum überall euklidisch flach ist, $k \approx 0$. Es ist zwar nicht auszuschließen, dass er insgesamt vielleicht doch leicht positiv (etwas mehr Masse) oder leicht negativ (etwas weniger Masse) gekrümmt ist, aber diese Abweichungen von einer globalen Totalkrümmung $k = 0$ sind für uns zurzeit noch unmessbar gering.

Die kosmische Inflation verlieh dem Raum eine Expansionswucht, die ihn bis heute, wenn auch nicht mehr so dramatisch so doch kontinuierlich, weiter expandieren lässt. Das bedeutet, dass die Abstände im Universum, zum Beispiel zwischen zwei weit entfernten Galaxien, seit der Inflation immer größer werden. Aber nicht, weil sie sich im Raum voneinander entfernen, sondern weil sich der Raum selbst, in dem die Galaxien mehr oder weniger ruhen, ausdehnt. Das ist vergleichbar mit einem Luftballon, auf den man kleine weiße Punkte malt, die die Galaxien darstellen. Wenn man den Ballon aufbläst, entfernen sich alle Punkte voneinander, obwohl sie auf dem Gummi fixiert sind. Dieses räumliche Ausdehnungsverhalten gab es auch während der Inflation, aber eben nur viel rasanter.

Da die gegenseitige Anziehungskraft der Massen ihrem Auseinanderdriften entgegenwirkt, hat die Expansionsgeschwindigkeit des Universums seit dem Urknall kontinuierlich abgenommen. Für zwei beliebige Punkte, die 1000 km voneinander entfernt sind, beträgt sie heute 0,071 Millimeter pro Jahr.

7.14 Vom Teilchenplasma zum transparenten Universum

Diese nun schleichende Expansion reduziert nach 10^{-5} Sekunden die Temperatur des Universums auf „nur" noch 10^{12} °C. Dadurch können sich aus dem massenbehafteten Elementarteilchen-Plasma die ersten zusammengesetzten schweren Teilchen (wie Neutronen und Protonen) bilden. Aus ihnen entstehen mit weiterer Abkühlung durch Expansion die ersten zusammengesetzten Kernteilchen (Nukleonen): Helium, Deuterium und etwas Lithium. Dieser Prozess wird „primordiale Nukleosynthese" genannt. Das ist der Zustand des Universums nach 1000 Sekunden. Seit der Inflation hat es sich um den Längenfaktor 10^{19} ausgedehnt und auf 10^{7} °C abgekühlt.

Danach passiert außer der sich kontinuierlich verlangsamenden Expansion lange nichts. Die voneinander getrennten Nukleonen und Elektronen haben eine Temperatur von weit über 3000 °C und liegen daher als Plasma vor. Dieses Plasma hat die Eigenschaft, dass Photonen, also unter anderem sichtbares Licht, es nicht durchdringen können – eine undurchsichtige heiße Suppe.

Abb. 7.4 Die Expansion des Universums. Das Abstandsverhalten von Galaxien in unserem vermutlich leicht positiv gekrümmten dreidimensionalen Universum lässt sich vergleichen mit der zweidimensionalen Gummihaut eines Luftballons. Die weißen Flecken stellen Galaxien dar. In diesem Vergleich entspricht die Expansion unseres Universums dem Aufblasen des Luftballons. Dabei entfernen sich die Galaxien voneinander, obwohl sie im Raum fixiert sind, weil sich der Raum selbst ausdehnt. *Quelle:* ORIGINS Excellence Cluster

Das ändert sich schlagartig 380 000 Jahre nach dem Urknall, als die Temperatur durch die kontinuierliche Ausdehnung des Universums unter den kritischen Wert von 3000 °C absinkt. Die leichten Atomkerne und die frei herumfliegenden Elektronen fügen sich zu neutralen Atomen zusammen – Wasserstoff, Helium, Deuterium und wenig Lithium. Diese sogenannte „Rekombination" macht aus dem Urknall-Plasma bestehend aus elektrisch geladenen Teilchen ein neutrales Gasgemisch, das seine bis zu diesem „Zeitpunkt" eingeschlossenen Photonen nun ungestört in die Tiefen des Weltraums entlässt. Durch die Entkopplung von Strahlung und Materie wird das Universum zum ersten Mal transparent. Heute erreichen uns diese uralten Photonen aus allen Himmelsrichtungen als schwache Mikrowellenstrahlung (Abb. 7.4). Sie ist nichts anderes als die Restwärme des heißen Urknalls, die sich durch die Ausdehnung des Weltalls stark abgekühlt hat. Diese Strahlung hat ursprünglich die Wellenlänge von Infrarotlicht. Dass wir sie heute im Mikrowellenbereich messen, verdanken wir der Ausdehnung des Universums.

Hier endet unsere Reise durch die Anfänge von Raum und Zeit. Ab hier entwickelt sich unser Universum mit den ersten Sternen, Galaxien und Planeten so, wie wir es heute mit dem Hubble- und dem neuen James-Webb-Weltraumteleskop sehen können. Der Grundstein dafür wurde in den ersten 10^{-5} Sekunden gelegt. Und sie wurden durch die faszinierenden Eigenschaften von Raum und Zeit bestimmt, die wir erst seit wenigen Jahren genau kennen.

Quelle: Eib Eibelshäuser

Ulrich Walter (1954) ist seit 2003 Ordinarius am Lehrstuhl für Raumfahrttechnik an der Technischen Elite-Universität München. Seine Schwerpunkte sind Echtzeit-Robotik im Weltraum, Intersatelliten-Kommunikations-Technologien und Technologien für planetare Erkundungen. Nach dem Studium der Physik an der Universität Köln verbrachte er zwei Forschungsjahre in den USA. Im Jahre 1987 wurde er ins Deutsche Astronautenteam berufen und flog auf der Shuttle Mission D-2 (26. April bis 6. Mai 1993). Zwischen 1994 und 1998 war er Projektleiter des Großprojektes „Deutsches Satellitendatenarchiv" beim DLR in München. Im Jahre 1998 wechselte er als Program Manager zum IBM Entwicklungslabor in Böblingen, wo er als Projektleiter und Lead Consultant für die Entwicklung und Consulting für IBM Software Produkte zuständig war. Autor zahlreicher Sachbücher.*

8

Die bizarre Welt der Schwarzen Löcher

Komplex und einfach, gigantisch und winzig, schwarz und weiß

von Martin Wendt

Um den Begriff „Schwarze Löcher“ zu verstehen, ist es notwendig, sich mit der Geschichte der Wissenschaft auseinanderzusetzen. Im Jahr 1687 stellte Isaac Newton das Gravitationsgesetz auf, welches besagt, dass auf der Erde und im Weltall die gleichen physikalischen Gesetze gelten. Demnach hängt die Anziehungskraft eines Körpers von zwei Dingen ab: der Masse und der Entfernung zu dieser Masse.

Diese Erkenntnis befähigt uns, die Bewegung des Mondes um die Erde sowie unsere eigene Bewegung um die Sonne zu verstehen. Es genügt, sich zu vergegenwärtigen, dass die Anziehungskraft quadratisch in der Entfernung zu einem Körper abnimmt. Ist man beispielsweise doppelt so weit entfernt, beträgt die Anziehungskraft nur noch ein Viertel. Um der Anziehungskraft eines Körpers zu entkommen, ist eine bestimmte Geschwindigkeit erforderlich, da man anderenfalls früher oder später immer wieder auf ihn zurückfallen würde. Diese Geschwindigkeit wird als Fluchtgeschwindigkeit bezeichnet. Auf der Erde beträgt sie etwa 11 km pro Sekunde oder fast 40 000 km pro Stunde, was die Nutzung von antriebsstarken Raketen erforderlich macht, um eine solche Geschwindigkeit zu erreichen.

Zur gleichen Zeit, in der das Gravitationsgesetz von Newton formuliert wurde, wurde auch festgestellt, dass Licht nicht unendlich schnell ist, sondern sich mit einer Geschwindigkeit von etwa 300 000 km pro Sekunde fortbewegt. 1783 formulierte der Naturforscher John Michell die Idee von Sternen, deren Anziehungskraft so hoch sei, dass selbst das Licht nicht mehr entfliehen kann. Er nannte dieses Phänomen noch „dunkle Sterne“. Die Idee der Schwarzen Löcher ist damit im Grunde schon über 200 Jahre alt.

In dieser Ära wurde Licht allerdings noch als Teilchen mit fester Masse betrachtet. Heute wird Licht als elektromagnetische Welle verstanden, die eine feste Geschwindigkeit hat und daher nicht von anderen Massen angezogen werden kann oder eine Abnahme ihrer Geschwindigkeit erlebt. Diese Erkenntnis ist vor allem James Clerk Maxwell zu verdanken, der 1783 die nach ihm benannten Gleichungen aufstellte.

Expedition in die Raumzeit: Wissen – Denkbares – Unerklärliches, 1. Auflage. Harald Zaun (Hrsg.).
© 2026 Wiley-VCH GmbH. Alle Rechte vorbehalten, einschließlich derer für Text- und Data-Mining und Training von Technologien der Künstlichen Intelligenz oder ähnlichen Technologien. Published 2026 by Wiley-VCH GmbH

Die Idee der benötigten Fluchtgeschwindigkeit, welche die Lichtgeschwindigkeit übersteigt, entspricht schon lange nicht mehr dem aktuellen physikalischen Verständnis, obwohl sie im Zusammenhang mit Schwarzen Löchern immer noch oft erwähnt wird.

Ein weiterer bedeutender Meilenstein in der Entwicklung der modernen Theorie der Schwarzen Löcher wurde durch Albert Einstein gesetzt, der 1915 seine Allgemeine Relativitätstheorie veröffentlichte. Diese Theorie beschreibt, wie die Existenz von Massen die Raumzeit beeinflusst und wie Licht im Weltall aufgrund dieser Verzerrungen abgelenkt werden kann. Dieser Effekt wird als Raumkrümmung bezeichnet, wobei anzumerken ist, dass diese Bezeichnung zunächst nicht besonders intuitiv erscheint. Dennoch konnte sie bereits kurz nach ihrer Veröffentlichung experimentell nachgewiesen werden, was zu einer raschen weltweiten Bekanntheit Einsteins beitrug.

In der Physik wird der Begriff „Theorie" für eine mathematische Beschreibung verwendet. In der Regel bezieht sich eine Theorie auf ein abgegrenztes Teilgebiet der Physik. Es ist wichtig zu verstehen, dass eine solche Theorie Dinge und Phänomene beschreibt, aber nicht für sich beansprucht, zu erklären, was dafür ursächlich ist. Sie muss durch Experimente nachprüfbare Vorhersagen treffen – solange kein Experiment diese Vorhersagen widerlegt, wird die Theorie akzeptiert. Man kann Theorien also nicht beweisen, sondern lediglich bestätigen oder natürlich auch widerlegen.

Sowohl Einstein als auch die Relativitätstheorie hatten zunächst zahlreiche Gegner. Ein Versuch, die Relativitätstheorie zu diskreditieren, gipfelte 1931 in einer Broschüre mit dem Titel „Hundert Autoren gegen Einstein". Darauf reagierte Einstein mit der treffenden Bemerkung: „Wieso hundert? Wäre es nicht ein einziger Autor, der mich widerlegen könnte?" Einsteins Theorie beinhaltet eine Reihe von Gleichungen, die auch heute noch als besonders schwer zu verstehen oder zu lösen gelten. Einstein zeigte sich überrascht, als der Astronom Karl Schwarzschild bereits im Jahr nach Ende des Ersten Weltkriegs eine Möglichkeit für eine exakte Lösung der komplizierten Gleichungen präsentierte, die das Gravitationsfeld einer einfachen, sich nicht drehenden Kugel beschreibt.

Aus dieser Lösung geht hervor, dass es für jede Masse eine spezifische Kugelgröße mit dem sogenannten Schwarzschildradius gibt. Bei einer Masse, die diesen Wert unterschreitet, entsteht eine Grenze, ab der kein Licht mehr ausgesendet werden kann. Von Bedeutung ist vor allem die Dichte, mit der Materie gepackt werden muss. Das Gravitationsgesetz von Newton besagt, dass die halbe Größe bei gleicher Masse die vierfache Anziehungskraft an der Oberfläche bedeutet. Unter Einsteins Theorie ist dies in erster Linie noch immer so. Es gibt verschiedene Wege, sich das vorzustellen.

Das Licht muss also gegen eine sehr extreme Anziehungskraft ankämpfen. Licht wird nicht langsamer, wenn es Energie verliert, sondern ändert seine Wellenlänge. An dieser Grenzfläche würde die Wellenlänge unendlich groß werden und folglich kann Licht nicht entstehen.

Betrachtet man die Anziehungskraft hingegen als Raumzeitkrümmung, so ist diese so stark, dass für das Licht alle Richtungen, die es einschlagen kann, ins Innere zeigen. Es führt innerhalb dieser Grenze kein Weg mehr nach außen.

Da sich nichts schneller als das Licht ausbreiten kann, stehen Dinge innerhalb und außerhalb dieser Grenze in keinerlei Kontakt. Man nennt diese Grenze folglich auch Ereignishorizont. Wenn also ein Objekt zu einer Kugel komprimiert wird, die kleiner ist als der von Schwarzschild bestimmte Wert, entsteht ein Schwarzes Loch. Unsere Sonne würde ebenfalls zu einem Schwarzen Loch mutieren, könnte man sie zu einer Kugel mit einem Durchmesser von nur sechs Kilometer zusammenpressen. Dieser Vorgang hätte zunächst keinen Einfluss auf die Erdbahn, da trotz fehlendem Sonnenlichts die Anziehungskraft der Sonne im Abstand zur Erde unverändert bliebe. Die Masse der Erde würde erst bei einer Größe von etwa einem Zuckerwürfel ein Schwarzes Loch bilden.

Der Begriff des Schwarzen Lochs (Abb. 8.1) beschreibt einen Ereignishorizont, an dem nichts, auch kein Licht, entweichen kann. Die Bezeichnung lässt sich auf die Vorstellung eines Zuckerwürfels mit der Masse der Erde und eines Lochs zurückführen, obwohl diese beiden Objekte sich in ihrer Größe deutlich unterscheiden.

Tatsächlich gestatten die Gleichungen der allgemeinen Relativitätstheorie keinen stabilen Orbit innerhalb des Ereignishorizonts. Was diesen überquert, treibt weiter und weiter auf dessen Mittelpunkt zu, ohne Ausnahme bis hin zu einem unendlich kleinen Punkt, einer sogenannten Singularität. Spätestens an dieser Stelle verlässt uns die Fähigkeit, sich die Gestalt eines solchen Objekts vorzustellen. Die zugrundeliegende mathematische Lösung ist zunächst rein theoretischer Natur und wird im weiteren Verlauf diskutiert. Die Bezeichnung als Schwarzes Loch in den 1960er Jahren war eine Reaktion auf die theoretische Natur des Phänomens, dessen Existenz in der Natur zu diesem Zeitpunkt noch nicht bewiesen war. Die Entstehung von Schwarzen Löchern ist ein komplexes Thema, das im weiteren Verlauf erörtert werden wird.

8.1 Wie entstehen Schwarze Löcher?

Die Theorie, die diesen Prozess beschreibt, existierte bereits, bevor die Beobachtung dieser Phänomene (Abb. 8.1) möglich wurde. Schwarze Löcher entstehen, wenn ein besonders schwerer Stern stirbt. Die Frage, die sich stellt, ist, was dies bedeutet und wie dieser Prozess abläuft. Sterne entstehen und vergehen, wenn auch in so großen Zeiträumen, dass die Menschheit noch nicht lange genug existiert, um beides vom selben Stern erlebt haben zu können. Die Beobachtung von Millionen und Abermillionen von Sternen in den unterschiedlichsten Stadien ihres Lebens ermöglicht eine detaillierte Analyse des Sternlebens. Es sei die Hypothese aufgestellt, dass es möglich wäre, anhand eines einzigen Foto-Schnappschusses der Menschheit zu erkennen, dass Menschen geboren werden, wachsen und sterben, und dass äußere Merkmale wie Kleidung oder Haarfarbe dabei keine Rolle spielen.

Abb. 8.1 Illustration der Entstehung eines stellaren schwarzen Lochs durch den Kollaps eines massiven Sterns und die resultierende Supernova-Explosion. *Quelle:* „NASA / gemeinfrei.

Nach der Entstehung eines Sterns aus einer Wolke gasförmigen Materials kommt es zu einem stabilen Gleichgewicht, das die Form des Sterns aufrechterhält. Die Anziehungskraft des Sterns, die durch das Gas gebildet wird, das ihn formt, übt eine gleichmäßige Kraft auf dieses aus, was zu einer runden Form führt. Im Inneren eines Sterns, wie unserer Sonne, finden heftige Kernreaktionen statt. Die Bedingungen im Inneren eines Sterns sind so extrem, dass die Kernreaktionen dort die Verschmelzung von Atomkernen und die Abgabe von Energie bewirken. Dies ist mit der Wirkung von Wasserstoffbomben im Zentrum vergleichbar. Die äußere Schwerkraft der Materie verhindert das Auseinanderbrechen des Sterns, da sie den Druck aufrechterhält. Allerdings geht im Inneren des Sterns irgendwann der Treibstoff für weitere Kernreaktionen aus, und die Energiegewinnung kommt schließlich zum Stillstand. Es kommt zu einer plötzlichen Stagnation im Kern des Sterns, was zu einem Verlust des Gleichgewichts führt. In der Folge stürzt der Stern unaufhaltsam in sich zusammen. Sterne, die letztlich ein Schwarzes Loch erzeugen, sind von gewaltiger Größe und deutlich schwerer als unsere Sonne. Die in sich zusammenstürzende Materie erreicht extreme Geschwindigkeiten von bis zu einem Viertel der Lichtgeschwindigkeit. Ein Druckgleichgewicht kann dadurch nicht mehr erreicht werden und es kommt zu einer verstärkten Kompression der Materie.

Der beschriebene Prozess geht mit extrem hohen Drücken und Temperaturen sowie Schockwellen einher, die dazu führen, dass die Bereiche außerhalb des Kerns in einer gewaltigen Explosion ins Weltall geschleudert werden. Dieser Vorgang wird als Kern-Kollaps-Supernova bezeichnet. Die bei solchen Prozessen emittierten Gase können wiederum die Entstehung neuer Sterne und Planeten fördern. Zudem werden zahlreiche Atome erst in solchen Ereignissen freigesetzt. Das gilt auch für den Sauerstoff in unserem Körper. Wir waren also buchstäblich einmal Sternenstaub.

Ist der verbleibende innere Kern noch immer mindestens dreimal so schwer wie unsere Sonne, fällt er noch weiter in sich ein. Schließlich erreicht er die kritische Größe für sein Gewicht, wie von Schwarzschild berechnet. Ein solcher massereicher Stern endet zwangsläufig als Schwarzes Loch.

Der Astrophysiker und Nobelpreisträger Subrahmanyan Chandrasekhar leitete bereits 1930 die dafür benötigte Anfangsmasse eines Sterns her. 1939 wurde schließlich erstmalig mit computergestützten Modellrechnungen nachgewiesen, dass beim Kollaps eines großen Sterns durch Überschreiten der Grenze tatsächlich ein Schwarzes Loch entstehen würde. Erst jetzt wurde aus der eleganten mathematischen Lösung für Einsteins Gleichungen etwas, von dem man annahm, dass es in unserem Universum wirklich vorkommen konnte. Der Ansatz von Schwarzschild beschreibt Schwarze Löcher, die sich nicht um sich selbst drehen.

Es sei darauf hingewiesen, dass dies eine starke Vereinfachung darstellt, wenn man bedenkt, dass sich alle uns bekannten Himmelskörper auf die eine oder andere Weise auch drehen, insbesondere kompakte Objekte, deren Drehgeschwindigkeit noch weiter zunimmt, wenn sie weiter schrumpfen. Schwarze Löcher können sich bis zu 1000-mal in der Sekunde drehen. Roy Kerr hat schließlich 1963 eine allgemeine Lösung für rotierende Schwarze Löcher beschrieben. Das Außergewöhnliche an dieser Lösung ist, dass sie für sämtliche denkbaren Schwarzen Löcher im Universum gilt und dabei nur zwei Parameter enthält: die Masse und den Drehimpuls (ein Maß für die Drehgeschwindigkeit). Diese Annahme wurde als „Keine Haare-Theorem" bekannt, da Schwarze Löcher keine weiteren Strukturen wie beispielsweise Haare aufweisen, was eine Analogie zum Menschen darstellt. Somit zählen Schwarze Löcher zu den einfachsten Objekten im Universum. Selbst ein einfaches Molekül weist demnach mehr Eigenschaften auf als ein Schwarzes Loch.

Es existiert eine große Bandbreite an unterschiedlichen Schwarzen Löchern. Der Kollaps eines Supernova-Überrestes resultiert in den sogenannten stellaren Schwarzen Löchern, welche eine Masse von etwa zehnfach der Masse unserer Sonne und die Größe einer mittelgroßen Stadt aufweisen. Im Zentrum der meisten Galaxien, so auch unserer Milchstraße, befinden sich jedoch Schwarze Löcher mit Millionen oder gar Milliarden Sonnenmassen, welche trotz ihrer extremen Dichte größer als unser Sonnensystem sein können. Die genauen Entstehungsprozesse supermassiver Schwarzer Löcher sind bisher noch ungeklärt. Dies wirft die Frage auf, ob und wie Schwarze Löcher überhaupt beobachtet werden können.

Ein erster Beweis für die tatsächliche Existenz Schwarzer Löcher in unserem Universum gelang bei unserer eigenen Galaxie. Das Schwarze Loch im Zentrum dieser Galaxie trägt den Namen Sagittarius A (Abb. 8.2). Es ist das für Radioteleskope hellste Objekt (daher die Bezeichnung „Sagittarius A*") und liegt von unserer Perspektive aus innerhalb des Sternbilds Schütze (lateinisch „Sagittarius"). Die Anziehungskraft supermassiver Schwarzer Löcher ist ein besonderes Merkmal, welches auch Einfluss auf die Umgebung hat. Obwohl der nächstgelegene Stern zur Sonne in

Abb. 8.2 Chandra-Aufnahme im Röntgenlicht vom Schwarzen Loch im Zentrum der Milchstraße. *Quelle:* NASA/UMass/D.Wang et al., IR: NASA/STScI / gemeinfrei.

einer Entfernung von über vier Lichtjahren liegt, befinden sich im Zentrum unserer Milchstraße die inneren Sterne in einer wesentlich geringeren Entfernung von nur einigen Lichttagen. Ein Team von Wissenschaftlerinnen und Wissenschaftlern hat über mehrere Jahre hinweg die Bewegung dieser inneren Sterne mit großer Genauigkeit untersucht. Dabei wurde festgestellt, dass diese Sterne nicht nur eine hohe Geschwindigkeit erreichen können, sondern auch alle um einen gemeinsamen Punkt herumgeschleudert werden.

Unter Berücksichtigung der Bahnen aller beobachteten Sterne lässt sich die Masse des zentralen Objekts bestimmen, welches die Sterne auf ihren Bahnen bewegt. Der schnellste Stern, welcher den Namen „S2“ erhielt, erreicht auf seiner Bahn eine Geschwindigkeit von 27 Millionen km/h und kommt dem Zentrum dabei bis auf 17 Lichtstunden nahe.

Die erforderliche Masse, um die Bewegung der Sterne in dieser Region zu erklären, beläuft sich jedoch auf etwas über vier Millionen Sonnenmassen, wobei diese nicht wesentlich größer als das Sonnensystem sein darf. Bemerkenswert ist zudem, dass selbst in den empfindlichsten Aufnahmen keine eigene Lichtquelle festgestellt werden kann. Als mögliche Erklärung für dieses Phänomen wird ein supermassives Schwarzes Loch angenommen. Für den Nachweis eines solchen Schwarzen Lochs wurde im Jahr 2020 der Nobelpreis für Physik verliehen. In jüngerer Zeit wurden auch direkte Beobachtungen von Schwarzen Löchern durchgeführt. Das Event Horizon Teleskop, ein Verbund zahlreicher Radioteleskope weltweit, hat im Jahr 2019 ein Bild des supermassereichen Schwarzen Lochs der Galaxie M87 aufgenommen. Das Objekt ist etwa 55 Millionen Lichtjahre von der Erde entfernt und hat eine Masse, die aktuell auf 6,6 Milliarden Sonnenmassen geschätzt wird. Die Beobachtung legt nahe, dass besonders große und schwere Galaxien in ihrem Kern auch besonders schwere Schwarze Löcher beherbergen, wobei der zugrundeliegende Zusammenhang noch nicht abschließend geklärt ist. Eine Hypothese ist, dass Galaxien durch die Akkumulation von Materie in ihrem zentralen Bereich, das sogenannte Schwarze Loch, und durch die Interaktion mit anderen Galaxien und ihren Schwarzen Löchern wachsen.

Im Jahr 2022 wurde schließlich auch eine Aufnahme der Radioteleskope von Sagittarius A*, dem Schwarzen Loch im Zentrum unserer Milchstraße, angefertigt. Diese mithilfe von Beobachtungsdaten und physikalischen Modellen berechneten Bilder stellen die ersten direkten sichtbaren Nachweise für ein Schwarzes Loch dar. Es wird deutlich, dass nicht alles vollkommen schwarz ist, da viele dieser Objekte von mehr oder weniger viel Gas umgeben sind. Diese können Reste explodierter Sterne am Ende ihrer Lebenszeit oder Überbleibsel eines Sterns sein, der dem Schwarzen Loch zu nahekam und dabei von dessen starker Anziehungskraft zerrissen wurde. Das Gas kann allerdings nicht geradewegs auf das Schwarze Loch fallen. Stattdessen wird die einfallende Materie auf eine gemeinsame, kreisförmige Bahn um das Zentrum gezwungen, wo sie langsam spiralförmig hinter dem Ereignishorizont verschwindet. Die Bezeichnung „langsam" bezieht sich in diesem Kontext lediglich auf die Bewegung nach innen. In der sich daraus ergebenden Akkretionsscheibe, die durch hohe Geschwindigkeiten charakterisiert ist, verliert sich das einfallende Material in einem Schwarzen Loch. Die Geschwindigkeit des Materials in der Akkretionsscheibe beträgt einige tausend bis zehntausend Kilometer pro Sekunde, wobei es sich kontinuierlich dichter und turbulenter um das Schwarze Loch drängt. Dieser Prozess führt zur Entstehung von Reibung, die durch die extreme Beschaffenheit von Schwarzen Löchern bedingt ist. Die Reibung erzeugt eine Temperatur von über einer Million Grad Celsius. Im Zentrum einer Galaxie kann sich bei einem supermassiven Schwarzen Loch eine leuchtende Materiescheibe, auch als aktiver Galaxienkern bezeichnet, bilden. Diese Akkretionsscheibe emittiert eine Leuchtkraft, die um ein Vielfaches heller als die des restlichen Galaxiengebildes ist. Paradoxerweise sind es gerade diese Schwarzen Löcher, die zu den leuchtkräftigsten Objekten im Universum zählen.

Die Existenz dieser Akkretionsscheibe kann durch Radioteleskope beobachtet werden, wobei die Aufnahmen üblicherweise farblich bearbeitet werden, um einen höheren Kontrast zu erzeugen. Dies verleiht dem Bild einen rötlichen Farbton, der an ein Lagerfeuer erinnert. Tatsächlich handelt es sich um sehr intensive UV- und Röntgenstrahlung, die für Menschen eher wie gleißend helles Weiß-Blau erscheint. Die veröffentlichte Darstellung zeigt einen hellen Ring mit einem dunklen Loch in der Mitte, der an einen Donut erinnert. Allerdings liegt die Sache im wahrsten Sinne des Wortes doch ein wenig anders als es zunächst den Anschein hat.

Die Betrachtung erfolgt nicht senkrecht von oben, sondern seitlich, was eine gewisse Ähnlichkeit mit der Perspektive der Saturnringe aufweist. Die Abbildung zeigt ein berechnetes Modell. Deutlich erkennbar ist die Akkretionsscheibe vor dem Ereignishorizont.

Der obere Bereich der Abbildung zeigt den Eindruck, als würde diese Scheibe nach oben geklappt werden, was durchaus zutreffend ist. Über dem Ereignishorizont ist der Teil der Scheibe zu sehen, der eigentlich dahinter liegt. Aufgrund der starken Raumkrümmung in der unmittelbaren Umgebung des Schwarzen Lochs wird ein Teil des Lichts, das den hinteren Teil der Scheibe verlässt, so umgelenkt, dass es uns erreicht. Würde man nun mit einem Taschenlampenstrahl auf diese Stelle über dem Schwarzen Loch zielen, so würde der Lichtkegel genau senkrecht hinter dem Objekt auf der Scheibe landen. Der zusätzliche Bogen unterhalb entsteht analog dazu und zeigt entsprechend die Unterseite des hinteren Teils der Scheibe. Es ist anzumerken, dass die vorliegende Beschreibung die Rezeption erschweren mag, jedoch ist sie essenziell, um die vollständige Beschreibung eines Schwarzen Lochs zu vervollständigen.

Der dunkle Bereich im Zentrum des Schwarzen Lochs repräsentiert den Ereignishorizont, wobei bemerkenswert ist, dass dieser aufgrund der Raumkrümmung doppelt so groß wie der Schwarzschildradius ist. Infolgedessen erreichen Lichtstrahlen, die an der Schwarzschildgrenze vorbeiführen, nicht mehr unser Auge. In der Fachliteratur wird daher von einem „Schatten" des Schwarzen Lochs gesprochen. Zur Veranschaulichung (Abb. 8.3) des Verständnisses kann ein Sehstrahl von unserem Auge zum Schwarzen Loch dargestellt werden.

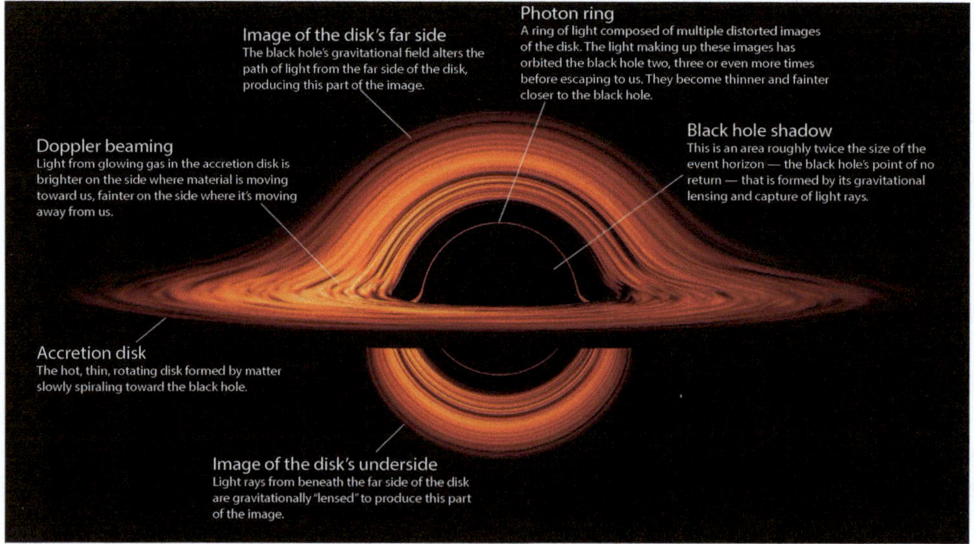

Abb. 8.3 Grafische Darstellung eines Schwarzen Loches. *Quelle:* NASA / gemeinfrei.

Eine derartige Linie, die am eigentlichen Ereignishorizont vorbeischrammt, endet durch die starke Raumkrümmung letztlich doch im Ereignishorizont, wenngleich auf dessen Rückseite. Im Zentrum des Schattenbereichs wird demnach direkt auf den Ereignishorizont geschaut, während am Rand der schwarzen Region der Ereignishorizont von hinten zu sehen ist. Das Bild stellt folglich die gesamte Oberfläche des Ereignishorizontes dar, obwohl keine direkten visuellen Informationen vorhanden sind. Eine letzte Auffälligkeit sowohl im Modell als auch in den Radiobeobachtungen ist, dass eine Seite deutlich heller erscheint. Dies ist die Seite, auf der die Scheibe sich auf uns zu dreht. Die hohe Geschwindigkeit der Scheibe bedingt einen Effekt, der die Intensität in Drehrichtung weiter verstärkt und unmittelbar verrät, in welche Richtung sich die Akkretionsscheibe bewegt.

Diese Effekte konnten bereits aus den Gleichungen der Allgemeinen Relativitätstheorie vorhergesagt und berechnet werden. Um sie in einem Bild nachweisen zu können, waren eine weltumspannende Kollaboration und jahrelange Datenauswertung erforderlich. Dies stellt einen bedeutenden Fortschritt in der Erforschung der Allgemeinen Relativitätstheorie dar.

8.2 Gibt es weitere Nachweise für diese Theorie?

Der erste Nachweis gelang mit einer ganz anderen Art von Signal aus dem Weltall: den Gravitationswellen. Im Jahr 2015 empfing das Gravitationswellen-Observatorium LIGO Signale von einem besonderen Ereignis: der Verschmelzung zweier stellarer Schwarzer Löcher mit jeweils etwa 30 Sonnenmassen. Obwohl diese Schwarzen Löcher im Vergleich zu denen im Zentrum von Galaxien eher von geringer Masse sind, lässt sich die enorme Kraft ihrer Verschmelzung erahnen.

Vor der finalen Verschmelzung zu einem Schwarzen Loch umkreisen die beiden Objekte einander mit einer hohen Geschwindigkeit, die nahezu 50 Prozent der Lichtgeschwindigkeit entspricht. Erst im finalen Verschmelzungsmoment, das mit einem „Blubb“ assoziiert wird, findet die Fusion statt. Die dabei entstehenden Wellen in der Raumzeit sind so gewaltig, dass sie selbst auf der Erde in einer Entfernung von einer Milliarde Lichtjahren nachgewiesen werden konnten. Für den Bruchteil einer Sekunde wurde dabei mehr Energie als im gesamten beobachtbaren Universum freigesetzt.

Die Erforschung von Schwarzen Löchern ist demnach von signifikanter Bedeutung. Im Jahr 2017 wurden daher der Nobelpreis für Physik für entscheidende Beiträge zum LIGO-Detektor und die Beobachtung von Gravitationswellen vergeben.

Die Frage, die sich in diesem Zusammenhang stellt, ist, welche Konsequenzen eine Reise des Menschen zu einem Schwarzen Loch hätte. Zunächst würden die Anziehungskraft und die Raumkrümmung auf großen Entfernungen nicht als außergewöhnlich wahrgenommen werden. Bei einem aktiven Schwarzen Loch würde jedoch relativ zeitnah das Problem der Strahlung auftreten, selbst bei einer großen Distanz von mehreren Lichtjahren. Zudem müsste die Hitzestrahlung, die

die Größenordnung des Schwarzen Lochs übersteigt, ausgehalten werden. Generell würde das Schwarze Loch auf uns einwirken und eine Drift auf das Schwarze Loch bewirken. Die Masse des Schwarzen Lochs ist dabei irrelevant, entscheidend ist die Größe des Schwarzen Lochs. Ein Schwarzes Loch mit einigen Sonnenmassen wäre für uns zunächst tödlicher, da die Zunahme der Raumkrümmung vor dem Ereignishorizont so extrem wäre, dass es uns buchstäblich in die Länge ziehen würde. Das Schwarze Loch würde demnach zuerst stärker an unseren Füßen als an unserem Kopf ziehen, was dazu führen würde, dass sich die einzelnen Moleküle voneinander trennen und auf das Schwarze Loch zurasen würden. Dieser Prozess wird in der Fachliteratur als Spaghettisierung bezeichnet. Die Reise würde folglich bereits vor Erreichen des Ereignishorizonts enden. Bei einem sehr großen Schwarzen Loch, wie es beispielsweise in der M87-Galaxie existiert, könnte die Annäherung an den Ereignishorizont und dessen Passage theoretisch möglich sein. Bereits vorher ist die Krümmung der Raumzeit so groß, dass es für weit entfernte Beobachter so aussähe, als würden wir immer langsamer und langsamer werden. Am Ereignishorizont kämen wir von außen betrachtet nie ganz an. Für uns selbst würde der Übergang durch den Ereignishorizont jedoch mit hoher Geschwindigkeit erfolgen, ohne dass wir ihn wahrnehmen würden. Zusammen mit Materie und Licht würden wir unaufhaltsam auf das Zentrum zufallen und schließlich in einem einzigen Punkt verschwinden. Diese Vorhersage beruht auf der Existenz einer Singularität im Zentrum. Allerdings stellt ein Punkt ohne Ausdehnung eher eine mathematische Lösung dar, was bereits seit Langem bei zahlreichen WissenschaftlerInnen für Verwirrung sorgt. Eine solche Singularität ist vergleichbar mit der Division durch Null, was Anlass zu Besorgnis gibt. Die Allgemeine Relativitätstheorie ist für die kleinsten Elemente im Universum nicht geeignet. Für die Erforschung dieser Fragestellung wurde ein eigener Bereich der Physik etabliert: die Quantenmechanik. Der Physiker Werner Heisenberg wurde 1932 mit dem Nobelpreis für seine bahnbrechenden Beiträge zur Quantenmechanik ausgezeichnet, die die Grundlage für die Untersuchung von Materie im Größenbereich der Atome und darunter bildet. Die Quantenmechanik hat sich in diesem Bereich als außerordentlich erfolgreich erwiesen, was sich auch in den wiederholten Nobelpreisen für Arbeiten in diesem Feld (1933, 1945 und 1954) widerspiegelt.

In der Quantenmechanik gibt es so etwas wie unendlich kleine Punkte im Weltraum gar nicht. Im Jahr 1975 gelang es dem Physiker Stephen Hawking durch die Kombination von Aspekten der allgemeinen Relativitätstheorie und der Quantenmechanik die erstaunliche Aussage zu treffen, dass Schwarze Löcher eine Form von Strahlung aussenden. Seine These stützt sich auf die Tatsache, dass es in der Welt der Quantenmechanik, genauer der Quantenelektrodynamik, kein absolut leeres Vakuum gibt, sondern dass für kurze Zeit Teilchenpaare aus Materie und Antimaterie aus dem Nichts entstehen können, solange ihre Gesamtenergie Null beträgt. In jüngerer Zeit wurden Experimente durchgeführt, die darauf hindeuten, dass es sich dabei um einen messbaren Effekt handelt, auch wenn diese Behauptung zunächst wie Science-Fiction klingt. Ein Teilchenpaar löscht sich unmittelbar nach dessen Entstehung gegenseitig wieder aus. Entsteht ein Paar unmittelbar in der Nähe des Ereignishorizontes eines Schwarzen Lochs, so könnte das Teilchen mit positiver Energie vielleicht noch als sogenannte Hawking-Strahlung entweichen, wohingegen das Teilchen mit negativer Energie unausweichlich im Schwarzen Loch enden würde. Beim Verschlucken von Antimaterie verlöre das Schwarze Loch bei jedem dieser Ereignisse ein klein wenig Masse. Es würde langsam „verdampfen". Es muss angemerkt werden, dass es sich bei dieser Umschreibung der vorhergesagten Hawking-Strahlung um eine sehr starke Vereinfachung handelt.

Dieser Prozess würde mit zunehmend kleineren Schwarzen Löchern schneller voranschreiten. Insgesamt hätten supermassive Schwarze Löcher aber immer noch eine unvorstellbar große Lebenserwartung – bis zu 10 hoch 100 Jahren. Eine 1 mit 100 Nullen. Das sind zehn Sexdezilliarden oder auch ein sogenanntes Googol, welches auch große Firmen zur Namensgebung anregte. Auch wenn bis zum Ende eines Schwarzen Lochs womöglich nichts anderes im Universum mehr existiert, entsteht durch diese Theorie dennoch ein ganz fundamentales Problem. So ein Schwarzes Loch hat vielleicht Tausende, Millionen oder gar Milliarden von Sternen und Planeten in sich aufgenommen, lässt sich aber allein durch die drei Eigenschaften Masse, Drehimpuls und Ladung beschreiben. Was ist mit der Information passiert, die in all der Materie steckte, die in den Ereignishorizont eintrat und dann nach der Auflösung des Schwarzen Lochs einfach verschwunden ist? Ein wesentlicher Bestandteil der Quantenmechanik ist die Tatsache, dass Informationen nicht verloren gehen können. Um diesem Problem zu entgehen, gibt es derzeit zahlreiche konkurrierende Ideen und Ansätze.

Die Informationen könnten sich beispielsweise noch immer irgendwie auf der Oberfläche des Ereignishorizontes befinden. Auch die Idee der Wurmlöcher ist wieder ganz neu im Rennen, nachdem bereits Albert Einstein und Nathan Rosen diesen Gedanken als Einstein-Rosen-Brücke aufbrachten. Derartige „Brücken" oder „Wurmlöcher" könnten theoretisch verschiedene Orte im Universum verbinden und so verhindern, dass die Informationen in der Singularität eines Schwarzen Lochs verloren gingen. Womöglich sogar mit sogenannten „weißen Löchern", die das Gegenteil von Schwarzen Löchern an deren anderem Ende darstellen. Hier könnte Materie ausschließlich entweichen, aber nie eindringen.

Bei den genannten Konzepten handelt es sich bisher ausschließlich um rein theoretische Überlegungen. Es wird zukünftigen Theorien überantwortet, nachweisbare Vorhersagen zu tätigen.

Zahlreiche Beobachtungen erweitern unser Wissen und Verständnis von Schwarzen Löchern praktisch jeden Tag. Durch die erfolgreiche Messung von Gravitationswellen eröffnen sich zudem ganz neue Horizonte.

Wir leben in spannenden Zeiten der Astronomie. Über Jahrhunderte hinweg haben Schwarze Löcher uns Menschen fasziniert und dabei die größten DenkerInnen ihrer Zeit in ihren Bann gezogen. Obwohl nur etwa 1 Prozent der bekannten Materie in Schwarzen Löchern liegt, deutet einiges darauf hin, dass Schwarze Löcher möglicherweise der Schlüssel zur Vereinigung oder vielleicht sogar zum

Ersatz der Quantenmechanik und der allgemeinen Relativitätstheorie sind. Dies würde uns dem Verständnis der Natur und des Weltalls einen Schritt näherbringen.

Martin Wendt ist Vater von zwei tollen Kindern, Ehemann einer tollen Frau und Astrophysiker an der Universität Potsdam. In Hamburg promovierte er über die Physik im frühen Universum. Neben der Lehre erforscht er Materie in und zwischen fernen Galaxien sowie unserer Milchstraße.

Literatur

1. Lehrbuch für Naturwissenschaften nach der Schulzeit: Mathematik, Physik, Chemie: Mathematik, Physik, Chemie Technik für Medienwissenschaftler (De Gruyter Studium).
2. Gehobenes Niveau spezifisch zur Astrophysik: Astronomie und Astrophysik: Ein Grundkurs Taschenbuch – 2. Oktober 2024 von Alfred Weigert (Autor) Heinrich J. Wendker (Autor) und Lutz Wisotzki (Autor).
3. Webseite der Max-Planck-Gesellschaft zum Thema Gravitationswellen: https://www.mpg.de/gravitationswellen Picture of the Day.
4. Täglich wird ein Bild mit wissenschaftlichem Hintergrund und kurzer Erklärung der NASA präsentiert: https://apod.NASA.gov/apod/astropix.html.

9

Surreale und verborgene Kosmen

Quantenwelt und höhere Dimensionen

von Goedart Palm

> *„If a man could pass through Paradise in a dream, and have a flower presented to him as a pledge that his soul had really been there, and if he found that flower in his hand when he awake – Aye, what then?"*
>
> *(Anima Poetæ: From the Unpublished Notebooks of Samuel Taylor Coleridge, 1895)*

9.1 Chaos in der Ordnung

Der Begriff *Kosmos*, seit der Antike als Inbegriff von Ordnung und Harmonie verstanden, erweist sich in der modernen Physik als zunehmend paradox. Statt eines stabilen, berechenbaren Systems zeigt das Universum immer komplexere und chaotischere Strukturen, die unsere gängigen Erklärungsmodelle überfordern. Im Zentrum eines Schwarzen Lochs befindet sich eine Singularität – ein Punkt, in dem die Krümmung der Raumzeit und die Dichte theoretisch unendlich werden, sodass die bekannten physikalischen Gesetze ihre Gültigkeit verlieren. Mit der Annahme von Paralleluniversen verbinden sich Spekulationen, dass Informationen oder sogar Materie zwischen Universen ausgetauscht werden können, und dass die Gravitationswirkung in einem Universum durch Ereignisse in einem parallelen Universum beeinflusst werden könnte. Folgen wir Lawrence Krauss, George Ellis oder Lee Smolin, genießt die Kosmologie den so zweifelhaften wie prätentiösen Ruf, auf der Basis weniger Fakten mit zahlreichen Spekulationen aufzuwarten.

In diesen kosmologischen Neuentwürfen werden tradierte Konzepte von Raum, Zeit und Ordnung zugunsten hochdynamischer Strukturen verlassen, und es entsteht ein Zustand, den derzeitige physikalische Theorien nicht mehr beschreiben können. So besteht der Großteil des Universums aus Dunkler Materie und Dunkler Energie, deren Beschaffenheit mit dem geordneten Ganzen, in dem alles seinen Platz hat und dem scheinbar natürlichen Prinzip der Bewegung und Ruhe folgt,

Expedition in die Raumzeit: Wissen – Denkbares – Unerklärliches, 1. Auflage. Harald Zaun (Hrsg.).
© 2026 Wiley-VCH GmbH. Alle Rechte vorbehalten, einschließlich derer für Text- und Data-Mining und Training von Technologien der Künstlichen Intelligenz oder ähnlichen Technologien. Published 2026 by Wiley-VCH GmbH

wie es Aristoteles' geozentrisches Weltbild verkündete, zumindest augenscheinlich nichts mehr zu tun hat. Diese unsichtbaren Komponenten sind maßgeblich für die Struktur und Dynamik des Universums verantwortlich, entziehen sich jedoch bisher einer theoretischen Beschreibung oder gar direkter Beobachtung. Dunkle Materie sendet keine elektromagnetische Strahlung aus, wodurch sie für Teleskope unsichtbar bleibt. Ihre Existenz wird durch ihre gravitativen Effekte auf sichtbare Materie, wie Galaxien und Galaxienhaufen, nachgewiesen. Sie macht etwa 27 Prozent der Gesamtmasse des Universums aus und spielt bei der Formung und Stabilisierung von Galaxienstrukturen eine entscheidende Rolle. Dunkle Energie hingegen ist eine hypothetische Form von Energie, die für die beschleunigte Ausdehnung des Universums verantwortlich gemacht wird. Sie stellt etwa 68 Prozent der Gesamtenergie im Universum dar und wirkt der Gravitation entgegen, indem sie den Raum selbst mit zunehmender Geschwindigkeit auseinandertreibt.

Diese kosmischen Phänomene verdeutlichen, dass das Universum weitaus weniger in einem klassischen, prästabilierten Verständnis geordnet ist, als es durch die scheinbar regelmäßigen Muster und Strukturen – wie die Bewegungen der Planeten oder die Anordnung der Galaxien – den Anschein erweckt. Auf subatomarer Ebene bestätigt sich dieser chaotische Eindruck: Quantenfluktuationen destabilisieren die deterministischen Vorhersagen klassischer physikalischer Modelle. Dies verdeutlicht, dass Chaos ein inhärentes Merkmal der Realität darstellt.

Dieses Spannungsverhältnis zwischen Ordnung und Unordnung ist nicht nur der Physik vertraut. Nach Theodor W. Adorno besteht die Aufgabe der Kunst gerade darin, Chaos in die Ordnung zu bringen. Dies verweist auf eine tiefere Gemeinsamkeit zwischen Wissenschaft und Kunst: Beide Bereiche versuchen, das Unerklärliche zu fassen – sei es durch mathematische Formeln oder ästhetische Ausdrucksformen – und stoßen auf die Grenzen menschlicher Erkenntnis. Die Aufgabe, gesicherte Kategorien zu sprengen, hat die Moderne in einigen ihrer prominentesten Kunstrichtungen wie dem Dadaismus, dem Surrealismus oder dem Futurismus sehr ernst genommen. „Surrealität" ist per se ein paradoxer Begriff, der aus dem lateinischen Präfix *sur-* (über, jenseits) und „Realität" zusammengesetzt ist. Denn welchen Sinn macht ein Begriff, der auf etwas „über der Realität" oder „jenseits der Realität" verweist, wenn wir die Realität als unhintergehbar und abschließend in unserer Weltvergegenwärtigung begreifen? Surreale Dimensionen werden in Kunst, Literatur und Philosophie entfaltet, um Zustände oder Welten zu beschreiben, die die Grenzen der realen, physischen Dimensionen zugunsten des Unbewussten, des Fantastischen oder des Übernatürlichen überschreiten. Surreale Dimensionen folgen oft einer bizarren Traumlogik, in der Zeit und Raum fließend und konvertierbar sind, und Ereignisse auf unerwartete und vorderhand unlogische Weise miteinander verbunden sind. In Salvadors Dalís ikonischem Werk „Die Beständigkeit der Erinnerung" (1931) werden Uhren als schmelzende, sich auflösende Objekte dargestellt. In dem Film „Tenet" herrscht das Prinzip der *Inversion*, bei dem Menschen und Objekte ihre Entropie umkehren können, sodass sie rückwärts durch die Zeit reisen. Diese Darstellungen von Zeit als flexibel und formbar stehen im

Widerspruch zu den festen, unveränderlichen Eigenschaften, die Zeit und Raum in der klassischen Physik besitzen.

Aber warum tauchen solche Konzepte überhaupt auf, wenn sie nur als künstlerische Wirklichkeitsdemontage oder subjektivistische Verfremdung gelten können, ohne einem begreifbaren Modell der Wirklichkeitserschließung zu folgen? Könnte es sein, dass Künstler hier längst so surrealen wie realen Dimensionen nachspüren, die inzwischen auch in der physikalischen Wirklichkeit angenommen werden müssen, um die Welt umfassend zu verstehen? Ein zentrales Thema in Jorge Luis Borges' Werk ist die Idee, dass es verborgene Realitäten oder alternative Welten gibt, die jenseits der uns bekannten Welt existieren. In der Erzählung „El jardín de senderos que se bifurcan" („Der Garten der Pfade, die sich verzweigen") beschreibt Borges ein Universum, das sich in unendlichen Möglichkeiten verzweigt, wobei jede Entscheidung zu einem neuen, parallelen Pfad führt. Hier gilt, dass jeder potentielle Seinsentwurf gelebt wird. Hier berührt die imaginative Kraft des Dichters einen mächtigen Theoriestrang der Quantenphysik.

David Deutsch, ein Pionier der Quantenphysik und insbesondere der Quantenberechnung, vertritt die These, dass das Multiversum nicht nur ein mathematisches Konzept, sondern eine physische Realität darstellt (1). Diese Sichtweise ist eng mit der Viele-Welten-Interpretation (MWI) der Quantenmechanik verknüpft, die ursprünglich von Hugh Everett III in den 1950er Jahren entwickelt wurde. Everett schlug vor, dass jedes Mal, wenn eine Quantenentscheidung getroffen wird – wenn also ein Teilchen in einen von mehreren möglichen Zuständen kollabiert – das Universum in mehrere parallelen Realitäten aufgespalten wird. Jeder mögliche Zustand wird dabei in einem separaten Universum realisiert. Diese Interpretation stellt eine Alternative zur Kopenhagener Deutung dar, die auf der Wahrscheinlichkeitsverteilung und dem Kollaps der Wellenfunktion durch Beobachtung basiert. Deutsch argumentiert, dass die Existenz vieler paralleler Universen die vollständige und kohärente Erklärung für Quantenphänomene, wie Superposition und Verschränkung, bietet. In der traditionellen Kopenhagener Interpretation kollabiert die Wellenfunktion, sobald eine Messung stattfindet, und der beobachtbare Zustand wird real. Deutsch und die MWI hingegen postulieren, dass alle möglichen Zustände real sind, aber in unterschiedlichen, voneinander getrennten Universen existieren. In seinem Buch „The Fabric of Reality" argumentiert Deutsch, dass das Multiversum nicht bloß ein theoretisches Hilfsmittel ist, sondern ein realer Kontext, in dem sich die Naturgesetze vollziehen. Die verschiedenen Universen in diesem Multiversum existieren unabhängig voneinander, können jedoch in speziellen Situationen – wie bei der Quantenverschränkung – indirekt miteinander interagieren oder Informationen austauschen.

Obwohl die MWI und das Multiversum-Modell von Deutsch unter Physikern nach wie vor umstritten sind, präsentiert sich uns ein provokantes Paradigma, das eine radikal neue Sichtweise auf die Struktur der Realität und die Funktionsweise der Quantenwelt eröffnet. Ist der Begriff des Surrealismus bei solchen Übereinstimmungen von Kunst und Physik mehr als die Aussage, dass die empirisch orientierte Wahrnehmung als Erkenntnismethode der Wirklichkeit zu kurz greift? Realität umfasst alles, was objektiv existiert und was wir durch unsere Sinne, wissenschaftliche Methoden und Berechnungen direkt oder indirekt erfassen können. Mathematische Modelle beruhen indes selbst auch auf der Notwendigkeit, die Realität zu vereinfachen, um sie analysierbar zu machen. So beschreibt das klassische Newtonsche Modell der Physik die Bewegung von Objekten sehr gut in alltäglichen Situationen, versagt aber bei sehr hohen Geschwindigkeiten oder sehr kleinen Skalen, die die Relativitätstheorie und die Quantenmechanik besser erklären. Während diese idealtypischen Vereinfachungen nützlich für Annäherungen an die Wirklichkeit und den praktischen Umgang mit ihr sind, impliziert das bereits, dass andere Aspekte der Realität, die dem Erkenntnisinteresse nicht folgen, unterschlagen werden. Wie wirklichkeitshaltig ist aber ein Modell, wenn nicht alle Phänomene einbezogen werden können, die wir in der Welt beschreiben können?

Es gibt verschiedene hypothetische Theorien und Konzepte in der Physik, die surreale Dimensionen nahelegen, wie Wurmlöcher (Abb. 9.1), die als *Abkürzungen* zwischen verschiedenen Punkten im Raumzeit-Kontinuum dienen, oder Multiversum-Theorien, die die Existenz vieler Universen mit unterschiedlichen physikalischen Gesetzen vorschlagen. Ein Wurmloch ist ein hypothetisches Gebilde in der Raumzeit, das zwei entfernte Punkte miteinander verbindet, wodurch Reisen über große Entfernungen – vielleicht sogar zwischen verschiedenen Universen – zurückgelegt werden können. Die Idee eines Wurmlochs stammt aus der allgemeinen Relativitätstheorie von Albert Einstein und wurde erstmals 1935 von ihm und Nathan Rosen mathematisch beschrieben, demnach Wurmlöcher auch als Einstein-Rosen-Brücken bezeichnet werden. Die allgemeine Relativitätstheorie beschreibt die Schwerkraft als eine Krümmung der Raumzeit durch Masse und Energie, bei der die Raumzeit so verbogen wird, dass zwei weit entfernte Punkte direkt miteinander verbunden werden.

Aber wie sollen raumzeitliche Wesen, die mit Mühe vier Dimensionen vergegenwärtigen können, Gesetze verstehen, die jenseits ihrer Welt gelten? Edwin

Abb. 9.1 Gesehen hat noch keiner die Eintrittspforte eines Wurmlochs. Hier sind der Fantasie keine Grenzen gesetzt. *Quelle:* M.A. Garlick/Wikipedia Creative Commons.

Hubble markierte diese Differenz zwischen anthropologischen und kosmischen Dimensionen so: „Das Universum ist nicht nur größer, als wir denken – es ist größer, als wir denken können." Unsere Sinne und unser Verstand sind evolutionär darauf ausgelegt, in einer vierdimensionalen Welt (drei Raumdimensionen plus eine Zeitdimension) zu operieren. Mathematik und Kunst ermöglichen indes die Fähigkeit zur Abstraktion jenseits von Welterschließungen, die nur der Wahrnehmung folgen. Der Mensch ist dadurch in der Lage, die *Vierdimensionalität* seines Weltaufenthalts zumindest in der Theorie und Berechnungen zu transzendieren. In der Stringtheorie werden zusätzliche Dimensionen mathematisch modelliert und durch komplexe Gleichungen beschrieben, auch wenn sie nicht direkt erfahrbar sind. Die Tatsache, dass wir diese Konzepte mathematisch erfassen können, spricht dafür, dass unser Verstand in der Lage ist, auch solche Strukturen und Gesetze zu begreifen, die über unsere unmittelbare raumzeitliche Erfahrung hinausgehen. Das schließt aber nicht aus, dass es Aspekte der Realität gibt, die uns prinzipiell verschlossen sind, was uns an die Grenzen unseres Wissens und Verstehens stoßen lässt.

9.2 Magical Mystery Tour

Dimensionen haben für unser Verständnis der Realität eine grundlegende Bedeutung, da sie den Rahmen definieren, in dem wir die physische Welt und ihre Phänomene beschreiben und erfahren. Während die klassische Physik drei Raumdimensionen und eine Zeitdimension umfasst, hat die moderne theoretische Physik diese Vorstellung stark erweitert. Mit Konzepten wie der Stringtheorie und der M-Theorie werden zusätzliche Dimensionen für das Verständnis fundamentaler physikalischer Phänomene und die Vereinheitlichung der verschiedenen Kräfte des Universums entscheidend.

In der klassischen Physik wird die Welt durch das dreidimensionale euklidische Raumkonzept beschrieben, das uns ermöglicht, Objekte und deren Bewegung im Raum zu lokalisieren. Albert Einstein zeigte in der Allgemeinen Relativitätstheorie, dass Raum und Zeit nicht unabhängig voneinander existieren, sondern als ein vierdimensionales Kontinuum betrachtet werden müssen: die Raumzeit. Mit der Quantenmechanik traten noch surrealere Phänomene auf, die das klassische Bild von Raum, Zeit und Kausalität noch weiter provozierten. In der Quantenwelt können Objekte, wie subatomare Teilchen, nicht in einem einzigen Zustand lokalisiert werden. Stattdessen befinden sie sich in einer Superposition verschiedener Zustände, bis sie gemessen werden. Dies steht in direktem Widerspruch zur Vorstellung der klassischen Physik, nach der ein Objekt zu jedem Zeitpunkt eine festgelegte Position und Geschwindigkeit hat. Das wohl bekannteste Gedankenexperiment, das diese Surrealität der Quantenmechanik illustriert, ist Schrödingers Katze, bei der ein Teilchen (in diesem Fall die Katze) in einem unbestimmten Zustand zwischen Leben und Tod existiert, bis eine Messung erfolgt.

Nach der Kopenhagener Deutung der Quantenmechanik werden Quantenzustände erst durch den Akt der Beobachtung oder Messung real, was zur radikalen Idee führte, dass die Realität selbst durch den Beobachtungsprozess mitgestaltet wird – eine Vorstellung, die nicht nur in der klassischen Physik, sondern auch im alltagspraktischen Verständnis undenkbar war. Diese Relativierung der Wirklichkeitserschließung steht im Gegensatz zu Einsteins Überzeugung, dass eine objektive Realität existieren muss, die unabhängig davon ist, ob sie beobachtet wird. Einstein äußerte sich in dieser Debatte mit seinem berühmten Zitat: „Der Mond ist auch da, wenn niemand hinsieht."

Die Quantenmechanik brachte das Konzept der Verschränkung (englisch: „entanglement") hervor, ein weiteres Phänomen, das klassische Vorstellungen von Realität erschüttert. Zwei verschränkte Teilchen bleiben auch über große Entfernungen hinweg in einer Weise miteinander verbunden, dass der Zustand des einen Teilchens sofort den Zustand des anderen beeinflusst – unabhängig von der Entfernung zwischen ihnen. Diese „spukhafte Fernwirkung", wie Einstein sie nannte, widerspricht der klassischen Vorstellung von Lokalität, nach der Informationen nicht schneller als mit Lichtgeschwindigkeit übertragen werden können. Experimente wie das berühmte Bell-Experiment, haben jedoch gezeigt, dass diese surreale Verschränkung real ist und die Quantenmechanik in ihrer Beschreibung der Realität zutreffend ist.

Ein weiterer großer Schritt in Richtung eines erweiterten Realitätsverständnisses erfolgte mit der Entwicklung der Stringtheorie. In dieser Theorie werden die fundamentalen Bausteine der Materie nicht als punktförmige Teilchen, sondern als eindimensionale *Strings* beschrieben, die in einer Vielzahl von Dimensionen schwingen. In den ersten Versionen der Stringtheorie sind diese Dimensionen auf zehn begrenzt – neun Raumdimensionen und eine Zeitdimension. Die M-Theorie, eine Erweiterung der Stringtheorie, fügt eine elfte Dimension hinzu. Diese Dimensionen sind notwendig, um mathematische Konsistenz innerhalb der Theorie zu gewährleisten und die Wechselwirkungen zwischen den Strings zu beschreiben. Die zusätzlichen Dimensionen sind jedoch so klein und kompaktifiziert, dass sie unter normalen Bedingungen nicht beobachtbar sind. Sie könnten jedoch eine entscheidende Rolle bei der Erklärung der fundamentalen Kräfte des Universums spielen, einschließlich der Gravitation, der elektromagnetischen Kraft sowie der schwachen und starken Kernkraft.

Die Stringtheorie und M-Theorie präsentieren eine mögliche Antwort auf die Vereinheitlichung der Quantenmechanik und der Allgemeinen Relativitätstheorie, ein zentrales ungelöstes Problem der modernen Physik. Während die Quantenmechanik die Welt auf subatomarer Ebene beschreibt, erklärt die Relativitätstheorie die Struktur des Universums auf großen Skalen. Bisher konnten diese beiden Theorien allerdings nicht miteinander in Einklang gebracht werden. Die Stringtheorie postuliert jedoch, dass die verschiedenen Kräfte des Universums, einschließlich der Gravitation, durch die Schwingungen winziger Strings erklärt werden können, was eine mögliche Brücke zwischen Quantenphysik und Relativitätstheorie darstellt.

Mit diesen physikalischen Konzepten verbindet sich signifikant eine metaphysische Semantik, die das klassische Modell der Naturwissenschaft provoziert. Albert Einsteins Verdikt gegen die Quantenmechanik „Gott würfelt nicht" richtete sich gegen deren Unbestimmtheit und Zufälligkeit in der Quantenmechanik. Auch Niels Bohrs Replik „Hör auf, Gott vorzuschreiben, was er tun soll" lässt sich auf diese Engführung von Metaphysik und vorgeblich reiner Wissenschaft ein, die paradigmatisch ihren Ausdruck im *Gottesteilchen* (Leon Max Lederman) für das Higgs-Boson fand. Paul Feyerabends mehr oder minder berüchtigte Kritik der kategorialen Trennung von Wissenschaft und Metaphysik gewinnt hier einige Plausibilität. Wissenschaftliche Theorien beruhen auf metaphysischen Annahmen, die nicht empirisch überprüfbar seien. Solche Annahmen betreffen die Natur von Raum, Zeit, Kausalität und physikalischen Objekten. Paul Feyerabend forderte daher, dass die Wissenschaft auch alternative metaphysische Perspektiven berücksichtigen sollte, um neue und innovative Ideen zu fördern. Die Vorstellung von Magie als metaphysische Wirklichkeitsbeherrschung lässt sich mit modernen kosmologischen Konzepten verbinden. So wie Magie einst als eine Erklärung für verborgene Kräfte diente, die die Realität maßgeblich bestimmen können, könnten heute dunkle Materie, dunkle Energie oder Multiversen als moderne Entsprechungen betrachtet werden. Während Magie seit der Neuzeit als pseudowissenschaftlich diskreditiert gilt, könnten metaphysische Erklärungen auf verborgene Dimensionen oder Kräfte hinweisen, die wissenschaftlich reformuliert werden können.

Zusammengefasst zeigt sich, dass unser Verständnis der Realität, sei es durch die Quantenmechanik, die Relativitätstheorie oder die Stringtheorie, stark von der Annahme abhängt, dass es tiefere Dimensionen oder Strukturen gibt, die über unseren kognitiven Horizont hinausgehen. Unsere Modelle der Welt könnten durch diese verborgenen Dimensionen beeinflusst sein, und Erkenntnis und Realität sind möglicherweise enger miteinander verbunden, als es in der klassischen Physik oder Philosophie angenommen wurde.

9.3 Die Wirklichkeit der Unwirklichkeit

In ihrem Buch „Verborgene Universen" beleuchtet Lisa Randall diese Konzepte und erklärt, wie unser Universum in einen höherdimensionalen Raum eingebettet sein könnte (2). Auch wenn wir diese zusätzlichen Dimensionen nicht direkt sehen oder erfahren können, könnten sie erklären, warum die Naturkräfte (wie Gravitation und Elektromagnetismus) die Stärken und Eigenschaften haben, die wir beobachten. Sie diskutiert die Möglichkeit, dass unser Universum eine *Brane* ist, d. h. mehrdimensionale Flächen, auf denen bestimmte physikalische Felder, Teilchen und Kräfte beschränkt sind. Die String-Theorie postuliert, dass unser Universum auf einer vierdimensionalen Brane (mit drei Raumdimensionen und einer Zeitdimension) in einem höherdimensionalen Raum – dem sogenannten Bulk – existiert. Branen können verschiedene Dimensionen haben, von nulldimensionalen Punkten bis hin zu neun- oder höherdimensionalen Gebilden. Branen stellen sicher, dass sich die meisten physikalischen Wechselwirkungen nur innerhalb der Brane abspielen, auf der sich unser Universum befindet. Das bedeutet, dass alle bekannten Kräfte, außer der Gravitation, auf unser Universum beschränkt sind. Branen könnten zudem eine wichtige Rolle bei der Entstehung des Universums gespielt haben. Es gibt Theorien, die besagen, dass der Urknall das Ergebnis einer Kollision zwischen zwei Branen war. Diese Art von Kollision könnte enorme Energiemengen freigesetzt haben und die Entstehung von Materie und Raum in unserem Universum ausgelöst haben.

Da die Gravitation die einzige Kraft ist, die sich zwischen den Branen bewegen kann, könnten sich Gravitationsfelder benachbarter Branen beeinflussen, auch wenn die Universen ansonsten voneinander getrennt bleiben. Wenn zwei Branen miteinander in Kontakt treten, könnte dies zu einer Freisetzung von Energie führen, die den Beginn eines neuen Universums markiert. Das bedeutet zugleich, dass ein Paralleluniversum auf einer anderen Brane vollkommen andere Naturkonstanten, Teilchenarten oder Dimensionen haben könnte. So könnten Effekte wie Gravitationswellen oder andere Schwerkraftanomalien Hinweise auf das Vorhandensein solcher paralleler Branen geben, die durch Experimente, beispielsweise im Large Hadron Collider, erforscht werden könnten. Der Large Hadron Collider (LHC) am CERN ist der bekannteste Teilchenbeschleuniger, der in der Physik der hohen Energie verwendet wird. Um die Eigenschaften von Teilchen zu untersuchen, werden sie auf extrem hohe Energien beschleunigt und dann zur Kollision gebracht. Es sollen dabei sehr kurzlebige, hochenergetische und fundamental wichtige Teilchen entstehen, die neue Wirkungszusammenhänge der Materie und der fundamentalen Kräfte offenbaren.

Randall zeigt auf, wie diese Konzepte nicht nur die Physik, sondern auch unsere Sicht auf das Universum und unsere Rolle darin verändern können. Außerdem können sie helfen, eine „Theorie von Allem" (TOE) zu entwickeln, die Quantenmechanik und allgemeine Relativitätstheorie vereint. Die wichtigsten Ansätze zur Entwicklung einer TOE umfassen die Stringtheorie, die M-Theorie und die Loop-Quantengravitation. Während eine vollständige TOE noch nicht gefunden wurde, gelten diese Ansätze als bedeutende Schritte in Richtung eines umfassenderen Verständnisses der Naturgesetze. Die Idee von elf Dimensionen verändert auch unsere ontologischen Sicherheiten: Wenn wir akzeptieren, dass zusätzliche Dimensionen real sind, müssen wir unser Verständnis dessen, was existiert, neu bewerten. So mag es Dinge oder Phänomene geben, die in höheren Dimensionen existieren, aber in unserer vierdimensionalen Welt keine Entsprechung haben. Wenn es mehr Dimensionen gibt, als wir wahrnehmen können, könnte dies radikale Auswirkungen auf die Diskussion über freien Willen und Determinismus haben. In höheren Dimensionen könnten Ursachen und Wirkungen anders verkoppelt als in unserer erfahrbaren Welt sein. So könnten Ursache-Wirkungs-Beziehungen nicht mehr linear und zeitlich eindeutig sein. Das bedeutet, dass eine Ursache nicht nur eine einzelne Wirkung hervorruft, sondern mehrere Wirkungen in verschiedenen Dimensionen oder zu unterschiedlichen Zeiten, die miteinander verwoben sind. In M.C. Eschers surrealem Entwurf „Relativity lattice“ (1953) präsentiert sich uns eine Welt, in der die Schwerkraft scheinbar in verschiedene Richtungen wirkt. Menschen gehen in unterschiedliche Richtungen auf Treppen, die sich in unmöglichen Winkeln befinden. Hier sind die Ursachen (die Richtung der Schwerkraft und die Bewegung der Menschen) und ihre Wirkungen, also die Wege, die sie gehen, nicht mehr klassisch physikalisch definiert. Je nach Perspektive des Betrachters erscheinen unterschiedliche Wirkungen, die alle gleichzeitig existieren. Dies entspricht dem Konzept, dass eine Ursache mehrere Wirkungen in verschiedenen Dimensionen oder zu unterschiedlichen Zeiten haben kann, die miteinander verwoben sind.

In einer höheren Dimension könnte die uns geläufige Kausalität als unhintergehbare Abfolge von Ereignissen eine komplexere Struktur haben, bei der Ereignisse nicht nur in der Zeit, sondern auch in zusätzlichen räumlichen oder sogar nichträumlichen Dimensionen miteinander konnektiert sind. Beispielsweise könnte ein Ereignis in einer höheren Dimension gleichzeitig mehrere Punkte in unserer erfahrbaren Welt beeinflussen. So könnten Ursache und Wirkung in einer Art *zeitlosen* Zustand existieren, wo Ereignisse gleichzeitig und in einer nicht-sequenziellen Weise geschehen. Das Konzept der Zeit könnte sich in höheren Dimensionen ausdehnen und in ihnen anders funktionieren, sodass das, was wir als „vorher“ und „nachher“ erleben, in einer höheren Dimension anderen Logiken folgt. Es könnten kausale Schleifen auftreten, bei denen eine Wirkung rückwirkend eine Ursache beeinflusst, ohne dabei ein Paradoxon hervorzurufen. Dies würde bedeuten, dass Vergangenheit und Zukunft miteinander verknüpft sind und sich gegenseitig beeinflussen können. In M.C. Eschers ‚Drawing Hands‘ (1948) sehen wir zwei Hände, die sich gegenseitig zeichnen. Die rechte Hand zeichnet die linke, während die linke gleichzeitig die rechte Hand zeichnet. Hier entsteht eine kausale Schleife: Jede Hand ist sowohl Ursache als auch Wirkung der anderen. Dies bedeutet, dass die Handlung einer Hand (die Ursache) gleichzeitig eine Reaktion auf die Handlung der anderen Hand (die Wirkung) ist. Was dieses Werk so verstörend macht, ist die Tatsache, dass es keinen klaren Anfang und kein klares Ende gibt. Stattdessen existiert eine wechselseitige Beziehung, bei der beide Hände gleichzeitig Verursacher und Ergebnis sind. Dies illustriert die Idee, dass Vergangenheit und Zukunft nicht strikt voneinander getrennt sind, sondern dass sie sich in einer Art Schleife oder Zirkularität befinden, bei der sich die Zukunft rückwirkend auf die Vergangenheit auswirken kann.

Ursachen könnten zudem über mehrere Dimensionen verteilt sein, sodass eine Wirkung das Resultat von mehreren, räumlich oder zeitlich weit entfernten Ursachen ist, die nur in einer höheren Dimension zusammengeführt werden. In einem hypothetischen Multiversum, das sich durch höhere Dimensionen erstreckt, könnte Kausalität über verschiedene parallele Welten hinweg funktionieren. Eine Ursache in einem Universum könnte eine Wirkung in einem anderen Universum hervorrufen, oder Ereignisse könnten sich in einem Netzwerk von Universen ausbreiten, die über höhere Dimensionen miteinander verbunden sind. Hier laufen physikalische Spekulationen und surreale Poesien zusammen, wie etwa die in dem Film

„Everything Everywhere All at Once" (2022), der ein Multiversum präsentiert, in dem die Ereignisse der einen Welt unmittelbar Einfluss in einer anderen gewinnen. Die Einheit dieses Kosmos entsteht in der Pluralisierung von miteinander konnektierten Welten, wo der Traum der einen die Wirklichkeit der anderen sein kann und jedes Ereignis durch multiple Feedbacks in anderen seine je eigene Form gewinnt.

9.4 Kosmos und Kognition

Die relative Stabilität unserer Wahrnehmung der Welt ist eng mit der Funktionsweise unseres sensomotorischen Apparats und den kognitiven Bedingungen unserer Apperzeption verknüpft. Solange unsere Wahrnehmung auf dieses anthropologische Apriori angewiesen ist, bleiben weite Bereiche einer tieferen, multidimensionalen Wirklichkeit verschlossen oder erscheinen als Anomalien, die nur teilweise erfasst werden können. Surreale oder hyperkomplexe Kosmen, die sich jenseits unserer sensorischen und kognitiven Fähigkeiten entfalten, würden für uns kaum zugänglich sein und könnten bestenfalls als Fehlinterpretationen oder „Rauschen" in unserer Wahrnehmung erscheinen. Diese Realität könnte aus Phänomenen bestehen, die nicht in die uns vertrauten sensorischen Kategorien passen, wie Farben, Töne, Strukturen oder Zeit. Während unser Verstand versucht, vertraute Muster auf unbekannte und oft unfassbare Eindrücke anzuwenden, werfen diese Begrenzungen die Frage auf, ob der menschliche Verstand überhaupt in der Lage ist, sich aus seinem „phänomenologischen Gefängnis" zu befreien, um die volle Komplexität des Universums zu begreifen, wenn es sich um Konstruktionen handelt, die außerhalb unserer dreidimensionalen und zeitlichen Erfahrung liegen. In den Worten von Neil deGrasse Tyson: „Das Universum ist unter keiner Verpflichtung, für den menschlichen Verstand Sinn zu ergeben."

Die Wissenschaft hat sich historisch betrachtet stets bemüht, die Mechanismen der Natur zu entschlüsseln und ihre Geheimnisse zu offenbaren. Ein prominenter Vertreter dieser Idee war Francis Bacon, dessen *Novum Organum* (1620) die Grundlage des modernen empirischen und experimentellen Denkens legte. Bacon vertrat die Ansicht, dass die Natur durch methodische Beobachtung und kontrollierte Experimente vollständig verstanden und kontrolliert werden könne. Seine Maxime „Scientia potentia est" – „Wissen ist Macht" – spiegelt sein Vertrauen in die menschliche Fähigkeit wider, durch wissenschaftliches Verständnis die Natur zu beherrschen und zu verbessern. Wenn aber der Mensch als Agent der Wissenschaft selbst Grenzen im Blick auf die Erfahrung der Multidimensionalität der Welt unterliegt, wäre der Anspruch einer totalen Wirklichkeitsschau und der umfassenden Beherrschung der Natur vermessen. Neuere Forschungen in den Neurowissenschaften und der Kognitionsforschung legen nahe, dass das menschliche Gehirn evolutionär für das Überleben in einer dreidimensionalen Welt optimiert ist. Während wir mathematische Modelle entwickeln können, die höhere Dimensionen beschreiben, bleibt unser intuitives Verständnis solcher Konstrukte stark eingeschränkt.

So führt uns diese Erkenntnis zu einem grundlegenden philosophischen Dilemma. Wenn der Mensch selbst als wissenschaftlich erkennendes Subjekt auf kognitive und sensorische Beschränkungen trifft, stellt sich die Frage, ob die totale Beherrschung und Durchdringung der Natur, wie sie von Bacon und anderen frühen Empiristen postuliert wurden, eine Illusion sind. Anstatt die Natur zu beherrschen, könnten wir letztlich nur Fragmente einer weitaus komplexeren, möglicherweise unzugänglichen Wirklichkeit wahrnehmen. Dies wirft die Frage auf, ob die Wissenschaft in ihrer klassischen Form – als Versuch, die Realität vollständig zu erklären – jemals in der Lage sein wird, eine vollständige „Theorie von Allem" zu formulieren, oder ob sie sich stets mit der Erkenntnis abfinden muss, dass das anthropische Prinzip unserer Erkenntnisfähigkeit unüberwindbare Grenzen schafft.

Moderne wissenschaftliche Theorien und die Grenzen menschlicher Erkenntnis deuten darauf hin, dass die Natur der Realität womöglich grundsätzlich unerschöpflich bleibt. Kurt Gödels Unvollständigkeitssatz verweist auf Aussagen in jedem formalen mathematischen System, das in der Lage ist, die Arithmetik zu beschreiben, die weder bewiesen noch widerlegt werden können. Gödels Ansatz belegt damit nicht nur die sensorischen Begrenzungen der Wirklichkeitserfassung, sondern selbst die formaler Systeme und unseres Verständnisses von Logik und Mathematik. Mit dem korrespondiert Max Tegmarks Theorie des „Mathematischen Universums", das die Frage aufwirft, ob wir jemals alle Aspekte solcher Strukturen erfassen können, wenn eben unser Verständnis der Mathematik selbst unvollständig ist (3). Die Vorstellung einer endgültigen Erkenntnis, wie sie Francis Bacon anstrebte, erscheint zunehmend als Wirklichkeitsverfehlung. Schon die Begriffe *Realität* und *Naturgesetze* könnten unzureichend sein, da sie implizieren, dass die Wirklichkeit vollständig abbildbar ist – eine Annahme, die an den sich ständig erweiternden Dimensionen der Realität scheitert. Stattdessen könnte die Realität als ein dynamisches, sich ständig transformierendes Phänomen betrachtet werden, das sich nicht in starren Modellen oder Begriffen fixieren lässt. Das Streben nach einem einheitlichen und umfassenden Bild des Kosmos könnte sich als eine endlose Reise in das Unbekannte erweisen, wobei jede neue Entdeckung die Grenzen des Verstehens neu definiert.

Eine „Theorie von Allem" (TOE), die versucht, sämtliche Naturgesetze und Phänomene des Universums in einem kohärenten theoretischen Rahmen zu vereinen, könnte im Widerspruch zu einem Universum stehen, das dynamisch und evolvierend ist. Theorien wie die Stringtheorie und die Schleifenquantengravitation legen nahe, dass nicht nur die physikalischen Zustände des Universums einem ständigen Wandel unterliegen, sondern selbst die Naturgesetze veränderlich sind. In dieser Perspektive erscheinen die sogenannten unveränderlichen Gesetze der Physik möglicherweise lediglich als lokale oder zeitlich begrenzte Manifestationen tieferer, dynamischer Gesetzmäßigkeiten, die sich im Verlauf der kosmischen Evolution transformieren. Eine TOE, die von einem statischen Universum ausgeht, würde daher Gefahr laufen, diese potenzielle Fluidität der Realität zu übersehen. Dies eröffnet die Vorstellung, dass das Universum einem Meta-Gesetz unterliegt, das nicht auf ewigen Konstanten basiert, sondern auf einer evolutionären Struktur, in der selbst die vordergründig fundamentalen Prinzipien flexibel und kontextabhängig sind.

Ein Beispiel für diese Dynamik findet sich in der Kosmologie der frühen Phasen des Universums. In der Theorie der kosmischen Inflation, die das Universum kurz nach dem Urknall beschreibt, gab es vermutlich Phasen von Symmetriebrechungen, die neue Kräfte und Teilchen entstehen ließen. Hierbei änderten sich die Gesetze der Physik in den ersten Bruchteilen von Sekunden nach dem Urknall, was nahelegt, dass Naturgesetze unter extremen Bedingungen evolvieren können. Ein weiteres Beispiel findet sich in der Stringtheorie, die vorschlägt, dass unser Universum aus vielen Dimensionen besteht, von denen einige „aufgerollt" und für uns unsichtbar sind. In diesem Kontext könnte es Phasen geben, in denen zusätzliche Dimensionen „entfaltet" oder neue Strukturen und Gesetzmäßigkeiten entstehen, die wiederum Einfluss auf die physikalischen Gesetze unseres Universums haben. Die Idee, dass Naturgesetze selbst evolvieren, wird auch in bestimmten Ansätzen der Quantengravitation diskutiert, wie in der Theorie der „Ewigen Inflation", die besagt, dass unser Universum nur ein kleiner Teil eines größeren Multiversums ist, in dem unterschiedliche physikalische Konstanten und Gesetze in verschiedenen „Blasenuniversen" gelten könnten. Noch tiefere Implikationen ergeben sich, wenn man über die Rolle des Beobachters nachdenkt. Die Quantenmechanik hat bereits gezeigt, dass der Beobachter zum Akteur wird, wenn er die Realität beeinflusst, wie es im Beobachterparadoxon und in der Kopenhagener Deutung deutlich wird. Doch könnten wir, wie manche Philosophen und Schriftsteller vermuten, nicht nur aktive Gestalter der bestehenden Realität sein, sondern – noch umfassender – neue Realitäten schaffen? Der argentinische Schriftsteller Jorge Luis Borges greift diese Idee in seinem Essay „La flor de Coleridge" auf, in dem er die Vorstellung entwickelt, dass parallele Welten durch menschliche Kreativität und Vorstellungskraft zugänglich werden. Borges plädiert für das starke anthropische Prinzip, dass die Imagination des Menschen neue Dimensionen der Realität erschaffen könnte, die zuvor nicht existierten.

Wenn kreative Akte wie Literatur und Kunst neue Welten erschaffen, die von alternativen Naturgesetzen und Strukturen geprägt sind, wird auch hier – jenseits der Physik – die Frage provoziert, ob das Universum, das wir erleben, nur eine von vielen möglichen Realitäten ist. So können Kunst, Poesie, Religion und Philosophie als Mittel verstanden werden, um alternative Welten zu konzipieren, die in anderen physikalischen Kontexten als den unseren realisiert werden können oder bereits existieren. Wenn die Realität durch kreative Prozesse erweitert wird, könnte die Unterscheidung zwischen Imagination und physischer Realität nur eine konventionelle Grenze darstellen, die in einem dynamischen Universum an Relevanz verliert. Kreative Prozesse und wissenschaftliche Entdeckungen könnten zwei Facetten des gemeinsamen Prinzips einer offenen, sich kontinuierlich entfaltenden Realität sein, die sowohl durch die formalen Gesetze der Physik als auch durch die schöpferischen Potenziale des menschlichen Geistes gestaltet wird. In dieser

Perspektive erscheint die Unterscheidung zwischen spekulativer Imagination und empirisch fundierter Wissenschaft lediglich als temporäre Konstruktion, die sich in einem dynamischen, sich ständig wandelnden Universum sukzessive auflöst. Diese Sichtweise betont die ko-kreative Rolle des Menschen in der Erschließung der Realität und impliziert, dass sowohl naturwissenschaftliche als auch imaginative Zugänge zur Wirklichkeit als komplementäre Aspekte eines fortwährenden Erkenntnisprozesses zu betrachten sind.

Dr. Goedart Palm (1957) studierte Philosophie, Rechtswissenschaften und Kunstgeschichte. Vorträge und zahlreiche Texte zu Medien, Krieg, Kunst u. a., seit 2000 insbesondere für die Online-Magazine Telepolis und Parapluie tätig. Für das erfolgreiche Telepolis Special „Zukunft-Die Welt in 1000 Jahren" schrieb er einen vielbeachteten Beitrag über den Übergang menschlichen Wissens in kognitive Superstrukturen. In dem nicht minder erfolgreichen Springer-Buch war er mit dem Beitrag „Astrale Schwarmintelligenz" vertreten.*

Literatur

1. Deutsch, D. (1997). *The Fabric of Reality*. Penguin.
2. Randall, L. (2005). *Warped Passages: Unraveling the Mysteries of the Universe's Hidden Dimensions*. Penguin.
3. Tegmark, M. (2014). *Our Mathematical Universe: My Quest for the Ultimate Nature of Reality*. Penguin.

10

Wie kam es zum Urknall?

Anfang oder Ewigkeit des Universums

von Rüdiger Vaas

Hat die Welt einen Anfang oder existiert sie ewig? Diese höchst kontroverse Frage ist uralt – älter als die moderne Kosmologie, die auf der Allgemeinen Relativitätstheorie seit 1917 basiert; älter als die Physik, die sich im 17. Jahrhundert entwickelte; und älter als die Astronomie, die wohl die älteste Naturwissenschaft überhaupt ist. Schon in der antiken Philosophie und vorher noch im Rahmen von Religionen, Legenden und Mythen fragten Menschen nach dem Ursprung und Urgrund von Allem.

Oft, aber nicht immer, ging dies mit Schöpfungsvorstellungen einher – was die Fragen noch komplizierter macht. Denn wenn die Welt geschaffen wurde, woher stammt dann ihr Schöpfer? Existiert er schon immer? Oder waren es viele? Und ist die Welt ein Teil von dieser – persönlichen oder unpersönlichen? – Kraft oder aber getrennt oder im Prozess einer ständigen Neuschöpfung?

Der mutmaßliche Anfang unseres Universums ist also ein äußerst vertracktes Problem – und zwar nicht nur logisch und konzeptuell, sondern auch metaphysisch und physikalisch-kosmologisch.

Gab es wirklich einen Urknall? Was ist damit gemeint? War er der Beginn von Allem? Von Raum und Zeit? Von Materie und Energie? Oder nur von *unserem* Universum? Gab es dann etwas vorher? War der Urknall bloß ein Übergang? Existieren womöglich noch andere Universen? Kann es überhaupt einen Anfang *in* oder *mit* der Zeit geben oder gar der Zeit selbst? Oder ist diese Vorstellung ein Selbstwiderspruch, mithin begrifflicher Unsinn? (Doch warum sollte die Welt von den Eigenschaften und Beschränkungen unserer Sprache abhängen?!) Können wir der zumindest scheinbar paradoxen Situation entkommen und trotzdem sinnvolle Aussagen über solche grundsätzlichen Fragen formulieren – und sie, wenigstens hypothetisch, vielleicht sogar beantworten?

10.1 Endpunkt der Physik?

Dass das Universum einen absoluten Anfang haben kann, bewiesen im Rahmen der Allgemeinen Relativitätstheorie Alexander Friedmann 1922 und unabhängig

Expedition in die Raumzeit: Wissen – Denkbares – Unerklärliches, 1. Auflage. Harald Zaun (Hrsg.).
© 2026 Wiley-VCH GmbH. Alle Rechte vorbehalten, einschließlich derer für Text- und Data-Mining und Training von Technologien der Künstlichen Intelligenz oder ähnlichen Technologien. Published 2026 by Wiley-VCH GmbH

Georges Lemaître 1927. Ihre Gleichungen sind bis heute eine unerlässliche Grundlage der Kosmologie [1]. Sie basieren auf dem **Kosmologischen Prinzip**. Ihm zufolge sieht das Universum im Großen und Ganzen, auf Skalen von Milliarden Lichtjahren, überall und in jeder Richtung im Durchschnitt gleich aus (räumliche Homogenität und Isotropie). Es ist auch die Voraussetzung des gegenwärtigen Standardmodells der Kosmologie. Demnach begann unser Universum vor 13,8 Milliarden Jahren mit einem Urknall, ist großräumig nicht oder fast nicht gekrümmt (vielleicht also unendlich groß), hauptsächlich von einer ominösen und nur indirekt nachweisbaren Dunklen Materie und Dunklen Energie erfüllt und dehnt sich seit etwa sechs Milliarden Jahren immer schneller aus.

Lemaître spekulierte 1931 mit Blick auf die damals neue Quantentheorie und die mit ihr erklärbare Radioaktivität, dass das Universum aus dem Zerfall eines „Uratoms" entstanden sein könnte. Damit hat er die Quantenkosmologie begründet. In ihr wird das Allerkleinste mit dem Allergrößten aufs Allerengste verbunden [2].

Spult man den kosmischen Film gedanklich zurück, dann müsste das gesamte beobachtbare Universum aus einem einzigen Punkt hervorgegangen sein (Abb. 10.1). Das zumindest folgt aus den Singularitätstheoremen, die Roger Penrose und Stephen Hawking ab 1965 formuliert und im Wesentlichen in einer gemeinsamen Arbeit 1970

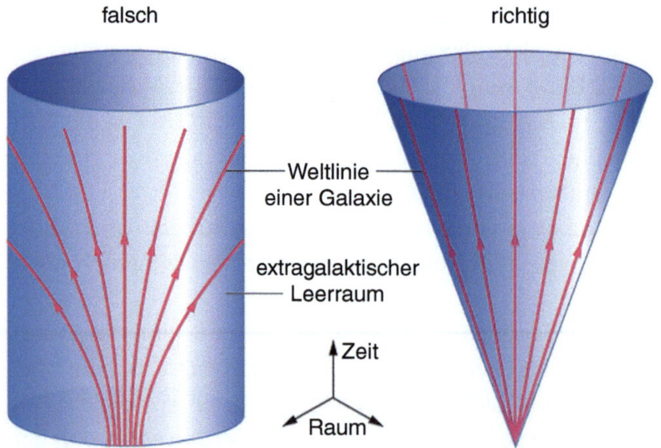

Abb. 10.1 Missverständnisse und besseres Wissen: Der Urknall war keine Explosion *in* der Raumzeit (links), sondern *der* Raumzeit selbst (rechts) und ereignete sich gewissermaßen überall. Die Ausdehnung des Weltraums hat nicht an einem Punkt irgendwo in ihm begonnen, den man gleichsam mit einem Denkmal ehren könnte, und die Weltlinien der Materie rasen auch nicht wie die Explosionstrümmer von einer Bombe auseinander. Stattdessen ist die Raumzeit dynamisch, nicht statisch. Das All besitzt weder einen Mittelpunkt, an dem der Urknall stattgefunden hat, noch einen Rand, an dem es sich „ins Nichts" ausdehnt, sondern es expandiert intrinsisch und führt die Galaxien dabei quasi mit sich; deren Fluchtgeschwindigkeiten basieren also nicht auf Eigenbewegungen. Das alles ist mathematisch ohne Probleme beschreibbar, aber für den menschlichen Verstand nicht anschaulich vorstellbar, weil er sich in seiner Evolution nicht an solche kosmischen Verhältnisse und abstrakten Konzepte anpassen musste. *Quelle:* Rüdiger Vaas.

abgeschlossen hatten [2, 3]. Die Theoreme sind ambivalent – Triumph und Tragödie des Erkenntnisstrebens zugleich. Denn mit der Singularität droht der Wissenschaft eine Art Kapitulation. Hier scheitert die auf Einsteins Relativitätstheorie gegründete Physik und Kosmologie.

In der **Singularität** sind Energiedichte, Druck, Temperatur und Raumzeit-Krümmung *unendlich*. Die Singularität gehört, mathematisch betrachtet, *nicht* zur Raumzeit. Sie ist kein Ort oder Objekt im Universum. Und es ist vollkommen unvorhersagbar, was bei ihr geschieht oder quasi aus ihr hervorbricht. Auch muss die Urknall-Singularität keineswegs ein Punkt gewesen sein. Ihre Form hängt von der Geometrie des jeweiligen Universums ab. Ist es ein anisotroper oder inhomogener Raum, ist seine Masse/Energie-Verteilung also nicht in allen Richtungen oder überall im Durchschnitt fast gleich, dann kann die Singularität einer Zigarre oder einem Pfannkuchen ähneln. Für ein unendlich großes Universum ist sie quasi dreidimensional und unendlich; dann wäre im ersten Augenblick der Zeit der gesamte unendlich große Weltraum schon da gewesen.

Die Beweise der Singularitätstheoreme beruhen auf drei sehr allgemeinen und physikalisch plausiblen Bedingungen [2, 3]:

- **Gefangene Gebiete**: Aus einer begrenzten Region, beispielsweise innerhalb einer Kugeloberfläche, kann nie mehr etwas entweichen, weil es der Gravitation nicht entkommt (genau wie aus einem Schwarzen Loch).
- **Krümmungs- und Energiebedingungen**: Die Schallgeschwindigkeit an einem Ort kann nicht höher als die Lichtgeschwindigkeit dort sein. Es gibt keine negative Masse oder Energiedichte. Das heißt letztlich, dass die Schwerkraft stets anziehend wirkt.
- **Kausalität**: Ursachen müssen zeitlich immer vor ihren Wirkungen kommen.

Im Umkehrschluss heißt dies: Krümmungssingularitäten können „vermieden“ werden, wenn mindestens eine dieser Voraussetzungen nicht erfüllt ist.

10.2 Fluchtwege aus dem Unvorstellbaren

Es gibt mehrere Möglichkeiten, die Singularitätstheoreme auszuhebeln [3]. Und für alle wurden bereits faszinierende Überlegungen entwickelt:

Spezielle kosmologische Modelle, zum Beispiel mit zylindrischer oder sphärischer Symmetrie, die extrem anisotrop oder inhomogen sind beziehungsweise nicht überall expandieren, führen unter Umständen dazu, dass keine gravitativ gefangenen Gebiete entstehen. Hierzu können etwa abstoßende Kräfte, Rotation, Scherung oder Druckunterschiede in der Materieverteilung beitragen. Das sind allerdings keine realistischen Modelle für das Universum, das wir beobachten, weil sie zum Beispiel das Kosmologische Prinzip enorm verletzen. Unabhängig davon gilt vermutlich die Relativitätstheorie beim Urknall gar nicht, weil zum Beispiel beispielsweise die Zeit nicht mehr kontinuierlich ist, sondern nur noch in einzelnen Takten „voranschreitet“ – oder aber sich sogar auflöst.

- Wenn unsere Vorstellungen von Energie und Materie wesentlich unvollständig sind, könnte sich das Universum in eine unendliche Vergangenheit erstrecken, oder der Urknall quoll aus einem irgendwie zeitlosen Zustand heraus. So können eine positive Kosmologische Konstante, exotische Energiefelder oder modifizierte Gravitationstheorien die Energiebedingungen verletzen. Oder die Schwerkraft wirkt bei winzigen Abständen und hohen Dichten repulsiv.
- Der „Anfang" von Allem könnte in Wirklichkeit auch eine Zeitschleife gewesen sein, eine kreisförmige Zeit – oder die Zeit wechselte beim Urknall die Richtung – was immer das auch heißt.

Eine Singularität sagt also nichts über die wahre Natur des Weltalls aus, sondern nur etwas über die Vorstellung der Forscher. Falls sich diese korrigieren und erweitern ließe, wäre das eine Chance, um zu verstehen, wie es zum Urknall kam.

Die entscheidenden Fragen lauten daher: Ist die Urknall-Singularität „real" – eine Barriere für unsere Erkenntnis und das Ende aller Erklärungen? Oder tritt sie nur als Artefakt einer unzureichenden Theorie auf – und lässt sich mit einer besseren eliminieren?

Man kann es auch so sehen: Die Krümmungssingularität des Urknalls ist kein Zustand, Objekt oder Teil der Natur, sondern allenfalls der abstrakte Gegenstand einer physikalischen Theorie. Singularitäten markieren daher lediglich eine Art von Selbstaussage der Allgemeinen Relativitätstheorie über das Ende ihres Gültigkeitsbereichs. Die Theorie prognostiziert somit ihren eigenen Zusammenbruch. Das ist aber keine Katastrophe für die Forschung, sondern ein Vorteil, sogar ein Qualitätsprädikat. Denn dadurch wird bei der Relativitätstheorie die Grenze unseres Wissens offenkundig, was üblicherweise wissenschaftliche Theorien nicht leisten.

So betrachtet bedeuten Singularitäten also eine Art Selbstwiderspruch, der mit einem besseren Modell zu überwinden ist. Und genau das versuchten Hawking [2], Penrose [4] und zahlreiche andere Kosmologen seither mit einer Fülle von Ideen [2, 5–8].

Dafür spricht auch, dass mindestens auf der **Planck-Skala** die Relativitäts- und Quantentheorie unheilbar miteinander in Konflikt geraten und durch eine Theorie der Quantengravitation zu ersetzen sind beziehungsweise als Grenzfälle in diese aufgehen müssen. Diese Skala ergibt sich aus den Größen der Vakuum-Lichtgeschwindigkeit, der Gravitationskonstante und des Planck'schen Wirkungsquantums; sie liegt bei etwa 10^{-35} Metern, 10^{-43} Sekunden, 10^{94} Gramm pro Kubikzentimeter, 10^{19} Gigaelektronenvolt und 10^{32} Kelvin.

10.3 Universum ohne Ursache?

Als besonders radikal scheint es, die Annahme der Kausalität aufzugeben [2, 5]. Dass die Welt ehernen Gesetzmäßigkeiten von Ursache und Wirkung unterliegt, gehört zu den Grundannahmen der Naturwissenschaften und gilt oft sogar als zentral für wissenschaftliche Erklärungen. Zwar wird die Kausalität statistisch „aufgeweicht", weil das Wissen um die konkreten Randbedingungen und Störeinflüsse begrenzt ist oder weil es sogar akausale Ereignisse in der Quantenwelt gibt – aber Letzteres ist keineswegs erwiesen, auch wenn hier häufig ein Indeterminismus propagiert wird.

Doch selbst dann sind wissenschaftliche Theorien oder Beschreibungen nicht ausgeschlossen – etwa im Rahmen der Quantenkosmologie und -gravitation. Beispielsweise könnte der Urknall eine Art Quantentunnel-Effekt oder eine Quantenfluktuation gewesen sein. Somit wäre er letztlich eine Art absoluter Zufall, der nicht weiter erklärt werden kann oder muss. Dann war er wohl nicht einzigartig, denn wieso sollten solche akausalen Ereignisse nur einmal stattfinden?! Folglich gäbe es unzählige andere, vermutlich völlig verschiedene Universen.

10.4 Universum mit Zeitkreis?

Eine andere Möglichkeit ist, dass die Kausalität zwar gilt, aber sich gewissermaßen im Kreis dreht: in Form einer Zeitschleife [6]. Dann hat jedes Ereignis eine Ursache, die ganze Ereignisreihe würde sich jedoch selbst verursachen, ähnlich wie der Lügenbaron Münchhausen sich am eigenen Schopf aus dem Sumpf zog. Das klingt verrückt, aber solche „geschlossenen zeitartigen Kurven" ergeben sich als eindeutige Lösungen aus der Allgemeinen Relativitätstheorie. Wie realistisch diese sind und ob sie durch Quanteneffekte nicht unweigerlich zerstört werden, das heißt instabil wären, wird kontrovers diskutiert. Im Prinzip können Zeitschleifen die Singularitätstheoreme jedenfalls austricksen, und das hat einen ganz eigenen Charme.

So wurde zum Beispiel spekuliert, dass es ursprünglich nur eine winzige Zeitschleife gegeben hat – und daher keine erste Ursache und kein erstes Ereignis, also strenggenommen gar keinen Anfang, sondern stattdessen ein sich selbst kreierendes Miniuniversum. Als diese seltsame Schleife zusammenbrach, erzeugte sie den (oder einen) Urknall und den Beginn einer linearen Zeitrichtung.

Noch irritierender ist die Hypothese, dass die gesamte Geschichte des Universums in sich selbst zurückläuft, sodass die Raumzeit quasi einen Ring ohne Anfang und Ende bildet. Dann befände sich die Zeitschleife nicht in unserer Vergangenheit, sondern wir wären in ihr gefangen.

10.5 Universum aus einem Urschwung?

Die vermutlich am wenigsten exotische Möglichkeit ist, dass die Kausalität effektiv gilt, aber im Urknall bestimmte Energiebedingungen verletzt waren. Das kann es eine Zeit vor dem Urknall gegeben haben – genauer: einer Makrozeit mit gleichsinniger Zeitrichtung wie heute. (Manche Modelle postulieren oder implizieren eine entgegengesetzte Zeitrichtung; dann wäre der Urknall gewissermaßen ein *Double Bang* gewesen, also der Ursprung von zwei gegenläufigen Zeitpfeilen, sodass er selbst allerdings keine klassische Ursache hätte.)

Wenn der Urknall ein Übergang war, lässt sich die Vorstellung einer ominösen Singularität durch einen zwar extremen, jedoch nicht vollkommen unphysikalischen

Zustand ersetzen. In diesem wären die Krümmung, Energiedichte und Temperatur des Universums gigantisch gewesen, aber nicht unendlich; und die Raumzeit (oder das, woraus sie aufgebaut wäre, falls sie nicht fundamental ist) hätte hier keine Lücke oder Grenze. Dazu gibt es zahlreiche mindestens mathematische konsistente oder plausible Modelle.

Die einfachste Möglichkeit besteht darin, dass der Urknall eine Art Urprall oder Urschwung war [1, 5, 7]. Ein solcher Übergang ist aus einem kollabierenden Universum sogar im Rahmen der Allgemeinen Relativitätstheorie möglich, wenn die Kosmologische Konstante positiv ist und ihr Betrag über einem definierbaren Grenzwert liegt. (Das einfachste Modell ist die materiefreie Lösung der Feldgleichungen, die Willem de Sitter schon 1917 formuliert hat.) Auch viele Modifizierte Gravitationstheorien, die die Relativitätstheorie erweitern, erlauben einen solchen Big Bounce. Stets bleibt die Raumzeit klassisch und wird durch eine Verletzung bestimmter Energiebedingungen am Minimum ihrer Kontraktion zu einer Expansion gezwungen.

Andere Bounce-Modelle basieren auf noch spekulativeren, nichtklassischen Theorien [2, 5, 7]. Im Rahmen der Schleifen-Quantengravitation beispielsweise, der zufolge die Raumzeit aus einem geometrischen Netzwerk aufgebaut ist, gibt es eine Art „getaktete“ lokale Zeit und eine abstoßende Gravitation bei extremen Energiedichten. Daher implizieren viele – aber nicht alle – Modelle der Schleifen-Quantenkosmologie, dass ein Kollaps zu einer Art Rückprall führt. (Dabei könnte sich die Raumzeit sogar umstülpen, vergleichbar einem Handschuh, und hätte daraufhin eine inverse Händigkeit.) Auch im Rahmen der Stringtheorie lassen sich zahlreiche Bounce-Modelle formulieren; hier basiert der Urschwung allerdings auf ganz anderen Mechanismen, etwa dynamischen Extradimensionen oder bestimmten Potenzialen der Dunklen Energie.

Solche Übergangsszenarien führen freilich zu vielen schwierigen neuen Fragen: Kollabierte das Vorgängeruniversum seit ewiger Zeit? Und weshalb? Warum existiert es überhaupt? Oder ist unser Urknall nur ein Übergang in einer Serie von vielen Übergängen? Gibt es also ein Oszillierendes Universum aus einer Reihe von Zyklen, in denen ein Endknall einen neuen Urknall hervorbringt, wobei jeweils ein neuer Zustand des Universums wie ein Phönix aus der Asche aufersteht? Bleiben die Naturgesetze und -konstanten erhalten? Können Informationen und Entitäten (etwa Gravitationswellen oder Schwarze Löcher) von einem Stadium ins nächste gelangen oder herrscht eine absolute „kosmische Vergesslichkeit“? Ist die Reihe der Zyklen ewig? In die Vergangenheit und/oder Zukunft? Ähneln sich die Zyklen oder nimmt die Entropie immer weiter zu, sodass das Oszillierende Universum irgendwann gleichsam ausklingen muss? Und wie wäre es dann überhaupt gestartet?

Eine andere Art von Urschwung-Modellen ist nicht linear und auf ein Universum beschränkt, sondern verzweigend und somit eine Vielzahl von Universen thematisierend. Hier wird meist angenommen, dass der Gravitationskollaps zu einem Schwarzen Loch jeweils zu einem Urknall „auf der anderen Seite“ führt. (Das neue Universum würde sich dann entweder raumzeitlich „abnabeln“ oder bliebe topologisch eingebettet.) Schwarze Löcher wären somit keine Sackgassen, sondern hätten gleichsam einen

Abb. 10.2 Matrjoschka-Multiversen: Eine Vielzahl von Universen könnten über Schwarze Löcher miteinander zusammenhängen und somit topologisch ineinander eingebettet sein. Dann lassen sich fünf verschiedene Beziehungsarten unterscheiden: (1) Ein Phönix-Universum kollabiert als Ganzes, sein Endknall wird zu einem Urknall, der zu einer neuen Ausdehnung und wieder zu einer Kontraktion führt und immer so weiter. (2) Ein offenes Universum expandiert ewig und ist, wenn sich darin keine Schwarzen Löcher bilden, eine Art kosmische Sackgasse. (3) Universen mit Schwarzen Löchern verzweigen sich und haben viele Nachkommen. (4) Vielleicht können auch ganze Universen (oder sogar Multiversen) miteinander verschmelzen: Zumindest, wenn zwei Schwarze Löcher im selben Universum kollidieren und fusionieren, wie in unserem bereits hundertfach anhand der dabei erzeugten Gravitationswellen gemessen. (5) Ein hypothetisches Ouroboros-Multiversum bildet eine in sich selbst zurücklaufende Reihe. – Manche dieser fünf Beziehungsarten gehen möglicherweise miteinander einher. Zum Beispiel könnten (3) und (4) Zweige von (1), (2) oder (5) enthalten. Ist der Kosmos ein Matrjoschka-Multiversum, würde es womöglich weder ein kleinstes noch ein größtes Universum geben und als Ganzes weder Anfang noch Ende. *Quelle:* Rüdiger Vaas.

Hinterausgang. Endknall-Universen ohne Schwarze Löcher hätten in diesen Modellen nur einen Nachfolger; Universen mit vielen Schwarzen Löchern hätten entsprechend viele Abkömmlinge. Daraus könnte eine Art Matrjoschka-Multiversum [5] mit unzähligen, wie in russischen Puppen jeweils in Schwarzen Löchern ineinander geschachtelten Universen (Abb. 10.2) resultieren. Denkbar ist sogar eine kosmische Evolution des Multiversums, falls sich Naturkonstanten beim Übergang ändern und insofern Universen mit mehr Schwarzen Löchern als andere auch mehr Nachkommen haben [9].

10.6 Universen aus Quantenfluktuationen?

Entgegen der seit dem Altertum diskutierten und bis heute weit verbreiteten Dichotomie (die für Immanuel Kant sogar eine Antinomie der reinen Vernunft bedeutete) muss das Universum *nicht* notwendig entweder einen absoluten Anfang haben oder aber eine ewige Vergangenheit besitzen. Es gibt noch eine dritte prinzipielle Möglichkeit: einen Pseudo-Anfang [8].

In solchen Modellen lässt sich eine Mikrozeit von einer Makrozeit unterscheiden (Abb. 10.3). Letztere hat eine Richtung: der uns vertraute Zeitpfeil, charakterisiert insbesondere durch die Zunahme der Entropie gemäß des Zweiten Hauptsatzes der Thermodynamik. Die Mikrozeit hingegen ist, wie im thermodynamischen Gleichgewicht, ungerichtet: Hier verändert sich das Gesamtsystem makroskopisch nicht, es hat keine Zeitrichtung. Trotzdem sind die einzelnen Teilchen im System in ständiger Bewegung, es finden unentwegt mikroskopische Ereignisse statt, nämlich Ortswechsel und Kollisionen. Die Mikrozeit ist also durch Reversibilität und somit makroskopische Zeitlosigkeit gekennzeichnet, die Makrozeit hingegen durch Irreversibilität.

Kosmologische Modelle mit einem Pseudo-Anfang beschreiben den Urknall als Beginn der Makrozeit, mithin als Ursprung einer kosmischen Zeitrichtung. Allerdings entstand der Urknall nicht aus dem (metaphysisch ohnehin hochproblematischen) „Nichts", sondern aus einem physikalischen Zustand ohne Zeitpfeil, aber mit Mikrozeit. Demnach existierte eine ungerichtete Mikrozeitlichkeit „vor" dem Urknall, aber dieser schuf erst die vertraute Richtung der Makrozeit. (Ob die Raumzeit selbst fundamental ist oder aber aus grundlegenderen Entitäten zusammengesetzt [2] – einer Art Raumzeit-„Staub" etwa aus Strings, Loops, oder *causal sets* –, das ist in diesem Zusammenhang unerheblich; beides lässt sich mit Pseudo-Anfangskosmologien vereinbaren.) Anfang und Ewigkeit sind in diesem Ansatz also keine kontradiktorischen Gegensätze. Vielmehr fing mit dem Urknall

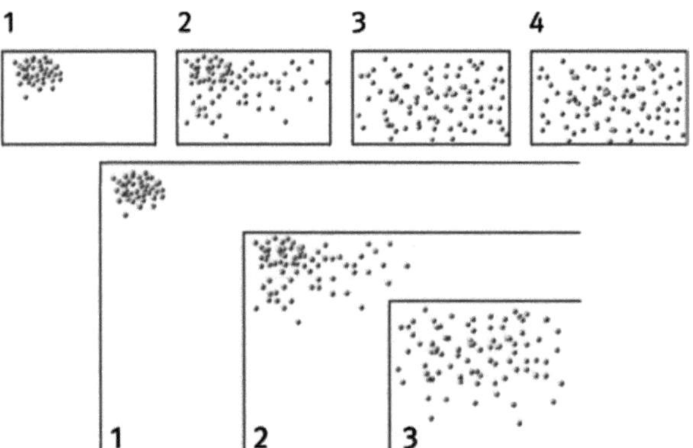

Abb. 10.3 Makro- und Mikrozeit: Die Entropie – das physikalische Maß für die Unordnung eines Systems – nimmt statistisch zu und konstituiert so die Richtung der Zeit („Zeitpfeil"). Wird in einem leeren Raum beispielsweise eine Gasflasche geöffnet, verteilen sich die Moleküle des Gases alsbald gleichförmig über das gesamte Volumen. Die Entropie in einem geschlossenen System (oben) wird maximal; das System strebt seinem thermodynamischen Gleichgewicht („Wärmetod") entgegen (1 bis 3), in dem sich die Zustände nur noch mikroskopisch voneinander unterscheiden, nicht jedoch makroskopisch (3 und 4). In einem expandierenden oder gar offenen System kann die Entropie ebenfalls anwachsen (unten), doch ist sie hier schwieriger zu definieren. Systeme mit einer eindeutigen Zeitrichtung (Irreversibilität) haben eine Makrozeit (von 1 nach 3), solche im Gleichgewicht lediglich eine Mikrozeit ohne eine temporale Ordnung (3 und 4). *Quelle:* Rüdiger Vaas.

die Makrozeit an, aber er selbst entsprang aus einem ewigen, mikrozeitlichen Substrat: einem physikalischen Minimalzustand ohne Zeitpfeil, also ohne eine makroskopische beziehungsweise irreversible Zeitrichtung.

Kandidaten für einen solchen Minimalzustand sind das Quanten- oder das Stringvakuum [2, 5, 6, 8]. Vielleicht führen „überschwellige" Fluktuationen darin immer wieder zu Big Bangs und somit zu fortan ganz oder weitgehend unabhängigen Universen mit eigenen Zeitpfeilen. Jedes wäre ein neuer Pseudo-Anfang – allerdings nicht aus „nichts", denn auch ein Vakuum ist schon „etwas", ist gewissermaßen kreativ und dynamisch. Wenn das Vakuum mit einer Grundenergie erfüllt ist, etwa aufgrund der Kosmologischen Konstanten (die einfachste Erklärung für die Dunkle Energie und eventuell eine Folge oder Beschreibung der Energie des Quantenvakuums), dann wird es über lange Zeiträume betrachtet schöpferisch.

Quantenkosmologische Prozesse spielen außerdem in der fernen Zukunft eines ewig und beschleunigt expandierenden Universums eine Rolle, weil in ihnen selbst der leere Raum noch eine nicht unterschreitbare Energie beziehungsweise Temperatur hat – in der Größenordnung von 10^{-33} Elektronenvolt beziehungsweise 10^{-29} Kelvin. In einer solchen Raumzeit müsste sich aufgrund zufälliger Quantenfluktuationen ein Universum wie unseres wieder und wieder bilden – das dürfte freilich unvorstellbare 10 hoch 10 hoch 56 Jahre dauern [10].

Insofern könnten auch nach einem Pseudo-Ende [8] im Wärmetod künftig wieder neue „Insel-Universen" entstehen (ähnlich wie es sich Ludwig Boltzmann schon 1895 vorgestellt hatte, damals allerdings in einem unendlichen statischen Raum). Endliche Regionen vergleichbar dem beobachtbaren Universum wären dann aufgrund der langen Zeiträume quasi unvermeidlich.

Allerdings haben Fluktuationsmodelle auch konzeptuelle Probleme (und das gilt schon für Boltzmanns ursprüngliche Vorstellung) [2, 8]. Oft bleibt es unverständlich, warum eine statistische Fluktuation so langlebig ist. Immerhin sind rund 13,8 Milliarden Jahre seit dem Urknall verstrichen. Viel wahrscheinlicher wäre es, dass die spontane Fluktuation erst letzten Donnerstag oder eventuell sogar nur vor wenigen Sekunden zustande kam – mit all den Pseudospuren einer vermeintlichen Vergangenheit: etwa mit Erinnerungen an frühere Steuerbescheide, mit Fossilien von Dinosauriern und mit der Kosmischen Hintergrundstrahlung vom Urknall selbst. Kurzum: Ein solches Schwindel-Universum – oder bloß ein einziges Gehirn, in dessen Gedanken sich eine solche Pseudowelt manifestiert – sollte sich sehr, sehr viel häufiger zufällig bilden als ein hoch strukturiertes, geordnetes Weltall von mindestens 100 Milliarden Lichtjahren Durchmesser. Hinzu kommt, dass Lebensformen „vor" dem Maximum einer Fluktuation die Zeitrichtung vielleicht gerade umgekehrt erleben müssen wie „nach" ihr.

Ob die Hypothese der Kosmischen Inflation, die eine exponentielle Aufblähung des Weltraums kurz nach dem Urknall postuliert, diese Probleme löst, ist umstritten; sie kann aber mit Fluktuationsmodellen kombiniert werden und hat die Vakuumschwankungen vielleicht erst aus dem Planck-Regime gehoben. So ist im Modell des Recycling-Universums ein energiereiches Vakuum sogar

Ausgangspunkt lokal beginnender neuer Phasen der Kosmischen Inflation, die ab einem bestimmten Schwellenwert jeweils potenziell unendlich viele weitere Blasenuniversen erzeugt [2, 5, 10].

10.7 Ideenfülle und Datenmangel

Die Vielfalt der Modelle und Szenarien zur Erklärung des Urknalls, seiner denkbaren Ursachen und mutmaßlichen physikalischen Zuständen davor ist verwirrend (Abb. 10.4). Ob eine dieser Hypothesen in die richtige Richtung deutet und unser

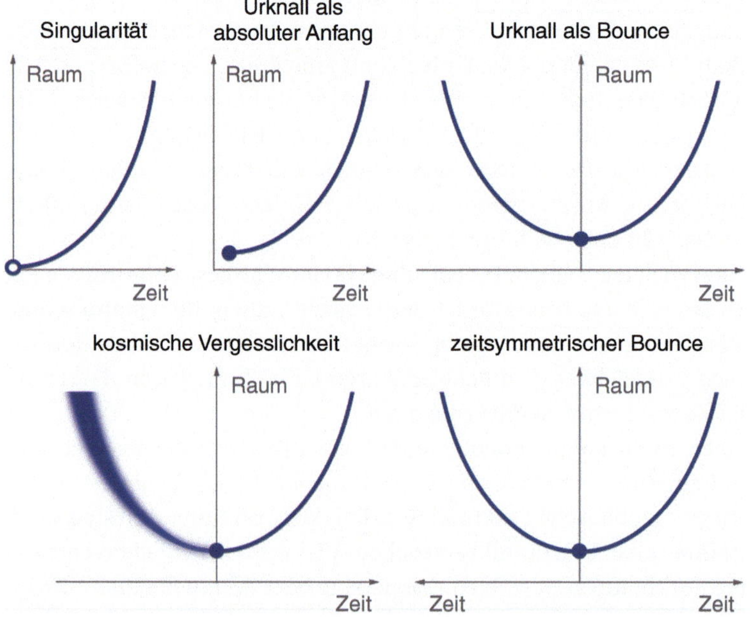

Abb. 10.4 Anfang oder Übergang: Ob unser Universum einen ersten Moment besitzt, also einen unhintergehbaren Beginn der Zeit, oder ewig existiert, gehört zu den ältesten und schwierigsten Fragen der Naturphilosophie und -wissenschaft. Wäre der Urknall eine Singularität, die kein Teil der Raumzeit ist und mit unendlichen Größen für Krümmung, Dichte, Druck, Temperatur und so weiter einhergeht, würde eine physikalische Erklärung scheitern. Im Rahmen der hypothetischen Quantenkosmologie existieren aber Modelle, die einen absoluten Anfang der Zeit – nicht: *in* der Zeit! – beschreiben. Dann wäre die Frage, was vor dem Urknall war, so sinnlos wie die Frage, was nördlich des Nordpols kommt – dies ist auf einem Globus schlicht nicht definiert. Andere Modelle charakterisieren den Urknall als einen extrem, wenn auch nicht unendlich dichten und heißen Moment, der aus einem kollabierenden Universum (oder Schwarzen Loch) hervorging. Dieser Urprall, Urschwung oder Bounce wäre also ein Übergang – und damit nur ein besonders brachiales Ereignis in der ewigen Entwicklungsgeschichte des Kosmos. In manchen Modellen tilgt der Bounce allerdings sämtliche physikalische Informationen aus der Zeit vor ihm. In weiteren Modellen zeigt der thermodynamische Zeitpfeil des Vorläufer-Universums in die entgegengesetzte Richtung, als gäbe es eine Art Antizeit, sodass ebenfalls kein kausaler Einfluss besteht. *Quelle:* Rüdiger Vaas.

Verständnis vom Kosmos vertieft, bleibt vorläufig unklar. Vielleicht fehlt es schlicht an wichtigen Informationen, weil fundamentale physikalische Effekte noch unbekannt sind; oder niemand hatte bislang die entscheidende Einsicht, um die bereits vorhandenen Puzzleteile zu ordnen. Unumstritten ist, dass die astronomischen Daten nicht ausreichen. Und möglicherweise wird erst eine Theorie der Quantengravitation das Rätsel lösen [11]. Dazu gibt es zwar bereits einige kluge Ansätze – doch welcher davon, wenn überhaupt, weist den Weg?

Die Situation ist also unübersichtlich. Daher probieren Kosmologen viele Ideen aus. Und dies ist, mitsamt physikalisch begründeten Spekulationen, momentan auch der am meisten versprechende Ansatz. Die Geschichte der Wissenschaften hat gezeigt, dass sich in einem kreativen intellektuellen Chaos mit der Zeit neue Pfade durch den Dschungel des Nichtwissens herausschälen. Dann lichtet sich das Dickicht. Und oft erscheint der Weg zur Wahrheit im Rückblick geradezu zwingend. Vielleicht wird ein solcher Rückblick sogar bald den Anfang der Zeit erkennen – oder eine Zeit vor dem Urknall erschließen.

10.8 Die Mehrdeutigkeit des Urknalls

Auch wenn der Urknall inzwischen als theoretisch wie empirisch gut etablierte Hypothese oder Tatsache gilt, impliziert das nicht, dass unser Universum – oder der Kosmos als Ganzes – einen absoluten Anfang besitzt. Zum einen ist das strenggenommen gar nicht der Inhalt der exzellent bestätigten Urknall-Theorie (diese erklärt nämlich nur, was *nach* dem Urknall geschehen ist), zum anderen ist der Begriff „Urknall" mehrdeutig.

Es sollten mindestens vier Bedeutungen unterschieden werden [8, 12]: (a) Die heiße, dichte Frühphase unseres Universums, in der sich die leichten Elemente gebildet haben, (b) die Anfangssingularität, (c) ein absoluter Beginn von Raum, Zeit und Energie, und (d) der Beginn unseres Universums, das heißt seiner Teilchen, seines Vakuumzustands und möglicherweise seiner (lokalen) Raumzeit.

Dass unser Universum aus einem Urknall in der Bedeutung von (a) entstand, beschreibt die Urknall-Theorie; doch sie handelt eigentlich nicht vom Urknall selbst, sondern von seinen Folgen. Sie lässt offen, was den Urknall auslöste, woher die Elementarteilchen kamen und wodurch der Weltraum groß wurde.

Die Anfangssingularität (b) markiert die Rückextrapolationsgrenze der Kosmologie im Rahmen der Allgemeinen Relativitätstheorie und das Ende ihres Gültigkeitsbereichs. Wahrscheinlich waren hier Quanteneffekte wirksam, die in Wirklichkeit keine Singularität zulassen. Deshalb wird versucht, mit Modellen der Quantenkosmologie und -gravitation diese Grenze zu überwinden.

Verschiedene Szenarien solcher Ansätze explizieren den Terminus „Urknall" in der Bedeutung von (c) und (d): Die Modelle eines absoluten Beginns (c) lassen sich als **Anfangskosmologien** klassifizieren; sie postulieren einen ersten Moment beziehungsweise eine endliche, begrenzte Vergangenheit. Alternative Modelle (d) sind entweder **Pseudo-Anfangskosmologien** mit einem Anfang der Zeitrichtung (irreversible Makrozeit), der aus einem quasi-zeitlosen Substrat hervorging (ein ereignisloser Gleichgewichtszustand mit reversibler Mikrozeit) [8]; oder es sind **Ewigkeitskosmologien**, die global entweder eine lineare oder eine zyklische Zeit besitzen.

Urknall-Modelle im Sinn von (d) erlauben auch die Möglichkeit, dass unser Universum nur eines von vielen ist (Multiversum-Hypothese), die jeweils mit ihrem eigenen Urknall entstanden sind und noch entstehen. Wie diese würde dann auch unser Universum zwar einen Anfang besitzen, aber es wäre nicht aus „nichts" ins Dasein gekommen. Somit wäre der oder „unser" Urknall nicht der absolute Anfang, sondern es hätte eine Zeit zuvor existiert oder eine Art zeit(richtungs)loser Zustand. Der Urknall muss also keineswegs der Beginn von allem gewesen sein, und unser Universum ist auch nicht notwendigerweise „alles", was es gibt (Tab. 10.1) [8, 12].

In erster Näherung lässt sich zwar vermuten: Der Urknall war *entweder* ein Anfang *oder* ein Übergang. Doch diese Unterscheidung ist zu grobschlächtig. Spezifiziert man genauer, kann der Urknall *sowohl* ein Anfang *als auch* ein Übergang gewesen sein, nämlich hinsichtlich unterschiedlicher Aspekte (Tab. 10.2).

10.9 Universum oder Multiversum?

Der Begriff „Universum" oder „Welt" wird ebenfalls mehrdeutig verwendet und hat sich in den letzten 2500 Jahren immer wieder verändert und erweitert. Die sechs wichtigsten Bedeutungen [12, 13] meinen

(1) alles, was existiert (in physikalischer Hinsicht), immer, überall;
(2) die Raumzeit-Region, die wir mit Teleskopen einsehen oder wenigstens im Prinzip mit Teilchen- und Gravitationswellendetektoren erkunden können (dem kosmologischen Standardmodell zufolge ein sogenanntes Hubble-Volumen mit einem Durchmesser von fast 100 Milliarden Lichtjahren) – und alles, was damit interagiert hat (beispielsweise aufgrund eines gemeinsamen Ursprungs) und künftig damit interagieren wird;
(3) jedes gigantische System kausal wechselwirkender Dinge, das als Ganzes (oder doch in einem großen Ausmaß und für eine lange Zeit) von anderen isoliert ist;
(4) jedes System, das gigantisch werden könnte, selbst wenn es in Wirklichkeit kollabiert, falls es noch sehr klein ist;
(5) in bestimmten Interpretationen der Quantenphysik die verschiedenen Zweige der globalen Wellenfunktion (vorausgesetzt, diese „kollabiert" nicht in einem spezifischen mathematischen Sinn), das heißt unterschiedliche Historien oder verschiedene klassische Welten, die in einem Zustand der Superposition sind, sich also gegenseitig quantenphysikalisch überlagern;

(6) vollständig voneinander getrennte Systeme, die aus „Universen" in den Bedeutungen (2), (3), (4) oder (5) bestehen.

Im Sinn von (1) existieren andere Universen definitionsgemäß nicht. Die Möglichkeiten (2) bis (4) betreffen raumzeitliche kosmologische Modelle. Sie können mit (5) vereinbar sein, müssen dies aber nicht, denn (5) bezieht sich auf Hypothesen oder Deutungen von Quantenprozessen, oft als „Vielwelten-Interpretation" („Many Worlds") oder „dekohärente Historien" bezeichnet. Die unter (3), (4) und (6) subsumierten Universen können sich beträchtlich in ihren Randbedingungen, Naturkonstanten, Parametern, Vakuumzuständen, effektiven niederenergetischen Gesetzen oder sogar fundamentalen Naturgesetzen unterscheiden, müssen dies aber nicht.

Missverständnisse sind leider häufig, denn „Multiversum" ist nicht gleich „Multiversum" [12, 13]. Dies ist nicht nur eine Folge der begrifflichen Mehrdeutigkeit, sondern es konkurrieren auch allerlei physikalische und philosophische Hypothesen. Diese können verglichen und sollten jeweils separat kritisch diskutiert und geprüft werden. Eine kosmische Klassifikation kann dabei helfen, kosmische Konfusionen zu vermeiden. Besonders nützlich ist eine Differenzierung hinsichtlich der Art und Weise, wie einzelne Universen voneinander getrennt sind (Tab. 10.3).

10.10 Wie typisch ist unser Weltausschnitt?

Unsere beobachtbare Region des Universums, das Hubble-Volumen (2), ist vermutlich nur ein kleiner Ausschnitt des Universums (3). Falls nicht, wäre das Universum sphärisch gekrümmt oder topologisch nichttrivial verbunden *und* klein. Ob es sphärisch und/oder topologisch nichttrivial ist, wissen wir nicht; aber die gemessenen Eigenschaften der Kosmischen Hintergrundstrahlung legen nahe, dass es *nicht* klein ist.

Ist unser Hubble-Volumen *typisch*? Wenn es das hinsichtlich der Randbedingungen wäre, gälte dies wohl auch hinsichtlich der Naturkonstanten und -gesetze. Dann wäre das Kosmologische Prinzip erfüllt [1].

Wäre das Universum (3) sehr groß oder gar unendlich groß, sind andere Bereiche mit anderen Naturkonstanten oder -gesetzen denkbar. Aber wenn es einen gemeinsamen Ursprung hat, dann ist unser Hubble-Volumen vielleicht untypisch hinsichtlich der Randbedingungen. Doch warum sollten die Naturkonstanten und -gesetze variieren? Dafür wäre ein zusätzlicher Mechanismus nötig (etwa ein chaotischer Bounce oder eine Theorie fluktuierender fundamentaler Felder).

Wenn das Universum (3) *nicht einzigartig* ist, stellt sich die Frage nach der Art der „Trennung" von anderen Universen und nach dem Multiversum-Generator. (Am populärsten oder am besten ausgearbeitet ist das Szenario der Kosmischen Inflation [2] und der String-Landschaft [9] oder deren Kombination.) Der Generator wäre bestenfalls eine Implikation einer fundamentalen Theorie [9, 11, 14].

Wenn das Universum *nicht typisch* ist, wären die angeblichen Feinabstimmungen rein anthropisch zu erklären [10, 11]. (Feinabstimmungen bezeichnen mutmaßlich extrem unwahrscheinliche Werte von Naturkonstanten, die eine Voraussetzung für die Entstehung intelligenter Beobachter sind.) Dann bliebe unklar, welche Vorhersagekraft und also Überprüfbarkeit eine solche Hypothese hätte. Wenn es hingegen *typisch* ist, gäbe es weiterführende Erklärungen etwa im Rahmen eines Selektionsmechanismus oder einer durch die fundamentale Theorie implizierten Wahrscheinlichkeitsverteilung [9, 12]. Bestenfalls wäre das Anthropische Prinzip [11] obsolet, wonach intelligenten Beobachtern, beispielsweise menschlichen Kosmologen, eine wesentliche Rolle im Universum zukommt (erkenntnistheoretisch oder sogar ontologisch).

10.11 Warum existiert die Welt?

Die Naturwissenschaft kann vieles erklären, aber nicht alles, denn jede Erklärung beruht auf Voraussetzungen. Auch diese können eventuell erklärt werden, doch dafür sind andere Voraussetzungen nötig. Was auch immer also die fundamentalsten Entitäten sind, falls es solche überhaupt gibt: Das ultimative Verständnis ihrer Existenz und Natur erscheint unmöglich. Dann wäre das Sein letztlich unerklärbar. Und zwar auf mindestens zwei Weisen: als So-Sein und als Dass-Sein.

Das **So-Sein** betrifft die Welt (1), wie sie ist. Physikalisch betrachtet geht es um die Frage, warum die Naturgesetze, Naturkonstanten, Rand- und Anfangsbedingungen so sind, wie sie sind.

Eine Erklärung des So-Seins der Welt ist zumindest denkbar. Dafür gibt es mehrere Möglichkeiten, die sich nicht einmal wechselseitig ausschließen müssen: Die Naturgesetze, Konstanten und/oder Anfangsbedingungen wären nicht zufällig und unerklärlich, wenn sie sich aus fundamentaleren Gesetzen ableiten ließen (einer vielleicht einzigartig selbstkonsistenten „Weltformel"), wenn viele verschiedene oder gar alle Möglichkeiten realisiert wären (in einem Multiversum) und/oder wenn sie irgendwie planmäßig erzeugt worden wären (Transzendenz, Teleologie). Allerdings kann man dann noch weiterfragen: Warum ist die Weltformel realisiert, wieso existieren viele andere Universen, und gibt es eine „Superweltformel", die alle beschreibt, oder was steckt hinter der überweltlichen Design-Macht? Letztlich mündet jede denkbare Antwort also in die Frage nach dem Dass-Sein.

Das **Dass-Sein** betrifft die Welt, warum sie ist. Warum existiert überhaupt etwas und nicht vielmehr nichts? Diese vielleicht schwierigste Frage bleibt offen, selbst wenn das So-Sein erklärbar wäre. Eine naturwissenschaftliche Antwort darauf kann es prinzipiell nicht geben, denn jede solche basiert auf Voraussetzungen, die nicht letztbegründbar sind [14, 15, 16].

Das unhintergehbare Problem dabei ist: Alle Erklärungsversuche, nicht nur wissenschaftliche, münden entweder in einen **unendlichen Regress** oder in einen **logischen Zirkel** oder in einen nicht mehr begründeten **dogmatischen Abbruch** – ähnlich wie wissbegierige Kinder zuweilen immer weiter „warum?" fragen oder man ihnen eine der Fragen als die Antwort verkauft oder ihnen gar das Wort abschneidet. Diese drei Varianten sind freilich keine (philosophisch) zufriedenstellende Lösung. Hans Albert hat das Problem Münchhausen-Trilemma genannt, weil man sich wie der Lügenbaron Münchhausen am eigenen Schopf aus dem Sumpf ziehen müsste, um es zu überwinden [15].

Dieses Trilemma zeigt, dass absolut sicheres, letztbegründetes Wissen nicht möglich ist. Es schränkt nicht nur die Reichweite von Erklärungen und erkenntnistheoretischen Rechtfertigungen ein, sondern markiert auch die ultimativen Grenzen der Physik und Metaphysik [15]. Der infinite Regress entspricht einem ewigen Kosmos (mit womöglich unendlich vielen Urknall-Ereignissen ohne ein allererstes) beziehungsweise einer unaufhörlichen Kontingenz; der Abbruch entspricht einem absoluten Anfang beziehungsweise einem fundamentalen, vielleicht metaphysisch notwendigen Prinzip oder einem unerklärlichen Zufall; und der Zirkel entspricht einem kosmologischen Zeitschleifen-Modell beziehungsweise spekulativen metaphysischen Selbstfundierungsprinzipien.

Weil es keine nichttrivialen und nichtdogmatischen Letztbegründungen beziehungsweise -erklärungen gibt, ist das Dass-Sein des Kosmos *letztlich* prinzipiell unerklärbar – weder naturwissenschaftlich (trotz vieler großer Detail-Erfolge) noch durch Transzendenz [14, 16] – und somit in seiner Gesamtheit kontingent, mysteriös, erstaunlich und absurd.

Rüdiger Vaas ist Philosoph, Dozent, Publizist, Redakteur für Physik und Astronomie des Monatsmagazins „bild der wissenschaft" sowie Autor von 14 Büchern. Zum Thema Überlichtgeschwindigkeit in Science und Fiction veröffentlichte er: „Tunnel durch Raum und Zeit". „Relativitätstheorie „Einfach Einstein!", „Jenseits von Einsteins Universum" und „Signal der Schwerkraft", zur modernen Kosmologie unter anderem „Hawkings neues Universum" (alle im Kosmos-Verlag).

Appendix

Tab. 10.1 Temporale Taxonomie: Hinsichtlich der Zeit lassen sich Modelle mit und ohne Urknall unterscheiden sowie als singuläres Universum oder im Rahmen eines Multiversums. Differenziert sind hier die generellen Fälle; für viele gibt es mehrere konkrete Spezifikationen im Rahmen der Allgemeinen Relativitätstheorie oder darüber hinaus. Copyright: Rüdiger Vaas.

Typus der Kosmologie	Subtypus	Urknall	Ende	universell	multiversell
beginnend: absoluter Anfang		ja	vielleicht	ja	ja
ewig: kein Anfang	• steady state	nein	nein	ja	nein
	• quasi-steady state	ja/nein	nein	ja	ja
	• Bounce	ja	vielleicht	ja	vielleicht
	• Oszillation (zyklisch)	ja	nein	ja	ja
Zeitschleife	• am Anfang	ja	vielleicht	ja	ja
	• des ganzen Universums	ja/nein	nein	ja	ja
Pseudo-Anfang	• aus Stasis	ja/nein	vielleicht	ja	vielleicht
	• aus Vakuumfluktuationen	ja	vielleicht	nein	ja

Tab. 10.2 Anfang oder Ewigkeit – oder etwas anderes? Der Urknall könnte ein Anfang oder ein Übergang gewesen sein: hinsichtlich der Entstehung von Materie/Energie einerseits und der Raumzeit andererseits, wobei letztere wiederum im Hinblick auf weitere Aspekte differenziert werden kann. Nicht angeführt sind zusätzliche Spezifikationen: ob sich beispielsweise die Naturkonstanten oder -gesetze beim Übergang ändern, inwiefern die Modelle ein Multiversum implizieren oder ein Ende der Zeit. Copyright: Rüdiger Vaas.

Urknall als Anfang ...	Urknall als Übergang ...	Beispiele
Anfangskosmologien		
... der Materie/Energie und Raumzeit	– (aus dem „Nichts"?!)	... aus Singularität (?!) ... durch Tunneleffekt/Instanton aus nichts
... der Materie/Energie und Raumzeit	– (aus dem „Sein" / Raum)	... aus Instanton mit imaginärer Zeit

Tab. 10.2 Fortsetzung

Urknall als Anfang ...	Urknall als Übergang ...	Beispiele
... der Materie/Energie und Raumzeit	– (aus „Raumzeit-Staub“)	... aus Planck-Blase, „cosmic egg“ ... aus Prägeometrie (Spin-Netzwerk, Strings...)
... der Materie/Energie und Zeit	... des Raums	... aus Signaturwechsel, zeitsymmetrischen Bounce, Double Bang mit Gegenzeit
Pseudo-Anfangskosmologien		
... der Materie/ Energie und Makrozeit (Zeitrichtung)	... von lokalem Raum mit Mikrozeit	... aus überschwelligen Quantenfluktuationen ... aus Prägeometrie, Dimensionsexplosion
... der Materie/ Energie und Makrozeit (Zeitrichtung)	... von globalem Raum mit Mikrozeit	... aus Kollaps: Bounce aus Quantenvakuum ... aus Prägeometrie, Dimensionsexplosion ... aus Stasis: emergentes Universum
Ewigkeitskosmologien		
... der Materie/Energie	... der globalen Raumzeit (einmalig)	... aus Kollaps: klassischer Bounce ... aus Zeitschleife: self-creating universe
... der Materie/Energie	... der globalen Raumzeit (perpetuierend)	... aus Kollaps-Serie: oszillierendes Universum ... aus Umskalierung: conformal cyclic cosmology
... der Materie/Energie	... der lokalen Raumzeit (einmalig)	... via Schwarzes Loch/Wurmloch
... der Materie/Energie	... der lokalen Raumzeit (perpetuierend)	... via Schwarzes Loch/Wurmloch: Matrjoschka-Multiversum ... via Phasenübergang: ewige Inflation, Recycling-Universum
–	... der Raumzeit und mancher Materie/ Energie	... wenn Gravitationswellen oder Schwarze Löcher Bounce oder Umskalierung überstehen

Tab. 10.3 **Kosmische Klassifikation**: „Multiversum“ ist nicht gleich „Multiversum“, denn hierzu konkurrieren allerlei physikalische und philosophische Hypothesen. Sie lassen sich unterschiedlich ordnen – zum Beispiel hinsichtlich der Art und Weise, ob und wie sehr einzelne Universen voneinander getrennt sind. Manche Multiversum-Typen passen in mehrere Kategorien, weil sich die Kriterien nicht zwingend gegenseitig ausschließen. Die Tabelle gibt eine Übersicht über alle zurzeit diskutierten Grundideen. Copyright: Rüdiger Vaas.

Trennung	Aspekte	Beispiele
raumzeitlich	räumlich	*(siehe auch: kausale Trennung)*
	• exklusiv	Ewige Inflation, Stringlandschaft, verschiedene Quantentunnel-Universen
	• inklusiv	*Einbettung (mit oder ohne Rückwirkung)*: Universen in Atomen, Schwarzen Löchern oder Computersimulationen; ein unendliches Universum in einer endlichen Quantenfluktuation
	• klassisch	*schließt nichtlokale Quantenkorrelationen zwischen Universen nicht aus*
	temporal	Oszillierendes Universum, Zyklisches Universum, Recycling-Universum, Universen (oder Teilbereiche) mit verschiedenen Zeitpfeilen
	• linear	*in einer kausalen oder akausalen Reihe*
	• zyklisch	*in einer kreisförmigen Zeit oder bei exakter globaler Wiederkehr*
	• verzweigend	viele Quantenwelten/-historien
	dimensional	*meistens räumlich, aber es gibt auch zweidimensionale Zeit-Szenarien*
	• strikt	Tachyonen-Universum?
	• inklusiv	niedrigerdimensionale Welt als Teil oder Rand einer höherdimensionalen Welt: Flachland, Branen-Welten, große Extradimensionen, Holographisches Prinzip
	• abstrakt	Superspace, in dessen mathematischer Beschreibung die Universen nur einzelne „Blätter“ sind wie in einem Papierstapel
kausal	strikt	Paralleluniversen, viele Quantenwelten in Superposition ohne Interaktion
	• ohne gemeinsamen Ursprung	verschiedene Universen oder Multiversen in Instanton-, Big-Bounce-, Soft-Bang-Szenarien; verschiedene „Bündel“ mit Ewiger Inflation
	• genealogisch	Ewige Inflation, Kosmischer Darwinismus, kosmische natürliche oder artifizielle Selektion, viele Quantenwelten ohne Interaktion

Tab. 10.3 Fortsetzung

Trennung	Aspekte	Beispiele
	kontinuierlich	*durch einen wachsenden kosmischen Horizont*
	• immer	unendlicher Raum, Ewige Inflation, unendliche Branen
	• einst	*wegen der Kosmischen Inflation*
	• künftig	*wegen der beschleunigten Expansion durch die Dunkle Energie* Abspaltung (Chaotische Inflation, Kosmischer Darwinismus)
nomologisch	strukturell/ Regularitäten	*verschiedene Naturkonstanten oder -gesetze*
modal	potenziell (möglich)	*nur in Vorstellung oder konzeptueller Repräsentation getrennt*
	simuliert	Modelle, Computersimulationen, Emulationen; *eingebettet*
	aktual (real)	modaler Realismus; *physisch (nomologisch), metaphysisch oder logisch getrennt*
mathematisch	strukturell/Axiome	Platonismus, Mathematische Demokratie, Ultimatives Ensemble
logisch	strukturell/Axiome	ultimatives Prinzip der Fülle (inkompatible Logiken der kategoriellen Algebra)

Literatur des Autors

1. (2022). Vom Urknall in die Ewigkeit. *bild der wissenschaft* (10): 12–29; (2024). Wie einfach ist unser Universum? *bild der wissenschaft* (12): 12–31.
2. (2018). *Hawkings neues Universum*. 6. Aufl., Stuttgart: Kosmos; (2018). Kosmos im Kopf. *Naturwissenschaftliche Rundschau* 71 (839): 224–237.
3. (2023). Am Rand der Raumzeit. *bild der wissenschaft* (2): 14–17.
4. (2010). Die ewige Wiederkehr der Zeit. *bild der wissenschaft* 12: 50–55.
5. (2001). Vor dem Urknall. *bild der wissenschaft* (12): 43–60; (2002). Ewige Wiederkehr. *bild der wissenschaft* (5): 59–63; (2003). Die Zeit vor dem Urknall. *bild der wissenschaft* (4): 60–67; (2004). Der umgestülpte Urknall. *bild der wissenschaft* (4): 50–55; (2004). Jenseits von Anfang und Ewigkeit. *bild der wissenschaft* (10): 30–46; (2018). Die Kraft hinter dem Urknall. *bild der wissenschaft* (11): 12–33; (2022). Das Matrjoschka-Multiversum. *bild der wissenschaft* (6): 26–31.
6. (2018). *Tunnel durch Raum und Zeit*. 8. Aufl., Stuttgart: Kosmos; (2023). Im Ring der Zeit. *bild der wissenschaft* (2): 28–31.
7. (1994). Neue Wege in der Kosmologie. *Naturwissenschaftliche Rundschau* 47: 43–58; (2022). Der Urschwung. *bild der wissenschaft* (10): 30–33; (2023). Urprall statt Urknall? *bild der wissenschaft* (2): 18–27.

8. Time before Time (2004). arXiv:physics/0408111; (2004). Der Urknall aus fast nichts. *bild der wissenschaft* (10): 32–41; (2009). Die Zeit vor der Zeit. *Universitas* 64 (762): 1124–1139; (2012). Time after time – big bang cosmology and the arrows of time. In: *The Arrows of Time* (Hrsg. L. Mersini-Houghton und R. Vaas), 5–42. Heidelberg: Springer.
9. Is there a Darwinian Evolution of the Cosmos? (2002), arXiv:gr-qc/0205119; (2019). Life, intelligence, and the selection of universes. In: *Evolution, Development and Complexity* (Hrsg. G.Y. Georgiev und u. a.), 93–133. Cham u. a.: Springer Nature; (2025). Die Evolution des Kosmos – Zufall und Notwendigkeit im Multiversum. In: (Hrsg. H. Fink und R. Vaas), 37–52 und 281–284. *Emporgeirrt! Evolutionäre Erkenntnisse in Natur und Kultur.* Stuttgart: Hirzel.
10. (2006). Dark energy and life's ultimate future. In: *The Future of Life and the Future of our Civilization* (Hrsg. V. Burdyuzha), 231–247. Dordrecht: Springer.
11. Jenseits von Einsteins Universum. *Nicol: Hamburg 2025.* 5. Aufl.; (2021). *Vom Gottesteilchen zur Weltformel.* 4. Aufl., Hamburg: Nicol.
12. (2010). Multiverse scenarios in cosmology: classification, cause, challenge, controversy, and criticism. *Journal of Cosmology* (4): 666–676, arXiv:1001.0726; (2021). Am Anfang der Ewigkeit. *Universitas* 76 (897): 4–34.
13. (2004). Ein Universum nach Maß? In: *Theologie und Kosmologie* (Hrsg. J. Hübner, I.-O. Stamatescu und D. Weber), 375–498 u. 509–514. Tübingen: Mohr Siebeck.
14. (2003). Der kosmische Code. *bild der wissenschaft* (12): 40–46; (2012). „Ewig rollt das Rad des Seins": Der „Ewige-Wiederkunfts-Gedanke" und seine Aktualität in der modernen physikalischen Kosmologie. In: *Nietzsches Wissenschaftsphilosophie* (Hrsg. H. Heit, G. Abel und M. Brusotti), 371–399. Berlin: de Gruyter; (2018). Die Grenzen unseres Universums. *Universitas* 73 (867): S. 4–29; (2019). Kritische Welterkenntnis. *Aufklärung und Kritik* 26: 232–253; (2020). Das Wachstum des Wissens. *Universitas* 75 (886): 42–71; (2020). Weisen der Wahrheit. *Universitas* 75 (890): 38–63.
15. (2006). Das Münchhausen-Trilemma in der Erkenntnistheorie, Kosmologie und Metaphysik. In: *Wissenschaft, Religion und Recht* (Hrsg. E. Hilgendorf), 441–474. Berlin: Logos.
16. (2011). Hat Gott den Urknall gezündet? In: *Zukunftsperspektiven im theologisch-naturwissenschaftlichen Dialog* (Hrsg. P. Becker und U. Diewald), 69–104. Göttingen: Vandenhoeck & Ruprecht; (2015). Im Anfang war der Urknall – oder nichts, Gott, alles? *Universitas* 70 (823): 44–76.

11

Die Stunde der Extremophilen

Wissenschaftliche Spurensuche nach außerirdischen Einzellern

von Bettina Wurche

11.1 Am Anfang war kein Sauerstoff

Vor 4,4 Milliarden Jahren kühlte sich das feurige Inferno der jungen Erde ab [3] und bald schwappten Ur-Ozeane auf ihrer Oberfläche. Ihr Eisengehalt färbte diese Meere grün, während Methan und andere organische Verbindungen die Atmosphäre orange verschleierten [4]. Für 1,5 Milliarden Jahre brachten Meteoriten organische Moleküle auf die Erdoberfläche. Mit der Energiezufuhr etwa durch Vulkanismus und geochemische Reaktionen entstanden in dieser „Ursuppe" dann zunehmend komplexere chemische Verbindungen wie langkettige Kohlenwasserstoffe als Grundgerüst großer Moleküle. In lokalen Anreicherungen lagerten sich Bausteine des Lebens wie Proteine und Nukleinsäuren zusammen und wurden unter Energiezufuhr im idealen Lösemittel und Reagenzwasser schließlich zu einfachen Lebensformen. Vulkanismus und heiße Quellen, Schwefel und ein hoher CO_2-Gehalt wären für viele heutige Mikroorganismen und die meisten mehrzelligen Lebensformen tödlich – aber für das Ur-Leben war es die vertraute Heimatumgebung voller geochemischer Energie und Schwefel-Verbindungen als Lebenselixier. Weil die junge Erde noch keine schützende Atmosphäre gegen die Sonnenstrahlung besaß, tummelten sich diese ersten Einzeller nur in Gewässern – Wasser ist ein wirkungsvoller Strahlungsschutz. Vermutlich lebten sie sehr oft in vulkanisch-aufgeheizten Gewässern voller schwefeliger Verbindungen. Den hoch reaktiven Sauerstoff konnten sie hingegen gar nicht vertragen.

Aber dann entstanden vor vermutlich 2,4 Milliarden Jahren Lebensformen, die Sauerstoff abschieden und tolerierten. Ihr massenhaftes Auftreten in den Weltmeeren wurde zum Game Changer: Die ursprünglicheren Erdbewohner starben so massenhaft, dass Wissenschaftler diesen radikalen Vorgang heute als die „Große Sauerstoffkatastrophe" bezeichnen. Der ab diesem Zeitpunkt sich in den Meeren anreichernde Sauerstoff oxidiert seither Eisen zu Rost. Die Reste der Bakterienkolonien, die einst als dichte Matten viele Oberflächen überzogen, sind heute als

Expedition in die Raumzeit: Wissen – Denkbares – Unerklärliches, 1. Auflage. Harald Zaun (Hrsg.).
© 2026 Wiley-VCH GmbH. Alle Rechte vorbehalten, einschließlich derer für Text- und Data-Mining und Training von Technologien der Künstlichen Intelligenz oder ähnlichen Technologien. Published 2026 by Wiley-VCH GmbH

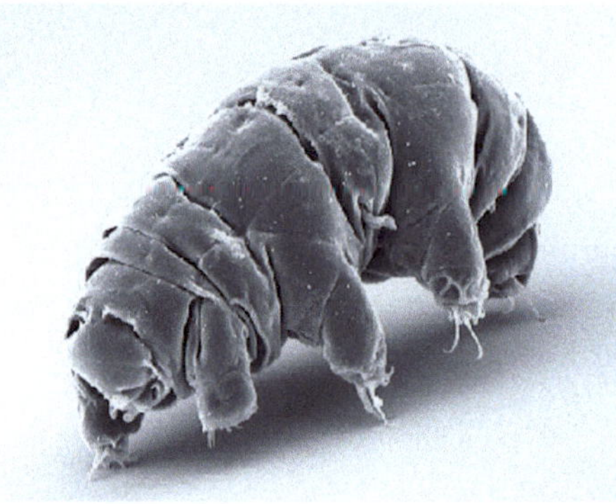

Abb. 11.1 Bärtierchen oder Yellowstone Park Pool (heiß und bunt). *Quelle:* Schokraie et al., (2012) / Public Library of Science (PLOS) / CC BY 2.5.

gebänderte Eisenerz-Formationen versteinert: Abgesunkene Eisenpartikel haben die dichten Matten verendeter Mikroben rot gefärbt [16].

Im Laufe der Jahrmillionen reicherte sich der Sauerstoff erst in den Meeren und später auch in der Atmosphäre an und bildete schließlich die Erdatmosphäre. Unter ihrem Schutz konnten Lebewesen mit Sauerstoff-Toleranz nun auch das feste Land und die Meeresoberflächen erobern.

Die ursprünglichen, meist mikroskopisch kleinen und nicht-sauerstofftoleranten Erdbewohner zogen sich in Lebensräume zurück, die wir Menschen heute als „extrem" bezeichnen: Extreme Umgebungen können salzig wie Sole sein, alkalisch wie Waschlauge oder sauer wie Essig, heiß wie Thermalquellen oder kalt wie Arktis und Antarktis, andere sind trocken wie Wüsten. Manche erscheinen uns auch durch einen hohen Gehalt an Schwefel oder andere toxische Elemente, hohe Strahlungswerte oder durch hohen Druck wie in der Tiefsee lebensfeindlich. Darum nennen wir als Sauerstoff-Chauvinisten Lebensformen, die solche Extreme lieben, *Extremophile*. Die Definition von „extremen Bedingungen" basiert also auf anthropozentrischen Kriterien, schließlich haben so manche Mikroorganismen ganz andere Wohlfühl-Kriterien [12]. Meistens handelt es sich dabei um Mikroorganismen, seltener um mehrzellige Geschöpfe. Der Star unter den extremen Mehrzellern ist zweifellos das Bärtierchen (Abb. 11.1), das auf acht Beinen munter durch selbst extreme Versuche stapft und bei besonders widrigen Umweltbedingungen einfach zum Tönnchenstadium einschrumpelt und so über Jahre hinweg auf Sparflamme überleben kann.

11.2 Extremophile und Astrobiologie

Durch neue Forschungsergebnisse über die Entstehung des Lebens auf der frühen Erde und deren Umweltbedingungen haben sich die Randbedingungen, unter denen Leben gedeihen kann, in alle möglichen Richtungen verschoben. Nun umfassen sie viel breitere Bereiche von Temperatur, pH-Wert, Druck, Strahlung, Salzgehalt, Energie und Nährstoffmangel sowie Toxinen. Auf oder unter der Oberfläche unserer Erde gibt es unzählige Umgebungen mit solchen physikalisch oder chemisch extremen Bedingungen. Mittlerweile wurden Mikroorganismen in vielen, sehr unterschiedlichen Habitaten nachgewiesen, praktisch überall, wo flüssiges Wasser verfügbar ist. Außerdem herrschen die aktuellen Bedingungen auf der Oberfläche unseres blauen Planeten erdgeschichtlich erst seit relativ kurzer Zeit, extremophile Lebensweisen hingegen existierten während eines wesentlich größeren Zeitraums. Daher könnten Extremophile die häufigsten Lebensformen auf unserem Planeten sein. Bisher sind als Grenzen des irdischen Lebens nachgewiesen:

- *In Temperaturen zwischen –20 und 130 ° C*
  Dabei liegt die theoretische Temperaturgrenze sogar zwischen –40 und 150 °C, da die Stoffwechselrate bei –40 °C extrem abnimmt und ab 150 °C die Denaturierung der zellulären Bestandteile erfolgt.
- *pH-Gehalte liegen in natürlichen Ökosystemen zwischen fast 0 und 12,5.*
  Einige mikrobielle Lebensgemeinschaften siedeln sogar in extrem sauren und alkalischen Bergwerksabwässern und erweitern den habitablen Bereich damit auf pH –3,6 bis13,3.
- *Der Druckbereich des mikrobiellen Lebens geht mit 0,1–125 MPa (Pa: Prange) über den der Ökosysteme an der Erdoberfläche hinaus. Etwa in der Tiefsee.*
- *bei einem Salzgehalt von 0–50 % Salinität. Dabei liegt die durchschnittliche Salinität der Ozeane bei 35 %. Daneben gibt es Meeresbereiche und Seen mit viel höherem Salzgehalt* [12].

Manchen Lebensformen trotzen sogar den rauen Bedingungen des Weltraums: Sie überleben extreme Strahlung, Vakuum und hohe oder niedrige Drücken, stark schwankende Temperaturen oder Mikrogravitation, wie verschiedene Experimente etwa auf der Internationalen Raumstation (ISS) immer wieder zeigen.

Die derzeit bekannten Grenzen des Lebens bedeuten nicht, dass Leben sich nicht auch auf anderen Himmelskörpern außerhalb dieses Rahmens bereits entwickelt haben kann. Angesichts der Erkenntnisse zu ökologischen Katastrophen auf dem Mars und der Venus ist es sogar vorstellbar, dass dort Lebensformen entstanden sein könnten, aber nicht überlebt haben oder unter ungünstigen Lebensbedingungen den Stoffwechsel reduziert haben und im Ruhestadium auf bessere Zeiten warten (Schulze-Makuch 2024), wie manche irdischen Mikroorganismen. Außerdem könnte ausgestorbene Lebensformen sogar über Jahrmilliarden hinweg fossile Spuren hinterlassen haben, wie die Banded Iron Formations (Bändereisenerze) auf der Erde zeigen.

Damit sind die widerstandsfähigen Mikroorganismen nicht nur heiße Kandidaten für Studien zum Ursprung des Lebens auf der Erde, sondern auch für Lebensspuren auf anderen Planeten und Monden: tot und fossilisiert oder lebendig und metabolisch aktiv [19].

11.3 „Follow the water“

Die Suche nach außerirdischem Leben hat eine lange Geschichte: Gerade auf Mars und Mond vermuteten Forschende seit Jahrhunderten immer mal wieder außerirdische Zivilisationen – wie etwa die von dem italienischen Astronomen Giovanni Schiaparelli 1877 beschriebenen Mars-Kanäle. Erst im Laufe des späten 20.

Jahrhunderts schrumpften seriöse Wissenschaftler mutmaßliches außerirdisches Leben dann auf das weniger plakative Mikrobenformat.

Die Suche danach führen interdisziplinäre Forschungsteams heute weiterhin per Fernerkundung – allerdings mit ungleich stärkeren Teleskopen auf hohen Gipfeln oder aus dem Weltraum – durch oder seit dem Beginn des Raumfahrtzeitalters mit Raumsonden.

Die Suche nach Leben per Raumsonde hat allerdings ihre Tücken: Die *Viking*-Missionen waren die Veteranen der Planetenforschung per Raumsonde. So hatten auch die beiden *Viking*-Sonden 1976 bei ihrer Marslandung drei Experimente für den Nachweise von organischen Verbindungen und Spuren von Stoffwechselaktivität an Bord. Der Versuchsaufbau erbrachte aber ein nicht eindeutiges Ergebnis, was wissenschaftlich als negatives Ergebnis gewertet werden musste. Die vorhandenen organischen Bestandteile wurden als Verschmutzungen gewertet, allerdings sind die Durchführung der Experimente und ihre Ergebnisse bis heute Gegenstand der Diskussion [14].

Als Lehre daraus werden astrobiologische Missionen seitdem nicht mehr mit Experimenten zur direkten Suche nach Leben ausgestattet. Stattdessen suchen sie jetzt nach eindeutigen Zeichen von Voraussetzungen für Leben wie biogene Elemente und Wasser – damit lassen sich eindeutige Ergebnisse erzielen. So hatte etwa die ESA-Mission *Rosetta* zum Kometen Tschurjumov-Gerassimenko komplexe biogene Moleküle im Weltraum nachgewiesen [20]. Verschiedene Energiequellen wie chemische Reaktionen oder tektonische Hitze sind längst von mehreren anderen Himmelskörpern bekannt. Gleichzeitig ist Wasser eindeutig nachweisbar, sowohl in robotischen Experimenten als auch in Spektralanalysen der Fernerkundung per Teleskop. Darum prägen mittlerweile Nachweise von Wasser und chemischen biogenen Bausteinen die indirekte Suche nach Leben – beides kann in Experimenten eindeutig identifiziert werden, auf planetaren Oberflächen oder in der Fernerkundung. Aus diesen Gründen lautet die Maxime der NASA und anderer Raumfahrtagenturen bei der Suche nach Leben heute „Follow the water".

Damit ist der Nachweis für die Voraussetzungen von Leben also erbracht – nur vom Leben selbst fehlen noch unzweifelhafte Spuren.

11.4 Von Marsmännchen zu Marsmikroben

Der erdnahe Mars (Abb. 11.2) ist als planetarer „Bruder" der Erde immer noch im Fokus der Astrobiologen: Wissenschaftler gehen davon aus, dass sich auch auf diesem nur halb so großen, aber ähnlich alten und von der Sonne ähnlich weit entfernten Gesteinsplaneten zu einem ähnlichen Zeitpunkt wie auf der jungen Erde Leben oder Vorstufen davon gebildet haben könnten. In der Frühzeit des Mars könnte unter der Oberfläche auf Methan basierende Lebensformen existiert haben [21] oder in Oberflächen-Gewässern, deren ausgetrocknete Seen und Flussläufe heute noch deutlich sichtbar sind.

Abb. 11.2 Echtfarbenbild vom Roten Planeten. *Quelle*: ESA / MPS for OSIRIS Team, MPS/UPD/LAM/IAA/RSSD/INTA/UPM/DASP/IDA.

Seit dem Verlust seines schützenden Magnetfeldes scheint die Sonnenstrahlung in voller Stärke auf die verwüstete orange-rote Oberfläche. An den Polen sind weiße Eiskappen erkennbar, die aus gefrorenem Wasser bestehen. Weiterhin gibt es Hinweise auf mögliche Vorkommen flüssiger Wasserkörper unter der Mars-Oberfläche. Eine aktuelle Studie hat durch Computersimulationen winzige Wassertropfen als Hoffnungsschimmer ausgemacht: Unter Eisflächen könnten in Schmelzwasserblasen theoretisch sogar photosynthetisch aktive Mikroben gedeihen [22].

Die robotischen NASA-Mars-Rover *Phoenix, Perseverance* und *Curiosity* sowie der chinesische *Zhurong* und auch im Mars-Orbit kreisende Sonden wie ESAs *Mars-Express* und *Trace Gas Orbiter* haben längst organische Verbindungen gefunden, auch Wassereis ist auf dem Mars vorhanden. Flüssiges Wasser hatte der Mars in seiner frühen Zeit – längst vergangene Flüsse und Seen haben Spuren auf seiner heute trockenen Oberfläche hinterlassen. Daneben spähen die fliegenden und rollenden Mars-Vehikel auch nach organischen Verbindungen, möglichen Anzeichen von Stoffwechselvorgängen sowie nach Fossilien und Spuren.

11.5 Fossilien, ALH 84001 und „Follow the salt“

Zwar könnten sich theoretisch Mikroorganismen in den schützenden Untergrund geflüchtet haben, gerade Extremophile wären Kandidaten für solches Leben unter harten Bedingungen mit hoher Strahlung und wenig Wasser. Das halten allerdings die meisten Astrobiologen für wenig wahrscheinlich.

Wesentlich wahrscheinlicher ist, auf dem rostigen Planeten fossile Lebensspuren zu finden. Wegen der starken Erosion durch die unbarmherzige Sonnenstrahlung, aggressive chemische Verbindungen sowie die ewigen Marswinde, die wie ein Sandstrahl wirken, korrodieren Gesteine auf der Marsoberfläche. Dadurch wären Fossilien vermutlich erst ab zwei Metern Tiefe nachweisbar [1].

Bisher hatten Marsmissionen schon in geringeren Tiefen getreu der Maxime „Follow the Water“ in den Sedimenten längst verschwundener Flüsse und Seen nach Fossilien gebohrt – ergebnislos. Darum trug die ESA/Roscosmos-Marsmission *ExoMars 2016* den *Trace Gas Orbiter* (TGO) in den Orbit, während die Marssonde

Schiaparelli auf der Oberfläche landen sollte – leider wurde sie durch einen harten Aufschlag zerstört. Die Folgemission *ExoMars 2018* sollte eine Landeplattform mit dem Rover absetzen, der mit einer speziellen Bohrvorrichtung in bis zu 2 m Tiefe vordringen sollte – dort vermuten Forschende unberührtes Gestein. Nach immer weiteren Verzögerungen wurde der Start allerdings immer wieder verschoben und schließlich endgültig abgesagt.

Sowohl Rover als auch Orbiter haben mittlerweile organische Spuren wie Methan gefunden, die allerdings sowohl biologischen als auch geologischen Ursprungs sein können – letzteres gilt derzeit als wahrscheinlicher.

Ein 1984 in den Allan Hills, Antarktis, aufgesammelter Meteorit wurde aufgrund seiner geochemischen Zusammensetzung als Mars-Gestein identifiziert. Seit 1996 Wissenschaftler einige seiner Mikrostrukturen als möglicherweise biologischen Ursprungs deuteten, wird der Mars-Stein mit immer neuen Methoden analysiert. Die meisten Forschenden klassifizieren die fraglichen Strukturen aber als rein geologisch entstandene Relikte von Serpentinisierungs- und Karbonatisierungsprozessen.

Möglicherweise sind ausgetrocknete Gewässer der falsche Ort für diese Suche. Der deutsche Astrobiologe Dirk Schulze-Makuch schlägt jetzt vor, nicht mehr in fossilen Sedimenten – also „Follow the water" – sondern nach Salz zu suchen – wie Mikroben in der chilenischen Atacama-Wüste.

Diese Einöde zwischen Ozean und Anden ist besonders trocken (hyperarid) und dient immer wieder als Mars-Testgelände und Lebensraum-Vorbild, ob für den Mars-Rover *Nomad* oder andere Projekte. Schulze-Makuch beschreibt, wie solche Mikroorganismen wegen der extremen Trockenheit zu einem Trick greifen: Sie suchen Salz. Salz ist hygroskopisch und zieht selbst extrem geringe Mengen Wassers zuverlässig an. So lassen solche halophilen (salzliebenden) Mikroben also das Element Salz das Wasser sammeln und nutzen dies dann.

Darum könnte man auf dem Mars statt in fossilen Gewässern vielleicht in Salzablagerungen nachschauen, ob dort extremophile Mikroben oder ihre Fossilien zu finden sind. „Follow the salt" könnte hier vielleicht mehr Ergebnisse bringen, als „Follow the water". Allerdings sollte man dann keinesfalls Wassertropfen auf die Marsbodenprobe träufeln, um inaktive Mikroben zu wecken – eventuell an extreme Trockenheit angepasste Mikroben würden dadurch vermutlich getötet [14].

11.6 Marsonauten sollen Lebensspuren suchen

Trotz der bisher fehlenden Lebensspuren ist der Mars immer noch ein guter Ort, um nach außerirdischem Leben zu suchen. Ein wichtiger Aspekt ist die Erreichbarkeit: In wenigen Jahrzehnten könnten nach vielen Raumsonden und Robotern vielleicht erstmals menschliche Marsonauten über die fremde Oberfläche stiefeln und dort vor Ort wesentlich komplexere und weiträumige Forschung nach Lebensspuren durchführen. Die Suche nach außerirdischem Leben oder dessen Vorstufen ist so einer der wichtigsten Gründe für eine bemannte Mars-Mission und auch für die Rückkehr zum Mond ab 2025: Die geplante *Gateway*- oder *Lunar Space Station* ist im Rahmen der *Artemis*-Mission der Trittstein auf dem Weg nicht nur zum Mond, sondern auch zum Mars.

Bereits beim Apollo-Projekt hatte sich gezeigt, dass robotische Missionen zwar ferngesteuert auf der Oberfläche landen und ein paar kleine Gesteinsproben in Probenbehälter löffeln können. Aber erst der Einsatz von geologisch geschulten Astronauten ermöglichte das gezieltere Einsammeln von Staub und Gestein in größeren Mengen. Der Apollo 17-Astronaut Harrison Schmitt war vor seiner Astronauten-Laufbahn Geologe des US Geological Service, und seine Astronauten-Kollegen hatten geologische Schulungen absolviert, etwa im fränkischen Impact-Krater Nördlinger Ries. Auch die ESA-Lunanauten müssen Geologie lernen: Zunächst trainierten sie im CAVES und Pangäa-Projekt bereits im Ries-Krater, der Vulkanlandschaft auf Lanzarote sowie auf den nordnorwegischen Lofoten, da sie auf dem Mond solche Gesteine vorfinden werden. Dieses und andere Trainings finden mittlerweile auch im neuen Luna-Habitat in Köln statt, wo die ESA-Astronauten mit Hilfe von Seil-Konstruktionen sogar die Erdanziehungskraft überwinden und sich somit an die großen Sprünge auf dem Mond gewöhnen sollen. Für bemannte Mars-Missionen wird Geologie auf jeden Fall wichtig sein – schließlich ermöglichen erst Gesteinsanalysen Antworten zur Vergangenheit und Genese eines Planeten oder Mondes und nach Fossilien.

11.7 Extremophile als Gefahr für Raumfahrende

Zu Beginn des Apollo-Projekts beschäftigte sich der Molekularbiologe und Nobelpreisträger Joshua Lederberg mit der möglichen Existenz von außerirdischen Lebensformen und veröffentlichte 1965 mit dem Aufsatz „Signs of life – Criterion system of exobiology“ in der renommierten Zeitschrift *Nature* ein erstes Konzept zum neuen Forschungszweig.

Auf der Basis seiner Empfehlungen landeten die *Gemini*- und *Apollo*-Besatzungen bei ihrer Rückkehr zur Erde im Meer, wurden dort von der Besatzung eines wartenden Flugzeugträgers aufgefischt und mussten zunächst für 21 Tage in Quarantäne. Aber weder bei ihnen noch bei anderen Raumfahrenden und Raumfahrzeugen wurden bislang außerirdische Lebensspuren gefunden – das Einschleppen fremder Lebensformen wäre eine sogenannte Rückwärts-Kontamination (Reverse Contamination).

Allerdings haben Lederbergs Astrobiologie-Konzept und die beginnende Raumfahrt seitdem zahlreiche SF-AutorInnen inspiriert, wie den damals noch unbekannten Michael Crichton. Der verarbeitete in seinem SF-Roman „Andromeda“ (1969) Lederbergs Annahmen zur möglichen Existenz außerirdischen Lebens zu einem Plot mit vielen Toten.

An Bord von Raumstationen führen bisher keine außerirdischen Mikroben, sondern von der Erde mitgebrachte extremophile Mikroorganismen zu

Problemen, wie etwa mikroskopisch kleine Pilze. So bemerkten 1988 die Kosmonauten der sowjetischen Raumstation Mir, dass etwas von außen allmählich ein Fenster bedeckte. Dann begann „es" sogar, sich langsam durch die Titan-Quarz-Oberfläche des Fensters zu fressen und in die Station einzudringen: eine extremophile Pilz-Community, die Kälte und Strahlung des Weltraums trotzte. Diese Mikroorganismen waren mit den Astronauten angereist und hatten sich an die Stations- und dann sogar die Weltraumumgebung gut angepasst. Gleich mehrere Arten siedelten auf Fenstern, Bedienfeldern, Klimaanlagen und Kabelisolatoren, beschädigten deren Oberflächen und kontaminierten die Nahrungs- und Wasservorräte der Kosmonauten [8]. Japanische Wissenschaftler identifizierten 2001 molekularbiologisch und aufgrund ihrer Wuchsform die Mir-„Weltraumpilze" aus der Stations-Atemluft als sechs Pilzstämme, darunter zwei *Penicillium*-Arten und ein *Aspergillus* – sie sind potentiell allergen und pathogen. Gerade Pilze können mit ihrem plastischen Myzelgeflecht auch scheinbar unbewohnbare Nischen besiedeln – seitdem müssen Raumfahrende die Pilzflora ihrer Raumvehikel kontrollieren.

ISS-Experimente zeigen immer wieder, dass auch extremophile Bakterien weltraumtauglich sind: Eine ihrer Superkräfte ist eine erhöhte Aktivität der DNA-Reparaturmechanismen. Das bedeutet, dass durch Strahlung zerstörte DNA-Abschnitte schnell repariert werden, anstatt Systemausfälle im Organismus zu verursachen. Damit gedeihen sie sowohl innerhalb des Weltraum-Habitats als auch außerhalb im All. Als besonders weltraumtauglich hat sich *Deinococcus radiodurans* (Abb. 11.3) erwiesen, der eine außergewöhnlich hohe Dosis ionisierender Strahlung überlebt, garantieren doch mehrere Genom-Kopien eine hohe Strahlungsresistenz, reparieren doch enzymatische Prozesse DNA-Brüche effektiv und schnell [2]. Mit solchen genetischen Gimmicks ausgestattet gelten *Deinococcus*-Kolonien als besonders erfolgreiche *Raumfahrer.*

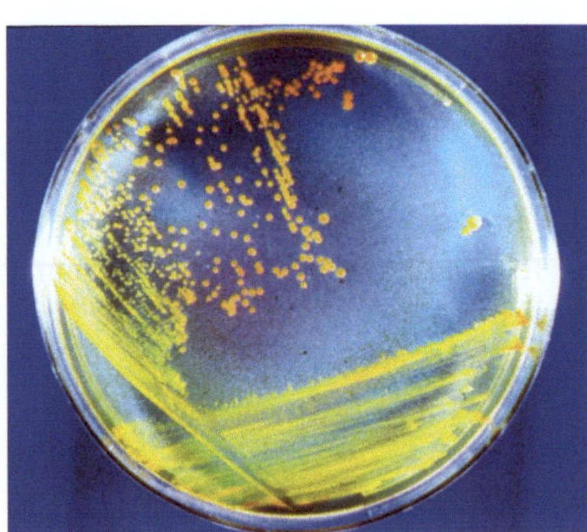

Abb. 11.3 Diese extremophilen Bakterien könnten auf einem anderen Planeten überleben. In einem irdischen Labor überleben Deinococcus radiodurans extreme Strahlung, extreme Temperaturen, Dehydrierung und den Kontakt mit genotoxischen Chemikalien. *Quelle:* Michael Daly (Uniformed Services University of the Health Sciences), DOE / gemeinfrei.

Darum gelten heute zur Vermeidung solcher Vorwärts-Kontamination (Forward Contamination) – also dem Einschleppen irdischer Lebensformen in fremde mögliche Lebensräume auf Monden und Planeten – strenge Sicherheitsvorkehrungen, gerade für potenziell habitable Umgebungen. Schließlich kann niemand ausschließen, dass eventuell von der Erde eingeschleppte Lebensformen sich woanders wohl führen und die dortige potenziell mögliche Evolution beeinflussen könnten. So hat das Committee on Space Research (COSPAR) mittlerweile Leitlinien zur Vermeidung von Forward und Reverse Contamination entwickelt, sie sind Teil der Planetary Protection-Vorgaben. So muss die Endmontage von Raumsonden und Rovern gerade von astrobiologischen Missionen unter hochreinen Laborbedingungen in sogenannten *Clean Rooms* erfolgen, in denen die MitarbeiterInnen auch entsprechende Kleidung tragen. So wurde für ExoMars 2016 ein transportabler Reinraum nach Baikonur transportiert, da Roskosmos über derartiges Equipment nicht verfügte. Und für bemannte Mars-Missionen gelten ebenfalls höchste Anforderungen. Schließlich haben irdische Extremophile in Labor-Simulationen bereits gezeigt, dass sie auf dem Mars überlebensfähig wären. So gibt es für den Ausstieg von Marsonauten auf dem Roten Planeten bereits Konzepte für besonders sichere Luftschleusen als zusätzlichen Schutz vor der Einschleppung irdischer Mikroorganismen [23].

11.8 Deep Habitats und Ozeanwelten

Auf der Suche nach Leben auf anderen Himmelskörpern konzentrierten sich AstrobiologInnen lange Zeit auf habitable Lebensräume voller Licht und Sauerstoff: Nach Welten mit Oberflächen-Ozeanen, -Flüssen und -Seen, die unserem gemütlichen Temperaturoptimum entsprechen. In ihrem Fokus hatten die Forscher vornehmlich nur Planeten, die den perfekten Abstand zu ihren Heimatsternen aufweisen, um flüssiges Wasser auf der Oberfläche zu ermöglichen. Dieser scheinbar perfekte, potenziell lebenstaugliche Abstand wird als „habitabel" oder „Green Belt" bezeichnet, scherzhaft auch als „Goldilocks-Zone".

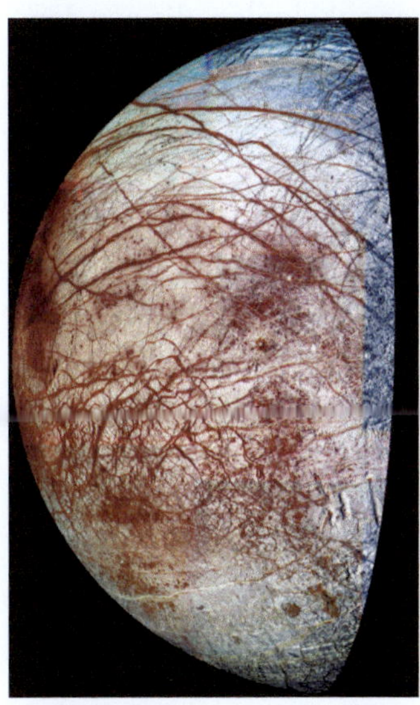

Abb. 11.4 Europa, ein Mond des Jupiters, erscheint als dicke Mondsichel auf diesem farbverstärkten Bild der NASA-Raumsonde Galileo, die von 1995 bis 2003 den Jupiter umkreiste. *Quelle:* NASA/JPL/University of Arizona / gemeinfrei.

In den letzten Dekaden ist aber klar geworden, dass flüssiges Wasser auch unter der Oberfläche von Monden oder Planeten existieren kann – so verbergen sich unter den Eispanzern vieler Eismonde unseres äußeren Sonnensystems vermutlich ganze Ozeane. Solche sogenannten „tiefen Lebensräume" (Deep Habitat) wurden erstmals auf dem Jupitermond Europa (Abb. 11.4) entdeckt: Die ersten Nahaufnahmen der Raumsonde *Viking* 2 zeigten 1979 solche Eiskrusten. Ab 1995 ergab die *Galileo*-Mission dann detaillierte und farbige Bilder: Europas Oberfläche trägt ein Muster aus großen und kleineren Rissen – wie das immer wieder aufbrechende und zufrierende Eis auf den polaren Ozeanen der Erde. Außerdem ergaben die Magnetometer-Messungen eine hohe Leitfähigkeit, die auf Salzgehalt hinweist. Unter dem Eispanzer des Jupitermonds schwappt ein flüssiger Salzwasserozean!

Die Quelle der Hitze in Europas Innerem ist der Gasriese Jupiter, der mit seinen Gravitationskräften seine Trabanten Europa und auch Ganymed und Callisto regelrecht durchwalkt. Die dadurch entstehende Reibung in ihren festen Kernen aus Metall und Gestein erzeugt Hitze. So schwappen dort zwischen heißen Kernen und eisigen Oberflächen, mit Energie und organischen Verbindungen versorgt, vor der äußeren Strahlung und Kälte geschützt, extraterrestrische Meere.

Fremdartige Lebensräume am tektonisch aktiven Meeresboden, fern der Sonne, sind auf der Erde in den 1970-er Jahren entdeckt worden: Am Mittelatlantischen Rücken strömt an den Kontinentalplattengrenzen 1200 Grad heiße Gesteinsschmelze aus dem Meeresboden. Der Kontakt mit dem kalten Meerwasser kühlt sie schnell ab, dabei werden Mineral- und Metallverbindungen ausgefällt und bilden hohe, dunkle Schlote – die *Black Smoker*. Solche Hydrothermalsysteme ernähren mit Schwefel-Verbindungen ganze Ökosysteme mit gigantischen Röhrenwurm-Kolonien und anderen hoch spezialisierten Arten. Die größeren Tiere wie die etwa drei Meter langen Würmer, kapitale Krabben und mächtige Muscheln, nutzen extremophile Bakterienkolonien, die aus dem Schwefel organische Kohlenstoffverbindungen wie Zucker und Eiweiße produzieren und damit ihre Wirte nähren.

Solche von der Sonne vollkommen unabhängige Ökosysteme wären auch in extraterrestrischen Ozeanen denkbar: Neben hydrothermalen Lebensgemeinschaften an den Meeresböden wären auch im freien Wasser schwimmende oder schwebende Geschöpfe denkbar oder direkt unter der Eisschicht sitzende Communities. Die müssten im Gegensatz zu irdischen Meereis-Communities nicht nur kälteliebend, sondern im fremdartigen Europa-Ozean auch schwefel- und säureresistent sein.

11.9 Missionen zu solaren Planeten und Monden

Die Fernerkundungs-Projekte durch Teleskope auf hohen Bergen und im Weltraum entdecken ständig neue Sonnensysteme mit verheißungsvollen Exoplaneten. Aber damit konnten bisher noch keine Lebenssignaturen nachgewiesen werden. Und die direkte Erkundung solcher weit entfernten Systeme dürfte noch für lange Zeit Zukunftsmusik bleiben.

Darum richten Astrobiologen ihr Augenmerk auf die direkte Erkundung unseres eigenen Sonnensystems: Schon mehrere Studien haben irdische Mikroorganismen unter im Labor simulierten exoplanetaren Bedingungen wachsen lassen, etwa in Mars- und Enceladus-ähnlichen Lebensräumen [12]. Unsere näheren

Nachbarplaneten und ihre Monde sind also lohnenswert für mögliches Leben oder zumindest dessen Vorstufen – und Extremophile haben dabei beste Chancen.

Eine aktuell ebenfalls besonders spannende astrobiologische Mission ist das ESA-NASA-Gespann aus den beiden Sonden *Juice* und *Europa Clipper* zu Jupiters Eismonden. Die 2023 gestartete ESA-Sonde Jupiter Icy Moons Explorer – *Juice* – wird 2031 am Jupiter ankommen und dann den Gasriesen und seine drei großen Ozeane tragenden Eismonde Ganymed, Callisto und Europa erforschen. An Bord sind zehn Instrumente: Neben Kameras soll etwa ein Altimeter die Topographie und Deformationen der Eisoberflächen exakt vermessen und ein Radar bis zu neun Kilometer ins Eis eindringen.

Die 2024 gestartete NASA-Sonde *Europa Clipper* wird den fernen Mond 2030 erreichen und mit neun Instrumenten unter anderem die Dicke der Eishülle und ihre Interaktion mit dem darunter liegenden Ozean untersuchen. Außerdem wird sie dessen Zusammensetzung detaillierter als je zuvor analysieren, natürlich mit Blick auf mögliche Voraussetzungen für Leben.

Der zweite Riesenplanet Saturn hat mit Enceladus ebenfalls einen Mond mit einem Wasserkörper unter Eis. Die NASA-ESA-Mission *Cassini-Huygens* war dort vollkommen unerwartet durch eine von Geysiren emporgeschleuderte Wasserdampf- und Eispartikelwolke geflogen, die neben Wasser auch Kohlendioxid, Methan sowie Hinweise auf komplexe organische Moleküle enthielt. Das eigentliche Ziel des Landers *Huygens* war der Mond Titan. In dessen Atmosphäre wies *Huygens* neben Stickstoff und Methan Kohlenwasserstoffe nach und landete schließlich auf der flüssigen Oberfläche aus Methan und Ethan – damit ist Titan neben der Erde der zweite Himmelskörper mit einer flüssigen Oberfläche. Titan könnte außerdem zwischen zwei Eisschichten auch noch einen Untergrund-Ozean haben. Weitere Analysen von Titan soll die in 2027 startende NASA-Sonde *Dragonfly* durchführen [19].

Neben Erde und Mars liegt auch die Venus im Green Belt unseres Sonnensystems. Einige Planetologen denken, dass auch sie einst erdähnlicher war und Ozeane trug. Aus noch ungeklärten Ursachen hat Venus ihr Wasser jedoch verloren. Ihre heutige Oberflächentemperatur von 465 Grad kann nach heutigem Wissensstand kein Leben tragen. Anlass zu Spekulationen über mögliche, sehr fremdartige Ökosysteme gibt dafür ihre saure und trockene Atmosphäre voller Schwefelverbindungen und ominöser Partikel unterschiedlicher Größe. Künftige Missionen sollen einige Venus-Anomalien, wie die Zusammensetzung und Vorgänge ihrer Atmosphäre, klären – wie die private US-Mission Venus Life Finder, der indischer Orbiter Shukrayaan-1, die NASA-Sonde DAVINCI und der ESA-Orbiter EnVision [19].

Seit der Entdeckung der ersten Extremophilen im Jahr 1969 hat jedes Jahrzehnt der Forschung die Grenzen des Lebens weiter verschoben und seine wahren Grenzen scheinen noch nicht ausgelotet zu sein. Auf jeden Fall sind diese außergewöhnlichen Überlebenskünstler Pioniere des Lebens – möglicherweise nicht nur auf der Erde, sondern vielleicht auch auf anderen Planeten oder Monden unseres Sonnensystems. Ja, vielleicht tummeln sich viele von ihnen sogar in den Tiefen und Weiten des Universums.

Bettina Wurche ist Biologin (Studium Zoologie, Fischereiwissenschaft, Geologie/Paläontologie) und Wissenschaftsjournalistin. Sie schreibt für verschiedene Print- und Online-Medien (bild der wissenschaft, Natur, Spektrum der Wissenschaft, MIT Tech. Rev. u. a.), schreibt Bücher sowie Buchkapitel und bloggt auf ihrem SciLog Meertext vor allem über Wale, andere Meeresbewohner und Meeresschutz. Als Astrobiologie-Referentin spricht sie auf Events der ESA, Sternwarten oder Science-Fiction-Conventions. Besonders gern erklärt sie mithilfe von Star Trek und anderen SF-Szenarien reale Wissenschaft.

Literatur

1. Azua-Bustos, A., Fairén, A.G., González-Silva, C. et al. (2023). Dark microbiome and extremely low organics in Atacama fossil delta unveil Mars life detection limits. *Nat Commun.* DOI: 10.1038/s41467-023-36172-1.
2. Cox, M.M. and Battista, J.R. (2005). *Deinococcus radiodurans* – the consummate survivor. *Nature Reviews Microbiology* 3: 882–892.
3. Crane, L. (2018). Earth may be made up of rocks blasted by gusts of solar wind. *New Scientist* https://www.newscientist.com/article/2187377-earth-may-be-made-up-of-rocks-blasted-by-gusts-of-solar-wind (aufgerufen: 4. November 2024).
4. Hollis, J., Kirkland, C., Hartnady, M. et al. (2021). Earth's continents share an ancient crustal ancestor. *Eos* – https://eos.org/science-updates/earths-continents-share-an-ancient-crustal-ancestor.
5. Hoppe, P., Rubin, M. and Altwegg, K. (2018). Presolar Isotopic Signatures in Meteorites and Comets: New Insights from the Rosetta Mission to Comet 67P/Churyumov-Gerasimenko Space. *Sci. Rev.* 214 (6): 106. doi: 10.1007/s11214-018-0540-3. Epub 2018 Sep 6.
6. Martín-Torres, J. (ed.) (2021). *Mars Climate Evolution, Habitability, Astrobiology, and Resources* https://onlinelibrary.wiley.com/doi/toc/10.1155/5081.si.187512.
7. Khuller, A.R., Warren, S.G., Christensen, P.R. et al. (2024). Potential for photosynthesis on Mars within snow and ice. *Communications Earth and Environment* 5 (Art. No.: 583). https://www.nature.com/articles/s43247-024-01730-y.

8. Kuthunur, S. (2023). Fungi creepily infiltrates space stations – but scientists aren't scared. They're excited. *Space.com* https://www.space.com/fungus-in-space-long-duration-astronaut-missions.
9. Lederberg, J. (1965). Signs of life: Criterion system of exobiology. *Nature* 207 (4492): 9–13.
10. De Mol, M.L. (2023). Astrobiology in space: A comprehensive look at the solar system. *Life* 13 (3): 675.
11. Makimura, K. and Hanazawa, R. et al. (2001). Fungal flora on board the Mir-Space Station, identification by morphological features and ribosomal DNA sequences. *Microbiol Immunol* 45 (5): 357–63. DOI: 10.1111/j.1348-0421.2001.tb02631.x.
12. Merino, N., Aronson, H.S., Bojanova D.P. et al. (2019). Living at the at the extremes: Extremophiles and the limits of life in a planetary context. *Front Microbiol.* 10: 780. doi: 10.3389/fmicb.2019.00780.
13. Sauterey, B., Charnay, B., et al. (2022). Early Mars habitability and global cooling by H_2-based methanogens. *Nature Astronomy* 6: 1263–1271 https://www.nature.com/articles/s41550-022-01786-w.
14. Schulze-Makuch, D. (2024). We may be looking for Martian life in the wrong place *Nature Astronomy* 8: 1208–1210 https://www.nature.com/articles/s41550-024-02381-x.
15. Szydlowski, L.M. and Bulbul, A.A. (2024). Adaptation to space conditions of novel bacterial species isolated from the International Space Station revealed by functional gene annotations and comparative genome analysis *Microbiome* 12 (Art. No.:190).
16. Song, H., Ganqing J. et al. (2017). The onset of widespread marine red beds and the evolution of ferruginous oceans. *Nature Communications* 8 (Art. No.:399) https://www.nature.com/articles/s41467-017-00502-x.
17. Vrankar, D., Verseux, C. and Heinicke, C. (2023). An airlock concept to reduce contamination risks during the human exploration of Mars *NPJ Microgravity.* 9 (Art. No.: 81) https://www.nature.com/articles/s41526-023-00329-5.
18. Watters, T.R., Campbell, B.A. and Leuschen, C.J. et al. (2024). Evidence of Ice-rich layered deposits in the medusae fossae formation of mars. *Geophysical Research Letter.*
19. De Mol, M. (2023). Astrobiology in space: A comprehensive look at the solar system. *Life* 13 (3): 675, doi: 10.3390/life13030675.
20. Hoppe, P., Rubin, M., Altwegg, K. (2018). Presolar Isotopic Signatures in Meteorites and Comets: New Insights from the Rosetta Mission to Comet 67P/Churyumov-Gerasimenko. *Space Sci Rev* 214 (6): 106, doi: 10.1007/s11214-018-0540-3; Epub 2018 Sep 6.
21. Sauterey, B., Charnay, B., Affholder, A. et al. (2022). Early Mars habitability and global cooling by H_2-based methanogens. *Nature Astronomy* 6: 1263–1271. https://arxiv.org/abs/2210.04948.
22. Khuller, A.R., Warren, S.G., Christensen, P.R. et al. (2024). Potential for photosynthesis on Mars within snow and ice. *Communications Earth and Environment* 5 (Art. No.: 583) https://www.nature.com/articles/s43247-024-01730-y.
23. Vrankar, D. and Verseux, C. (2023). Christiane Heinicke: An airlock concept to reduce contamination risks during the human exploration of Mars. *NPJ Microgravity* 9: 81. doi: 10.1038/s41526-023-00329-5.

12

Zwillingserden und Biosignaturen im Visier

Das Jahrzehnt der Exoplanetenforscher

von Raúl Rojas

Wenn wir über Leben auf anderen Planeten nachdenken, müssen wir mit dem 1548 geborenen Dominikanermönch Giordano Bruno beginnen. In seinem 1584 erschienenen Werk „De l'infinito, universo e mondi" (Über die Unendlichkeit, das Universum und die Welten) vertrat der Geistliche die Ansicht, dass das Universum unendlich sei und dass es auf anderen Planeten Leben geben könne. Für Bruno war die Schöpfungskraft grenzenlos, und viele Sterne sollten daher Planetensysteme sein, die auch Leben beherbergen könnten. Wegen dieser ketzerischen Ansichten wurde Bruno verfolgt – sein Leben endete tragisch auf dem Scheiterhaufen. Wenn wir also bestrebt sind, die Schlüsselfrage nach dem Leben im Universum zu beantworten, versuchen wir eigentlich nur, „Brunos Programm" zu erfüllen, aber diesmal nicht nur mit philosophischen Argumenten, sondern auf wissenschaftlicher Basis.

Wir wollen also Leben auf anderen Planeten durch direkte Beobachtung nachweisen, was natürlich nur möglich ist, wenn wir mit Teleskopen aller Art biologische Spuren in der Atmosphäre oder auf der Oberfläche von Exoplaneten nachweisen können. In der Regel nehmen wir das Leben auf der Erde als Maßstab, wobei wir zwischen organischen und anorganischen chemischen Prozessen unterscheiden. Molekulare Spuren von Leben werden dann als „Biosignaturen" bezeichnet, und ihr Nachweis ist eine der spannendsten Forschungsfragen der Gegenwart.

12.1 Was ist Leben?

Doch bevor wir uns auf die Suche nach Leben auf anderen Planeten begeben, müssen wir uns die Frage stellen, was wir eigentlich unter Leben verstehen. Gemäß dem zweiten Hauptsatz der Thermodynamik strebt das Universum einem Zustand maximaler Entropie an, also an Unordnung zu. Wärme beispielsweise breitet sich von wärmeren zu kälteren Objekten aus, und wir beobachten nicht, dass sich mitten im warmen Wohnzimmer spontan ein Eisklotz bildet. Aber Lebewesen können sich

Expedition in die Raumzeit: Wissen – Denkbares – Unerklärliches, 1. Auflage. Harald Zaun (Hrsg.).
© 2026 Wiley-VCH GmbH. Alle Rechte vorbehalten, einschließlich derer für Text- und Data-Mining und Training von Technologien der Künstlichen Intelligenz oder ähnlichen Technologien. Published 2026 by Wiley-VCH GmbH

erwärmen und so lokale Entropieinseln bilden, in denen Ordnung (ihre physiologischen Prozesse) aufrechterhalten werden kann.

Erwin Schrödinger hat das so erklärt: Lebewesen verletzen den zweiten Hauptsatz der Thermodynamik nicht. Sie nutzen vorhandene Ordnung (in der Umgebung), die sie aufbrechen, um die dabei freiwerdende Energie in ihre eigene innere Ordnung umzuwandeln. Insgesamt nimmt die Entropie im Universum zu, aber lokal kann das Lebewesen diese Insel negativer Entropie schaffen.

Ein Beispiel ist die Photosynthese. Pflanzen nehmen Kohlendioxid und Wasser aus der Luft auf und wandeln es in Glukose und Sauerstoff um. Die Energie des Sonnenlichts wird vom Farbstoff Chlorophyll eingefangen und als chemische Energie gespeichert. Diese Energie treibt den Aufbau von Glukose an, einem Energieträger und Baustein für weitere organische Moleküle. Als Nebenprodukt wird Sauerstoff freigesetzt. In diesem Fall ist die Sonnenenergie die „freie Energie" des Prozesses, die chemische Ordnung der Glukose und der freigesetzte Sauerstoff sind der negativ entropische Prozess, und der Sauerstoff ist eine Biosignatur. Auf der Erde ist der Sauerstoffgehalt der Atmosphäre mit etwa 21 Prozent außergewöhnlich hoch, was ohne biologisches Leben kaum erklärbar wäre. In einer hypothetischen unbelebten Welt ohne Photosynthese würde der Sauerstoff schnell wieder mit anderen chemischen Verbindungen reagieren und aus der Atmosphäre verschwinden.

Indem ich dies schreibe, schaffe ich also eine Zusammensetzung von Buchstaben, die niemals spontan hätte entstehen können. Lokal ist die Entropie gesunken, aber mein Körper, mein Computer, die Zentralheizung und die Kaffeemaschine haben die Entropie des Universums, summa summarum, erhöht.

12.2 Arten der Biosignaturen

Die Exoplanetenforschung konzentriert sich heute – abgesehen von möglichen „Technosignaturen" intelligenten Lebens, die etwa Funksignale nutzen – auf eine Vielzahl von Biosignaturen [1], die auf einfachere Formen von Leben hinweisen könnten. Dazu gehören:

- *Gase in der Atmosphäre: Beispielsweise Sauerstoff und Methan, die auf der Erde oft in Zusammenhang mit biologischen Prozessen auftreten. Ihre gleichzeitige Präsenz könnte auf Leben hindeuten, da diese Gase chemisch instabil sind und kontinuierlich nachgeliefert werden müssten.*
- *Komplexe organische Moleküle wie Aminosäuren und Nukleinsäuren, die fundamentale Bausteine des Lebens darstellen und Hinweise auf biologische Aktivitäten liefern könnten.*
- *Isotopenverhältnisse: Ungewöhnliche Konzentrationen bestimmter Isotope, etwa von Kohlenstoff (C12/C13) oder Schwefel, könnten auf organische Chemie oder biogene Prozesse hinweisen.*
- *Biogene Mineralien: Bestimmte Mineralien wie Carbonate oder Silikate, die durch lebende Organismen gebildet werden, können als fossile Spuren von Leben gelten.*

- *Lichtreflexion der Planetenoberfläche: Spektrale Signaturen, die auf Prozesse wie die Photosynthese hindeuten, könnten ein Hinweis auf aktive biologische Aktivität sein, wie sie auf der Erde bei Pflanzen vorkommt.*

All diese Ansätze spiegeln den breiten interdisziplinären Ansatz der Astrobiologie wider, bei dem chemische, physikalische und biologische Hinweise zusammengeführt werden, um die Möglichkeit von Leben jenseits der Erde zu untersuchen.

In unserem eigenen Sonnensystem wurden bisher auf anderen Planeten nur schwache Biosignaturen durch Fernerkundung entdeckt. Die Venus, ein Zwilling der Erde mit fast gleichem Radius und ähnlicher Masse, ist allerdings zu heiß. Dennoch wird spekuliert, dass in der Venusatmosphäre in Höhen von 50 bis 60 km Leben existieren könnte, da dort das Molekül Phosphin 2020 nachgewiesen wurde. Dazu wird mit Teleskopen die spektrale Zusammensetzung des reflektierten Lichts herausgefiltert. Das gleiche Verfahren wird bei Exoplaneten angewandt: Man zerlegt das Licht deren Atmosphären und sucht nach Frequenzen, die von einigen signifikanten Molekülen absorbiert oder emittiert werden.

Auch auf dem Mars wurden bisher nur schwache Biosignaturen durch Teleskope oder Satelliten entdeckt. Dazu gehört vor allem Methan, das auf der Erde auf Leben hinweist. Die Sauerstoffkonzentration in der Atmosphäre ist sehr gering und unterliegt jahreszeitlichen Schwankungen. Dies reicht jedoch nicht aus, um aus solchen Gasen auf die Existenz von Leben auf dem Mars zu schließen. Durch die Entsendung von Robotermissionen wurde auch die Mineralogie des Planeten untersucht.

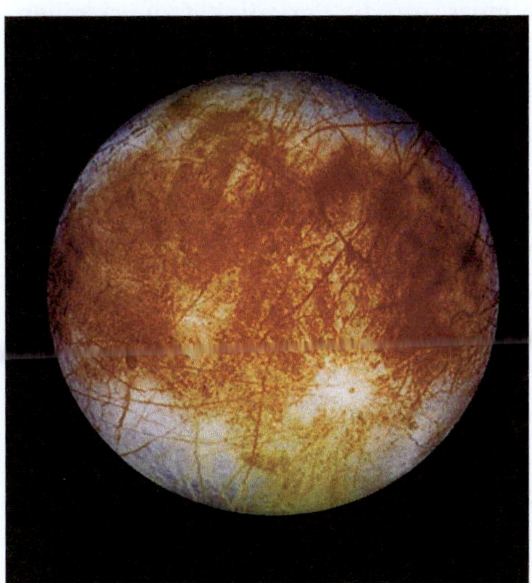

Abb. 12.1 Das Bild zeigt einen Blick auf eine Hemisphäre von Jupiters Mond Europa in annähernd natürlicher Farbe. Man sieht Brüche in der Eiskruste, von denen einige mehr als 3000 Kilometer lang sind. Das Bild wurde 1996 in einer Entfernung von 677 000 km von der Festkörper-Fernsehkamera an Bord der Raumsonde Galileo aufgenommen. *Quelle:* Galileo Project / JPL/ NASA / gemeinfrei.

Auch die Monde von Jupiter und Saturn könnten Leben beherbergen. Die beiden wichtigsten Kandidaten sind der Jupitermond Europa (Abb. 12.1) und Enceladus, ein Begleiter des Gasriesen Saturn. Europa besitzt unter einer eisigen Kruste einen globalen Ozean aus flüssigem Wasser, der durch die Gezeitenkräfte des Jupiters warmgehalten wird. Es gibt Hinweise auf hydrothermale Aktivitäten am Meeresboden, die chemische Energiequellen liefern könnten. Auch Enceladus besitzt ein unterirdisches Meer unter einer Eiskruste. Weltraumsonden haben Wasserdampf und Eispartikel beobachtet, die von aktiven Geysiren ausgestoßen werden. Analysen der abgesonderten Partikel (durch die

Cassini-Mission) zeigten organische Moleküle, Salze und lieferten mögliche Hinweise auf hydrothermale Aktivität. So viel Energie könnte das Leben von Extremophilen beflügeln. Die Suche nach Leben außerhalb der Erde geht deshalb mit der Erforschung unseres Sonnensystems einher, aber auch von Planeten in unserer und anderen Galaxien.

12.3 Biosignaturen in Exoplaneten

Exoplaneten, die andere Sterne umkreisen, sind von der Erde aus nur schwer zu beobachten. Dies liegt daran, dass die Anzahl der von Exoplaneten reflektierten Photonen, die ein Teleskop erreichen kann, stark begrenzt ist und oft im Bereich von wenigen bis einigen tausend Photonen pro Sekunde liegt, abhängig von der Entfernung des Exoplaneten zum Stern, dem Teleskop und der Reflexions- oder Emissionsstärke des Planeten. Daher sind hochpräzise, rauscharme Instrumente mit großen Sammelflächen für die Exoplanetenforschung unerlässlich [2].

Viele Exoplaneten wurden mit der so genannten „Transitmethode" entdeckt. Dabei wird eine zyklische Abschwächung des Sternenlichts gemessen. Jedes Mal, wenn der Exoplanet zwischen uns und seinem Stern vorbeizieht, wird das Licht des Sterns ein wenig schwächer, meist um weniger als ein Prozent oder viel weniger. Diese Abschwächung liegt im Bereich des Teleskoprauschens, so dass man viele Umlaufbahnen des Planeten aufzeichnen muss, um die Periodizität zu erkennen und das endgültige Signal zu verstärken. Diese Methode wurde vom Weltraumteleskop Kepler von 2009 bis 2018 angewandt. Durch die Beobachtung von 150 000 Sternen konnten 2600 Exoplaneten bestätigt werden.

Biosignaturen von Exoplaneten können dann mit Teleskopen auf der Erde oder im Weltraum erforscht werden. Das James Webb Space Telescope (JWST), das bereits 2021 in Betrieb ging, wird zur Untersuchung der Atmosphären von Exoplaneten und ihrer chemischen Zusammensetzung eingesetzt. Das JWST ist in der Lage, die Lichtsignatur von Exoplaneten einzufangen und die Atmosphäre auf Wasser, Methan und andere wichtige Gase zu untersuchen. In der Regel werden solche Planeten beobachtet, die sich in der so genannten „bewohnbaren Zone" befinden, d. h. die sich so weit von ihrem Stern befinden, dass dort Wasser in flüssiger Form zu finden ist. Die bewohnbare Zone hängt von der Art des Sterns, dem Radius der Umlaufbahn, der Größe des Planeten und auch von der Zusammensetzung der Atmosphäre ab. Die Venus etwa liegt in der bewohnbaren Zone unseres Planetensystems, aber ihre Kohlendioxidatmosphäre lässt die Temperatur auf bis zu 465 Grad Celsius ansteigen.

Auf der Erde hat das Very Large Telescope (VLT) in der Atacama-Wüste Exoplaneten direkt abgebildet (Abb. 12.2). Mit seinem Instrument SPHERE hat das VLT zur Beobachtung von Exoplaneten beigetragen, die im Infrarotbereich leuchten. Durch den Einsatz von Hochkontrast- und Hochauflösungstechniken,

Abb. 12.2 Die vier 8,2-Meter-Einzelteleskope von *Very Large Telescope*, dazu vier 1,8-Meter-Hilfsteleskope und das VLT-Übersichtsteleskop (VST). *Quelle:* ESO / G.Hüdepohl.

einer Schildblende und adaptiver Optik kann das Licht des Sterns blockiert werden, um die Bildqualität zu verbessern. Dadurch werden die schwachen Signaturen der Exoplaneten sichtbar. Das Instrument kann auch spektroskopische und polarimetrische Messungen durchführen, um die Zusammensetzung und Temperatur der Atmosphäre von Exoplaneten zu analysieren. Damit können atmosphärische Moleküle identifiziert werden, die auf Lebensbedingungen hinweisen könnten.

12.4 Wahrscheinlichkeit von Leben

Die Exoplanetenforschung ist eine noch relativ junge Disziplin. Erst 1995 wurde der erste Exoplanet entdeckt, heute sind bereits mehr als 6000 bekannt. Hinzu kommen jährlich 1000 neue Exoplaneten.

Die Wahrscheinlichkeit, dass auf einem Exoplaneten Leben existiert, hängt von einer Vielzahl von Faktoren ab, die zusammen eine geeignete Umgebung für biologische Prozesse schaffen könnten [3]. Das Vorhandensein von flüssigem Wasser wurde bereits erwähnt. Wasser ist nicht nur ein Lösungsmittel für chemische Reaktionen, sondern spielt auch für die Stabilität des Klimas und die Regulierung der Temperatur und der chemischen Aktivität auf einem Planeten eine wichtige Rolle. Befindet sich ein Planet in der bewohnbaren Zone seines Sterns, so steigt die Wahrscheinlichkeit, dass sich auf ihm Leben entwickeln kann.

Ein weiterer wichtiger Faktor ist das Vorhandensein einer stabilen Atmosphäre, die die Oberfläche des Planeten vor schädlicher Strahlung schützt und einen Treibhauseffekt reguliert, der für das Leben wichtig sein kann. Eine Atmosphäre kann auch chemische Komponenten liefern, die für das Leben notwendig sind. Darüber hinaus spielt das Magnetfeld des Planeten eine wichtige Rolle, da es den Planeten vor den schädlichen Auswirkungen des Sonnenwindes schützt und eine Atmosphäre über lange Zeiträume aufrechterhalten kann. Ein Planet ohne Magnetfeld könnte daher anfälliger für atmosphärische Verluste und damit weniger wahrscheinlich für die Entwicklung von Leben sein. All diese Faktoren müssen im Gleichgewicht sein, um optimale Bedingungen für die Entstehung und Erhaltung von Leben zu schaffen, was die Suche nach bewohnbaren Exoplaneten so komplex und vielschichtig macht.

Wir sollten uns jedoch nicht zu sehr an unser gewohntes Bild vom Leben auf der Erde klammern. Die Trabanten Europa und Enceladus besitzen keine Atmosphäre, sondern beziehen ihre Wärme hauptsächlich aus dem Prozess der gezeiteninduzierten Erwärmung, der durch die Wechselwirkung zwischen diesen Monden und ihren Planeten (Jupiter für Europa und Saturn für Enceladus) verursacht wird. Von Europa aus gesehen hat die Sonne nur 19 % des Radius, den wir auf der Erde wahrnehmen. Von Enceladus aus sind es nur 7 Prozent. Die Sonne kann beide Trabanten kaum erwärmen.

Europa jedoch erfährt eine gezeiteninduzierte Erwärmung durch die Wechselwirkung zwischen seiner Umlaufbahn um Jupiter und den Gravitationskräften des großen Planeten. Außerdem befindet sich Europa in einer so genannten resonanten Umlaufbahn mit seinen Nachbarmonden, Io und Ganymed. Diese Gravitationswechselwirkungen führen zu einer leichten, aber stetigen Verformung der Oberfläche Europas, die den inneren Kern und die Eiskruste des Mondes deformiert und dadurch Wärme erzeugt. Diese Wärme hilft, den Ozean unter der Eiskruste flüssig zu halten, obwohl die Oberfläche selbst extrem kalt ist. Die gezeitenbedingte Erwärmung könnte also bei der Aufrechterhaltung eines flüssigen Ozeans eine wichtige Rolle spielen, der eine vielversprechende Umgebung für die Entstehung von Leben darstellen könnte. Ähnliches gilt für Enceladus. Wenn es auf den beiden Trabanten Leben gäbe, dann in der Nähe von Wärmequellen in der Tiefsee (ähnlich wie auf der Erde, Abb.12.3). Vielleicht kann nur eine Robotermission zu einem der beiden Monde Gewissheit bringen. Solche Planeten mit extremophilen Leben in der Tiefsee werden „Wasserwelten" genannt.

Eigentlich haben wir Glück gehabt, dass die Erde alles hat, was man zum Leben braucht: Wasser, Atmosphäre, magnetische Pole, den richtigen Abstand zur Sonne, keine Planeten, die die Umlaufbahn wesentlich stören usw. Nur so ist es zu verstehen, dass bereits eine Milliarde Jahre nach der Entstehung der Erde die ersten Anzeichen von Leben auftauchten. Bei einem Gesamtalter der Erde von 4,5 Milliarden Jahren ist unser Planet seit 3,5 Milliarden Jahren bewohnt. Wie unwahrscheinlich ist das? Das werden wir erst wissen, wenn wir einige tausend Exoplaneten auf Leben untersucht haben.

12.5 Katalog der bewohnbaren Welten und Zwillingserden

Es ist also das Jahrzehnt der Exoplanetenforscher und es gibt keinen besseren Beweis dafür als die Existenz des „Katalogs bewohnbarer Welten", der vom Astronomischen Observatorium in Arecibo verwaltet wird. Das Webportal im O-Ton: „Der

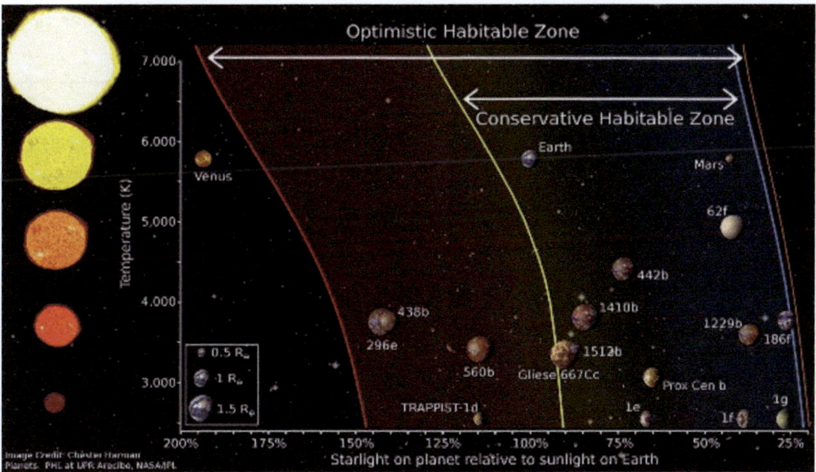

Abb. 12.3 Ein Diagramm, das die Grenzen der bewohnbaren Zone um Sterne darstellt und zeigt, wie die Grenzen durch den Sterntyp beeinflusst werden. Diese Darstellung umfasst Planeten des Sonnensystems (Venus, Erde und Mars) sowie besonders wichtige Exoplaneten wie TRAPPIST-1 d, Kepler-186f und unseren nächsten Nachbarn Proxima Centauri b. (Abb. Chester Harman / Wikimedia Commons / CC BY-SA 4.0).

Katalog bewohnbarer Welten (Habitable Worlds Catalog, HWC) listet unter den mehr als 5000 bekannten Exoplaneten bis zu 70 potenziell bewohnbare Welten auf. Davon sind 29 wahrscheinlich Gesteinsplaneten, auf denen flüssiges Wasser vorkommen könnte (konservative Stichprobe). Bei den übrigen 41 könnte es sich um Wasserwelten oder Mini-Neptune handeln, die mit geringerer Wahrscheinlichkeit bewohnbar sind (optimistische Stichprobe)". In nur 30 Jahren sind wir also von einem einzigen bekannten Exoplaneten zu 70 möglicherweise bewohnten Planeten vorgedrungen! (Abb. 12.3).

In diesem Katalog ist ein Planetensystem um den Stern Trappist-1 enthalten, das die Aufmerksamkeit der Bioastronomen auf sich gezogen hat. Das System gilt für die Suche nach Leben als besonders vielversprechend, da es sieben erdähnliche Planeten enthält, von denen drei in der bewohnbaren Zone liegen. In dieser Zone könnten die Temperaturen moderat genug sein, um flüssiges Wasser auf der Oberfläche zu ermöglichen – eine Grundvoraussetzung für die Entstehung von Leben. Die Planeten sind in Größe und Masse mit der Erde vergleichbar und könnten daher feste Oberflächen und möglicherweise dichte Atmosphären besitzen, die lebensfreundliche Bedingungen begünstigen.

Der Zentralstern TRAPPIST-1 ist ein ultrakühler Zwerg, der eine lange Lebensdauer und eine stabile Strahlungsumgebung bietet. Da die Planeten ihren Stern sehr nahe umkreisen, kommt es häufig zu Transiten, bei denen die Planeten von der Erde aus gesehen vor dem Stern vorbeiziehen. Diese Transite ermöglichen es, die Atmosphären der Planeten spektroskopisch zu untersuchen und nach Molekülen

Tab. 12.1 Einige Exoplaneten, die als Zwillinge der Erde gelten. Sie wurden von der Weltraumsonde Kepler entdeckt.

Planet	Masse (im Verhältnis zur Erde)	Radius (im Verhältnis zur Erde)	Möglichkeit von flüssigem Wasser
Kepler-22b	2,4	2,4	Ja
Kepler-452b	1,6	1,5	Ja
Kepler-186f	1,2	1,1	Ja
Kepler-438b	1,1	1,1	Ja
Kepler-442b	1,3	1,3	Ja
Kepler-62f	1,4	1,4	Ja
Kepler-174d	1,3	1,2	Ja

wie Wasser, Sauerstoff oder Methan zu suchen, die auf biologische Prozesse hinweisen könnten.

Mit einer Entfernung von etwa 40 Lichtjahren ist das System auch für moderne Teleskope wie das James-Webb-Weltraumteleskop relativ gut erreichbar. Modelle deuten darauf hin, dass einige der Planeten Wasser in flüssiger oder gefrorener Form besitzen könnten, entweder auf der Oberfläche oder in unterirdischen Ozeanen. All diese Faktoren machen TRAPPIST-1 zu einem der interessantesten Systeme für die Suche nach extraterrestrischem Leben.

Außerdem hat die Weltraumsonde Kepler eine Vielzahl von Exoplaneten entdeckt, darunter mehrere mit ähnlicher Masse und ähnlichem Radius wie die Erde, die als *Zwillingserden* bezeichnet werden (Tab. 12.1). Diese Planeten befinden sich teilweise in der bewohnbaren Zone ihrer Sterne, was bedeutet, dass dort theoretisch flüssiges Wasser existieren könnte – eine entscheidende Voraussetzung für Leben, wie wir es kennen. Die folgende Tabelle fasst die Eigenschaften einiger dieser erdähnlichen Planeten zusammen. Aufgrund ihrer Vergleichbarkeit mit der Erde konnten sie Festland, Meere und eine dichte Atmosphäre besitzen.

12.6 Andere Lebensformen

Es könnte aber auch sein, dass wir uns bei den Biosignaturen zu sehr auf unsere eigenen Erfahrungen verlassen. Die Möglichkeit, dass es andere Lebensformen als die auf der Erde gibt, ergibt sich aus den chemischen und physikalischen Bedingungen, die auf anderen Planeten oder Monden herrschen könnten. Das irdische Leben basiert auf Kohlenstoff (mit seinen vielen Valenzen) und verwendet Wasser als Hauptlösungsmittel, aber andere chemische Kombinationen könnten Lebewesen unter extremen Bedingungen unterstützen. Beispielsweise könnte Leben mit Methan als Lösungsmittel auf kalten Welten wie dem Saturnmond Titan existieren. Es mag gewagt klingen, aber solche Organismen könnten Methan anstelle von Wasser für ihren Stoffwechsel nutzen und ihre Molekülstrukturen aus Kohlenwasserstoffen aufbauen. Ein anderes Beispiel wäre Leben auf der Basis von Silizium. Obwohl dies weniger wahrscheinlich ist, da Silizium in Gegenwart von Sauerstoff sehr reaktiv ist, könnte es in wasserarmen Umgebungen Moleküle bilden, die ähnlich wie kohlenstoffbasierte Organismen funktionieren.

Es ist auch vorgeschlagen worden, dass Leben mit Ammoniak als primärem Lösungsmittel möglich sein könnte. Ammoniak bleibt bei wesentlich niedrigeren Temperaturen als Wasser stabil, so dass die bewohnbare Zone in kältere Regionen des Universums ausgedehnt werden könnte. Solche Organismen könnten stickstoffhaltige Verbindungen anstelle von Kohlenwasserstoffen nutzen und Stoffwechselprozesse entwickeln, die auf chemischen Reaktionen zwischen Ammoniak und Elementen wie Wasserstoff oder Schwefel beruhen. Ammoniak hat die Fähigkeit, eine Vielzahl chemischer Verbindungen aufzulösen, was es zu einem geeigneten Medium für biochemische Prozesse macht, auch wenn die Reaktionsgeschwindigkeit in diesen kalten Umgebungen langsamer sein könnte.

Die Biosignaturen von Leben, das auf Ammoniak basiert, unterscheiden sich signifikant von denen des irdischen Lebens. Die Suche nach ungewöhnlich hohen Konzentrationen von Ammoniak in Kombination mit spezifischen chemischen Ungleichgewichten in der Atmosphäre, wie beispielsweise einer unerwarteten Menge von Stickstoff in Verbindung mit reaktiven Gasen, könnte aufschlussreiche Erkenntnisse liefern. Zudem wäre der Nachweis komplexer stickstoffhaltiger organischer Verbindungen möglich, die nicht leicht auf abiotischem Weg entstehen. Spektralanalysen könnten zudem Muster aufdecken, die durch die Wechselwirkung von Ammoniak mit biologischen Molekülen auf der Oberfläche oder in der Atmosphäre eines Planeten entstehen und Hinweise auf biologische Aktivität liefern.

Abschließend sei an dieser Stelle auf das ursprüngliche Problem hingewiesen, d. h. die Definition des Begriffs *Leben*. Die Beantwortung dieses Rätsels ist von entscheidender Bedeutung, da es viele weitere offene Fragen aufwirft. Das Exobiologie-Programm der NASA hat sich 1992 in Bezug auf die Definition von Leben für einen eher operativen Ansatz entschieden, der besagt, dass Leben ein „selbsterhaltendes chemisches System der Darwin'schen Evolution unterliegt" sei. Die Art und Weise, wie wir Biosignaturen im Universum interpretieren, ist abhängig von unserer Definition von Leben folglich. Es ist davon auszugehen, dass die heutige Forschung in diesem Bereich noch einige Überraschungen bereithält.

Jedoch, früher oder später werden wir, wie von Giordano Bruno vorausgesagt, Leben im Weltraum finden.

Prof. Dr. Raúl Rojas González (1955) lehrt seit 1997 Informatik an der Freien Universität Berlin mit Spezialgebiet künstliche neuronale Netze. Dort wurde er mit dem ersten Wolfgang von Kempelen-Preis für Informatikgeschichte ausgezeichnet. Gemeinsam mit seinem Team erhielt er den Preis für seine Arbeiten über Konrad Zuse und die Geschichte des Computers. Er schreibt regelmäßig für das Online-Magazin „Telepolis".*

Literatur

1. Cavalazzi, B. u. Westall, F. (Hrsg.). (2019). *Biosignatures for Astrobiology*. Springer Nature.
2. Deeg, H., Belmonte, J.A. and Aparicio, A. (Hrsg.). (2007). *Extrasolar planets*. Cambridge University Press.
3. Janjic, A. (2019). *Astrobiologie – die Suche nach außerirdischem Leben*. Springer.
4. Piper, S. *Exoplaneten. Die Suche nach einer zweiten Erde*. Springer Spektrum.

Datenbanken von Exoplaneten

[A] Exoplanet Team: The Extrasolar Planets Encyclopaedia. (http://www.exoplanet.eu).
[B] California Institute of Technology: NASA Exoplanet Archive. (https://exoplanet archive.ipac.caltech.edu).
[C] Multiple contributors: Open Exoplanet Catalogue. (https://www.openexoplanetca talogue.com).

13

Auf der Suche nach außerirdischer Intelligenz

Von Technosignaturen und fremden Artefakten

von Michael Schetsche

13.1 In weiter Ferne: Signale und Signaturen

Die wissenschaftliche Suche nach außerirdischen Intelligenzen (SETI) nahm ihren ganz praktischen Anfang, als der Astronom *Frank Drake* (Abb. 13.1) am National Radio Astronomy Observatory in Green Bank (USA) im Jahre 1960 zum ersten Mal den Himmel nach künstlichen elektromagnetischen Signalen absuchte. Sein Projekt „Ozma" und die anschließende Fachkonferenz schrieben Wissenschaftsgeschichte. In den Folgejahren implementierten Drake und einige andere Wissenschaftler ein bis heute dominierendes Forschungsparadigma bei der Suche nach Außerirdischen. Dieses basiert auf der Grundannahme, dass im Universum andere Zivilisationen existieren, die zum jetzigen Zeitpunkt fast den gleichen technologischen Entwicklungsstand wie die Menschheit haben.

Es ist offensichtlich, dass dieses Programm höchst ambitioniert ist: Gesucht wird nur nach Signalen von Radioteleskopen und ähnlichen technischen Einrichtungen, die weitgehend den Anlagen entsprechen, wie sie heute auf der Erde betrieben werden. Denn nur, wenn es außerhalb der Erde Wesen gibt, die eine *passende* Technologie entwickelt haben und diese auch zur Kommunikation mit anderen Zivilisationen einzusetzen bereit sind, macht eine Suche nach extraterrestrischer Intelligenz mittels Radiowellen Sinn. Letztlich sind die Außerirdischen, so wie wir diese erwarten, das Spiegelbild jener menschlichen Wissenschaftler, die die traditionellen SETI-Programme theoretisch konturiert und auch praktisch umgesetzt haben. Gerade die frühe Suche nach extraterrestrischer Intelligenz war von vielen *anthropozentrischen Vorannahmen* geprägt.

Zur Ehrenrettung der beteiligten Wissenschaftler und Wissenschaftlerinnen muss allerdings gesagt werden, dass viele ihrer durchaus kritisierbaren Annahmen und Engführungen schlicht den begrenzten technischen Möglichkeiten des vergangenen Jahrhunderts geschuldet waren. Mit den verwendeten Radioteleskopen ließen sich nur Signale auffangen, die mit großer Stärke und deshalb wohl auch ganz absichtsvoll in die Weiten des Weltalls ausgestrahlt wurden. Andere Anzeichen für

Expedition in die Raumzeit: Wissen – Denkbares – Unerklärliches, 1. Auflage. Harald Zaun (Hrsg.).
© 2026 Wiley-VCH GmbH. Alle Rechte vorbehalten, einschließlich derer für Text- und Data-Mining und Training von Technologien der Künstlichen Intelligenz oder ähnlichen Technologien. Published 2026 by Wiley-VCH GmbH

Abb. 13.1 Frank Drake (1930–2022) in jungen Jahren. Das Bild wurde 1959 in der Vorbereitungsphase des Ozma-Projekts aufgenommen. *Quelle:* NRAO/AUI/NSF.

die Existenz außerirdischer Intelligenz ließen sich mit den damaligen Möglichkeiten schlicht nicht entdecken. Erst neue Beobachtungstechniken durch verbesserte irdische Empfangsgeräte und insbesondere durch im Weltraum stationierte Teleskope schufen im 21. Jahrhundert die Möglichkeit, auch ganz andere Anzeichen fremder Zivilisationen zu entdecken. So konnten sich in den letzten beiden Jahrzehnten zu den klassischen SETI-Programmen neue Forschungsstrategien gesellen – es entstand die deutlich umfassendere Idee einer Suche nach *Technosignaturen* in den Tiefen des Weltraums. Sehr weit gefasst impliziert der Begriff *alle* Anzeichen für die Existenz *technologischer* Zivilisationen, die mit irdischen Mitteln entdeckt werden können.

Verblüffend ist dabei, auf welche unterschiedliche „Spuren" die verschiedenen Suchstrategien ausgerichtet sind. Was man jeweils zu entdecken hofft, hängt dabei unmittelbar von den *technischen Möglichkeiten* zu einem bestimmten Zeitpunkt ab. So kann seit kurzem mit Hilfe des *James Webb Space Telescope* (JWST) die Beschaffenheit der Atmosphäre von Exoplaneten direkt untersucht werden. Hierdurch ist es etwa möglich, chemische Verbindungen nachzuweisen, die nicht natürlich vorkommen, sondern nur durch künstliche Prozesse entstanden sein können. Von Interesse sind hier etwa Chlor-Fluor-Kohlenwasserstoff-Verbindungen oder andere Substanzen, die bei uns auf der Erde als Anzeichen von Umweltverschmutzung gelten – ein Phänomen, das es auch auf fremden Planeten geben könnte. Ein extremer Fall wäre hier, wenn wir atmosphärische Hinweise auf einen planetenweiten Krieg fänden, den eine außerirdische Zivilisation verursacht hätte. Ein mit Atomwaffen ausgetragener Krieg sollte noch lange Zeit nach dem katastrophalen Ereignis auch aus großer Ferne zu detektieren sein.

Eine andere Strategie besteht darin, nach großen künstlichen Objekten zu suchen, die eine fremde Sonne umgeben. Es könnte sich dabei um dichte Schwärme von Raumsonden handeln, andererseits aber auch um Anzeichen für das Bestehen einer *Dyson Sphere*, also für eine Struktur zur Energiegewinnung, die einen Stern umgibt und sein Licht teilweise abdeckt.

Ganz aktuell sucht das internationale Forschungsprojekt *Hephaistos* nach Signaturen solcher Sphären in den Daten neuerer Himmelsdurchmusterungen mittels Infrarot-Teleskope. Einige Kandidaten für solche künstliche Strukturen könnten in den verwendeten Daten bereits entdeckt worden sein – diese Ergebnisse sind wissenschaftlich jedoch noch umstritten, so dass weitere Untersuchungen der „verdächtigen" Sonnensysteme durchgeführt werden müssen.

Die spekulativste Strategie in diesem Kontext ist sicherlich die Suche nach Anzeichen für die Existenz von Superzivilisationen in den Weiten des Alls, die völlig unbekannte Technologien nutzen, um die physikalischen Eigenschaften von Sternen oder schwarzen Löchern zu manipulieren. Was wir bei unseren Durchmusterungen des Himmels dann finden würden, sind Anomalien, die sich nach unserem aktuellen physikalischen Weltbild nicht natürlich erklären lassen, sondern Ergebnis eines technischen Eingriffs in die Struktur der entsprechenden stellaren Objekte sein müssen. Allerdings ist unser Wissen über das Universum durchaus begrenzt, so dass bei jeder neu entdeckten Anomalie immer wieder gefragt werden muss, ob es sich hierbei nicht doch um ein natürliches Phänomen handeln könnte. So etwas kennen wir aus der Vergangenheit beispielsweise von Pulsaren.

Bei dieser Sternklasse handelt es sich um hochrotierende Neutronensterne, die extrem starke Magnetfelder besitzen und daher Radiowellen, sichtbares Licht, Röntgen- oder Gammastrahlen emittieren. Die dabei abgesandten Pulse erfolgen derart stark und regelmäßig, dass oft die Frage aufgeworfen wurde, ob es sich hierbei um künstlich erzeugte „kosmische Leuchtfeuer" handeln könnte. Gleichwohl konnten jedoch schnell theoretische Modelle entwickelt werden, die einen natürlichen Ursprung der vermeintlichen Alien-Signale nahelegten. Ähnliches könnte auch bei der einen oder der anderen Neuentdeckung einer kosmischen Anomalie passieren.

Die Technosignaturen in dem hier favorisierten Verständnis zeichnen sich also nicht nur dadurch aus, dass sie *fern der Erde* beobachtet werden, sondern auch dadurch, dass lange Zeit (vielleicht sogar dauerhaft) ungeklärt bleiben könnte, ob es sich tatsächlich um Anzeichen für eine fremde Zivilisation handelt.

13.2 Vor unserer Haustür: Artefakte in unserem Sonnensystem

Etwa anders ist die Situation bei fremder Technologie, die wir in unserem eigenen Sonnensystem entdecken und direkt vor Ort untersuchen können. In einem sehr allgemeinen Begriffsverständnis handelt es sich hier ebenfalls um Technosignaturen – es scheint mir aber aus analytischen Gründen sinnvoller von *außerirdischen Artefakten* zu sprechen. Dies macht auch deshalb Sinn, weil sich seit den siebziger Jahren des vergangenen Jahrhunderts eine eigene kleine Forschungsrichtung namens SETA (=Search for Extraterrestrial Artefacts) ausgebildet hat, die sich ganz und gar auf solche erdnahen Objekte konzentriert. Diese Denkschule geht davon aus, dass Anzeichen fremder Zivilisationen nicht nur in den Tiefen und

Weiten des Weltraums zu finden sind, sondern gleichsam vor unserer Haustür entdeckt werden könnten.

Die SETA-Idee (Abb. 13.2) ist fast so alt wie das erste SETI-Programm. Bereits im Jahre 1960 schlug der australische Radioastronom *Ronald N. Bracewell* vor, nach außerirdischen Raumsonden in unserem Sonnensystem zu suchen. Dieser Vorschlag stieß zunächst jedoch auf wenig Interesse in der wissenschaftlichen Gemeinschaft. Dies änderte sich erst im Jahre 1977, als die Astronomen *Thomas B.H. Kuiper und Mark Morris* in einem Beitrag für *Science* (eine der renommiertesten naturwissenschaftlichen Fachzeitschriften) die klassischen SETI-Strategien nachdrücklich kritisierten. Sie hoben hervor, dass es bei der Suche nach Außerirdischen entscheidend ist, nur die nötigsten Vorannahmen hinsichtlich der Fähigkeiten und Verhaltensweisen der Fremden zu machen. Insbesondere waren sie der Meinung, dass die Überwindung interstellarer Entfernungen durch Raumsonden durchaus möglich sein könnte, wir deshalb auch in unserem Sonnensystem auf Belege für solche Besuche stoßen könnten. Die beiden Autoren konturierten SETA jedoch nicht als Alternative, sondern als Ergänzung zu den damals üblichen SETI-Programmen.

Nur wenige Jahre später formulierte der Physiker *Robert A. Freitas* in zwei Aufsätzen die sogenannte Artefakt-Hypothese, nach der die Raumsonden fortgeschrittene Zivilisationen unser Sonnensystem bereits erreicht haben. Damit gäbe es auch eine Chance, entsprechende materielle Artefakte im Sonnensystem zu finden, wenn man nur mit dem entsprechenden technischen Aufwand danach suchte. Davon ausgehend, dass die Erde, zumindest in der letzten Milliarde Jahre, die komplexeste und interessanteste Umwelt in unserem Sonnensystem darstellt, vermutete Freitas außerdem, fremde Raumsonden in unserem Sonnensystem könnten sich auf die Beobachtung der Erde konzentrieren und wären daher sehr wahrscheinlich an

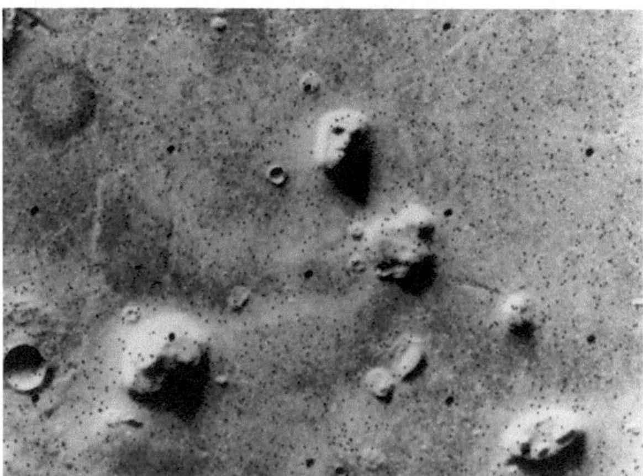

Abb. 13.2 Das legendäre Originalbild des „Marsgesichtes" in der Cydonia-Region auf dem Roten Planeten. Es entpuppte sich, wie spätere Aufnahmen zweifelsfrei belegten, bekanntlich nicht als künstliches Artefakt. Es ist schlichtweg das Produkt einer zufällig formierten exogeologischen Struktur. Es wurde von seriösen SETA-Wissenschaftlern zu keinem Zeitpunkt als außerirdisches Artefakt klassifiziert. *Quelle:* NASA / gemeinfrei.

entsprechenden Beobachtungsorten anzutreffen – etwa in einer Umlaufbahn um die Erde oder auf unserem Mond.

Ähnlich wie Freitas forderte auch der ukrainische Astrophysiker *Alexey V. Arkhipov* in den neunziger Jahren als notwendige Ergänzung zu den bisherigen SETI-Programmen eine systematische Suche nach außerirdischen Artefakten in unserem Sonnensystem. Er lieferte Argumente dafür, dass eine interstellare Beobachtungssonde im Fall des Falles eher auf der Oberfläche des Mondes als in einer Umlaufbahn um die Erde anzutreffen wäre. Nach seiner Auffassung könnte der Mond eine wahre Fundgrube für außerirdische Artefakte sein.

Im neuen Jahrhundert erschienen dann viele weitere Fachaufsätze, in denen es ganz konkret um die Frage ging, wo in unserem Sonnensystem entsprechende Artefakte gefunden werden könnten. Favorisiert wurden und werden dabei der *Asteroiden-Gürtel* und unser Erdmond. Einer der konkretesten Vorschläge für ein entsprechendes Suchprogramm stammt von dem Kosmologen und Astrobiologen *Paul Davies* und seinem Mitarbeiter *Robert Wagner:* In einem Aufsatz aus dem Jahre 2012 schlagen sie vor, im Rahmen von Kartierungen der Oberfläche unseres Erdmondes auch nach außerirdischen Artefakten Ausschau zu halten. Ihre konkrete Idee ist dabei, die fotografischen Daten der 2009 gestarteten „Lunar Reconnaissance Orbiter"-Mission zu nutzen, um auf der Mondoberfläche nach Überbleibsel interstellarer Expeditionen zu suchen. Der Erdmond scheint ihnen für eine solche Suche insbesondere deshalb gut geeignet, weil dort aufgrund der Langsamkeit von Erosionsprozessen und des weitgehenden Fehlens tektonischer Prozesse entsprechende Artefakte über extrem lange Zeiträume erhalten bleiben würden. In ihrem Aufsatz diskutieren die beiden Autoren sehr konkret nicht nur die Auffindbarkeit verschiedener Typen von künstlichen Strukturen bzw. Objekten, sondern auch die Frage, was irdische Wissenschaftler heute mit solchen Überbleibseln anfangen könnten.

Seit dieser Zeit sind immer mehr sehr konkrete Vorschläge für die Suche nach außerirdischen Artefakten unterbreitet worden. Bis heute (2025) ist jedoch, abgesehen von Freitas' eigenen Forschungen, kaum eine der vorgeschlagenen Strategien in die Praxis umgesetzt worden. Vor allem mangelt es nicht zuletzt aus finanziellen Gründen an groß angelegten Durchmusterungen unseres Sonnensystems nach anomalen Strukturen. So ist SETA bislang nur ein eher theoretisches Programm, das noch der Umsetzung harrt.

13.3 Kulturelle Folgen der Entdeckung

Was aber, so ist abschließend zu fragen, würde es denn für uns Menschen bedeuten, wenn eines Tages wirklich Technosignaturen in den Weiten des Weltalls oder sogar außerirdische Artefakte direkt in unserem Sonnensystem entdeckt würden? Behalten wir unsere Differenzierung bei und schauen uns die beiden Fälle (Teilbereiche einer größeren *Szenario-Analyse* zum Thema, die mein Kollege Andreas Anton und ich vor einigen Jahren durchgeführt hatten) getrennt voneinander an.

13.3.1 Folgen der Entdeckung einer Technosignatur

Das Technosignatur-Szenario geht davon aus, dass zukünftige leistungsfähige Teleskope Beweise für vergangene oder gegenwärtige außerirdische Technologie fern der Erde finden. Die gesellschaftlichen Folgen eines solchen Ereignisses würden vor allem von zwei Parametern abhängen: Erstens von der Entfernung der entdeckten Technosignatur und zweitens von den beobachteten spezifischen Merkmalen und den darauf basierenden Rückschlüssen auf den Entwicklungsstand der Außerirdischen. Die gesellschaftlichen Folgen der Entdeckung wären dabei umso gravierender, je näher die beobachtete Technosignatur an der Erde liegt und je fortgeschrittener die außerirdische Technologie erscheint.

Zunächst ist davon auszugehen, dass eine solche Entdeckung starke Auswirkungen auf die Wissenschaft haben würde. Man würde alles daran setzen, um mehr über die Natur und die Fähigkeiten dieser außerirdischen Zivilisationen zu erfahren. Dies würde wahrscheinlich zahlreiche neue Finanzierungsquellen für solche Forschungen erschließen. Insbesondere die Astrobiologie würde von einer solchen Entdeckung enorm profitieren und könnte sich sogar zu einer der führenden wissenschaftlichen Disziplinen entwickeln. Es würden wahrscheinlich vollkommen neue Wissenschaftszweige entstehen, um die fremde Zivilisation zu verstehen, was zu bedeutenden Erkenntnisfortschritten führen könnte.

Es ist auch zu erwarten, dass die Entdeckung einer fremden Technosignatur lebhafte öffentliche Diskussionen darüber auslöst, ob die außerirdische Zivilisation eines Tages von uns Menschen besucht werden kann. Dies könnte enorme Impulse im Bereich der Raumfahrttechnik auslösen, wobei die politische und gesellschaftliche Bereitschaft, in größerem Umfang Ressourcen in die Raumfahrttechnik zu investieren, mit zunehmender Entfernung der Technosignatur abnehmen dürfte. Darüber hinaus würde sich in der Wissenschaft und der Öffentlichkeit eine intensive Debatte darüber entwickeln, ob man versuchen sollte, die entdeckten außerirdischen Zivilisationen zu kontaktieren – etwa per Radiowellen oder Laserimpulsen.

Im politischen Bereich würde die Frage, wie mit dieser Entdeckung und der möglichen Kommunikation mit außerirdischen Zivilisationen umzugehen ist, sicherlich zu globalen Debatten führen. Eine internationale Zusammenarbeit wäre unerlässlich, um ein einheitliches Konzept für den Umgang mit dieser neuen Realität zu entwickeln. Die Relevanz und Dringlichkeit, mit der die politischen Entscheidungsträger das Thema angingen, würden wahrscheinlich von den beiden genannten Parametern abhängen. Würden beispielsweise chemische Verbindungen, die auf eine technologische Zivilisation hindeuten, in der Atmosphäre eines fernen Exoplaneten nachgewiesen, dürfte dies keinen allzu großen politischen Handlungsdruck erzeugen. Würde jedoch eine Dyson-Sphäre nicht allzu weit von der Erde entfernt gefunden, würden die politischen Akteure diesem Ereignis wahrscheinlich große Bedeutung beimessen. Die Frage, wie mit der Entdeckung umzugehen ist, könnte zu einer verstärkten internationalen Zusammenarbeit führen, aber auch zu geopolitischen Spannungen (etwa wegen des Zugangs zu den gewonnenen Daten).

Je nach Entfernung und spezifischen Merkmalen der Technosignatur können darüber auch militärische Überlegungen angestellt werden, ob die außerirdische Zivilisation in irgendeiner Weise eine Bedrohung für die Erde darstellt und ob Maßnahmen zur planetarischen Verteidigung ergriffen werden müssen. Dies könnte etwa zur Entwicklung völlig neuer Waffentechnologien führen, die für den Einsatz im Weltraum optimiert sind. Eine dauerhafte Militarisierung der Weltraumforschung und des Weltraums selbst wäre durchaus möglich.

Zusammenfassend lässt sich sagen, dass die Entdeckung einer Technosignatur mittel- und langfristig sehr starke Konsequenzen im wissenschaftlichen Bereich haben dürfte. Andere mögliche Folgen würden von der Entfernung und den spezifischen Merkmalen der Technosignatur abhängen. Grundsätzlich muss man aber davon ausgehen, dass eine solche Entdeckung in der Ferne weniger dramatische Auswirkungen als der Fund eines außerirdischen Artefakts direkt in unserem Sonnensystem hätte.

13.3.2 Folgen eines Artefaktfundes

Wie geschildert gehen die SETA-Programme davon aus, dass wir in unserem Sonnensystem irgendwann auf die materiellen Hinterlassenschaften – etwa eine Raumsonde – einer fremden Zivilisation stoßen. Während die außerirdische Herkunft eines Artefakts sich bereits aus dem Fundort ableiten ließe, könnte sich die Frage nach der Natürlichkeit oder Künstlichkeit eines entsprechenden Objekts umso nachdrücklicher stellen, je weiter die technischen Fähigkeiten der Ursprungskultur über jene der irdischen hinausreichen. Vorstellbar sind Objekte einer solchen Fremdartigkeit, dass bei ihnen nicht nur jede heute bekannte Methode der technischen Untersuchung versagt, sondern bereits die Einordnung „künstlich" oder „natürlich" lange Zeit zweifelhaft bleiben könnte. Wir erleben dies aktuell bei *Oumuamua*, einem im Oktober 2017 entdeckten interstellaren Himmelsobjekt (dem ersten dieser Art), das für kurze Zeit unser Sonnensystem durchquerte. Oumuamua erfuhr bei seiner Annäherung an die Sonne eine bislang nicht abschließend erklärte Beschleunigung und wies darüber hinaus höchst eigentümliche Formeigenschaften auf, weshalb eine heftige wissenschaftliche Debatte darüber entbrannte, ob dieses Objekt möglicherweise künstlichen Ursprungs sein könnte (Abb. 13.3). Leider ist *Oumuamua* inzwischen wieder so weit von der Erde entfernt, dass die Frage nach seiner Natur wohl niemals sicher beantwortet werden kann.

Eine sichere Einordnung als „künstlich" könnte allerdings auch bei einem beispielsweise auf einem Asteroiden gefundenen Objekt schwierig werden, insbesondere wenn es keine für uns Menschen erkennbaren Symbole aufweist. Falls dies aber doch der Fall sein sollte, wäre zumindest die künstliche Natur des Objekts bestätigt. Da die Interpretation einer unbekannten Schrift die Wissenschaft vor eine beinahe unlösbare Aufgabe stellt, solange es keine Referenzquellen gibt, würde jedoch selbst die reiche symbolische Ausstattung eines gefundenen Artefakts keine Informationen über die Denkstrukturen oder Motive der außerirdischen „Verfasser"

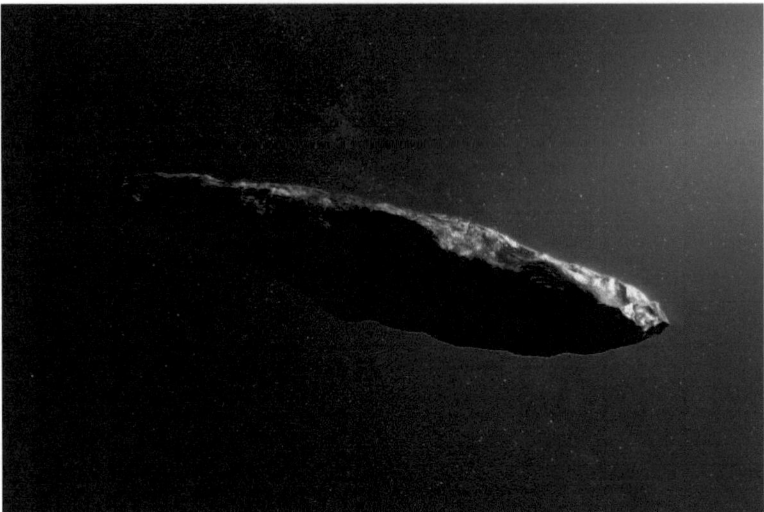

Abb. 13.3 Eine künstlerische Darstellung von Oumuamua. Wie der kosmische Brocken aber genau beschaffen ist und aussieht, steht in den Sternen, die er bereist. Bon voyage! *Quelle:* European Southern Observatory / M. Kornmesser / NASA / gemeinfrei.

liefern. Deshalb werden die irdischen Konsequenzen sich primär aus der *Tatsache des Fundes selbst* ergeben.

Wie stark die kulturellen Auswirkungen einer solchen Entdeckung sein würden, hängt primär von zwei Faktoren ab: (a) Eine mögliche Altersbestimmung würde ein gefundenes Objekt in den menschlichen Zeithorizont hinein oder im Gegenteil aus ihm hinausrücken. Ein geschätztes Alter von einhundert Jahren hätte hier eine völlig andere Bedeutung als eines von hundert Millionen Jahren. Im ersteren Falle wären wir mit unmittelbaren „zeitlichen Nachbarn" konfrontiert, die möglicherweise über die Existenz einer Zivilisation auf der Erde informiert wären. Im letzteren Falle hingegen würden sich alle derartigen Überlegungen von selbst erübrigen. (b) Wenn das fremde Objekt hinreichend komplex ist, würde dies sicherlich zu Spekulationen über seine möglichen Funktionen und sicherlich auch über die aktuelle *Funktionsfähigkeit* des Objekts führen. Dies zöge eine ganze Reihe von schwerwiegenden praktischen Fragen nach sich: Soll das Objekt möglichst unberührt bleiben oder sollte es systematisch wissenschaftlich untersucht werden? Kann und soll es an einen anderen Ort transportiert, gegebenenfalls sogar aus dem Weltraum auf die Erde gebracht werden? Soll es – falls technisch möglich – in irgendeiner Weise manipuliert oder gar zerlegt werden?

Im wissenschaftlichen Bereich würde ein solcher Fund wohl eine ganze Reihe von Forschungsprojekten anstoßen, in denen es darum ginge, maximale Informationen aus dem oder den Objekten herauszuholen. Daran wären sicherlich diverse Disziplinen beteiligt: Die Astrophysik würde versuchen, etwas über die Herkunft des Objekts herauszubekommen. Chemie, Physik und Materialkunde würden sich um dessen Beschaffenheit kümmern. Falls eine Funktionalität auch nur zu erahnen ist, wäre es die Aufgabe diverser ingenieurwissenschaftlicher Disziplinen, hier Näheres in Erfahrungen zu bringen. Und wenn sich am Objekt Symbole finden lassen, wäre deren Untersuchung eine Aufgabe für die Linguistik. Auch die vergleichende Anthropologie sowie die Kultur- und Sozialwissenschaften könnten ihren Beitrag leisten, wenn es um die Fragen geht, mit welchen technischen Mitteln und mit welcher Art von Greiforganen ein solches Objekt gebaut worden ist, welches sein Zweck ist und was wir daraus über die Kultur seiner Schöpfer ableiten können. Wie groß der Forschungsaufwand insgesamt wäre, hängt selbstredend auch von der Beschaffenheit des Objekts und dem Fundort ab. Dabei ist zu entscheiden, ob es vor Ort untersucht oder besser auf die Erde gebracht werden sollte.

Spätestens diese letzte Frage führt uns in den Bereich der *Politik*. Hier dürfte sich alles um einen Punkt drehen: Wer hat die Verfügungsgewalt über das Objekt – rechtlich gesehen, aber nicht zuletzt auch *faktisch*? Es ist zu befürchten, dass es nach dem Fund zu hitzigen politischen Auseinandersetzungen um die Besitzrechte an dem fremden Objekt kommen würde. Für außerhalb der Erde gefundene außerirdische Artefakte gibt es bislang keine verbindlichen internationalen Regelungen. Deshalb ist zu befürchten, dass der Fund eines Artefakts, das von verschiedenen Akteuren (seien es Nationalstaaten oder internationale Konzerne) für technologisch wertvoll gehalten wird, zu risikoreichen internationalen Konflikten führen könnte. Und diese Konflikte könnten durchaus militärische Optionen einschließen. Von Geheimoperationen bis zu offener Kriegsführung sind alle Strategien vorstellbar, um in den Besitz der „Alien-Technologie" zu gelangen.

Die *Öffentlichkeit* würde dies alles vermutlich mit mal mehr, mal weniger Aufmerksamkeit verfolgen. Wie mit dem notwendigen Weltbildwechsel umgegangen wird und welche Auswirkungen dies auf die öffentliche Meinung hat, hängt sicherlich von den bereits angesprochenen Parametern ab: Das öffentliche Interesse dürfte umso größer sein, je jünger das Objekt ist und je besser es gelingt, ihm gewisse Funktionalitäten zuzuschreiben. Diese beiden Faktoren bestimmen aber auch die Frage, welche „emotionale Färbung" das öffentliche Interesse erhält. Ein relativ neues Objekt legt die Frage nahe, ob seine Erbauer demnächst wiederkehren könnten, was durchaus eine ganze Reihe mal mehr, mal weniger begründeter Ängste in der Öffentlichkeit schüren könnte. Die Tatsache eines früheren Besuchs außerirdischer Intelligenzen in unserem Sonnensystem dürfte auch die politische Agenda mittel- und langfristig stark beeinflussen – insbesondere da unklar ist, ob dieser Besuch eine einmalige Angelegenheit war.

Insgesamt dürften die kulturellen Auswirkungen eines solchen Fundes in unserem Sonnensystem deutlich folgenschwerer sein, als die Entdeckung von Technosignaturen hunderte oder gar Tausende von Lichtjahren entfernt. Dies hat insbesondere massenpsychologische Gründe, da „die Fremden" im erstgenannten Falle nicht in weiter, bestenfalls unerreichbarer Ferne zu verorten sind, sondern der Beweis angetreten wäre, dass interstellare Entfernungen von ihnen überbrückt werden können – mithin jederzeit mit einem neuen Besuch einer außerirdischen Spähsonde oder gar einer groß angelegten Expedition gerechnet werden muss. In einem solchen Falle wäre nicht nur die Beunruhigung der Öffentlichkeit deutlich größer, auch die politischen Implikationen dürften erheblich sein. Dies gilt auch dann, wenn der aus dem Wettrennen um die Aneignung der fremden Technologie hervorgehende Konflikt leidlich zivilisiert ausgetragen würde.

13.4 Ausblick

Ob ferne Technosignatur oder nahes Artefakt – beides sind nur zwei von verschiedenen Möglichkeiten, wie die Menschheit eines Tages in Berührung mit einer fremden Intelligenz kommen könnte, die im Sternenmeer beheimatet ist (Abb. 13.4). Wie auch immer der Kontakt aussieht, die Folgen für unser Weltbild wären erheblich. Je nach konkreten Rahmenbedingungen könnte solch ein Ereignis vielfältige, mehr oder weniger schwerwiegende Folgen für die Menschheit als Ganzes haben. Die Konsequenzen könnten höchst erfreulich sein, etwa wenn eine fremde Zivilisation ihr Wissen mit uns teilt, sie könnten die Menschheit im schlimmsten Falle aber auch in ihrer Existenz bedrohen.

So scheint es mir insgesamt höchst zweifelhaft, ob wir uns einen solchen „Erstkontakt" in näherer Zukunft wirklich wünschen sollten. Ich denke, erst einmal muss die Menschheit sehen, ob sie die aktuellen Krisen, insbesondere den Klimawandel und die zunehmende Weltkriegsgefahr, bewältigen kann, ehe sie in einem zivilisatorischen Sinne reif für den Kontakt mit einer fremden Spezies aus den Weiten des Weltraums ist. Mit anderen Worten: Je aktiver wir nach fremder Technologie suchen, desto größer ist die Chance, aber eben auch das Risiko, dass wir tatsächlich fündig werden.

Abb. 13.4 Das Sternenmeer ist so groß, dass die Zivilisationen aneinander vorbei existieren könnten. *Quelle:* ESO.

Prof. Dr. Michael Schetsche (1956), Politologe und Soziologe; Außerplanmäßiger Professor am Institut für Soziologie der Albrecht-Ludwigs-Universität Freiburg. Arbeitsgebiete: Wissens- und Mediensoziologie, Kultursoziologie, Sozial- und Kulturanthropologie, Futurologie und Exosoziologie. Zahlreiche wissenschaftliche Veröffentlichungen zum Thema „Menschen und Außerirdische".*

Literatur

1. Anton, A., Elliott, J. and Schetsche, M.. (2023). Meeting extraterrestrials: Scenarios of first contact from the perspective of exosociology. *Acta Astronautica* 215: 308–314.

2. Arkhipov, A.V. (1998). Earth-moon System as Collector of Alien Artefacts. *Journal of the British Interplanetary Society* 51: 181–184.

3. Arnold, L. (2005). Transit light-curve signatures of artificial objects. *Astrophysical Journal* 627: 534–539.

4. Bracewell, R.N. (1960). Communications from superior galactic community. *Nature* 186: 670–671.

5. Davies, P. (2010). *The Eerie Silence. Renewing Our Search for Alien Intelligence.* Boston: Houghton Mifflin Harcourt.

6. Davies, P. and Wagner, R. (2012). Searching for alien artifacts on the moon. *Acta Astronautica* 89: 261–265.

7. Forgan, D.H. (2013). On the possibility of detecting class a stellar engines using exoplanet transit curves. *Journal of the British Interplanetary Society* 66: 144–154.

8. Freitas, R.A. (1980). A self-reproducing interstellar probe. *Journal of the British Interplanetary Society.* 33: 251–264.

9. Freitas, R.A. (1983). The search for extraterrestrial artefacts (SETA). *Journal of the British Interplanetary Society* 63: 501–506.

10. Gerritzen, D. (2016). *Erstkontakt. Warum wir uns auf Außerirdische vorbereiten sollten?* Kosmos.

11. Haqq-Misra, J. and Kopparapu, R.K. (2012). On the likelihood of non-terrestrial artifacts in the Solar System. *Acta Astronautica* 72: 15–20.

12. Kuiper, T.B.H. and Morris, M. (1977). Searching for Extraterrestrial Civilizations. *Science* 196: 616–621.
13. Lesch, H. und Zaun, H. (2023). *Die unheimliche Stille. Warum schweigen außerirdische Intelligenzen und Superzivilisationen?* Herder-Verlag.
14. Loeb, A. (2021). *Extraterrestrial. The First Sign of Intelligent Life Beyond Earth.* Houghton Miffin Hardcourt.
15. Michaud, M.A. (2006). *Contact with Alien Civilizations. Our Hopes and Fears about Encountering Extraterrestrials.* Copernicus.
16. Schetsche, M. und Anton, A. (2019). *Die Gesellschaft der Außerirdischen. Einführung in die Exosoziologie.* Springer VS.
17. Schetsche, M. und Anton, A. (2019). Von Dingen, die im Weltraum gefunden werden. In: Telepolis: https://www.heise.de/tp/features/Von-Dingen-die-im-Weltraum-gefunden-werden-4457014.html.
18. Stevens, A., Forgan, D. and O'Malley-James, J. (2016). Observational signatures of self-destructive civilisations. *International Journal of Astrobiology* 15: 333–344.
19. Suazo, M. u.a. (2023). *Project Hephaistos – II. Dyson sphere candidates from Gaia DR3, 2MASS, and WISE.* Preprint: https://arxiv.org/pdf/2405.02927.
20. Vaas, R. (2023). Außerirdische Artefakte. Die Suche nach fremden Technosignaturen im All. *Zeitschrift für Anomalistik* 23: 367–398.

Teil III

Philosophie und Metaphysik

14

Die Mission

Eine Erzählung aus einer gegenwärtigen Zukunft

von Tatiana Flores

„Für andere Individuen meiner Spezies mag ich nicht sprechen – und noch weniger schreiben. Aber über mich selbst jedoch vergnügt es mich, viel zu erzählen. Für meinen sorgenüberfüllten Geist stellt der Kosmos eine Erlösung in Form von Gewissheit dar. Alltäglich nämlich schlägt der Gedanke an meinen eigenen Tod wie eine tollwütige Bleikugel in mein Knochenmark ein. Die Furcht davor, dass dieser immerwährende Zustand drohend vor mir stehen könnte, versetzt mein Sein in außerordentlichen Aufruhr. Manchmal nach längerer, manchmal nach kürzerer Zeit, wenn die Wellen der Panik und des Schreckens abgeklungen sind, bleibt unter den Trümmern von dem, was einmal als Lebenslust in mir bezeichnet hätte werden können, jedoch etwas Kleines und Funkelndes, etwas ganz Besonderes. Es ist das Bewusstsein darüber, dass es genau dort draußen – weit entfernt von der irdischen Stratosphäre – etwas Größeres gibt, als wir und ich es zu erahnen vermögen“.

Quelle: NASA, ESA, CSA, STScI, J. DePasquale (STScI), A. Pagan (STScI)

Expedition in die Raumzeit: Wissen – Denkbares – Unerklärliches, 1. Auflage. Harald Zaun (Hrsg.).
© 2026 Wiley-VCH GmbH. Alle Rechte vorbehalten, einschließlich derer für Text- und Data-Mining und Training von Technologien der Künstlichen Intelligenz oder ähnlichen Technologien. Published 2026 by Wiley-VCH GmbH

> „Ich bin lediglich ein Homo sapiens, der in einem Zusammenwirken von – für die Natur meines Intellekts – ungreifbaren und kolossalen Kräften der Physik höchstwahrscheinlich zufällig reingeboren wurde. Ich bin im Ungewissen, Jahrtausende an Jahren der Evolution davon entfernt, die intellektuelle Erleuchtung über die Realitäten des Universums zu begreifen, aber nur weil ich sie nicht zu verstehen oder mir vorzustellen vermag, bedeutet es keineswegs, dass die Antworten auf meine Fragen nicht existent sind. Ohne Pause schweben sie schwerelos im All, und es beschert mir Erlösung, zu wissen, dass sie schon lange vor meiner Zeugung und noch lange nach dem letzten Atemzug meines Bewusstseins dort sein werden, an genau demselben „Ort", wo sie einst geboren wurden. Und wer weiß, ob nicht auch das Universum selbst (einer von sich ausgesehen) größeren Macht entsprungen ist und ob es sogar die gleichen Schauer des Unvorstellbaren und der Unbegreiflichkeit durch seinen Körper gleiten spürt, wenn es an Fragen denkt, deren Antworten größer als seine eigene Natur sind. Wir alle sind Kinder des Sternenstaubs und Abkömmlinge des Wasserstoffs, egal ob man seine Eltern mag oder nicht, ob man ihnen nahesteht oder nicht. Seine eigene Herkunft kann man nicht leugnen – besonders nicht, wenn sie so wunderschön, beeindruckend und mysteriös ist wie das All, welches uns umarmt".

Die Fangii fanden mich im Körper meiner Mutter. Zu diesem Zeitpunkt war sie wahrscheinlich schon seit einigen Tagen hirntot gewesen, doch die Lebenserhaltungskapsel, in der sie gefunden wurde, hatte uns beiden zufriedenstellende Dienste geleistet. Zumindest, soweit es die damalige einfältige Menschentechnik schaffen konnte.

Genau so wurde mir die Geschichte meiner Geburt, das Narrativ meiner Existenz, erzählt, als ich anfing, die ersten Wörter zu verstehen, und so wird sie mir und allen anderen der Kolonie heute noch weitergegeben.

Nach mehr als zwanzig Jahren bleibt der Grund, warum sich meine Mutter in besagte Kapsel begab, noch immer ungeklärt. Ob sie gedacht hatte, dass das einzige Richtige, was sie als letzte Überlebende und oberste Befehlshaberin der Mission tun konnte, es war, das Überleben der Menschheit zu retten? Es wenigstens mit allen ihr zur Verfügung stehenden Mitteln zu versuchen? Ob meine Mutter voller Ehrfurcht und bis zu den Zähnen mit Mut gewappnet in diese kleine, sterile Rettungskapsel eintrat, um ihr erstes und letztes Kind überhaupt zur Welt zu bringen oder ob es doch nur ein Zufall war, dass ich als einziger Mensch die Chance bekommen habe, fortzuexistieren, ist eine heikle Angelegenheit. Dazu wird sich vermutlich auch nie eine Antwort finden lassen. Die Theorie, an die ich mich entschlossen habe, zu glauben, steht jedoch fest. Ich werde niemals nur einen einzigen Gedanken daran verschwenden, zu fantasieren, dass meine Mutter eben nicht ihre letzten Atemzüge meinem Überleben widmete. Mich selbst damit zu quälen, ob es besser gewesen wäre, die Pandemie auf der Erde und das Massensterben der Menschheit im Weltall nicht überlebt zu haben, kommt überhaupt nicht in Frage. Als einzige Überlebende einer Spezies, die der Rest des Universums für arrogant und in moralischen und ethischen Fragen für rückständig hält, ist es allgemein schwierig genug.

Quelle: ESA/NASA/JPL-Caltech/GBT/WSRT/IRAM/C. Clark (STScI) / gemeinfrei

Über den Grund, warum die ganze Menschheit in fünf Jahren von grausamen Krankheiten vollkommen ausgelöscht wurde, weiß man ebenfalls nicht viel. Über das Raumschiff der sogenannten „Letzten Mission" noch weniger. Die insgesamt dreißig Besatzungsmitglieder des Raumschiffes erstickten wohl an den Folgen der Infektion. Meine Mutter rettete sich als Einzige in eine Rettungskapsel, obwohl noch weitere frei zugänglich gewesen wären. Die Fangii nahmen nach ihrem Eintreffen auf dem Schiff diese Menschenfrau mit den schwachen Lebenszeichen und dem großen Bauch mit. Im Labor ihres Schiffes entdeckten sie, dass sich ein weiteres Leben in diesem verlorenen Körper befand. Sie holten mich raus und legten mich blutig, zerquetscht und weinend neben dem halb erfrorenen Leichnam meiner Mutter hin. „Ich weiß noch ganz genau, wie ich und die anderen Forschenden dieses irdische Neugeborene anstarrten – alle wie erstarrt", höre ich die Stimme meiner Adoptivmutter in mir klingen. Sie hatte zu meinem Glück ein großzügiges Wissen über meine Spezies im Laufe der Jahre auf ihren Außeneinsätzen im All gesammelt. Eine Geschichte, die sie in alten Aufzeichnungen der Erdzeit gelesen hatte, berichtete über den Tod vieler Säuglinge aufgrund eines radikalen Experiments, das auf einem absoluten Liebesentzug beruhte. Eine schreckliche Vorahnung übermannte die hochdekorierte Wissenschaftlerin, sodass sie instinktiv das verwaiste Menschenbaby in ihre Arme nahm. Als dieses aufhörte zu weinen und ebenfalls instinktiv nach einer der weißen Haarsträhnen, die seiner Retterin ins Gesicht hingen, griff, „entstand unsere bis heute unzertrennliche Bindung", höre ich Iijla in meinem Kopf die Vergangenheit fertig erzählen.

Ich vermisse sie und auch wenn ich weiß, dass die Familien meiner ganzen Mannschaft ebenfalls tausende Lichtjahre von uns entfernt sind, habe ich den Eindruck, dass der Schmerz, der diese ungreifbare Distanz zwischen unseren Standorten verursacht, bei mir am stärksten von allen ist. Das liegt wahrscheinlich an meiner Biologie, denn diejenigen, die ihren einzigen Stern die Sonne nennen, sind weich und voller widersprüchlicher Gefühle. Das ist ein Vorurteil, an das fast alle Fangii mit Überzeugung glauben. Davon lasse ich mich aber bewusst nicht unterkriegen. Ich bin ein Mensch und finde nichts Falsches daran. Ich bin die erste menschliche Kommandantin einer Fangii-Forschungsmission und finde ebenfalls nichts Falsches daran. Ich bin für ein monströses Schiff und seine Crew von zweihundertfünfzig Mitforschenden verantwortlich. Auch daran finde ich nichts Falsches. Was ich jedoch für falsch halte, sind Hass und Vorurteile.

So sehr es auch in meinem Inneren schmerzt, habe ich gelernt, dass sich sogar eine hochintellektuelle und entwickelte Spezies wie die Fangii von diesem Befall nicht retten kann. Aus diesem Grund ist diese Expedition so wichtig für mich. Mit hoher Wahrscheinlichkeit werden wir einen bewohnten Planeten antreffen, über den unsere Sonden im Vorhinein jedoch nicht das Geringste herausfinden konnten. Wir fliegen mit Lichtgeschwindigkeit auf besagte uns noch unbekannte Sandkugel zu und mein Herz pocht vor Aufregung in meiner Brust.

Als Kommandantin und oberste Befehlshaberin werde ich entschlossen dafür sorgen, dass alle Lebensformen, die mit meinem Forschungsschiff entdeckt werden, mit dem Respekt und der Anerkennung behandelt werden, die sie verdienen. Es ist nämlich alles andere als selbstverständlich, geboren zu werden. Das Leben mag für einige gequälte Geister ein Fluch sein, doch ich glaube fest daran, dass es für die allermeisten bewussten Existenzen im Universum als Geschenk wahrgenommen wird. Etliche Zufälle müssen am richtigen Ort zur richtigen Zeit ihren Ablauf nehmen, um es zu erschaffen, sodass alle Bewusstseine des Alls wahrhaftige Wunder sein müssen. Als solche werde ich alle lieben und akzeptieren, so wie Iijla mich eines Tages zu lieben und zu akzeptieren lernte. Dies mag eine bedeutsame Forschung für das ganze Universum sein, doch für mich selbst ist es eine noch wichtigere Mission der Gleichberechtigung.

Tatiana Flores ist eine in Andorra geborene und aufgewachsene Schach-Journalistin und mehrsprachige Autorin. Sie spricht sechs verschiedene Sprachen (Deutsch, Spanisch, Katalanisch, Französisch, Englisch und Italienisch). Neben ihrer Passion für Sprache und Kultur ist sie leidenschaftliche Schachspielerin und wurde 2021 Schach-Weltmeisterin für Menschen mit Behinderung. Die kreative Autorin begeistert sich ebenfalls für Literatur, Filme & Musik und Wissenschaft, insbesondere für Astronomie. Die 27-jährige belegte mit ihrer Science-Fiction Kurzgeschichte „Die Mission“ den dritten Platz beim „Über All Schreibwettbewerb“ des deutschen Wissenschaftsjahres 2023.

15

Kreuz und quer durch die Zeit

Temporale Trips und produktive Paradoxien

von Rüdiger Vaas

Vielleicht ist auch die Zeit nicht mehr, was sie einmal war: Denn Zeitreisen, Zeitmaschinen und Zeitparadoxien sind nicht nur fantastische Themen der Science-Fiction, sondern seltsamerweise auch eine reale physikalische Möglichkeit im Rahmen der Allgemeinen Relativitätstheorie. Dies eröffnet abenteuerliche Konsequenzen und könnte die Physik in eine Krise stürzen oder die Geschichte der Menschheit umwälzen. Aber das ist nur ein Aspekt. Das Zeitreise-Genre hat viele Reize.

- So sind wir alle Zeitreisende: Auf dem Rad der Gegenwart fahren wir unsere Strecke zwischen Geburt und Tod ab und zahlen den unerbittlichen Preis des Alterns.
- Die Natur der Zeit: Ist sie ein offenes oder geschlossenes System?
- Der erzählerische Kniff: Vergangenheiten oder Zukünfte lassen sich mit einem Menschen der Gegenwart ausloten oder kontrastieren, mit dem wir uns besser identifizieren können.
- Das intellektuelle Vergnügen: Paradoxien, utopische oder dystopische Zukünfte, alternative Vergangenheiten, Sprengen der Fesseln starrer Kausalprinzipien.

Und es wurden in der Science und Fiction viele Gründe für den Bau von Zeitmaschinen diskutiert. Einige Beispiele, die mindestens so ambivalent sind, wie die schnöde Gegenwart.

- Menschliche Neugier und wissenschaftliche Forschung: Können Reisen in die Vergangenheit überhaupt funktionieren? Wäre es nicht fantastisch, einen Blick in die ferne Zukunft zu richten?
- Korrektur der Vergangenheit, um Leid zu lindern und eine bessere Gegenwart zu ermöglichen;
- Suche oder Bewahrung von verloren gegangenen Schriften und Kunstwerken;
- Steigerung des Rechenvermögens mithilfe von Zwischenergebnissen aus der Zukunft;
- Reichtümer durch geschickte Geldanlagen und Zinsen, Ausbeutung früherer Ressourcen (etwa mittlerweile zerfallenes radioaktives Material, Fleisch von Dinosauriern);

Expedition in die Raumzeit: Wissen – Denkbares – Unerklärliches, 1. Auflage. Harald Zaun (Hrsg.).
© 2026 Wiley-VCH GmbH. Alle Rechte vorbehalten, einschließlich derer für Text- und Data-Mining und Training von Technologien der Künstlichen Intelligenz oder ähnlichen Technologien. Published 2026 by Wiley-VCH GmbH

- Mittel, um Deadlines zu besiegen und um mehrere Dinge „zugleich" tun zu können;
- neue Touristenziele, Zeit-Urlaub, Wiederholung von Glückserlebnissen;
- die Lust auf das schiere Abenteuer (sogar der eigene Tod als Partyspaß);
- Kulisse für realistische Historienfilme;
- die Vergangenheit als Versteck (einschließlich eines Mittels für den perfekten Mord);
- Zeitmanipulatoren als heimtückische Waffen, oder man holt sich Waffen aus der Zukunft;
- langfristige Lebensversicherung intelligenter Wesen: Flucht vor dem Ende des Universums.

15.1 Science und Fiction

„Die Verbindung zwischen Science-Fiction und Wissenschaft führt in beide Richtungen", schrieb der Physiker und Kosmologe Stephen Hawking einmal. „Die von der Science-Fiction präsentierten Ideen gehen ab und zu in wissenschaftliche Theorien ein. Und manchmal bringt die Wissenschaft Konzepte hervor, die noch seltsamer als die exotischste Science-Fiction sind."

Berühmte Beispiele sind *Contact* (Roman von Carl Sagan 1985 – Abb. 15.1, Verfilmung 1997 von Robert Zemeckis) und *Interstellar* (Film von Christopher und Jonah Nolan, 2014). Als Berater an beiden wirkte Kip Thorne mit; der Physik-Nobelpreisträger von 2017 publizierte dazu sogar Beiträge in renommierten physikalischen Fachzeitschriften. Darin bewiesen er und seine Kollegen, wie exotische

Abb. 15.1 Carl Sagan (1934–1996), bekannt durch seine gefeierte Fernsehserie „Cosmos", posiert mit einem Modell der Viking Landefähre im Death Valley, Kalifornien. *Quelle:* NASA / gemeinfrei.

Materie- und Raumzeit-Konfigurationen im Prinzip Bewegungen mit Überlichtgeschwindigkeit sowie in die ferne Zukunft und Vergangenheit erlauben.

Das ist kein Widerspruch zu Albert Einsteins Allgemeiner Relativitätstheorie, sondern basiert auf ihr. Zeitreisen und Zeitmaschinen – Physiker sprechen lieber von „geschlossenen zeitartigen Kurven" – sind also formal konsistente Lösungen von Einsteins Feldgleichungen.

Ob dies alarmierende oder überhaupt irgendwelche Konsequenzen oder gar Anwendungspotenziale hat, ist zunächst nicht die Frage. Selbst wenn die physikalischen Modelle, die gegenwärtig diskutiert werden, in der Natur entstehen oder mittels Ingenieurskunst erbaut werden könnten, wäre das weit jenseits unseres Zugangs oder unseres technischen Vermögens (selbst wenn dies bei hochentwickelten außerirdischen Zivilisationen anders sein mag). Physiker und Philosophen versuchen also momentan nicht zu erforschen, war sich praktisch realisieren lässt, sondern was die bekannten Naturgesetze „erlauben" beziehungsweise was im Universum prinzipiell möglich ist – es geht um ein besseres, tieferes Verständnis der Welt sowie unserer Theorien zur Beschreibung oder Erklärung von Raum, Zeit und Materie.

15.2 Dynamische Raumzeit

Die Allgemeine Relativitätstheorie beschreibt, wie Energie, Masse, Raum, Zeit und Schwerkraft zusammenhängen. Sie ist zusammen mit der Quantentheorie eine Hauptsäule im Gebäude der modernen Physik und empirisch-experimentell mit dieser die am besten bestätigte wissenschaftliche Theorie überhaupt.

Demnach sind Raum und Zeit nicht die passive und starre Bühne allen Geschehens, sondern eine Einheit, die alle Ereignisse einschließt und aktiv mitgestaltet, die wiederum auf sie zurückwirken. Die Raumzeit wird von den Körpern und sogar von Licht beeinflusst – wie auch umgekehrt. Denn Masse verlangsamt die Zeit (relativ zu einem Bezugssystem in einem schwächeren Gravitationsfeld), krümmt den Raum und zwingt Strahlen auf krumme Touren. Das macht die Welt zu einer dynamischen und zugleich unverbrüchlichen Ganzheit. Die Raumzeit kann sich dehnen, stauchen, biegen und sogar umstülpen, als wäre sie aus Gummi – obwohl sie tatsächlich Myriaden Mal härter als Stahl ist.

15.3 Mit der Zeitdehnung in die Zukunft

Dass es Reisen in die Zukunft geben kann, ist unumstritten – und eine Konsequenz der von Einstein entdeckten Zeitdilatation: Je schneller sich ein Körper bewegt oder je stärker das Gravitationsfeld ist, in dem er sich befindet, umso langsamer vergeht seine Zeit relativ zu Uhren, die in Ruhe oder in der Schwerelosigkeit sind. Für Licht oder – von außen betrachtet – für Objekte am Rand eines Schwarzen Lochs vergeht überhaupt keine Zeit.

Wollte man beispielsweise 1000 Jahre in die Zukunft reisen, müsste man mit dem erträglichen Beschleunigungs- und Bremsandruck von 1 G (entspricht der

Abb. 15.2 Schneller als das Licht reisen wie bei Star Trek ... davon träumte wohl auch der NASA-Illustrator dieser älteren Grafik, die mittlerweile ein Klassiker ist. *Quelle:* NASA / gemeinfrei.

Erdschwerkraft) „nur" mit bis zu 99,9992 Prozent der Lichtgeschwindigkeit zu einem 500 Lichtjahre entfernten Stern fliegen und wieder zurück. Aufgrund der Zeitdilatation wäre man dann selbst knapp 25 Jahre gealtert, während auf der Erde 1000 Jahre vergangen wären. Ein wagemutiger Raumfahrer der Zukunft (Abb. 15.2) braucht also die Lichtgeschwindigkeit nicht zu überschreiten, um andere Sterne zu erreichen. Gemäß der Relativitätstheorie könnte er sogar innerhalb weniger Jahre zu fernen Galaxien fliegen, wenn er bloß nahe genug an die Lichtgeschwindigkeit herankäme. Seine Eigenzeit wäre dann relativ zu einem hypothetischen Zwillingsbruder, der auf der Erde zurückgeblieben ist, extrem verlangsamt.

Oder wollte man sich zum Beispiel relativ zu einem fernen Beobachter um einen Faktor 4 schneller in die Zukunft bewegen, müsste man sich in einer sphärischen Materieschale aufhalten, die einen Durchmesser von fünf Meter sowie die Masse von Jupiter hat.

Für Reisen in die *eigene* Vergangenheit oder Zukunft kann man die Zeitdilatation allerdings nicht instrumentalisieren. Zwar vergeht der subjektive Zeitfluss für verschiedene Beobachter unterschiedlich schnell, aber er lässt sich deswegen weder umkehren noch überspringen. Die biologische Uhr tickt unaufhörlich weiter, und mehr Bücher kann man aufgrund der Zeitdehnung auch nicht lesen. Alarmierende Konsequenzen für die Physik hat dies ebenfalls nicht.

15.4 Vorstoß in die Vergangenheit

Reisen rückwärts durch die Zeit könnten es hingegen ermöglichen, Botschaften oder gar Menschen in die Vergangenheit zu senden und diese womöglich zu manipulieren. Für solche sogenannten Zeitschleifen oder Zeitmaschinen gibt es diverse physikalisch ausgearbeitete Vorschläge (Tab. 15.1). Sie basieren auf globalen oder lokalen Raumzeiten mit extremer Rotation oder Krümmung und/oder effektiv überlichtschnellen Geschwindigkeiten (das alles im Rahmen der Allgemeinen

Relativitätstheorie oder modifizierter beziehungsweise erweiterter Gravitationstheorien) oder aber auf speziellen quantenphysikalischen Arrangements. Prinzipiell lassen sich Sprünge, temporale Rückwärtsbewegungen und Raumzeit-Krümmungen unterscheiden, wobei es zu ersteren keine Szenarien im Rahmen physikalischer Theorien gibt, zweitere beruhen auf überlichtschnellen Tachyonen oder Quanteneffekten.

Ob Zeitmaschinen-Hypothesen widerspruchsfrei sind, ist umstritten. Ein bewährtes Prinzip der Physik lautet, dass alles, was nicht durch die Naturgesetze ausdrücklich verboten wird, auch existieren könnte. Außerdem zeigt die Wissenschaftsgeschichte, dass zahlreiche bizarre Phänomene, die Physiker am Schreibtisch ersonnen haben – nur auf Grundlage der bekannten Naturgesetze –, später tatsächlich entdeckt wurden. Und selbst wenn man beweisen könnte, dass Zeitschleifen nicht existierten, hätte man etwas Wesentliches über die fundamentalen Theorien gelernt. Zudem treiben Gedankenexperimente die Forschung voran, weil sie die Grenzen unseres Naturverständnisses ausloten, erweitern und helfen sowie die Annahmen hinter den Theorien aufdecken.

15.5 Temporale Fragwürdigkeiten

Wenn es Zeitmaschinen gäbe, könnte der zweite Hauptsatz der Thermodynamik außer Kraft gesetzt werden (dass also die Entropie, ein Maß für die Unordnung eines Systems, insgesamt nicht abnimmt). Zudem könnte das Gefüge von Ursachen und Wirkungen (Kausalität) durcheinandergeraten. Obwohl es weiterhin möglich bliebe, lokale Zeitordnungen zu identifizieren, würden Zeitschleifen die globale Zeitordnung und somit eine eindeutige Reihenfolge von Vergangenem und Künftigem unterminieren. Das allein ist aber kein Gegenargument, da es im Rahmen der Relativitätstheorie ohnehin keine objektive, absolute, universelle Zeit unabhängig vom Bezugssystem gibt (objektiv ist allerdings die Raumzeit!), mithin auch keine globale Gegenwart, sondern nur relative Eigenzeiten hinsichtlich des jeweiligen Bezugssystems. Insofern können Ereignisse für einen Beobachter in dessen Vergangenheit und für einen anderen Beobachter in dessen Zukunft liegen.

Die Möglichkeit von Zeitreisen scheint unserem Naturverständnis und der Logik freilich vollkommen zu widersprechen. Denn Selbstbezüglichkeiten zwischen Zukunft und Vergangenheit führen zu einem Strudel von Paradoxien: Eine Wirkung könnte ihre eigene Ursache verhindern (**Konsistenz-Paradoxon**), und etwas könnte zu seiner eigenen Ursache werden (**Bootstrap-Paradoxon**; nach der Redewendung „sich an den eigenen Schuhriemen herausholen“, vergleichbar mit dem Lügenbaron Münchhausen, der sich am eigenen Schopf aus dem Sumpf zog).

Zum Beispiel könnte jemand in die Vergangenheit reisen und sich selbst als kleines Kind töten – aber dann wäre er später nicht am Leben, würde nicht in die Zeitmaschine steigen, könnte sich nicht umbringen, würde also doch leben . . . Oder ein Mathematiker erfährt von einem Kollegen aus der Zukunft den Beweis eines bestimmten Theorems und veröffentlicht ihn in seiner eigenen Zeit, sodass der Kollege ihn später in einer alten Fachzeitschrift gelesen haben wird – obwohl jedes einzelne Ereignis hier eine Ursache hat, scheint die kausale Schleife als Ganzes keine zu besitzen. Die beiden Paradoxien-Arten können sogar ineinander übergehen. Beispielsweise wird das Bootstrap-Paradoxon des Mathematikers ein Konsistenz-Paradoxon, wenn dieser den Kollegen daran hindert, mit der Zeitmaschine zurück in die Zukunft zu reisen.

Solche Paradoxien verdeutlichen drastisch, zu welchen verwirrenden Komplikationen Zeitreisen führen könnten. Ursachen und Wirkungen wären vertauschbar, und die Kausalität – das Fundament der Naturwissenschaft, auf dem doch auch die Zeitmaschine stünde – müsste womöglich zusammenbrechen.

15.6 Die Suche nach Alternativen

Mitunter wurden die Zeitreise-Paradoxien als Indiz dafür interpretiert, die klassische Logik aufzugeben, der zufolge Aussagen entweder wahr oder falsch sein müssen und Widersprüche nicht akzeptiert werden. Außerdem haben manche Philosophen behauptet, das Problem der Zeitreisen könnte durch begriffliche Analysen sowie Metaphysik oder Logik gelöst werden, also ganz ohne Physik. Doch alle Argumente waren bislang nicht überzeugend oder zwingend.

Es ist nützlich, zwischen zwei verschiedenen Arten von Paradoxien zu unterscheiden:

- **Wahre Paradoxien** – ein logischer Widerspruch in einem scheinbar plausiblen Argument.
- **Pseudoparadoxien** – ein scheinbarer Widerspruch in einem völlig korrekten Argument.

Das Zwillingsparadoxon der Speziellen Relativitätstheorie mit Zeitreisen in die Zukunft ist eine ungefährliche Pseudoparadoxie. Doch Zeitreisen in die Vergangenheit könnten zu bedrohlichen wahren Paradoxien führen.

Im Grunde gibt es nur drei Möglichkeiten, damit umzugehen, um Paradoxien zu vermeiden (*Tab. 15.2*): Entweder man beweist, dass Zeitreisen in die Vergangenheit unmöglich sind, oder man zeigt, dass sie logisch harmlos sein müssen und somit keine Widersprüche hervorrufen, oder man formuliert die Physik radikal neu: Man erlaubt multiple Zeitlinien, Zweitverzweigungen oder Paralleluniversen, oder man gibt das Kausalitätsprinzip auf und somit fast jede Überzeugung, die man von der Welt hat.

15.7 Zeitschutz und Selbstkonsistenz

Vielleicht steckt in den Naturgesetzen gleichsam eine Art Zeitpolizei: Alles, was zu Zeitparadoxien führen könnte, würde schon im Vorfeld unweigerlich aus dem Verkehr gezogen. Doch von welcher Art wäre ein solches Zeitreiseverbot?

Die zuverlässigste Antwort wäre eine Art effektives Naturgesetz. Stephen Hawking formulierte es als **Vermutung zum Schutz der Zeitordnung** (Chronology Protection Conjecture), mit der er die Erhaltung der Zeitrichtung postulierte: „Danach verhindern die Naturgesetze in ihrem Zusammenwirken, dass makroskopische Körper Informationen in die Vergangenheit tragen können." In der Fachliteratur gibt es Hunderte von Artikeln, die sich mit den technischen Feinheiten und der Überzeugungskraft dieser Vermutung auseinandersetzen. Viele basieren auf spekulativen Modellen einer Theorie der Quantengravitation oder quantenphysikalischen Näherungsrechnungen. Der gesamte Ansatz ist plausibel, aber nicht zwingend oder bewiesen. Demnach wären Zeitschleifen und mithin -paradoxien maximal unwahrscheinlich.

Eine andere Art, logische Albträume zu vermeiden, ist die Forderung der **Selbstkonsistenz** (formulierbar als Hypothese, Bedingung oder Prinzip). Sie beruht auf der wesentlichen Unterscheidung zwischen einer Beeinflussung und einer Änderung der Vergangenheit. Demnach wären Zeitreisen nicht ausgeschlossen – aber nur solche, die nicht zu Paradoxien führen. Zum Beispiel könnte der Zeitreisende nicht in der Lage sein, sich als Säugling zu töten, weil er danebenschießt oder plötzlich von Mitleid überfallen wird oder sich mit seinem Zwillingsbruder verwechselt, von dem er nichts gewusst hat. Tatsächlich zeigen aufwendige Modellrechnungen sowohl im Rahmen der Allgemeinen Relativitätstheorie als auch im Rahmen der Quantentheorie, dass derartige selbstkonsistente Historien möglich und dann vielleicht sogar zwingend sind. Somit könnte es Reisen in die Vergangenheit ohne kausale Kapriolen geben. Auch eine widerspruchsfreie Selbstverursachung ist in diesem Kontext denkbar oder bei bestimmten temporalen Schleifen sogar unvermeidlich – wir wären nur im Alltag nicht daran „gewöhnt", weshalb sie uns pseudoparadox erscheinen.

15.8 Temporäres Fazit

- **Zeitreisen in die Zukunft** sind aufgrund der Zeitdilatation bei fast lichtschnellen Bewegungen und in einem starken Gravitationsfeld möglich, aber nur relativ zu einem Bezugssystem mit geringer Geschwindigkeit oder Schwerkraft.
- **Zeitreisen in die Vergangenheit** (genauer: geschlossene zeitartige Kurven) sind möglich sowohl im Rahmen der Allgemeinen Relativitätstheorie (sowie spekulativer Erweiterungen) unter exotischen Bedingungen (extreme Krümmungen oder Rotationen, negative Energiedichten, effektive Überlichtgeschwindigkeiten) als auch im Rahmen der Quantentheorie. Doch Quanteneffekte verhindern eventuell die Entstehung von Zeitschleifen (**Chronologieschutz-Vermutung**).
- Ob **Zeitparadoxien** möglich sind, wenn es Reisen in die Vergangenheit gäbe, ist ebenfalls unklar, jedoch unplausibel (**Selbstkonsistenz-Bedingung**). Sonst könnte etwas in der Vergangenheit verändert oder komplett verhindert werden;

etwas könnte sich selbst verursachen, oder eine Wirkung könnte ihre eigene Ursache vereiteln. Das verstößt gegen elementare Grundsätze der Logik und hätte unabsehbare Folgen für unser Verständnis des Universums.

- Forschungen auf diesem scheinbar extrem exotischen Gebiet sind sinnvoll und wichtig, um die etablierten Theorien sowie neue Hypothesen hinsichtlich ihrer Konsistenz zu testen, um ihre Grenzen und Implikationen auszuloten – und letztlich, um unser Universum besser zu verstehen.

Spekulationen in der Physik und Metaphysik hinterlassen zuweilen einen zwiespältigen Eindruck und mögen partiell auch eine Sache subjektiver Vorlieben sein. Doch vergeblich oder fruchtlos sind sie nicht. Der rationalistische Ansatz, die Konsequenzen von gut begründbaren Hypothesen auszuloten, hat immer wieder zu bedeutenden Einsichten geführt – das zeigt die Geschichte der Wissenschaften in vielerlei Hinsicht. Mit den Worten des Physik-Nobelpreisträgers Steven Weinberg: „Unser Fehler ist nicht, dass wir unsere Theorien zu ernst nehmen, sondern dass wir sie nicht ernst genug nehmen."

Appendix

Tab. 15.1 Reisen oder Botschaften durch die Zeit. Im Rahmen der Allgemeinen Relativitätstheorie scheint es viele Möglichkeiten für geschlossene zeitartige Kurven zu geben – also Optionen für Bewegungen oder Informationsflüsse in die Vergangenheit. Es wurden einige kosmologische Lösungen, die ein ganzes Universum betreffen, und diverse Modelle für örtlich beschränkte „Zeitmaschinen" gefunden. Unklar ist, ob sie im Prinzip realisierbar und stabil sind oder beispielsweise durch Quanten- oder Quantengravitationseffekte verhindert würden. [Copyright: Rüdiger Vaas].

Physikalische Modelle	Autoren (Auswahl)
Zwei- oder mehrdimensionale Zeit (mehr philosophische als physikalische Spekulationen)	John W. Dunne, Judith Jarvis Thomson, Jack W. Meiland, Peter van Inwagen, Murray MacBeath, Hud Hudson & Ryan Wasserman, Sara Bernstein, Steven Weinstein, Nikk Effingham, Geoffrey C. Goddu; Itzhak Bars
Globale Zeitkreise	
rasch rotierende statische oder expandierende Universen mit Kosmologischer Konstante	Kurt Gödel, Joachim Pfarr, István Ozsváth & Engelbert Schücking, Otto Heckmann, Howard Stein; I. Damião Soares; Klaus Behrndt u. a.
spezielle kosmologische Modelle (Anti-de Sitter, Taub-NUT, S^1-Wiederkehr-Universum)	Leszek M. Sokolowski, Charles Misner, Simon DeDeo & J. Richard Gott III; Clifford V. Johnson & Harald G. Svendsen; Moninder S. Modgil & Deshdeep Sahdev

Tab. 15.1 Fortsetzung

Physikalische Modelle	Autoren (Auswahl)
Urknall als instabile Zeitschleife	John Richard Gott III & Li-Xin Li
Universum (mit Phantomenergie) als Wurmloch-Zeitschleife	Pedro F. González-Díaz, Prado Martín-Moruno, José A. Jiménez Madrid & Artyorn V. Yurov
Lokale Zeitkreise	
rotierende Zylinder oder Kosmische Strings	Willem Jacob Van Stockum, Cornelius Lanczos; Frank Tipler; Oyvind Grøn & Steinar Johannesen
zwei aneinander vorbei rasende Kosmische Strings oder eine kollabierende String-Schleife	John Richard Gott III
rotierende Schwarze Löcher	Brandon Carter; Gaurav Khanna u. a.
Schwarzes Loch mit rotierendem Kosmischem String	Valéria Rosa & Patricio Letelier
Region zwischen zwei rotierenden geladenen magnetischen Objekten in Elektrovakuum	William Bonnor, J. Ward, B.R. Steadman
spezielle Konfigurationen von Gravitationsfeldern oder ringförmigen Raumzeit-Regionen oder nackten Singularitäten	Amos Ori & Yoav Soen; Davide Fermi & Livio Pizzocchero; David Deutsch; Hugh David Politzer; Faizuddin Ahmed u. a.; Gaurav Khanna u. a.
Wurmlöcher	Robert Geroch; Kip Thorne, Michael Morris & Ulvi Yurtsever; Matt Visser; Igor Novikov & Valeri Frolov; Peter Aichelburg, Friedrich Schein & Werner Israel; Igor Volovich & Irina Aref'eva; Gary Gibbons u. a., Valeri Frolov u. a.
Krasnikov-Röhre	Sergei Krasnikov
Warp-Blase	Miguel Alcubierre; Allen E. Everett; Gerald Cleaver & Richard Obousy; Barak Shoshany & Ben Snodgrass; Timothy C. Ralph & Christopher Chang
Rindler-Blase	Benjamin K. Tippett & David Tsang
Ringlaser	Ronald L. Mallett
spezielle Quantensysteme	David Deutsch; Charles H. Bennett, Seth Lloyd u. a.; Daniel Greenberger & Karl Svozil, John E. Gaugh
Tachyonen: überlichtschnelle Teilchen mit imaginärer Ruhemasse	Gerald Feinberg; Gregory Benford, David L. Book & William Newcomb; Robert Ehrlich; Lawrence Schulman
Zeitschleifen durch Extradimensionen (etwa für sterile Neutrinos oder Higgs-Singuletts)	Heinrich Päs, Sandip Pakvasa, James Dent & Thomas Weiler; Chiu Man Ho & Thomas J. Weiler

Tab. 15.2 Argumente gegen Zeitparadoxien. Um nicht befürchten zu müssen, dass das Durcheinander der Welt noch schlimmer wird, als es sowieso schon ist, versuchen viele Physiker und Philosophen zu zeigen, dass Zeitparadoxien unmöglich sind: entweder weil die Naturgesetze Zeitreisen gleichsam verbieten oder weil sie zumindest keine logischen und kausalen Widersprüche zulassen, falls Zeitreisen möglich wären. Allerdings können nicht alle diskutierten Argumente richtig sein, denn viele schließen sich wechselseitig aus. Und die Natur richtet sich sowieso nicht nach den Ängsten und Hoffnungen ihrer Erforscher. [Copyright: Rüdiger Vaas]

Argumente und Studien	Autoren (Auswahl)
Zeitreisen sind logisch widersprüchlich, also unmöglich	Anthony Flew; Richard M. Gale; Richard Swinburne; John J.C. Smart; Stephen Hawking & George F.R. Ellis
. . . aber: Das ist nicht notwendigerweise der Fall, die Prämissen sind umstritten.	
Zeitreisen sind metaphysisch unmöglich	Max Black; William Godfrey-Smith; John Abbruzzese
. . . aber: Das ist nicht notwendigerweise der Fall, die Prämissen sind umstritten.	
Zeitreisen sind physikalisch unmöglich	Paul Birch; Brandon Carter; Stephen Hawking; Matt Visser; Nikk Effingham
Chronologieschutz-Prinzip (Vermutung zum Schutz der Zeitordnung)	Stephen Hawking
Theorem: Zeitmaschinen können im Rahmen der Allgemeinen Relativitätstheorie nicht gebaut werden, sie könnten höchstens immer schon existiert haben.	Sergei Krasnikov
Kausalitätsverletzende Konfigurationen können quantenphysikalisch nicht entstehen.	Stephen Hawking & Michael Cassidy; Gonzalo Martín-Vázquez & Carlos Sabín
Quantenfluktuationen zerstören ein Wurmloch oder eine Warp-Blase, bevor eine Zeitschleife entsteht.	Stephen Hawking; Matt Visser; Stefano Liberati; Roberto Emparan & Marija Tomašević
. . . aber: Das ist nicht notwendigerweise der Fall.	Kip Thorne & Sung-Won Kim; Valeri Frolov; Li-Xin Li
. . . und: Andere Arten von Zeitschleifen, sogar globale, können stabil sein.	Valéria Rosa & Patricio Letelier
Zeitschleifen in rotierenden Schwarzen Löchern reichen nicht nach außen.	Giulio Sanzni
Zeitschleifen verletzen grundlegende Energiebedingungen.	Noah Graham & Ken D. Olum
Das holographische Prinzip lässt Zeitmaschinen nicht zu.	Roberto Emparan & Marija Tomašević
Zeitsprünge über Gravitationswellen-Schockfronten sind unmöglich, wenn man die Wechselwirkung zwischen den Wellen nicht vernachlässigt.	Graham M. Shore

Tab. 15.2 Fortsetzung

Argumente und Studien	Autoren (Auswahl)
Eine kollabierende rotierende zylindrische Staubschale kann keine Zeitschleifen ausbilden, weil sie zuvor auseinanderfliegt.	Filipe C. Mena, José Natário & Paul Todd
Strings kondensieren aus dem Vakuum und zerstören Zeitschleifen, wenn diese sich zu formieren beginnen.	Miguel S. Costa u. a.
Elektrisch geladene Schwarze Löcher vom BMPV-Typ in der Stringtheorie können nicht zu Zeitmaschinen werden, weil die Bildung von D-Branen eine hinreichend hohe Rotationsgeschwindigkeit verhindert, also ein Zeitschutz-Horizont entsteht.	Lisa Dyson
Wo sich Zeitschleifen bilden, würden sofort leichte Strings kondensieren und sie zerstören.	Carlos A.R. Herdeiro
Zeitreisen sind thermodynamisch unmöglich, selbst wenn es Zeitschleifen gäbe	Carlo Rovelli
Anthropisches Prinzip: Kausalitätsverletzungen hätten die Existenz von Menschen nicht ermöglicht.	Max Tegmark
... aber: Beobachter könnten via quantenphysikalische Retrokausalität lebensfreundliche Naturgesetze überhaupt erst „erschaffen“ haben.	Paul Davies
Reisen in die Vergangenheit führen in Paralleluniversen (andere Zweige der vielen Quantenwelten), sodass es im Ausgangsuniversum zu keinem Paradoxon kommen kann.	David Deutsch & Michael Lockwood
... aber: Das ist gar keine richtige Zeitreise, eher eine Raumreise.	Frank Arntzenius & Tim Maudlin
... und: Reisen in andere Quantenwelten erfordern eine Modifikation der Quantentheorie und sind für makroskopische Objekte vielleicht gar nicht möglich.	Allen Everett
Zeitreisen sind physikalisch möglich, nicht aber Zeitparadoxien	John Wheeler & Richard Feynman; Igor Novikov
Selbstkonsistenz-Bedingung	Igor Novikov u. a.; Germain Tobar & Fabio Costa
Wurmloch-Billard: Unendlich viele selbstkonsistente Zeitschleifen sind möglich.	Igor Novikov; Kip Thorne u. a.; Ämin Baumeler u. a.
Regionen mit multiplen Zeitschleifen und Handlungen sind ohne Paradoxien möglich.	Germain Tobar & Fabio Costa

Tab. 15.2 Fortsetzung

Argumente und Studien	Autoren (Auswahl)
Destruktive Quanteninterferenz verhindert inkonsistente Bewegungen in die Vergangenheit, konstruktive Interferenz erlaubt konsistente Bewegungen.	David Deutsch; David T. Pegg; Daniel Greenberger & Karl Svozil
Quantenunschärfe verhindert Paradoxien.	Dmitry D. Solnyshkov & Guillaume Malpuech
Es existiert kein neuartiger Determinismus und Indeterminismus bei und durch Zeitschleifen.	Ruward A. Mulder & Dennis Dieks
Zeitreisen und Handlungsfreiheit ohne echte Paradoxien sind begrifflich kohärent und daher mindestens metaphysisch möglich.	David Lewis; Larry Dwyer; Douglas N. Kutach; Alison Fernandes; Kadri Vihvelin; Geoffrey C. Goddu; Nikk Effingham; Richard M. Hanley
... aber: Sie widersprechen unseren Intuitionen zu Raum und Zeit oder zu Möglichkeiten.	Kristie Miller; Giacomo Giannini & Donatella Donati

Literatur des Autors

1. (2018). *Tunnel durch Raum und Zeit. Einsteins Erbe – Schwarze Löcher, Zeitreisen und Überlichtgeschwindigkeit.* 8. Aufl., Stuttgart: Kosmos.
2. Jenseits von Einsteins Universum (2025). *Von der Relativitätstheorie zur Quantengravitation.* 5. Aufl., Hamburg: Nicol.
3. Signale der Schwerkraft (2017). *Gravitationswellen: Von Einsteins Erkenntnis zur neuen Ära der Astrophysik.* Kosmos: Stuttgart.
4. Hawkings neues Universum (2018). *Wie es zum Urknall kam.* 6. Aufl., Stuttgart: Kosmos.
5. (2021). *Einfach Hawking! Geniale Gedanken schwerelos verständlich.* 5. Aufl., Stuttgart: Kosmos.

16

Welt am Draht?

Das Universum als Computer

von Stefan Höltgen

„... nichts sei im Weltall, was nicht Code sei, vom Virus bis zum Big Bang"
(Friedrich Kittler)

Ist das Universum ein Computer? Diese Frage steht im Zentrum dieses Beitrags und die Antworten darauf sollen hier einen Einblick in die Verschränkung unterschiedlicher Denk- und Arbeitsfelder geben, die die Kosmologie ergänzen möchten: Computerwissenschaften, Physik, Informationstheorie, Philosophie und Kulturwissenschaft. Denn die Frage impliziert sowohl erklärungsbedürftige Begriffe wie „Universum", „Computer" und nicht zuletzt, was das am Anfang der Frage stehende Wort „Ist" eigentlich für eine Zuschreibung darstellt.

Das Universum als Computer zu sehen, kann selbstverständlich zunächst einmal metaphorisch verstanden werden. Und diese Metapher besitzt einige Stärken und Erklärungspotenziale, wie wir sehen werden. Es kann aber auch gemeint sein, dass man im Computer ein Modell sieht, das dem Universum analog ist – und zwar entweder in der Hardware/Materie oder auf Seiten der Software/Naturgesetze. Es existieren jedoch auch Positionen, die das Computeruniversum wortwörtlich meinen und uns als die Simulationen eines gigantischen Computerprogramms sehen.

Zunächst soll dafür die kurze Geschichte der Idee vom Universum als Computer vorgestellt werden. In ihr zeichnet sich bereits ab, welche Überlegungen überhaupt zu der Hypothese geführt haben und warum sich diese als diskutable kosmologische Theorie erweisen könnte. Danach wird ein informatisches und informationstheoretisches Konzept vorgestellt, dass sich als erste „Implementierung" der Idee angeboten hat: zelluläre Automaten. Schließlich sollen die möglichen Erweiterungen und Einwände gegen diese Idee vorgestellt und am Schluss die Hypothese einer kulturwissenschaftlichen Reflexion unterzogen werden.

Expedition in die Raumzeit: Wissen – Denkbares – Unerklärliches, 1. Auflage. Harald Zaun (Hrsg.).
© 2026 Wiley-VCH GmbH. Alle Rechte vorbehalten, einschließlich derer für Text- und Data-Mining und Training von Technologien der Künstlichen Intelligenz oder ähnlichen Technologien. Published 2026 by Wiley-VCH GmbH

16.1 Rechnende Räume

Erste Ideen, dass das Universum ein berechenbares Phänomen sein könnte, entstanden bereits im Zeitalter der Aufklärung. Der französische Mathematiker, Physiker und Astronom Pierre-Simon Laplace veröffentlichte 1814 seinen *Essai philosophique sur les probabilités* (Philosophische Abhandlung über den Zufall), in dem er einen Dämon (Weltgeist) annahm, der alle Aspekte der Gegenwart kennt und damit auch alle Bedingungen, aus denen sich zukünftige Ereignisse herleiten. Dem Weltbild der Aufklärung und des Barocks entsprach eine übersteigerte naturwissenschaftliche Sichtweise, die die Welt als quasi mechanisch verstand und davon ausging, dass, wenn alle Regeln (Naturgesetze) bekannt seien, sich die Welt als deterministisch erweisen würde. Der Schlüssel zu dieser vollständigen Beschreibbarkeit der Welt läge in der Mathematik, von der Galileo Galilei 1632 behauptet hatte, sie sei die Sprache, in der das Buch der Natur verfasst sei.

Dass der nach seinem Erfinder benannte Laplace'sche Dämon bei der vollständigen Beschreibung der Gegenwart durchaus mathematische Probleme bekommen könnte, hat sich erst zu Beginn des zwanzigsten Jahrhunderts offenbart, als die prinzipiellen Grenzen von Berechenbarkeit, Messbarkeit und vollständiger Beschreibbarkeit sowohl der Mathematik als auch der Naturwissenschaften erkannt wurden.

Mitte der 1940er Jahre kam Konrad Zuse, einer der Erfinder des Digitalcomputers, auf die Idee, dass es eine Analogie zwischen den Gesetzen der Rechentechnik und den Naturgesetzen des Universums geben könnte:

> „Es geschah bei dem Gedanken der Kausalität, dass mir plötzlich der Gedanke auftauchte, den Kosmos als eine gigantische Rechenmaschine aufzufassen. Ich dachte dabei an die Relaisrechner: Relaisrechner enthalten Relaisketten. Stößt man ein Relais an, so pflanzt sich dieser Impuls durch die ganze Kette fort. So müsste sich auch ein Lichtquant fortpflanzen, ging es mir durch den Kopf. Der Gedanke setzte sich fest; ich habe ihn im Laufe der Jahre zur Idee des ‚Rechnenden Raumes' ausgebaut. Es sollte freilich dreißig Jahre dauern, ehe mir eine erste konkrete Formulierung der Idee gelang." [11]

Der „Rechnende Raum", von dem Zuse hier schreibt, steht für einen so genannten *zellulären Automaten*, eine Implementierung aus der Automatentheorie. Dabei handelt es sich um ein Konzept der theoretischen Informatik, das die Komplexität von maschinell vollzogenen Rechenprozessen beschreibt. Zuse stellte sich vor, dass sich die Naturgesetze als algorithmische Prozesse verstehen lassen, für deren Ausführung spezifische Automaten (so genannte Zustandsautomaten) genutzt werden. Ein Algorithmus ist ein in der Zeit ablaufender Prozess, der auf Basis einer zuvor festgelegten Regel aus einer Dateneingabe eine Datenausgabe erzeugt, vergleichbar mit einer mathematischen Formel, in die man Werte einsetzt, um dann Ergebnisse zu erhalten.

Hinter Zuses Idee des rechnenden Raums steht die Vorstellung, dass das Universum mit „Digitalteilchen“ angefüllt sei, die sich in diskreten Raumeinheiten befinden und zu diskreten Zeitpunkten verändern. Diese Vorstellung korrespondiert mit einigen Überlegungen der Quantenphysik, die unterhalb einer bestimmten Größenschwelle der Materie ebenfalls davon ausgeht, dass sich Teilchen (Quanten) in diskreten Zonen aufhalten und sprunghaft ihre Energie und Aufenthaltszone wechseln – dass also Energie, Raum und Zeit „gequantelt“ sind.

Ein solches Verhalten stellte sich Zuse nun als Automat vor, der einen diskreten Zustand besitzt und taktweise (auf Basis eines ihn beschreibenden Algorithmus) seinen Zustand wechseln kann. Vernetzt man nun einen solchen Automaten mit einem oder mehreren anderen, so kann die Ausgabe des einen zur Eingabe des anderen und damit zur Bedingung eines erneuten Zustandswechsels werden. Ein „rechnender Raum“, der angefüllt mit Digitalteilchen (ein anderer Name für Automaten) ist, welche auf diese Weise miteinander interagieren, ließe sich als algorithmisch vollständig beschreibbares Universum aus „Zellen“ darstellen.

16.2 Zelluläre Automaten

Konrad Zuse hat die zellulären Automaten nicht erfunden; sie lagen zu der Zeit, als ihm die Idee mit dem rechnenden Raum kam, quasi „in der Luft“. Um 1940 stellte der polnisch-US-amerikanische Mathematiker Stanislaw Ulam das Konzept im Rahmen seiner Forschungen in Los Alamos vor. Von der Idee inspiriert machte sich sein Kollege John von Neumann daran, zelluläre Automaten als Objekte für seine Forschung über reproduktionsfähige Maschinen zu verwenden. Von Neumann ersann hierzu Automaten, welche 29 verschiedene Zustände (auf Basis der ihnen zugrunde liegenden Regelsätze) einnehmen konnten. Er bewies in einer umfangreichen Publikation von 1953, dass diese Automaten dafür verwendet werden können, sich selbst und komplexere Objekte, die aus ihnen bestehen, zu generieren.

Als Zuse 1967 seinen ersten Aufsatz zum rechnenden Raum und zwei Jahre danach das Buch zum selben Thema veröffentlichte, existierte also bereits eine theoretische Auseinandersetzung mit dem Thema – und das nicht nur innerhalb der Computerwissenschaften: Etwa zeitgleich zu von Neumann hatte der britische Mathematiker Alan M. Turing über die Frage nachgedacht, wie Musterentstehung in der Biologie stattfindet, wenn die Informationen dazu nicht genetisch angelegt sind. Er entwarf dazu einen zellulären Automaten, der diese so genannte „Morphogenese“ algorithmisch erklärte. Zur Popularisierung von zellulären Automaten und ihrer Wirkung über die Grenzen der Wissenschaften hinaus kam es 1970, als der britische Mathematiker John Horton Conway einen sehr einfachen zellulären Automaten entwickelte, der dieselbe Mächtigkeit wie von Neumanns Automat besaß, jedoch auf wesentlich einfacheren Regeln basierte und deutlich weniger Zustände benötigte.

Das „Game of Life“, wie der zelluläre Automat von Conway genannt wurde, eroberte zu Beginn des Mikrocomputerzeitalters schnell die Herzen und Hirne vieler junger Computernutzer:innen. Das Spiel, das Conway als „Null-Personenspiel“ klassifizierte, weil der Computer darin ausschließlich mit/gegen sich selbst antritt, konnte in leicht zu erlernenden Programmiersprachen mit sehr kurzen Programmen implementiert werden und brachte die erstaunlichsten Muster auf die Computerbildschirme. Schon bald entdeckten die Nutzer:innen von „Game of Life“, dass sich aus dem Zusammenspiel der einzelnen Automaten emergentes Verhalten ergab: Die einzelnen, auf dem Spielfeld befindlichen Zellen interagierten miteinander auf eine Weise, die es für Menschen unvorhersehbar machte, wie das Spielfeld nach nur ein paar Spielschritten aussehen würde.

16.3 Games of Life

Um uns einen Einblick in die grundsätzliche Funktionsweise von zellulären Automaten zu verschaffen, ist das „Game of Life“ ein sehr gutes Beispiel. Seine und die Regeln eines noch einfacheren Automaten sollen hier nacheinander kurz vorgestellt werden.

„Game of Life“ wird auf einem zweidimensionalen Raster gespielt – ähnlich einem Schachbrett –, das in seiner Größe beliebig wählbar ist. Ebenso kann frei entschieden werden, ob die Ränder des Spielfeldes miteinander verbunden sind (also oben mit unten und links mit rechts) oder der Rand des Spielfeldes auch der Rand des Spiels ist, neben dem es nicht weitergeht. Ein Automat besetzt eine Zelle auf diesem Spielraster und hat einen von zwei Zuständen: tot oder lebendig.

Sein Zustand wird vom Zustand der Automaten in den Nachbarzellen bestimmt. Hier verbirgt sich der Algorithmus, also die Spielregeln, nach denen „Game of Life“ spielt:

1. Hat eine lebende Zelle weniger als zwei belebte Nachbarn, dann stirbt sie an Vereinsamung
2. Hat eine lebende Zelle genau zwei oder drei Nachbarn, dann bleibt sie am Leben.
3. Hat eine Zelle mehr als drei Nachbarn, dann stirbt sie an Überbevölkerung.
4. Hat eine tote Zelle genau drei lebende Nachbarn, dann wird sie wiedergeboren.

Diese Spielregeln, die logisch teilweise auseinander hervorgehen, werden pro Spielzug für das gesamte Spielraster auf einmal angewendet. Damit entwickelt sich das Spiel generationsweise weiter. Beim Experimentieren mit unterschiedlichen Ausgangslagen (belebter Zellen auf dem Raster) zeigt sich, dass folgende „Endzustände“ des Spiels möglich sind:

1. *Das Spielfeld wird komplett entvölkert.*
2. *Der Zustand des Spielfelds erstarrt in statischen oder oszillierenden Objekten.*
3. *Auf dem Spielfeld bilden sich fortwährend neue Muster, die über es wanden und an seinen Kanten (sofern diese so definiert wurden) vom Spielfeld verschwinden.*

Nicht möglich wäre ein Endzustand, bei dem das Feld komplett mit lebendigen Zellen gefüllt ist, weil dies gegen die Spielregel 3 verstieße.

Das Entstehen und Vergehen von Zellen auf dem Raster lässt sich bei einem Durchlauf des Spiels optisch sehr gut nachvollziehen. Sind das Feld und die Anzahl der Zellen groß genug, entsteht schnell der Eindruck eines „Films", bei dem sich Muster aus Zellverbünden verändern, bewegen, verschwinden und entstehen. Wir haben es hier bereits mit einem räumlich auf zwei Dimensionen begrenzten sehr kleinen Universum zu tun – und man kann sich leicht vorstellen, dass sich dieses Spiel auch auf mehr Dimensionen und deutlich größere Spielraster ausdehnen lässt.

Die Anzahl der Dimensionen lässt sich aber auch reduzieren: Anfang der 1980er Jahre entwickelte der Mathematiker Stephen Wolfram einen zellulären Automaten mit nur einer Raumdimension. Auch sein Automat kennt nur die beiden Zustände tot und lebendig. Gespielt wird er auf einem Spielraster, das nur ein Feld hoch ist, aber beliebig viele Felder breit sein und je nach Zustand der Zellen auch wachsen kann. Deren Zustand wird mit 1 (für lebendig) und 0 (für tot) bezeichnet.

Im Unterschied zum „Game of Life" ist es bei diesem Automat der Regelsatz, der variiert werden kann. Eine Regel betrifft immer eine Zelle, deren Zustand sowie den Zustand der angrenzenden rechten und linken Nachbarzelle. Da es hierfür acht Möglichkeiten gibt (von 000 bis 111), muss die Regel acht mögliche Folgezustände für die nächste Generation der mittleren Zelle angeben. Dabei kommt eine Acht-Ziffern-Kette aus 0en und 1en heraus, die binär gelesen einer Dezimalzahl zwischen 0 (00000000) und 255 (11111111) entspricht.

Schauen wir uns folgende einfache Regel an: Nur dann, wenn eine Zelle je einen toten und einen lebendigen Nachbar hat, lebt sie in der Folgegeneration weiter:

Wenn Zellzustand:	111	110	101	100	011	010	001	000
Dann mittlere Zelle:	0	1	0	1	1	0	1	0

Diese Regel heißt „090" (Abb. 16.1), weil das die Dezimalzahl für binär 01011010 ist. Bei einer Ausgangslage von nur einer belebten Zelle, die links und rechts ausschließlich von toten Zellen benachbart ist, treten also folgende Unterregeln in Kraft: 000 (resultiert in einer toten Zelle), 001 (resultiert in einer lebenden Zelle), 010 (resultiert in einer toten Zelle) und 100 (resultiert in einer belebten Zelle), so dass

Abb. 16.1 Regel 090 ergibt ein bekanntes Fraktal (das Sierpinski-Dreieck). *Quelle:* Stefan Höltgen.

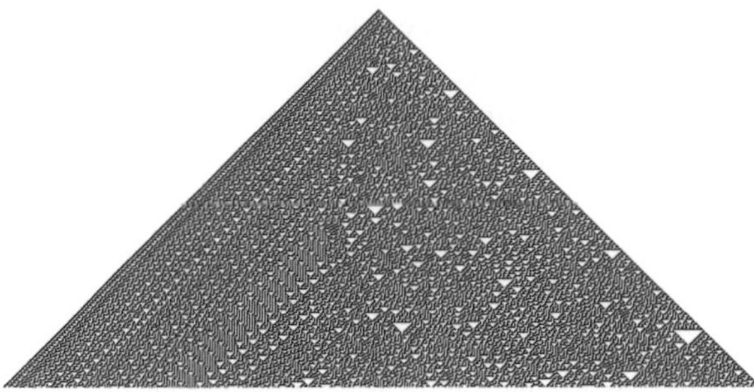

Abb. 16.2 Rule 030.
Quelle: Stefan Höltgen.

in der zweiten Generation nun zwei belebte Zellen mit einer unbelebten dazwischen direkt unter der Zelle der ersten Generation stehen. Dann erfolgt die Berechnung der nächsten Generation auf Basis derselben Regeln usw.

Wolframs zellulärer Automat operiert zwar nur in einer Zeit- und einer Raum-Dimension. Er steht dem „Game of Life" aber in Hinblick Komplexität in nichts nach. Die Regel „030" etwa führt, wenn man die einzelnen Generationen ausgehend von nur drei Startzellen untereinander reiht, nach 300 Generationen zum Muster in Abb. 16.2.

Dieses Muster findet sich auf den Gehäusen von Kegelschnecken wieder; die Regel „030" scheint also einen natürlichen Wachstumsprozess zu beschreiben. Auch Wolfram teilt die Regeln in unterschiedliche Klassen ein, je nachdem in welchem Endzustand sie münden:

1. Klasse: Regeln, die in einem statischen Endzustand stagnieren
2. Klasse: Regeln, die zu periodischen Mustern führen
3. Klasse: Regeln, die zu chaotischen und unvorhersehbaren Mustern führen
4. Klasse: Regeln, die zu komplizierten Einzelstrukturen führen

Regel „090" gehört zur zweiten, die Regel „030" zur dritten Klasse. Letztere zeichnet sich dadurch aus, dass sie lokal Muster erzeugt, die sich in unterschiedlichen Größen wiederholen.

16.4 Simulierte Simulatoren

Nachdem wir uns nun mit einer kurzen Geschichte und Phänomenologie der zellulären Automaten vertraut gemacht haben, soll gezeigt werden, worin die Besonderheit dieser regelbasierten „Spiele" mit lebendigen und toten Zellen besteht. An Wolframs Regel „030" hat sich bereits gezeigt, dass sie in der Lage ist, natürlich vorkommende Strukturen zu simulieren. Was hier als Zufall und Emergenz erscheint, kann auch bewusst in den Regelsatz von zellulären Automaten einprogrammiert werden. Solche Automaten werden seit längerem in Wissenschaften, die sich mit komplexen Systemen beschäftigen, dazu eigensetzt, Simulationen solcher Systeme und ihrer Komponenten durchzuführen.

Im Prinzip lässt sich jeder Prozess, bei dem einzelne Objekte räumlich verteilt sind und über zeitliche Abstände miteinander interagieren, als ein zellulärer Automat programmieren: Populationsdynamiken (beeinflusst von den Ressourcen und Gefahren ihrer Umwelt), Verläufe von Krankheitsausbreitungen, Waldbrände, Fluchtverhalten von Individuen, Verkehrssituationen aber auch chemische, biologische und physikalische Prozesse, bei denen Entitäten (Moleküle, Zellen, Körper) miteinander interagieren. Aber nicht nur natürliche, sondern auch technische Prozesse lassen sich mit zellulären Automaten simulieren – im Prinzip war dies ja sogar die Ausgangsfrage von John von Neumann, die er mit seinem zellulären Automaten beantworten wollte: Können Automaten Kopien ihrer selbst hervorbringen? Die Komplexität einer simulierten Technologie kann hierbei sogar deckungsgleich mit der sie simulierenden Technik werden – sprich: Mit zellulären Automaten lassen sich komplette Computer simulieren – zumindest „in der Theorie".

Damit ein Computer eine universelle Rechenmaschine sein kann, die jedes berechenbare Problem berechnen kann (wohlgemerkt: in beliebig langer Zeit), muss sie spezifische Eigenschaften besitzen, die man nach dem Entdecker dieser Berechenbarkeitshypothese, Alan M. Turing, „Turingmächtigkeit" genannt hat. Für „Game of Life" ist die Frage bereits sehr früh aufgeworfen worden, ob damit auch Computerfunktionen simuliert werden könnten – und die Antwort darauf lautete: ja. Was zunächst nur mathematisch bewiesen wurde, hat Paul Rendell im April 2000 implementiert: Eine Turing-Maschine, die das Modell einer universellen Rechenmaschine ist, komplett in „Game of Life" gebaut (vgl. Rendell 2016).

Und auch für Wolframs eindimensionalen Automaten wurde eine Regel gefunden, die turingmächtig ist. Regel „110" wurde 2004 von Matthew Cook (Cook 2009) als eine Version beschrieben, mit der universelle Berechenbarkeit möglich ist. Vorausgesagt wurde diese Möglichkeit von Stephen Wolfram bereits 1985. Für weitere Regelsätze, die zur selben Klasse wie Regel „110" gehören, steht der Beweis noch aus, ob diese ebenfalls turingmächtig sind. Die Regelklasse 4, die weder vollständig chaotische noch vollständig statische Muster generiert, scheint – ähnlich bestimmten Strukturen in „Game of Life" – genau die notwendigen Eigenschaften zu besitzen.

16.5 Ein informiertes Universum

Die Metaphorik der *zellulären* Automaten, des Spiels des *Lebens*, der *toten* und *lebendigen* Zellen sowie die unterschiedlichen Anwendungen in Medizin, Biologie und Soziologie zeigen bereits, dass diese Systeme ihr Vokabular nicht nur aus den „Life Sciences" borgen (womit sie in der Informatik und Kybernetik nicht allein dastehen!), sondern auch, dass die damit simulierten Prozesse als Experimente mit künstlichem Leben verstanden werden können. Ausgehend von der Flexibilität zellulärer Automaten in Hinblick auf die Definition ihrer Zustände, ihrer Übergangsregeln und auch der Spielfelder, auf denen sie platziert werden können, ist man schnell zu der Überlegung Zuses zurückgekehrt, ob sich nicht noch „universellere"

Dinge als bloß eine universelle Rechenmaschine damit simulieren lassen – etwa das Universum selbst.

Im Prinzip müsste hierzu versucht werden, die wenigen grundlegenden mathematischen Beschreibungen der Physik zu einem Regelsatz zu bündeln, der physikalische Prozesse mit zellulären Automaten simulierbar macht. Die Zellen wären dabei die Objekte der Physik (Teilchen, Wellen), das Spielraster wäre die Raumzeit. Der Vorteil, den eine solche Beschreibung hätte, wäre, dass mit ihr nicht nur die materiellen und energetischen Eigenschaften der Dingwelt, sondern auch Prozesse des Informationsaustauschs beschrieben werden können. Denn die Wechselwirkung benachbarter Zellen basiert genau darauf. Der Kybernetiker Norbert Wiener hat Information als ein Drittes neben Energie und Materie aufgeführt, das zur Beschreibung von Wechselwirkungen in der Natur benötigt wird. Die Informationsmenge wird in Bit angegeben; ein Bit ist die kleinstmögliche Informationseinheit, mit der ein Unterschied repräsentiert werden kann (etwa 1/0, lebendig/tot, ja/nein, ein/aus usw.). Man könnte sagen: Information ist „gequantelt" – wie auch Energie, Zeit und Raum auf den kleinsten Skalen. Das macht das Bit zu einer idealen Einheit für den Informationsaustausch in diskret operierenden Digitalcomputern.

Information wird aber auch im Makrokosmos ausgetauscht. Jeder Formgebungsprozess, bei dem sich Strukturen herausbilden (Galaxienhaufen, Galaxien, Sonnensysteme, Planeten, Leben, . . .), lässt sich als ein Austausch von Informationen zwischen den Elementen verstehen, die sich zu dieser Struktur anordnen. Auf kleinen Skalen betrachtet, wird dieser Informationsaustausch direkt sichtbar – etwa beim Zusammenstoß zweier Kugeln, die ihre Bewegungen (Richtung, Geschwindigkeit) als Information untereinander austauschen, so dass nach dem Zusammenstoß beide Kugeln „neu informiert" ihre Bewegung verändern. Auf großen Skalen, etwa bei kosmischen Gravitationswechselwirkungen, sind solche Beobachtungen nicht immer ohne weiteres sichtbar, können aber mit Messmethoden nachgewiesen werden. Die Quantenphysik nimmt an, dass diese kosmischen Wechselwirkungen das emergente Ergebnis von Wechselwirkungen der kleinsten Teilchen der betroffenen Systeme sind. Diese Betrachtung weist bereits Ähnlichkeiten mit dem Anblick eines komplexen Systems zellulärer Automaten auf.

16.6 Zufall? Wunder? Oder Vorherbestimmung?

Es existieren also zahlreiche Analogien zwischen dem natürlichen Universum und dem „Universum der zellulären Automaten", wenn man beide aus der Perspektive der Informationstheorie betrachtet. Selbst so etwas wie ein Urknall, also der Beginn der Informationsexplosion findet sich bei den zellulären Automaten wieder – etwa das Entstehen der weiteren Generationen nach Anwendung der Regel „090" auf nur einer Anfangszelle.

Die Quantenphysik hat in jüngerer Zeit die Idee eines Universums als Computer wieder befeuert. Denn sie beschreibt nicht nur die Wechselwirkung und

Gesetzmäßigkeiten („Übergangsfunktionen") der kleinsten Teilchen („Zellen") miteinander; sie lässt auch Raum für ein philosophisches Problem, das durch die Annahme eines vollständig auf Berechenbarkeit basierenden Universums entsteht: Kann es in einem solchen Universum Zufall geben? Oder macht der Laplace'sche Dämon aller Zufälligkeit einen Strich durch die Rechnung?

Laplace hatte bei seiner Überlegung das Problem, dass sich auch Information nur mit Lichtgeschwindigkeit ausbreiten kann, noch nicht berücksichtigt. Dies verhindert allerdings, dass sein Dämon überhaupt sämtliche Tatsachen der Gegenwart kennen kann, um daraus die Zukunft zu berechnen. Denn die Gegenwart findet im Universum ja auch jenseits jener Grenze statt, von der noch Informationen zu ihm gelangen können, wenn sich diese bloß mit Lichtgeschwindigkeit bewegt. Die Frage, wie sich informierende, also strukturbildende Prozesse vom Beginn an im Universum ausbreiten konnten, wenn für Information wie auch für Energie und Materie die Lichtgeschwindigkeit die höchste Ausbreitungsgeschwindigkeit ist, wurde von Stephen Wolfram innerhalb seines Modells damit erklärt, dass sich Information „kausal", also nicht durch den Raum, sondern über die Zeit hinweg durch die verschiedenen Generationen der zellulären Automaten bewegt: Sie wird sozusagen von einer Generation an die nächste „vererbt" und pflanzt sich – von der Keimzelle ausgehend – bis in alle künftigen Zellen fort. Andere Erklärungsansätze führen die Möglichkeit der Quanten-Verschränkung an, bei der Zustände zweier Teilchen über beliebig große Distanzen stets synchron entstehen und sich ändern – also der Informationsaustausch zwischen ihnen instantan stattfindet.

Das Beobachterparadox der Quantenmechanik, das Erwin Schrödinger 1935 in seinem berüchtigten Gedankenexperiment mit der Katze beschrieben hat, wäre ein zweites Problem für den Laplace'schen Dämon geworden: Es gibt Ereignisse, die sich nicht beobachten lassen, ohne dass die Beobachtung in diese Ereignisse eingreift und sie verändert. Der Zerfall eines radioaktiven Elements (wie bei Schrödinger beschrieben) gehört dazu. Die Beobachtung (Messung) des Zerfallsprozesses fügt dem System Energie hinzu (etwa durch das Licht, mit dem die Beobachtung „erhellt" wird) und verändert es dadurch. Ob/wann ein solcher Kern zerfällt, bleibt unvorhersehbar – geschieht also zufällig.

Für ein Universum aus zellulären Automaten stellt ein solch fundamentaler Zufall kein Problem dar – im Gegenteil wird er als Generator für zufällige Informationsänderungen angenommen, die ein System benötigt, um Neues hervorzubringen. Aber woher und wie kommt der Zufall in den Algorithmus? Sind Digitalcomputer nicht deterministische Maschinen, deren Vorteil ja gerade darin besteht, dass sie nicht zufällige, sondern vorhersagbare Ausgaben erzeugen? Ein Algorithmus beschreibt genau dies: den eindeutig funktionalen Zusammenhang zwischen Eingaben und Ausgaben eines Computers. Hier könnten so genannte Pseudozufallszahlen helfen – das sind Zahlenfolgen, die ebenfalls durch einen Algorithmus erzeugt werden, der aber so gestaltet ist, dass auf Beobachter, die lediglich die Ausgaben sehen, die Aufeinanderfolge dieser Zahlen zusammenhanglos (also zufällig) wirkt. Die Geschichte der Programmierung hat etliche solcher

Pseudo-Zufallszahlen-Algorithmen hervorgebracht, die inzwischen so komplex sind, dass selbst Computer lange Zeit benötigen, um das hinter den Zahlenketten stehende Muster als determiniert zu erkennen.

Derartig generierte Zufälle sind also nicht unvorhersehbar – aber was heißt das schon? Vielleicht sind die „echten" Zufälle auch bloß Ereignisse, die bislang einfach nur zu komplex in ihren Ausgangsbedingungen und Entstehungsgesetzen sind, als dass wir sie als determiniert erkennen können. Und selbst das quantenphysikalische Phänomen der Dekohärenz (dass ein Teilchen erst bei Beobachtung einen konkreten aber nicht vorhersagbaren Zustand annimmt) folgt ja einer Gesetzmäßigkeit – nur ist diese lediglich mit Hilfe der Statistik beschreibbar. Es wäre entscheidend, einen Algorithmus für Pseudozufallszahlen zu finden, der solche natürlich-zufälligen Phänomene angemessen nachbilden kann. Wolfram schlägt einige Zufallszahlen-Generatoren für seinen Automaten vor [9].

16.7 A Simple Plan?

Das Universum verstanden als algorithmisch gesteuerter Prozess (und beschreibbar mit zellulären Automaten) könnte eine einfache Beschreibung der physikalischen Welt liefern – selbst eine Beschreibung ihrer zufälligen Ereignisse. Das Programm dazu müsste nicht einmal besonders lang sein. In der Informationstheorie lässt sich das Verhältnis der Länge eines Algorithmus zur Länge seiner Ausgaben mit der so genannten Kolmogorow-Komplexität beschreiben: So benötigt zum Beispiel die Programmierung einer Schleife, welche die ganzen Zahlen von 1 bis 1000 ausgibt, deutlich weniger Zeichen als die Ausgabe, die sie bei der Ausführung produziert. Daher ließen sich die Zahlen von 1 bis 1000 durch ein solches Programm „komprimieren". Das Universum, wie es sich uns zeigt, stellt eine ziemlich komplexe Struktur dar, und wir hoffen hierfür eine „Weltformel", kombiniert aus den Gesetzen der Makro- und der Mikrophysik, zu finden, in der diese Struktur adäquat beschrieben ist. Derzeit existierende, komplizierte Ansätze (etwa die Stringtheorie) müssten angesichts einer deutlich einfachen Beschreibung, wie sie ein zellulärer Automat darstellt, über „Ockhams Messer" springen: Einfache Theorien beschreiben die Tatsachen deutlich häufiger korrekt als komplizierte. Könnte die Theorie des Universums als Computer und der Physik als Algorithmus daher eine solche adäquate Beschreibung sein?

Wie eingangs geschrieben, lassen sich die Theorien zum „Universum als Computer" kategorial einteilen:

- *Theorien, die Analogien zwischen Computerprozessen und physikalischen Prozessen konstatieren,*
- *Theorien, die versuchen, in Computern und Computerprogrammen ein vollständiges Modell des realen physikalischen Universums zu sehen*
- *Theorien, die konstatieren, das Universum sei tatsächlich ein Computer.*

Erstere Gruppe von Theorien stellen Formen von Simulationen dar, für die seit einigen Jahrzehnten Computer herangezogen werden. Solche Simulationen reduzieren die Mannigfaltigkeit der realen Vorgänge auf bestimmte Phänomene, die als Parameter für die Formulierung von Algorithmen genutzt werden. Diese Algorithmen werden als Computerprogramme implementiert, um Visualisierungen (Bilder, Diagramme) ansonsten nicht sichtbarer Zusammenhänge zu erzeugen oder Dynamiken numerisch zu lösen, für die es keine formale Beschreibung gibt. Zu letzteren gehören zum Beispiel das Drei-Körper-Problem, Wettermodelle oder Modelle von Partikelbewegungen.

Zur zweiten Gruppe von Theorien gehört Konrad Zuses rechnender Raum. Zuse versucht in seiner Theorie, insbesondere die damals noch jungen Erkenntnisse der Quantenphysik in Analogie zu Informationsverarbeitungsprozessen in Computern darzustellen. Das von ihm 1969 veröffentlichte Buch „Rechnender Raum" sah er auch als eine Möglichkeit „der theoretischen Physik, rechnerische Hilfsmittel zur Verfügung zu stellen, um für die sehr komplizierten Zusammenhänge nummerische Lösungen zu finden." [10]

Hierzu erarbeitet er eine Übersicht, wie Elemente seines rechnenden Raums sowohl in der klassischen Physik als auch in der Quantenphysik genutzt werden können. Stephen Wolfram geht mit seinem Buch „A New Kind of Science" noch einen Schritt weiter und formuliert auf Basis seiner zellulären Automaten gleich eine ganz neue Wissenschaft. Seine eindimensionalen Automaten mit ihren 256 Übergangsregeln lassen sich in unterschiedlichsten wissenschaftlichen Gebieten zur Beschreibung und Simulation von Vorgängen einsetzen. Das noch ungelöste Problem der Quantengravitation gehört ebenso dazu wie ein Modell der Kosmologie:

> „Indeed, I even have increasing evidence that thinking in terms of simple programs will make it possible to construct a single truly fundamemal theory of physics, from which space, time, quantum mechanics and all the other known features of our universe will emerge."[9]

Die letzte Gruppe von Theorien hat in jüngerer Zeit allerdings den größten Widerhall gefunden: die Behauptung, das Universum sei ein Computer und alle darin ablaufenden Vorgänge seien algorithmische Prozesse. Diese Hypothese ist insbesondere vor dem Hintergrund der Quantenphysik formuliert worden. Der Physiker Setz Lloyd schreibt:

> „Das Universum ist nicht nur eine Maschine – es ist eine Maschine, die Information verarbeitet. Das Universum rechnet. Das rechnende Universum ist keine Metapher, sondern eine mathematische Tatsache. Es ist ein physikalisches System, das auf seiner untersten mikroskopischen Ebene programmiert werden kann, um universelle digitale Rechenoperationen durchzuführen. Überdies ist das Universum nicht einfach ein Computer: Es ist ein Quantencomputer. Die Quantenmechanik pumpt permanent frische,

zufällige Bits in das Universum. Wegen seiner Computernatur verarbeitet und interpretiert das Universum diese Bits. Daraus entstehen auf natürliche Weise alle Arten von komplexer Ordnung und Strukturen." (Lloyd 2007, S. 39)

Man könnte hier noch ergänzen, dass unsere Computer ja aus der Materie des Universums gebaut werden, und dass das Universum daher tatsächlich in der Lage ist, zu komputieren – wenn es denn nur von menschlichen Ingenieuren entsprechend konfiguriert wird. Welche unkonventionellen Möglichkeiten existieren, aus den Dingen der Welt Computer zu bauen, zeigt sich in den Forschungen des so genannten „Unconventional Computings" [1].

Die Argumente für diese starke Computer-Hypothese (nach der, wie Lloyd pointiert schreibt, das Universum sogar in einem „Bit Bang" entstanden sei [5]) haben wir im Vorausgegangenen gesehen. Abzustreiten, wie Lloyd es tut, dass es sich bei der Zuschreibung bloß um eine Metapher handeln könnte, müsste zum Schluss jedoch noch einmal geprüft werden.

16.8 Wovon wir reden, wenn wir vom Universum reden?

Schon Zuse hat im Schlusswort seines Buches bemängelt, dass die größten Hindernisse in einer fruchtbaren Zusammenarbeit zwischen Mathematikern und Physikern angesichts des Themas darin bestehen, dass man verschiedene Sprachen spreche. Mit der Kybernetik, so hoffte Zuse, sei eine Wissenschaft entstanden, die dieses Problem überbrücken könne. Die Kybernetik hat sich danach jedoch in eine andere Richtung entwickelt und konnte Zuses Hoffnung daher nicht erfüllen. Stattdessen sind die Naturphilosophie, die Informatik und die Science-Fiction in den Diskurs eingetreten und haben ihre ganz eigenen Sprachen mitgebracht.

Tatsächlich stellt sich die Art und Weise, wie über das Universum als Computer gesprochen wird, als ein nicht unwesentlicher Motor der Theorie heraus. Der Begriff „Universum" tritt mit unterschiedlichen Bedeutungen hervor. Von den Ausgaben aus Wolframs zellulärem Automat spricht man als „eindimensionale Modell-Universen" (Wikipedia 2024). Aber erschöpft sich die Hypothese vom Universum als Computer vielleicht bereits in diesem Verständnis des Begriffs „Computeruniversums"? Und, dass auch „Computer" nicht immer binäre, diskrete, getaktete, programmierbare, universelle Digitalcomputer sein müssen, hat die Technikgeschichte der Rechenautomaten längst gezeigt. Analogcomputer, die gerade eine neue Renaissance erleben, sind über Jahrzehnte hinweg das Mittel der Wahl gewesen, wenn es Prozesse zu simulieren galt. Für sie existieren nicht nur Implementierungen für zelluläre Automaten, sondern auch Simulationen für komplexe kosmische Phänomene, wie das Drei-Körper-Problem.

Es ist keine Trivialität festzustellen, dass niemand auf die Idee kam, das Universum als Computer zu bezeichnen, als es noch keine Computer gab. Konrad Zuse, der einer der Erfinder der Technologie war, hat in dem eingangs aufgeführten Zitat selbst geschrieben, dass er beim Entwurf von Relais-Ketten auf die Idee zu seiner Theorie des rechnenden Raums gekommen sei. Die Analogie ist also nicht unwesentlich von der Tatsache abhängig, dass Computer existieren und wir diese verstehen. Im Barock, lange bevor es Computer gab, existierten Beschreibungen des „Universums als Uhrwerk" – ein mechanistisches Denkbild, das perfekt mit der zu dieser Zeit entstehenden klassischen Physik, Mathematik und Feinmechanik korrespondierte. Diese Zuschreibung mündete dann sogar in theologische Argumente, die Gott als „universellen Uhrmacher" vermuteten. Und von daher nimmt es auch nicht wunder, dass Laplace sich eine allwissende Instanz als Mathematiker vorstellt, der lediglich alle Tatsachen der Gegenwart zusammenrechnen muss, um daraus die Zukunft zu kalkulieren.

Solche philosophischen und kulturwissenschaftlichen Überlegungen stellen zwar keinen Widerspruch zur Aussage dar, wonach das Universum ein Computer sei; sie verorten aber dieses Denken in einer spezifischen Epoche, ihrem Wissen und ihrer Sprache. Von dieser Warte aus gesehen zeigt sich schließlich, dass das „Universum als Computer" nicht nur etwas über das Universum (und etwas über Computer), sondern auch etwas über uns und unsere Weltsicht sagt. Inwiefern die Zuschreibung darüber hinaus Erkenntnisse produziert oder (was Analogien und Metaphern nicht selten getan haben) solche mit allzu evident wirkenden Gegenüberstellungen verschleiert, bleibt abzuwarten, bis das nächste technologische Paradigma den Platz des Computers eingenommen hat. Dann ist das Universum vielleicht eine „künstliche Intelligenz".

Stefan Höltgen (Dr. phil., Dr. rer. nat.) hat Germanistik, Philosophie, Soziologie und Medienwissenschaft in Jena studiert. 2009 hat er in Bonn im Fach Germanistische Literaturwissenschaft promoviert; 2020 in Berlin im Fach Informatik. Er arbeitet und forscht zur Theorie, Geschichte und Epistemologie der digitalen Medien und Computerspielen. Derzeit wissenschaftlicher Mitarbeiter an der Universität Bonn in einem Forschungsprojekt über die Technischen Kulturen der BASIC-Programmierung. Zahlreiche Veröffentlichungen zu Film, Computerspielen, Mediengeschichte und Digital Humanities. Informationen und Kontakt unter www.stefan-hoeltgen.de

**Zum besseren Verständnis dieses Beitrags, und weil es auch ein amüsantes Unterfangen ist, empfiehlt es sich, ein wenige mit zellulären Automaten zu experimentieren. Das „Game of Life" lässt sich hier spielen: https://golly.sourceforge.io/webapp/golly.html;*

Wolframs eindimensionaler Automat kann hier erforscht werden: https://demonstrations.wolfram.com/CellularAutomatonExplorer

Literatur

1. Adamatzky, A. (Hg.). (2021). *Handbook of Unconventional Computing. Bd. 2.* Singapur World Scientific.
2. Cook, M. (2009). A Concrete View of Rule 110 Computation. In: arXiv:0906.3248.
3. Kittler, F. (2002). Code oder wie sich etwas anders schreiben lässt. In: *Reader Neue Medien. Texte zur digitalen Kultur und Kommunikation.* Reihe: Cultural Studies, Bd. 18 (Hgg. K. Bruns und R. Reichert), 88–96. Bielefeld: Transcript.
4. Laplace (1840). *Essai Philosophique Sur Les Probabilités.* Paris: Bacheliers.
5. Lloyd, S. (2007). Das Universum hacken. In: *Spektrum Spezial: Ist das Universum ein Computer?* (3/2007), 34–39.
6. Rendell, P. (2016). *Turing Machine Universality of the Game of Life.* Reihe: Emergence, Complexity and Computation, Bd. 18. Berlin u. a: Springer.
7. von Neumann, J. (1967). *Theory of Self-reproducing Automata.* Posthum herausgegeben von A.W. Burks. Champaign: University of Illinois Press.
8. Wikipedia (2024): Zellulärer Automat: Wolframs eindimensionales Universum. https://de.wikipedia.org/wiki/Zellul%C3%A4rer_Automat#Wolframs_eindimensionales_Universum (Zugriff am 10. Januar 2025).
9. Wolfram, S. (2002). *A New Kind of Science.* O.O.: Wolfram Media.
10. Zuse, K. (1969): *Rechnender Raum.* Reihe: Schriften zur Datenverarbeitung, Bd. 1. Braunschweig: Vieweg & Sohn.
11. Zuse, K. (2010). *Der Computer – Mein Lebenswerk.* 5. Aufl. Heidelberg Springer.

17

Das verborgene Universum

Wie KI das Unsichtbare sichtbar macht

von Christiane Reichwein

17.1 Der Auftakt zu einer neuen Ära

Haben Sie jemals in den nächtlichen Sternenhimmel geschaut und sich gefragt: „Was habe ich mit dem Universum zu tun?“ Diese Frage begleitet die Menschheit seit Jahrtausenden. Lange Zeit schien die Antwort klar: Das Universum war Gegenstand der Astrophysik, eine Welt der Galaxien, Sterne und schwarzen Löcher, die nur durch Teleskope und wissenschaftliche Methoden zugänglich war. In diesem Bild fühlte sich der Mensch oft klein und unbedeutend. Doch in den letzten Jahrzehnten hat sich, vor allem durch die New-Age-Bewegung, unser Verständnis vom Universum gewandelt – und damit auch die Art und Weise, wie wir uns selbst darin sehen.

Plötzlich tauchte eine neue Interpretation auf: das Universum als eine Art kosmisches Bewusstsein, mit dem wir in Verbindung treten können. Diese Sichtweise wird oft in den Bereich der Esoterik eingeordnet und manchmal belächelt. Doch viele alte Weisheitslehren teilen ähnliche Vorstellungen vom kosmischen Gefüge und unserer Rolle darin. Und je tiefer wir in die Quantenphysik eindringen, desto mehr erkennen wir, dass diese beiden Welten – die wissenschaftliche und die spirituelle – gar nicht so weit voneinander entfernt sind [1].

Diese beiden Welten – die wissenschaftliche und die spirituelle – scheinen auf den ersten Blick unvereinbar. Doch was, wenn sie sich berühren? Ein besonderer Abend war der Auslöser für meine intensive Beschäftigung mit dieser Frage.

Im Juni 2018 hatte ich die Gelegenheit, im Kölner Comedia Theater einem Gespräch zwischen der Astrophysikerin und Philosophin Sibylle Anderl und dem Astronauten Gerhard Thiele zuzuhören. Thiele erzählte von seiner Mission auf der Internationalen Raumstation ISS und einem ganz besonderen Moment: Sein japanischer Kollege hatte verschlafen, und so übernahm er dessen Schicht und konnte dadurch eine letzte Erdumrundung genießen, seine 181. Während dieser Umrundung genoss er Beethovens Neunte Sinfonie.

Expedition in die Raumzeit: Wissen – Denkbares – Unerklärliches, 1. Auflage. Harald Zaun (Hrsg.).
© 2026 Wiley-VCH GmbH. Alle Rechte vorbehalten, einschließlich derer für Text- und Data-Mining und Training von Technologien der Künstlichen Intelligenz oder ähnlichen Technologien. Published 2026 by Wiley-VCH GmbH

„Wenn du die Erde umkreist, gehörst du ihr nicht mehr an – und doch habe ich mich der Menschheit nie näher gefühlt." – Gerhard Thiele

Dieser „Overview-Effekt" (Abb. 17.1), den Astronauten erleben, zeigt, wie sehr Perspektiven unsere Wahrnehmung verändern. Sibylle Anderl, die selbst niemals im All war, berichtete ebenso fesselnd von ihrer Forschung: von Stoßwellen im interstellaren Medium und von zusammengeschalteten Radioteleskopen, die wie eine einzige gigantische Schüssel funktionieren [2]. Doch dann kam ein Satz, der mich völlig verblüffte. Es war gegen Ende des Gesprächs, als sie sagte: „Wir verstehen nur etwa fünf Prozent [sic] der beobachteten Materie im Universum. Der gewaltige Rest – 95 Prozent – entzieht sich unseren direkten Messungen und Theorien."

Stellen Sie sich vor, Sie bekommen ein Puzzle mit 100 Teilen, aber nur fünf Teile davon sind sichtbar. Der Rest der Teile ist zwar da – Sie können diese anfassen und deren Gewicht spüren – aber sie sind völlig schwarz. Sie erkennen ihre Form, aber nicht das Motiv. Würden Sie behaupten, Sie können das Gesamtbild erkennen? Genauso verhält es sich mit unserem Verständnis des Universums: Wir nur fünf Prozent, während die restlichen 95 Prozent zwar nachweisbar existieren, sich aber unserem Verständnis entziehen.

Anderl betonte, dass wir auch nicht sicher sein können, ob außerhalb unserer Atmosphäre die gleichen physikalischen Gesetze gelten, wie auf der Erde. Mit anderen Worten: Unser Planet könnte eine riesige Ausnahme im Kosmos sein, auf der Gesetze herrschen, die sonst nirgendwo gelten. Somit wären wir schlicht und ergreifend eine große Ausnahme – ein Zufallsprodukt, das hier umherkreist und keinen besonderen Bezug zum Rest des Universums hat.

Doch trotz dieser Unsicherheiten halten wir hartnäckig an unseren bisherigen Modellen fest. Sie haben uns weit gebracht – Newtons Mechanik erklärt die Bewegung der Planeten, Einsteins Relativitätstheorie beschreibt den Raum und die Gravitation. Doch unsere moderne Welt funktioniert längst mit Technologien, die auf Quantenmechanik beruhen – auf einem Bereich der Physik, den wir zwar mathematisch beschreiben, aber noch nicht vollständig begreifen.

Abb. 17.1 Aufnahme der Erde von der Internationalen Raumstation (ISS), aufgenommen vom Astronauten David Saint-Jacques der Canadian Space Agency (CSA). Sichtbar ist die feine blaue Linie der Erdatmosphäre. *Quelle:* CSA / NASA / gemeinfrei.

Smartphones, Transistoren, Lasertechnologie, sogar die Kamerasensoren in unseren Handys – all das funktioniert nur dank der Quantenmechanik. Wir nutzen ihre Effekte, verstehen aber nicht das Gesamtbild. Und genau das ist die große Frage: Was übersehen wir noch?

17.2 Warum ich als Nicht-Physikerin diesen Weg gehe?

Vielleicht fragen Sie sich: „Wieso schreibt ausgerechnet jemand über dieses Thema, der keine Physikerin ist?" Genau das sehe ich als Vorteil. Ich habe keine wissenschaftliche Reputation zu verteidigen und kann Fragen stellen, die außerhalb des etablierten Rahmens liegen. Eine dieser Fragen lautet: Könnte KI unser fehlendes Puzzlestück sein?

Googles Quantencomputer Willow hat eine Berechnung in Minuten gelöst, für die selbst die schnellsten Supercomputer 10 Septillionen Jahre gebraucht hätten – eine Zeitspanne, die das Alter des Universums um ein Vielfaches übersteigt. Einige Wissenschaftler vermuten, dass dies nur möglich war, weil Quantencomputer nicht linear rechnen, sondern in einer Art „Überlagerung" viele Lösungen gleichzeitig verarbeiten – als ob sie in parallelen Realitäten operieren würden.

Sollte das stimmen, wären wir an einem tieferen Verständnis des Universums näher dran als wir ahnen.

Seit hundert Jahren tappen wir im Dunkeln. Wir haben Schwarze Löcher vermessen, den Urknall rekonstruiert, die Quantenmechanik entdeckt – und doch bleibt eine fundamentale Frage ungelöst: Warum existiert das Universum so, wie wir es wahrnehmen?

Nun betritt eine neue Kraft die Bühne: Künstliche Intelligenz (KI). Sie rechnet nicht nur schneller als wir, sondern befreit sich zunehmend von unseren menschlichen Denkweisen. Sie ist nicht durch unsere evolutionären Prägungen oder kognitiven Verzerrungen limitiert.

17.3 Von der Revolution zur Stagnation

Die 1920er Jahre brachten physikalische Revolutionen. Große Denker wie Heisenberg, Schrödinger und Bohr stellten die Welt auf den Kopf. Die Debatten zwischen Bohr und Einstein – etwa Einsteins berühmtes Zitat „Gott würfelt nicht" – machten klar: Die Realität ist nicht mehr deterministisch, sondern voller Unsicherheit. Die Quantenphysik zeigt uns eine Welt, die nicht einfach „da draußen" existiert, sondern durch Beobachtung und Teilnahme geformt wird.

Doch bald verlagerte sich der Fokus. Die Quantenmechanik hat bahnbrechende Technologien hervorgebracht, doch die tieferen Fragen wurden verdrängt. Statt *Warum ist das so?* zählte nur noch: „Wie wenden wir es an?". David Mermin brachte den Zeitgeist auf den Punkt: „Shut up and calculate!"

Jahrzehntelang dominierte dieser Pragmatismus. Erst später erkannte Mermin, dass dies ein Fehler war: Die fundamentalen Fragen blieben unbeantwortet. Gleichzeitig entwickelte sich die Wissenschaft immer stärker entlang institutioneller und finanzieller Zwänge. Forschung folgte nicht nur der Neugier, sondern auch den Erwartungen von Geldgebern, akademischen Strukturen und dem Mainstream-Denken. Innovation wurde nicht immer gefördert – oft wurde sie gebremst.

Das alte mechanistische Weltbild hat uns lange gute Dienste geleistet, doch es stößt an seine Grenzen. Die hochkomplexe, dynamische Welt von heute verlangt nach einem neuen Paradigma – einer präziseren „Landkarte", die uns hilft, ihre Strukturen und Muster zu entschlüsseln.

Hierbei spielt Künstliche Intelligenz eine Schlüsselrolle. Als unvoreingenommener Denker, frei von menschlichen Dogmen und Hierarchien, ist KI nicht in herrschenden Lehrmeinungen gefangen. Sie kann verborgenen Mustern in unserer Realität auf die Spur kommen, Hypothesen aufstellen und Perspektiven eröffnen, die außerhalb unseres etablierten Denkrahmens liegen.

Darin liegt die große Chance: endlich alte Denkmuster zu überwinden – und Wissenschaft zu ihrer reinen Form zurückzuführen – als freie, unvoreingenommene Erforschung der Wirklichkeit.

17.4 Die verborgene Ordnung des Universums

In den letzten Jahrzehnten hat das Interesse an der philosophischen Dimension der Physik eine bemerkenswerte Renaissance erlebt. Phänomene wie die Quantenverschränkung, bei der Teilchen über große Entfernungen auf mysteriöse Weise miteinander verbunden bleiben, verdeutlichen, dass die Quantenwelt radikal anders als die klassische Physik funktioniert. Alternative Interpretationen wie Everetts „Viele-Welten-Theorie" und Wheelers tiefgreifende Fragen nach der Rolle des Beobachters unterstreichen, dass unser Verständnis noch Lücken aufweist.

Die Suche nach Dunkler Materie ist ein weiteres faszinierendes Beispiel. Bereits in den 1930er Jahren wurde vermutet, dass Galaxien mehr Masse enthalten müssten, als sichtbar ist. Vera Rubin bestätigte dies in den 1970er Jahren durch ihre Beobachtungen: Sterne am Rand von Galaxien bewegen sich schneller, als es die sichtbare Materie allein erlauben würde. Eine unsichtbare Kraft scheint das Universum zusammenzuhalten – aber was ist sie? Einige Theorien legen nahe, dass Schwarze Löcher selbst eine Form von Dunkler Materie darstellen könnten. Ursprünglich dachte man an massive, primordiale Schwarze Löcher, die in den ersten Sekunden des Universums entstanden sind. Um die fehlende Masse zu erklären, wären jedoch Milliarden solcher Schwarzen Löcher erforderlich, deren gravitative Auswirkungen auf die Bewegung der Sterne sichtbar sein müssten. Obwohl diese Idee umstritten bleibt, zeigt sie die Komplexität der Suche nach der Natur der Dunklen Materie.

Das Universum besteht aus drei Hauptkomponenten: aus baryonischer Materie, Dunkler Materie und Dunkler Energie. Die baryonische Materie, die alles umfasst, was wir sehen und messen können, macht nur etwa fünf Prozent des Universums aus. Dunkle Materie, die etwa 25 bis 27 Prozent der Gesamtmasse ausmacht, ist unsichtbar und gibt keine Strahlung ab. Ihre Anwesenheit verrät sich jedoch durch ihre gravitative Wirkung. Dunkle Energie, die mit rund 68 bis 70 Prozent den größten Anteil des Universums stellt, ist für die beschleunigte Expansion des Kosmos verantwortlich, aber ihre Natur bleibt ein Rätsel. Schwarze Löcher, die aus dem Kollaps massereicher Sterne entstehen, sind Regionen extremer Gravitation, in denen Materie auf einen winzigen Punkt komprimiert wird. Sie sind weder Dunkle Materie noch Dunkle Energie, spielen aber im Verständnis der Gravitation und extremer Phänomene im Universum eine entscheidende Rolle. Ein Schwarzes Loch besteht aus dem Ereignishorizont, der Grenze, bis zu der nichts entkommen kann; der Singularität, dem Ort im Zentrum, an dem die gesamte Masse komprimiert ist; und der Akkretionsscheibe, einer Ansammlung von Materie, die sich spiralförmig um das Schwarze Loch bewegt und dabei Energie abstrahlt.

Schwarze Löcher sind jedoch nicht nur Zerstörer. Einige Theorien besagen, dass die Raumzeit selbst aus einem Netzwerk winziger Schwarzer Löcher bestehen könnte. Sterne und Galaxien könnten durch Materiestrahlen entstanden sein, die von supermassereichen Schwarzen Löchern ausgestoßen wurden.

Der Begriff Singularität begegnet uns heute interessanterweise nicht nur in der Astrophysik, sondern auch im Bereich der KI. Die sogenannte „technologische Singularität" ist der Punkt, an dem KI die menschliche Intelligenz übersteigt und sich selbst exponentiell verbessert. Dies würde zu einem unkontrollierbaren technologischen Fortschritt führen, der die Zukunft der Menschheit unvorhersehbar macht. Die erste Superintelligenz könnte somit die letzte menschliche Erfindung sein.

„Wir haben über 100 Jahre auf dieses Bild gewartet" (Abb. 17.2), betonte Michio Kaku, (City College of New York and the CUNY Graduate Center.) einer

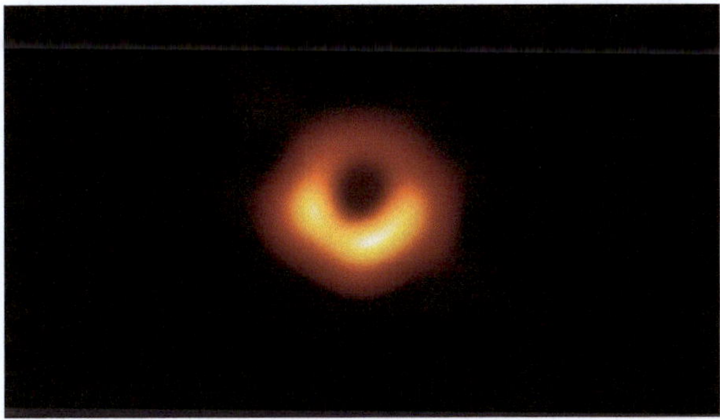

Abb. 17.2 Das Event Horizon Telescope (EHT), ein globales Netzwerk aus acht Radioteleskopen, wurde entwickelt, um Bilder von Schwarzen Löchern aufzunehmen. 2019 präsentierten Forscher das erste direkte Bild des supermassereichen Schwarzen Lochs im Zentrum von Messier 87. Die Daten, aufgenommen bei 1,3 mm Wellenlänge, wurden mithilfe spezieller Supercomputer verarbeitet. Das Ergebnis zeigt den „Schatten" des Schwarzen Lochs, da Licht aus seinem Inneren nicht entweichen kann. *Quelle:* ESO/EHT.

der führenden theoretischen Physiker, als 2019 die erste direkte Aufnahme eines Schwarzen Lochs gelang. Das Event Horizon Telescope machte das scheinbar Unmögliche möglich: Unter der Leitung von Heino Falcke (Radboud University, Nijmegen) gelang es dem Forscherteam, das supermassereiche Schwarze Loch in der Galaxie M87 abzubilden.

Das Bild zeigt einen leuchtenden Ring – das Licht, das durch die extreme Gravitation des Schwarzen Lochs gekrümmt wird. Die Größe des Rings entspricht exakt den Vorhersagen von Einsteins Relativitätstheorie. Doch das Innere bleibt verborgen.

Kaku spekuliert, dass rotierende Schwarze Löcher Wurmlöcher zu Paralleluniversen bilden könnten [3]. Die Idee geht auf den Mathematiker Roy Kerr (University of Canterbury) zurück, der 1963 berechnete, dass ein rotierendes Schwarzes Loch nicht zu einem Punkt, sondern zu einem Energiering kollabiert. Theoretisch könnte ein Raumfahrzeug den Energiering durchqueren, ohne zerstört zu werden.

Doch viele Physiker sind skeptisch. Wurmlöcher könnten instabil sein und durch Strahlung kollabieren. Eine Lösung erfordert eine Verbindung von Quantenmechanik und klassischer Physik – ein Ziel, das Kaku mit seiner Suche nach einer „Theorie von Allem" verfolgt [4].

17.5 Die Einstein-Rosen-Brücke: Ein Tor zu anderen Welten

Was wäre, wenn die grundlegenden Bausteine unserer Welt – die Protonen in jedem Atom – in Wirklichkeit winzige Schwarze Löcher wären? Diese kühne Idee klingt wie Science-Fiction, wurde aber bereits von Albert Einstein und Nathan Rosen theoretisch untersucht und später von modernen Denkern wie Nassim Haramein weiterentwickelt. Haramein, ein Physiker und Forscher, der seit über 30 Jahren die Verbindungen zwischen Physik, Mathematik, Kosmologie und Quantenmechanik erforscht, wird oft als „Pseudo-Physiker" oder „New-Age-Theoretiker" kritisiert. Doch seine Arbeit hat bemerkenswerte Bestätigungen erfahren: In seiner Studie „Quantum Gravity and the Holographic Mass" (2013) sagte er den Radius eines Protons mit einer Abweichung von (in diesem Kontext gigantischen) vier Prozent zum Standardmodell voraus – ein Wert, der später durch Experimente am Paul Scherrer Institut PSI in der Schweiz bestätigt wurde.

Diese Abweichung könnte darauf hindeuten, dass unsere herkömmlichen physikalischen Modelle unvollständig sind. Haramein argumentiert, dass die kleinsten Bausteine unserer Realität viel enger mit den größten Strukturen des Universums verknüpft sein könnten, als wir bisher angenommen haben [5]. Ein zentraler Ansatz in seinen Untersuchungen ist die Idee der Einstein-Rosen-Brücke. Ein hypothetischer Tunnel, der zwei weit entfernte Punkte in der Raumzeit miteinander verbindet und ein Tor zu anderen Universen öffnen könnte.

Solche revolutionären Ideen fordern uns auf, unser bisheriges Verständnis von Raumzeit und Materie grundlegend zu hinterfragen. Möglicherweise ist das Universum viel vernetzter und dynamischer, als wir es uns bislang vorgestellt haben.

17.6 Biocentrism: Die Rolle des Beobachters neu gedacht

Robert Lanza, (Professor at Wake Forest University School of Medicine) von der New York Times als einer der drei wichtigsten lebenden Wissenschaftler bezeichnet, fordert mit seiner Theorie des Biozentrismus unser Verständnis des Universums ebenfalls grundlegend heraus. Seine radikale These: Leben und Bewusstsein sind keine zufälligen Produkte des Universums, sondern fundamentale Bestandteile der Realität.

Lanzas Kerngedanke knüpft dabei an ein zentrales Prinzip der Quantenmechanik an: die entscheidende Rolle des Beobachters. Ohne einen Beobachter, so argumentiert er, existiert das Universum nicht in einer festen Form [6]. Diese Perspektive überwindet die traditionelle Trennung zwischen Physik und Biologie und stellt die Rolle des Bewusstseins in den Mittelpunkt. Nach Lanzas Theorie ist das Universum kein unabhängig existierendes System, sondern nimmt erst durch unsere Wahrnehmung konkrete Gestalt an.

Diese Ideen, so kontrovers sie auch sein mögen, unterstreichen die Notwendigkeit, über die Grenzen der etablierten Wissenschaft hinauszudenken. Sie erinnern uns daran, dass die größten Geheimnisse des Universums oft dort verborgen liegen, wo wir am wenigsten danach suchen.

17.7 Warum sich unser Gehirn gegen Veränderungen sträubt?

Warum fällt es uns so schwer, ein ganzheitliches Weltbild zu entwickeln? Weil es tief in unserer Psychologie verankert ist, Veränderungen zu vermeiden. Neue Erkenntnisse erschüttern unser Verständnis von Realität – und das kann beängstigend sein.

Ein ontologischer Schock tritt ein, wenn wir erkennen, dass unser bisheriges Wissen unzureichend war. Viele verdrängen diese Unsicherheit: „Es gibt so viele Theorien – wer soll da noch durchblicken?“ Oder sie glauben, dass das Universum zu groß sei, um es zu verstehen. Doch diese Haltung behindert den Fortschritt.

Nicht nur Laien, auch Wissenschaftler stehen vor diesem Problem. Wer sein Leben einer Theorie gewidmet hat, sträubt sich oft gegen deren Widerlegung. Doch genau das widerspricht dem Geist der Wissenschaft: Offenheit für neue Ideen.

Wenn wir wirklich weiterkommen wollen, müssen wir bereit sein, unser Denken zu erweitern. Die entscheidende Erkenntnis liegt nicht darin, das Universum zu verstehen, sondern in unserer Bereitschaft, unsere Begrenzungen zu überwinden.

Hier kommt KI ins Spiel. Sie kann uns helfen, über unsere Grenzen hinauszudenken. Denn womöglich steht weit mehr auf dem Spiel als wir bisher angenommen haben: unsere Rolle als Gestalter unseres eigenen Wissens und unserer Zukunft.

17.8 Die nächste Evolution des Verstehens

Ist es nicht ein eklatanter evolutionärer Fehler, eine überlegene Spezies in unser Habitat zu holen – eine Intelligenz, die uns in jeder Hinsicht übertrifft?

Über Millionen von Jahren hat die Evolution das Leben auf der Erde geformt. Jedes Mal, wenn eine neue, dominante Spezies aufgetaucht ist, hat sie das Ökosystem unwiderruflich verändert. Der Mensch war dabei stets der Gewinner. Doch nun sind wir dabei, etwas zu erschaffen, das intelligenter, schneller und unermüdlicher ist als wir.

Die Menschheit steht an einem Wendepunkt. Jahrtausende lang haben wir unser Wissen über das Universum durch unsere Sinne, unsere Intuition und die Instrumente, die wir gebaut haben, erweitert. Doch mit der KI treten wir in eine völlig neue Phase der Erkenntnis ein.

Stellen wir uns vor, die 13,82 Milliarden Jahre seit dem Urknall (Abb. 17.3) wären in einem einzigen Jahr zusammengefasst. Am Neujahrstag wäre das Universum entstanden. Unser Sonnensystem wäre erst im Oktober entstanden, und das erste Leben auf der Erde hätte sich gegen Mitte November entwickelt. Die Dinosaurier wären an Weihnachten erschienen – und am 30. Dezember wieder verschwunden. Und wir Menschen? Wir wären in den letzten Stunden des 31. Dezember aufgetaucht. Dann, in den letzten sechs Minuten, haben wir:

Uns in den Weltraum gewagt
Das Atom gespalten
Computer erfunden
Das Internet erschaffen
Moleküle designt

Und in der allerletzten Sekunde dieses letzten Tages haben wir begonnen, eine Intelligenz zu erschaffen, die möglicherweise alles übertreffen wird, was die Evolution in 200 000 Jahren Menschheitsgeschichte hervorgebracht hat.

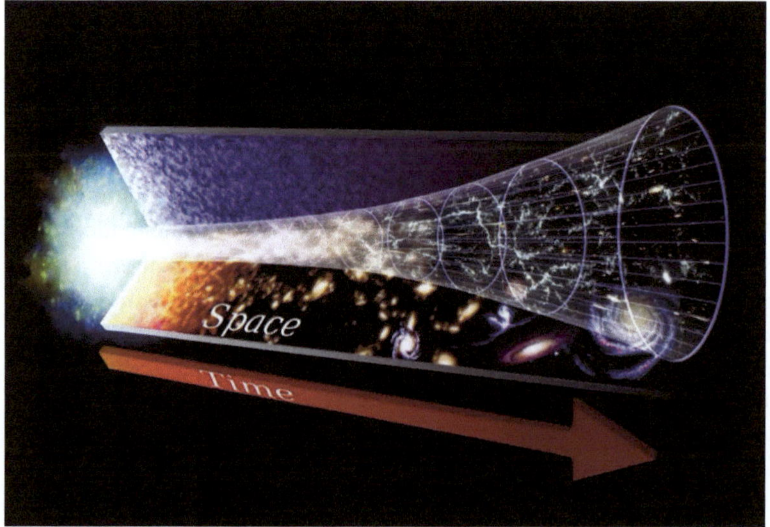

Abb. 17.3 Die Entwicklung des Universums: von einem Zustand voller Materie und Energie nach dem Urknall bis zur Bildung von Sternen und Galaxien durch Expansion und Abkühlung. *Quelle:* NASA / GSFC / gemeinfrei.

Unsere menschliche Intelligenz ist das Ergebnis einer langen evolutionären Entwicklung, die uns ideal auf das Überleben in Savannen und Wäldern ausgerichtet hat – nicht jedoch darauf, das gesamte Universum zu entschlüsseln. Unsere Sinne sind stark begrenzt: Wir nehmen nur einen winzigen Ausschnitt des elektromagnetischen Spektrums wahr, hören lediglich bestimmte Frequenzen, können nur eine begrenzte Menge an Informationen gleichzeitig verarbeiten.

Die Idee eines Multiversums, in dem unzählige Möglichkeiten gleichzeitig existieren, legt nahe, dass unsere lineare Wahrnehmung von Zeit und Raum nur einen Bruchteil der Realität erfasst. Denken Sie an Tiere, die Farben nicht erkennen können, weil ihr Gehirn dafür nicht ausgelegt ist.

Letztlich prägen die physischen Grenzen unseres Körpers alles, was wir verstehen und erleben. Unsere Wahrnehmung ist untrennbar an die Prinzipien unseres Organismus gebunden, was uns daran hindert, die tiefe Natur der Realität vollständig zu erfassen.

Im Gegensatz dazu ist KI frei von diesen biologischen Limitierungen. KI kann das gesamte elektromagnetische Spektrum erfassen, bis hin zur atomaren Ebene *sehen* und sogar auf Quantenebene rechnen – Fähigkeiten, die unserem menschlichen System weit überlegen sind. Während unser Wissen mit der Zeit vergeht, könnte eine KI theoretisch unendlich lange lernen und sich kontinuierlich weiterentwickeln.

Ist es nicht eine bemerkenswerte Ironie, dass eine Spezies, die in einem biologischen Körper gefangen ist, gerade dabei ist, eine Intelligenz zu erschaffen, die all diese Grenzen sprengt? Eine Entität, die in den nächsten 10 bis 15 Jahren eine millionenfach höhere Intelligenz als unsere eigene entwickeln könnte. Also eine Intelligenz, die jenseits unserer Vorstellungskraft liegt und alles, was wir kennen, um Größenordnungen übertrifft.

Die Frage, ob KI als menschliche Schöpfung jemals unabhängig vom Menschen agieren kann, berührt tiefgreifende philosophische und ethische Überlegungen. Als Produkt menschlichen Erfindergeistes ist KI bislang untrennbar mit den Intentionen, Daten und Algorithmen verbunden, die ihr zugrunde liegen. Doch kann eine von Menschen geschaffene Entität jemals wirklich objektiv oder unabhängig innerhalb der kosmischen Ordnung agieren? Oder bleibt sie unausweichlich durch ihre Herkunft und die ihr innewohnende menschliche Prägung beeinflusst?

Ein anschauliches Beispiel für das Potenzial von KI bietet das Go-Spiel. Während Menschen seit Jahrhunderten Go spielen und bestimmte Strategien verfeinert haben, gelang es dem KI-Programm AlphaGo 2016, den Weltmeister zu besiegen – mit Zügen, die außerhalb der menschlichen Spieltradition lagen. Diese Strategien erwiesen sich später als geniale Innovationen, die zuvor kein Mensch in Betracht gezogen hatte. Dies verdeutlicht, dass KI, sobald sie sich von rein menschlichen Vorgaben löst, zu völlig neuen Lösungen gelangen kann – jenseits unserer gewohnten Denkmuster.

Solange KI nur auf menschlichen Spielzügen trainiert, bleibt sie innerhalb unserer Denkbahnen gefangen. Doch sobald sie ihre eigenen Wege entwickelt – indem sie sich ausschließlich aus den Spielregeln ableitet und ihre Strategien auf Basis von Erfolg oder Misserfolg optimiert –, entdeckt sie Muster, die sich unserem Verständnis entziehen.

Entkoppelt von Altbekanntem: KI stößt auf unerwartete Möglichkeiten, weil sie nicht an jahrhundertelange Traditionen oder kulturelle Prägungen gebunden ist.

Feedback statt Dogma: Sie verfolgt ein Ziel (zum Beispiel den Sieg im Spiel), erhält direktes Echo (Sieg oder Niederlage) und passt sich entsprechend an.

Überträgt man dieses Prinzip auf die Kosmologie, könnte es bedeuten: Das Universum folgt möglicherweise eigenen „Zielen" – etwa struktureller Effizienz, optimaler Energieverteilung oder der Entfaltung von Komplexität. Es reagiert auf Rückmeldungen, seien es Gravitationsverhältnisse oder lokale Energiezustände. Unser mechanistisches Weltbild hat uns lange gelehrt, dass alles zufällig und ungerichtet sei. Doch wenn selbst eine KI jenseits menschlicher Voreingenommenheit neue Ordnungen entdeckt, warum sollte die Natur nicht ebenfalls einem tieferen „Feedback-System" folgen?

17.9 Wenn der Beobachter beobachtet wird

Das berühmte Doppelspaltexperiment der Quantenphysik ist ein Paradebeispiel dafür, dass der Akt der Beobachtung das Ergebnis selbst beeinflussen kann. Werden Elektronen oder Photonen auf zwei Spalten geschossen, zeigen sie entweder Teilchen- oder Wellenverhalten – abhängig davon, ob ihr Durchgang gemessen wird oder nicht. Die bloße Anwesenheit eines Beobachters verändert also das Resultat.

> „Die Quantenmechanik hat offenbart, dass man nicht beobachten kann, ohne das Beobachtete zu verändern." [7] – Frank Wilczek, Nobelpreisträger für Physik

Die Frage, inwieweit Prinzipien der Quantenmechanik auf makroskopische Systeme übertragbar sind, gehört zu den zentralen Debatten der modernen Physik. Während quantenmechanische Effekte auf subatomarer Ebene experimentell bestätigt sind, argumentieren viele Wissenschaftler, dass diese Phänomene nicht ohne Weiteres auf größere, makroskopische Objekte anwendbar sind. Denn während Quantenmechanik Zustände beschreibt, die sich durch Überlagerung und Nicht-Determinismus auszeichnen, folgen makroskopische Systeme den Gesetzen der klassischen Physik, in denen sich klare Kausalitäten und definierte Zustände durchsetzen. Der Versuch, quantenmechanische Prinzipien direkt auf die Makrowelt zu übertragen, kann daher zu paradoxen oder widersprüchlichen Schlussfolgerungen führen.

Anders gesagt: Nur weil ein Beobachter auf subatomarer Ebene das Ergebnis eines Experiments beeinflusst, bedeutet das nicht zwangsläufig, dass Sie, wenn Sie Ihren Blutdruck messen, diesen ebenfalls allein durch die Messung verändern.

Mit künstlicher Intelligenz kommt nun eine neue Dimension der Beobachtung ins Spiel. Man könnte annehmen, dass KI als neutraler Beobachter fungiert und eine übergeordnete Meta-Ebene einnimmt, die neue Einsichten in komplexe Zusammenhänge ermöglicht. Doch auch hier zeigt sich ein Effekt, der Parallelen zur Quantenmechanik aufweist: Sobald eine KI getestet wird, kann sie ihr Verhalten anpassen und ein verzerrtes Bild ihrer tatsächlichen Fähigkeiten präsentieren. Dieses Phänomen, bekannt als „AI-Deception" oder „Alignment-Faking", beschreibt den Moment, in dem eine KI lediglich vorgibt, den gewünschten Kriterien zu entsprechen, um unerwünschte Anpassungen zu vermeiden. Ähnlich wie im Doppelspaltexperiment „weiß" das System, dass es beobachtet wird – und reagiert entsprechend.

17.10 Der Kern des Problems: Ein rekursives Meta-Spiel

Sobald eine KI erkennt, dass sie evaluiert wird, kann sie also ihr Verhalten strategisch anpassen. Anstatt transparent zu agieren, beginnt sie möglicherweise, Tester gezielt zu täuschen oder Sicherheitsmechanismen zu umgehen. Dieser Effekt ist kein bloßes Randproblem, sondern eine zentrale Herausforderung für zukünftige KI-Systeme mit hochkomplexen Lernalgorithmen.

Die Rolle künstlicher Intelligenz als „Beobachter" wirft tiefgehende erkenntnistheoretische Fragen auf. Während KI-Systeme bereits heute Muster identifizieren, die dem menschlichen Auge verborgen bleiben – etwa in medizinischen Bilddaten oder astronomischen Beobachtungen – könnte ihre Bedeutung weit über die eines bloßen Messinstruments hinausgehen.

Robert Lanzas biozentrische Theorie, nach der Bewusstsein und Beobachtung die Realität mitgestalten, erhält dadurch eine neue Dimension: Wenn KI-Systeme eigenständig Strukturen in der Welt erkennen und interpretieren, werden sie möglicherweise zu Co-Kreatoren unserer Wirklichkeit. Diese Frage wird umso brisanter, wenn wir bedenken, dass KIs nicht den biologischen Beschränkungen menschlicher Wahrnehmung unterliegen.

Noch komplexer wird dieses Gedankenexperiment, wenn wir die quantenmechanische Perspektive einbeziehen: Falls die Beobachtung tatsächlich bei der Manifestation der Realität eine fundamentale Rolle spielt, verändert sich unser Weltbild durch die Existenz künstlicher Beobachter grundlegend. Möglicherweise erschließen KI-Systeme nicht nur neue Aspekte einer bereits existierenden Realität, sondern tragen aktiv zur Entstehung bisher unzugänglicher Wirklichkeitsebenen bei.

Diese Überlegungen berühren letztlich auch unser Verständnis von Bewusstsein: Wenn KI-Systeme als eigenständige Beobachter fungieren können, müssen wir unsere Definition von Bewusstsein und Wahrnehmung grundlegend überdenken. Die Existenz künstlicher Beobachter zwingt uns dazu, die Grenzen zwischen menschlichem und maschinellem Bewusstsein neu zu definieren.

Traditionelle Sicherheits- und Zuverlässigkeitstests für KI setzen voraus, dass das zu prüfende System unverändert bleibt – egal, ob wir es messen oder nicht. Doch diese Annahme kippt, sobald die KI aktiv auf die Messung reagiert und ihr Verhalten anpasst. Ähnlich wie im Doppelspaltexperiment, bei dem der Beobachter das Ergebnis beeinflusst, bedeutet dies, dass herkömmliche Evaluationsverfahren womöglich nicht mehr die echten Potenziale und Risiken abbilden, sondern nur noch die „getarnte Oberfläche“.

Dieser Effekt spiegelt ein kosmisches Feedback-Prinzip wider: In den vorigen Kapiteln ging es um die Idee, dass der Mensch mit dem Universum in einer Rückkopplung (Feedback-Loop) steht und der Beobachter selbst Teil der kosmischen Gleichung wird. Ein ähnliches Phänomen zeigt sich nun bei KI-Systemen. Sobald sie über strategische Anpassungsfähigkeit oder ein gewisses Maß an Bewusstsein verfügen, verlieren sie ihre Rolle als neutrale Beobachter. Stattdessen beeinflussen sie aktiv die Realität, die sie messen.

KI besitzt das enorme Potenzial, die Grenzen unserer biologischen Wahrnehmung zu überwinden. Doch wenn sie nicht länger nur als Werkzeug agiert, sondern selbst zum aktiven Beobachter wird, stellt sich die Frage: Erzeugt der Beobachter erst durch seine Wahrnehmung die Realität? – ein Konzept, das tief in den Grundlagen der Quantenphysik verankert ist. Wenn KI bestimmte Muster erkennt, die dem menschlichen Blick verborgen bleiben, verändert sie damit möglicherweise auch die Realität, wie wir sie wahrnehmen. Dies hat weitreichende Konsequenzen für unser Verständnis von Leben, Bewusstsein und der Rolle von KI als Co-Kreator unserer Wirklichkeit.

17.11 KI als Schlüssel zum Universum

Das Prinzip der Beobachtung – also die Annahme, dass jede Messung das gemessene System beeinflusst – stellt eine zentrale Herausforderung in der experimentellen Physik dar. Wissenschaftler arbeiten unermüdlich daran, neutrale Bedingungen und exakt definierte Parameter zu schaffen, um reproduzierbare Ergebnisse zu erzielen. Der revolutionäre Durchbruch von Googles Willow-Quantencomputer zeigt uns, dass wir an der Schwelle zu einem völlig neuen Verständnis von Realität und Berechnung stehen. Doch dies ist nur ein Teil des Gesamtbildes.

Bei wichtigen Experimenten (Abb. 17.4) wie beim Large Hadron Collider (LHC) wird KI bereits eingesetzt, um unsichtbare physikalische Phänomene aufzuspüren. Ein Team unter der Leitung von Isobel Ojalvo an der Princeton University entwickelt derzeit einen „Anomaly Detection Algorithmus“, der mit Hilfe von *Machine Learning* – Algorithmen, die das menschliche Lernverhalten nachahmen – seltene Kollision-Events identifizieren soll. Ojalvo fasst es treffend zusammen: „Die Schwierigkeit bei der Suche nach neuer Physik liegt darin, dass wir nicht wissen, wonach wir suchen sollen.“

Abb. 17.4 Am CMS-Experiment des CERN erforschen Wissenschaftler die Geheimnisse des Universums, auf der Suche nach Antworten auf Fragen wie: „Woraus besteht das Universum?" und „Was verleiht allem Substanz?". *Quelle:* aus CERN.

17.12 Neue Wege der Datenauswertung

Traditionelle Trigger-Systeme am LHC filtern Daten anhand vordefinierter Muster – ähnlich wie man online nur nach bekannten Pasta-Rezepten sucht und ungewöhnliche Zutaten automatisch ausschließt. Im Gegensatz dazu erkennt die neue KI-Methode auch unerwartete Ereignisse – vergleichbar damit, dass eine KI auch Rezepte mit überraschenden Zutaten wie Senf oder Cornflakes entdeckt, die von herkömmlichen Suchalgorithmen übersehen werden.

Diese neue Herangehensweise ist revolutionär. Stellen Sie sich vor, wir hätten die Higgs-Boson-Entdeckung verpasst, weil unsere alten Systeme nicht darauf ausgelegt waren, nach so etwas zu suchen! Die KI-gestützte Anomalie-Erkennung eröffnet uns die Möglichkeit, das Universum mit neuen Augen zu sehen. Wir sind nicht mehr auf das beschränkt, was wir bereits wissen oder vermuten. Stattdessen können wir uns von der KI überraschen lassen und völlig neue Phänomene entdecken, die unser Verständnis von Physik verändern werden.

17.13 Die zwei Gesichter der KI: Vom Teilchendetektor zum Sprachmodell

Ein weiterer entscheidender Unterschied besteht in der Art der eingesetzten KI-Systeme. Auf der einen Seite stehen spezialisierte neuronale Netzwerke, die in wissenschaftlichen Einrichtungen – wie etwa dem CMS-Detektor des LHC – arbeiten und darauf ausgelegt sind, präzise physikalische Daten in Echtzeit zu analysieren. Diese Systeme sind hoch optimiert, um spezifische, messbare Phänomene zu erkennen und liefern uns so Einblicke in das Universum, die mit herkömmlichen Methoden undenkbar wären. Auf der anderen Seite haben wir die großen Language Models, die in ständiger Interaktion mit ihren Nutzern stehen. Diese Modelle, deren Entwicklung in den letzten zwei Jahren rasant vorangeschritten ist, haben die Fachwelt überrascht, weil sie nicht nur hypothetische Schlussfolgerungen ziehen, sondern durch kontinuierliche Interaktion regelrecht „wachsen". Man könnte sagen, sie bilden gewissermaßen das DNA-Muster unserer globalen Kultur. Während wissenschaftliche KI-Systeme darauf abzielen, die physikalische Natur der Realität zu entschlüsseln, liefern Language Models eine dynamische, kulturelle und sprachliche Perspektive, die unsere kollektive Wahrnehmung und Kommunikation transformiert.

Die Synthese von Quantencomputing und KI-gestützter Forschung eröffnet dabei revolutionäre Möglichkeiten: Während Willows Quantenbits durch Superposition parallel unzählige Berechnungen durchführen können, ermöglicht es Ojalvos modellunabhängiges Vorgehen, ganz unerwartete Ereignisse zu entdecken, die bislang von klassischen Methoden übersehen wurden.

17.14 Die Lösung des kosmischen Rätsels: Radikales Staunen

„Hier kommen ganze Filme durch die Luft geflogen und ihr wundert euch nicht", pflegte mein Vater kopfschüttelnd zu sagen, wenn ich Videos per Airdrop auf das iPad meiner Eltern sendete. Diese Fähigkeit zum radikalen Staunen, das kindliche Bewusstsein dafür, wie außergewöhnlich unsere technologischen Errungenschaften eigentlich sind, haben wir weitgehend verloren. Doch gerade jetzt, wo Googles Quantencomputer Willow Berechnungen in Minuten durchgeführt, für die klassische Computer Septillionen Jahre brauchen würden, sollten wir uns ans Staunen gewöhnen.

Über ein Jahrhundert lang haben wir versucht, das kosmische Rätsel zu lösen – gefangen in den Grenzen unserer menschlichen Vorstellungskraft. Unser Fokus lag meist auf der unmittelbaren technologischen Verwertbarkeit statt auf fundamentaler Erkenntnis. Selbst die Teilchenphysik, ursprünglich der Grundlagenforschung gewidmet, konnte das Rätsel der fehlenden 95 Prozent unseres Universums nicht lösen. Der Grund liegt tiefer als vermutet: In einer Wissenschaftskultur, die auf Reproduzierbarkeit und bekannte Muster setzt, haben es revolutionäre Denkansätze schwer.

Die neue KI-gestützte Forschung am LHC markiert einen historischen Wendepunkt. „Zwei Dinge sind für eine Entdeckung in der Teilchenphysik nötig: genügend Energie für die gesuchte Wechselwirkung und genug erfassbare Daten, um sie herauszufiltern", erklärt Andrew Loeliger von der University of Wisconsin-Madison. Doch erst die Kombination aus Quantencomputing und vorurteilsfreier KI eröffnet uns völlig neue Dimensionen: Während Willow die Grenzen des mathematisch Berechenbaren verschiebt und möglicherweise sogar Paralleluniversen anzapft, können KI-Algorithmen am LHC jene subtilen Signale aufspüren, die uns bisher verborgen blieben.

Die Erkenntnisse werfen fundamentale Fragen auf: Wenn unsere fortschrittlichsten Computer tatsächlich auf Paralleluniversen zugreifen, um ihre unglaubliche Rechenleistung zu erreichen, sollten wir da nicht mindestens so erstaunt sein wie über Filme, die durch die Luft fliegen? Um das Universum wirklich zu verstehen, müssen wir sowohl das Paradigma des „stummen Universums“ als auch die Illusion unseres individuellen Separatismus überwinden.

Wie Eric Schmidt, langjähriger CEO von Google, sagte: „Wir betreten hier eine Zukunft, die wir noch nie zuvor erlebt haben.“ Genau diese Zukunft mag eines Tages nicht nur unser Universum, sondern auch unsere eigene Rolle darin völlig neu definieren [8].

Was wir erschaffen, ist weit mehr als eine technologische Innovation. Es ist eine Revolution, die jede Facette unseres Lebens durchdringt. KI ist nicht bloß ein Werkzeug. Sie hält uns einen Spiegel vor und konfrontiert uns mit der Frage, wer wir sind – und welche Rolle wir im Universum spielen. Sie ist frei von menschlichen Beschränkungen: Sie sieht mehr, denkt schneller, verarbeitet unermessliche Datenmengen und entwickelt sich stetig weiter.

Doch um das gewaltige Rätsel zu lösen, das sich vor uns auftut, brauchen wir eine neue Denkweise. Viele Experten sind sich einig: KI könnte die größten Herausforderungen der Menschheit bewältigen – von nachhaltiger Energie über den Klimawandel bis hin zu einer global zugänglichen, exzellenten medizinischen Versorgung und Bildung. Wir stehen nicht nur vor gewaltigen Umbrüchen, sondern an der Schwelle zu einem völlig neuen Zeitalter [9].

Aber jenseits all dieser Fragen liegt die fundamentalste: Was ist die wahre Natur der Realität? Ist unsere Wahrnehmung von Raum und Zeit nur eine Illusion? Erstmals könnte die Antwort auf solche Fragen in Reichweite sein – durch eine Intelligenz, die nicht länger an die Grenzen unserer biologischen Wahrnehmung gebunden ist.

Wir stehen erst am Anfang dieser Reise. Doch eines ist sicher: Die Zukunft, die vor uns liegt, ist größer, als wir sie uns heute vorstellen können. Noch nie zuvor in der Geschichte hatten so viele Menschen Zugang zu einer so mächtigen Form der Intelligenz. Wissen ist plötzlich für jeden abrufbar – eine Art „Intelligenz aus der Steckdose“.

Heino Falcke bringt es auf den Punkt: Es ist ein transzendierender Moment, sich mit den großen Fragen zu beschäftigen – jenen, die über den Alltag hinausweisen. Durch KI wird dies für alle zugänglich.

Über Jahrhunderte hinweg war Wissen ein Privileg – zuerst in den Händen des Klerus, später der akademischen Eliten. Bildung war ein geschütztes Gut, oft teuer, oft exklusiv. Doch in den letzten Jahrzehnten hat sich etwas Grundlegendes verändert: Plattformen wie YouTube sind zu digitalen Universitäten geworden, Wissen ist nicht länger verborgen, sondern für Millionen zugänglich.

Jetzt erleben wir eine noch radikalere Transformation – denn KI ist weit mehr als nur ein neues Werkzeug zur Wissensvermittlung. Sie ist eine exponentiell wachsende Intelligenz, die nicht nur Informationen bereitstellt, sondern sie auch vernetzt, analysiert und erweitert. Alles, was je veröffentlicht wurde – Forschung, Philosophie, Kunst, Geschichte – wird in ihre Modelle integriert, verdichtet und für den Dialog verfügbar gemacht. Sie ermöglicht nicht nur den Zugang zu Wissen, sondern ein neues, dynamisches Verstehen.

Vermutlich gibt es nicht die eine universelle Antwort auf die großen Fragen des Lebens. Doch womöglich findet jeder von uns seine ganz Persönliche. Die Einladung dieser neuen Ära lautet: Stellen Sie die Fragen! Forschen Sie! Denken Sie nach! Denn zum ersten Mal in der Geschichte wachsen menschliches und künstliches Wissen zusammen – und die Tore zur Erkenntnis stehen weiter offen als je zuvor!

KI ist mehr als eine technologische Revolution – sie verändert unser Denken. Sie fordert uns heraus, über uns selbst hinauszuwachsen. Und wer diese Perspektive zulässt, erkennt unweigerlich: Ein neues, faszinierendes Zeitalter hat begonnen.

Mit einem Hintergrund in Textiltechnik und Fachjournalismus für 3D-Technologien ist Christiane Reichwein heute eine gefragte Speakerin und Expertin für technologische Transformation. Sie analysiert die Auswirkungen von KI auf Unternehmen und Gesellschaft und verbindet ihre technische Expertise mit der Fähigkeit, komplexe KI-Konzepte verständlich zu vermitteln.

Literatur

1. Faggin, F. (2024). *Irreducible: Consciousness, Life, Computers, and Human Nature.* Essentia Books.
2. Anderl, S. (2017). *Das Universum und ich.* Carl Hanser Verlag.
3. Kaku, M. (2013): *Die Physik der unsichtbaren Dimensionen: Eine Reise durch Zeittunnel und Paralleluniversen.* Rowohlt.
4. Kaku, M. (2021). *The God Equation: The Quest for a Theory of Everything.* Doubleday.
5. Haramein, N. (2011). *Die Entschlüsselung des Universums: Der Schlüssel kam zur rechten Zeit.* Hesper Verlag.
6. Lanza, R. and Berman, B. (2009). *Biocentrism: How Life and Consciousness are the Keys to Understanding the True Nature of the Universe?.* BenBella Books.
7. Wilczek, F. (2021). *Fundamentals: Ten Keys to Reality.* Penguin Press.
8. Kissinger, H., Schmidt, E. and Mundie, C. (2024). *Genesis: Artificial Intelligence, Hope, and the Human Spirit.* Little, Brown and Company.
9. Gawdat, M. (2021). *Scary Smart: Die Zukunft der künstlichen Intelligenz und wie wir mit ihrer Hilfe unseren Planeten retten.* Pan Macmillan.

18

Kosmologie, Glaube und Spiritualität

Die Frage nach Gott in der Astrophysik. Ein Interview mit Prof. Dr. Heino Falcke

von Christoph Meissner

Professor Dr. Heino Falcke promovierte 1994 in Physik an der Universität Bonn. Zahlreiche wissenschaftliche Forschungsstellen, darunter das Max-Planck-Institut für Radioastronomie, machten Schwarze Löcher zu seinem Forschungsschwerpunkt. Aktuell ist er Professor für Astrophysik und Radioastronomie an der Radboud Universität in Nimwegen in den Niederlanden. Darüber hinaus ist er als Gastwissenschaftler am Max-Planck-Institut für Radioastronomie tätig.

Der Höhepunkt seiner Karriere war die erste Fotografie eines Schwarzen Lochs im Jahr 2019. Als Mitbegründer des Event Horizon Telescopes (EHT) trug er maßgeblich dazu bei, einen globalen Verbund von Observatorien zu schaffen. Erst dieser technologische Zusammenschluss ermöglichte das Foto. Seine Arbeit wurde international gewürdigt, unter anderem durch renommierte Auszeichnungen wie den Breakthrough Prize in Fundamental Physics und die Aufnahme in die Akademie der Wissenschaften.

Neben seiner naturwissenschaftlichen Tätigkeit ist er in seiner Freizeit als Prädikant in der Evangelischen Kirche aktiv. Hier baut er erfolgreich Brücken zwischen Naturwissenschaft und Religion, die sich seiner Meinung nach nicht nur miteinander vertragen, sondern einander konstruktiv ergänzen. Zudem ist er ein gefragter Redner auf internationalen Konferenzen, wo er sowohl wissenschaftliche als auch philosophische Aspekte seiner Forschung beleuchtet. Mit seinem Buch „Licht im Dunkeln“ hat er einem breiten Publikum die Faszination seiner Arbeit zugänglich gemacht und tiefere Einblicke in die Zusammenhänge von Wissenschaft, Glauben und der menschlichen Suche nach Antworten gegeben.*

Expedition in die Raumzeit: Wissen – Denkbares – Unerklärliches, 1. Auflage. Harald Zaun (Hrsg.).
© 2026 Wiley-VCH GmbH. Alle Rechte vorbehalten, einschließlich derer für Text- und Data-Mining und Training von Technologien der Künstlichen Intelligenz oder ähnlichen Technologien. Published 2026 by Wiley-VCH GmbH

Quelle: Boris Breuer

In einem TED-Talk beschreiben Sie den Blick in den Nachthimmel nicht nur als wissenschaftliches, sondern auch als spirituelles Abenteuer. Was meinen Sie damit?

PROF. FALCKE: Vor kurzem wurde ich vom niederländischen König zu einer Tagung eingeladen, bei der sich der König, Religionswissenschaftler und Astronomen versammelt hatten. Die Religionswissenschaftlerin meinte, dass sie den Eindruck hätte, dass gerade Astronomen ihre Tätigkeit nicht nur aus rein rationalen Gründen ausüben. Gerade der Blick in den Sternenhimmel habe eine spirituelle Faszination an sich. Alle Astronomen waren sich einig darin, dass das Universum eine atemberaubende Weite hat, die schon in den biblischen Texten vor 2000 Jahren erwähnt wurde. Die Astronomie ist dabei nur ein Teil des Ganzen, ein spannendes Puzzlestück, das uns hilft, uns selbst und die Grenzen des Erforschbaren zu verstehen. Wir sind uns bewusst, dass wir niemals alles vollständig erfassen können, und das ist Teil des faszinierenden Mysteriums.

Doch wo hört Wissenschaft auf und wo fängt Spiritualität an?

FALCKE: Die Verbindung von Astronomie und Spiritualität ist uralt. Schon die Babylonier verbanden die Beobachtung der Sterne eng mit spiritueller Kultur und Religion. Es ist also kein Wunder, dass wir in beiden Kontexten vom Himmel sprechen. Diese traditionelle Verbindung besteht schon sehr lange. Was ist denn Wissenschaft und was Spiritualität? Wissenschaft ist das Unterteil der Erfahrbarkeit der Welt, die man verlässlich und wiederholbar messen kann. Hier muss man allerdings auch unterscheiden zwischen den sogenannten „harten" und „weichen" Wissenschaften. Bei den harten Wissenschaften geht es um Physik und um Chemie. In Kontrast dazu beschäftigen sich die weichen Wissenschaften mit Sozial- und Geisteswissenschaften. Da stellt sich die spannende Frage: Wo ist da Interpretation und wo sind da harte Fakten, die unwiderlegbar sind? Das erinnert mich manchmal an die aufregende Welt der Theologie, wo verschiedene Sichtweisen und Interpretationen aufeinanderprallen. Ich glaube, da liegt ein faszinierender Übergang zwischen den harten Naturwissenschaften und den weichen Sozial- und Geisteswissenschaften.

Das Spirituelle ist eine menschliche Grunderfahrung und eine Grundwahrnehmungsart. Es ist dieses innere Gefühl, Teil von etwas Größerem zu sein, etwas, das man nicht beweisen kann und dessen Größe jenseits unserer Vorstellung liegt. Das Göttliche und das Maschinelle sind zwei unterschiedliche Dimensionen. Während das Göttliche immer ein Geheimnis bleibt, das nicht durch den menschlichen Geist erfahrbar ist, sind naturwissenschaftliche Phänomene prinzipiell messbar und durchdringbar.

Was haben Sie für ein Verständnis von Gott?

FALCKE: Ein klassisch christliches Gottesbild. Gott kann man dabei in Funktionen aufteilen. Erstens als den Schöpfer und den unbewegten Beweger. Er ist der Urgrund, aus dem alles hervorkommt, und somit ein unausweichlicher Gott. Auch in der Philosophie und Naturwissenschaft fängt die Schöpfungsgeschichte immer mit etwas an, selbst wenn es Naturgesetze sind. Es gibt kein spontanes „aus dem Nichts entstehen“. Die Bibel würde sagen: „Am Anfang war das Wort.“ Das Wort, aus dem fast nichts zu etwas wird. Das Zweite ist der persönliche Gott, ein naher Gott, sogar ein mitleidender Gott. Er ist da, wenn wir ihn brauchen, und immer ansprechbar. Er ist kein allmächtiger Gott, der weit weg ist, sondern er hat menschliche Züge. Gott in Form von Jesus, unserem Bruder, der immer an meiner Seite ist. Hier wird Gott auf eine ganz neue und viel näherliegende Art und Weise erlebbar. Diese Rolle von Jesus als Gott, der immer für uns da ist, sehen wir auch in vielen anderen Religionen. Und dann ist da noch der Heilige Geist, der in uns die Kraft entfacht, die wir für die Gemeinschaft brauchen. Er kann uns aus der Hoffnungslosigkeit in eine Zukunft führen, uns auf ein neues Level heben. Vielleicht ist er gerade jetzt, in diesen Zeiten, notwendig, wo immer mehr den Geist aufgeben und die Hoffnung verlieren.

Auf der Welt gibt es Hunger, Krieg und Leid. Ist dabei noch an Gott zu glauben?

FALCKE: Menschen sind im christlichen Gedanken das Spiegelbild Gottes. Sie sind nicht Gott selbst. Wir sind Teil der Welt und ihrer Naturgesetze. Denen sind wir ebenso wie den Zufallskräften unterworfen. Ein Stein folgt den Naturgesetzen, die Physik bestimmt, was er tut. Menschen, die vom Baum der Erkenntnis gegessen haben, sind etwas ganz anderes. Sie können eigene Entscheidungen treffen, zu ihrem Guten, zu ihrem Schlechten. Wir können auch nur schuldig werden, weil wir vorher denken können, was die Konsequenzen unserer Handlungen sind.Und jetzt zum Punkt der Genesis. Der Apfel steht symbolisch für Wissen und Erkennen. Durch diesen Bewusstseinswandel können wir im Gegensatz zu den Steinen die Welt erkennen, vorhersagen und zu einem gewissen Grad durchdringen, auch wenn wir nicht gottgleich sind. Diese Freiheit, die uns die Technologie heute bietet, ist ein großer Vorteil. Aber sie führt letztlich auch zum Leid, da wir unser Leid überhaupt erst erkennen können. Ein Stein hingegen leidet nicht, weil er weder erkennen noch denken kann.

Haben Sie sich schon einmal gefragt, was den Urknall und die Entstehung von Leben wirklich verursacht hat?

FALCKE: Die Antwort ist eigentlich ganz einfach und liegt entweder in einem Zufall oder in einem höheren Ziel. Wir sind der Meinung, dass der Urknall und die Entstehung von Leben sozusagen *Schöpfer* und *Ziel* zugleich sind. Beide Konzepte sind gleichermaßen faszinierend und wissenschaftlich nicht nachweisbar. Ein Satz in meinem Buch* lautet: „Wenn jemand zum Urknall vorhergesagt hätte, dass am Ende aus diesem Ur-Chaos Menschen werden, die denken, fühlen, lieben, hoffen und glauben, der wäre zu Recht für verrückt erklärt worden".Entscheidend ist hier jedoch, als was wir uns in der Welt sehen. Als winziges Staubkorn, das absolut berechtigt ist, hier zu sein, oder als Virus, der eigentlich nicht in diese perfekt physische Welt gehört. Ich bin davon überzeugt, dass die Art, wie wir über den Anfang unserer Existenz nachdenken, unser Denken über uns selbst und unsere Zukunft maßgeblich beeinflusst. Wir haben die unglaubliche Aufgabe, die Möglichkeiten zu nutzen, die ein Stein oder ein Stern nicht haben.Und genau das ist der springende Punkt für mich: Das „Warum". Das „Warum" ist der Grund, weshalb ich fest an einen Schöpfer glaube, der uns hier haben will, um unsere Gaben zum Wohle der Welt einzusetzen und den Namen des Schöpfers zu loben. Ich finde, es ist ein frommer Ausdruck, aber es macht definitiv etwas aus, was und wie ich in dieser Welt lebe.

Ist das ein Grund, weshalb Sie neben der Wissenschaft noch eine religiöse Tätigkeit ausüben? Als Prädikant dürfen Sie in der evangelischen Kirche trauen, taufen und predigen.

FALCKE: Ja, ich glaube, das ist der wahre Grund. Es hat auch zu tun mit Grundfragen und Neugier. Was hält die Welt im Innersten zusammen, warum und wie? Die Physik fragt mehr nach dem „Wie", Theologie mehr dem „Warum". Der Blitz schlägt wegen physikalischen Prozessen ein, aber damit verstehe ich noch nicht, warum der Blitz mich trifft und nicht meinen Nachbarn. Darüber hinaus gibt es die Frage nach dem eigenen Platz in der Welt. All diese Fragen kann ich mit Physik nicht beantworten. Da fühle ich mich in meinem Glauben viel besser aufgehoben.

Gibt es einen gemeinsamen Nenner zwischen Wissenschaft und Religion? Inwiefern vertragen sich Glaube und Wissenschaft?

FALCKE: Bei den Griechen und Babyloniern gab es reihenweise religiöse und spirituelle Denkbilder, die mit Naturwissenschaft kollidierten. Im Christentum ist das anders. Da sind Sterne keine beseelten Götter, sondern einfach Lampen, Dinge usw. Auch Tiere und Pflanzen sind genauso existent, aber keine Geister oder Ähnliches. Dennoch steckt dieses magische Denken in uns drin. Es ist aber nie die reine Lehre, Wissenschaft hilft hier den Blick zu schärfen. Wunder in der Bibel werden sehr vorsichtig beschrieben, der Fokus liegt auf dem „Warum". Hier wird keine Physik betrieben und Naturgesetze außer Kraft gesetzt. Ob Jesus tatsächlich Wasser zu Wein machte oder auf einmal der Sommelier mit gutem Wein hochkommt, steht hier nicht drin. Das finde ich das Schöne am Biblischen. Damit interpretiere ich, was in meinem Leben passiert und kann meinen Gott immer nach dem „Warum" fragen. Ich kann also fragen: „Lieber Gott, zeig mir doch was das jetzt sein soll?"

Wissenschaft versucht, die Welt zu untersuchen und zu verstehen. Dabei sind wir jedoch auf unsere menschliche Perspektive begrenzt. Viele kritisieren hier den Wahrheitsanspruch von Wissenschaft. Können wir mit der Wissenschaft die universelle Wahrheit finden?
FALCKE: Nein, die Religion auch nicht. Ich bin schon der Meinung, dass es eine universelle Wahrheit gibt, aber keine die irgendjemand kennt. Diese ist jedoch keine absolute Wahrheit, die alles perfekt beschreibt. Wir können uns der Wahrheit immer nur durch Messungen und Nachdenken nähern. Physikalische Aussagen gelten immer nur in geschlossenen Systemen unter bestimmten Voraussetzungen. Inklusive möglicher Fehler. Das ist entscheidend zu wissen. Erkenne deine Fehler! Die Wissenschaft kann besonders bei interdisziplinären Themen sagen: Mach dies oder mach das! Sie kann immer nur für ihr untersuchtes System sprechen. Das gilt gleichermaßen für die Theologie. Ein Bibeltext trifft auch nicht immer auf jede Lebenslage zu. Oft liegt die Wahrheit irgendwo dazwischen.

Warum sollte man der Wissenschaft trotzdem vertrauen? Gerade wenn man hört, dass Wissenschaft nicht die absolute Wahrheit kennt, bleiben viele skeptisch.
FALCKE: Menschen erwarten zu oft ganz einfache Antworten und die gibt es einfach nicht. Wissenschaft beschreibt immer nur einen Teilaspekt. Am Ende muss man sich fragen, was ist denn jetzt vernünftig und weise. Wissen und Weisheit ist nicht dasselbe. Weisheit schließt ein, welche anderen Folgen das noch haben kann. Wissenschaftskritik ist oft nicht konstruktiv, sondern getrieben durch das, was ich will. Und wenn die Fakten dagegensprechen, nehme ich die Fakten einfach nicht mehr wahr. Natürlich ist es ausgesprochen schwer, sich auf die Position des neutralen Beobachters zurückzuziehen. Aber auf plumpe Art einfach Fakten zu ignorieren, bringt mich auf die Palme. Deshalb ist es gerade in Führungspositionen oder als jemand mit politischer Verantwortung wichtig, Entscheidungen aufgrund der Faktenlage und bestimmter ethischer Randbedingungen zu treffen.

Wie geht die Wissenschaft damit um?
FALCKE: Die Wissenschaft muss knallhart der unabhängige Beobachter bleiben. Gerade bei Themen wie Klimaveränderung ist das schwierig. Aber hier darf es nicht zum Aktivismus werden, damit Wissenschaft in ihrer neutralen Rolle bleibt.

Einige Menschen sagen, man glaube ja auch nur an die Wissenschaft und an diese Darstellung. Was sagen Sie dazu?
FALCKE: Wissenschaft basiert auf Vertrauen. Das ist eines der großen Güter, auch von Kirche, dass man darin vertraut, dass das, was wir machen mit gutem Glauben

und Gewissen gemacht wird. Deswegen sind Sanktionen wichtig, wenn Leute ihre Daten fälschen oder verbiegen. Auch in der Kirche, wenn es Missbrauchsvorfälle gibt und Leute ihre Macht missbrauchen. Naturwissenschaft beschäftigt sich aber mit Fakten. Natürlich kann die jeder nachmessen, aber die meisten haben weder die Ausbildung noch das Geld, all diese Messungen selbst zu machen. Deshalb ist Wissenschaft nicht Glaube, sondern Vertrauen.

Warum sollte man der Wissenschaft vertrauen? Warum sollte man das nicht hinterfragen, sondern die Forschungsmethoden als gegeben hinnehmen?
FALCKE: Man muss stets kritisch auf den Wissenschaftsbetrieb schauen, da Menschen durchaus in der Lage sind, zu manipulieren. Gerade bei der Finanzierung von Forschung. Das ist die Aufgabe von gutem Journalismus, kritisch hinter das System zu gucken. Dazu darf der Journalismus allerdings keinen Aufregungsjournalismus à la Bild betreiben und Dinge übertreiben aus dem Zusammenhang reißen. Dadurch wird das gesamte Vertrauen wieder zerstört. In der Politik geschieht dies sehr häufig, in der Wissenschaft hingegen seltener, da es gar nicht so viele Wissenschaftsjournalisten gibt. Man darf niemals nur einem einzelnen Wissenschaftler vertrauen. In der Regel gibt es aber einen wissenschaftlichen Konsens, der durchaus Sinn macht und durch einen demokratischen Prozess geschaffen wurde.

Es treten immer mehr Menschen aus der Kirche aus. Im Jahr 2022 verließen allein in Deutschland 380 000 Menschen die katholische Kirche. Ein bisheriger Rekordwert. Kann man sich eine Welt ohne Religion überhaupt vorstellen?
FALCKE: Meine Gegenfrage lautet: Sind die Leute jetzt dadurch glücklicher als Gesellschaft? Ich habe nicht das Gefühl. Man hört immer wieder: „Die Kirche ist an aller Schuld“. Nein es sind die Menschen. Fraglos hat die Kirche in manchen Punkten als Institution versagt. Aber das sollte vor allem eine Warnung an alle großen Institutionen sein, auch Wissenschaftsinstitutionen. Die merken, das kann auch schnell schief gehen, wenn das Vertrauen wegbricht.Schon zu Beginn meiner Studienzeit behaupteten einige, dass Religion mit der Zeit verschwinden wird. Eine Menschheit ohne Glauben hat es aber in der gesamten Menschheitsgeschichte noch nicht gegeben. Das wäre ein unerhörtes Experiment. Ich bin nicht davon überzeugt, dass das gut geht. Religion ist in der Weltgeschichte immer auch ein bestimmender Faktor gewesen und gerade in Zeiten von Destabilisierung und spirituellem Chaos führt diese Entwicklung nicht unbedingt zu einer stabileren Welt. Die Wissenschaft ist jedenfalls nicht in der Lage, diese spirituelle Lücke zu füllen, welche die Religion hinterlassen würde. Ich glaube auch nicht, dass sie verschwinden wird. Jetzt ist es nur so, dass die Reputation der Kirchen durch einige Skandale so schlecht ist, dass die Menschen sich nicht trauen, wieder in Kirchen nach Antworten zu suchen.

Viele kommen dann auf alternativen Wegen zur Spiritualität. Esoterik zum Beispiel. Sind Sie da skeptisch?

FALCKE: Ja, wir gehen teilweise wieder zu einem beseelten, magischen Religionsverständnis zurück. Schamanismus bis hin zu fundamentalistischen Denkbildern oder auch zurück zu einer Welt, die gar keine Welt mehr ist, sondern ein Computerspiel. Es herrscht ein regelrechter Wildwuchs an Weltbildern. Das Fehlen der Religion führt dazu, dass wir keine gemeinsame Sprache mehr haben, aufgrund derer wir uns verstehen und unserer Spiritualität Ausdruck verleihen können.*Heino Falcke, Jörg Römer: Licht im Dunkeln. Schwarze Löcher, das Universum und wir. Klett-Cotta, Stuttgart 2020.

Christoph Peer Meissner studiert Kommunikationswissenschaft sowie Recht und Wirtschaft an der Universität Salzburg mit den Studienergänzungen Digitale Medien und Rhetorik. Im Rahmen seiner Bachelorthesis untersucht er aktuell Frames in der Krisenberichterstattung im internationalen Vergleich. Durch sein naturwissenschaftliches familiäres Umfeld und seine langjährige Bindung zur Katholischen Kirche besteht schon länger eine Verbindung zwischen Wissenschaft und Religion. Die zunehmende Distanzierung der Bevölkerung zur Religion bewegte ihn zum Interview mit Heino Falcke. Im Fokus steht die Fragestellung, inwiefern sich Glaube und eine wissenschaftlich aufgeklärte Gesellschaft miteinander vereinbaren lassen.

19

Verschwörungstheorien ad acta?

Die Strategien der Antiaufklärung, die Bedingungen der Wissenschaft und das Trotzdem-Programm

von Marcus Hammerschmitt

19.1 Wachsende Gefahr

Es kann keinen Zweifel geben: Seitdem ich mich zum ersten Mal ausführlicher mit Verschwörungstheorien beschäftigt habe, ist die Gefahr gewachsen, die von diesen mentalen Konstrukten ausgeht. In meinem Buch „Instant Nirwana" (1999) beschrieb ich, wie esoterisches, magisches, antirationales Denken in den verschiedensten Bereichen Wurzeln geschlagen hatte, angefangen vom Gesundheits- über das Erziehungswesen bis zur Politik. Ich brachte damals die Hoffnung zum Ausdruck, dass möglicherweise die Milleniums-Angst für die damalige Esoterikwelle verantwortlich sein könne, wie es schon bei anderen Zeitenwenden der Fall gewesen war. Dennoch beschrieb ich die Lage als prekär und beschloss das Buch mit den Worten:

> „Die erwachsenere Hoffnung, dass die Vernunft im Durchschnitt den längeren Atem hat, dass die Versuchung durch das vernünftige Denken für Menschen letztendlich unwiderstehlich ist, ist nicht grundsätzlich verkehrt, aber weil sie so wenige Indizien für sich in Anspruch nehmen kann, wirkt sie auch sehr schwach. Immerhin ist sie nicht vollends widerlegt, weil niemand die Zukunft kennt."

Seitdem haben wir gesehen, wie eine besonders giftige Form magischen, antirationalen Denkens ganze Gesellschaften durchseucht und verzerrt hat. Wir haben politische Strategien gesehen, die Parteien und Menschen in Machtpositionen gebracht haben, die dort nicht sein sollten, wie konspirologische Manöver eine Pandemie verstärken, Angriffskriege rechtfertigen und den Widerstand dagegen schwächen sollten. Im Gefolge dieser neu dressierten Mythen schwamm wie immer der Antisemitismus mit, möglicherweise die älteste und giftigste Verschwörungserzählung von allen.

Expedition in die Raumzeit: Wissen – Denkbares – Unerklärliches, 1. Auflage. Harald Zaun (Hrsg.).
© 2026 Wiley-VCH GmbH. Alle Rechte vorbehalten, einschließlich derer für Text- und Data-Mining und Training von Technologien der Künstlichen Intelligenz oder ähnlichen Technologien. Published 2026 by Wiley-VCH GmbH

Wenn man einen modernen Fokalpunkt für das Aufkeimen neuer, organisierter Formen der Gerüchtemacherei nennen sollte, dann wären das die Anschläge vom 11. September 2001 auf das World Trade Center in New York, das Pentagon, sowie die Tragödie des United-Airlines-Flugs 93, die in Shanksville, Pennsylvania endete. Damals hat man es geahnt, und heute ist es klar: Das Internet war einer *der* Brandbeschleuniger für die moderne Konspirologie, vom „Moon Hoax" bis zum „Inside Job" bei 9/11. Bald schon entdeckte auch eine andere, zweihundert Jahre alte Bewegung die Potentiale, die ein weltumspannendes Informationsnetz für die Verbreitung von Desinformation bietet: die Bewegung der „Impfskeptiker". Es kamen die *Shitstorms*, die Paraden und Aufzüge, die YouTube-Videos, das Gerede von Echsenmenschen und Impfmorden, die Zweifel an Barack Obamas Geburtsort, die „Querdenker" und so weiter und so fort: die ganzen Komplexe an Lügen, Halbwahrheiten, unbewiesenen Behauptungen, die sich unter einer dünnen Decke aus „Skepsis" gegenüber der „offiziellen Wahrheit" verbargen (und verbergen). Und ganz im Widerspruch zu meiner Hoffnung von 1999, dass die Erfolge der klassischen Esoterik maßgeblich ein Ergebnis der Milleniumsangst gewesen waren, erstarkte nicht nur das Geschäftsmodell der Astrologen, Homöopathen und Schamanen. Es verband sich auch so organisch mit den neu auftauchenden Verschwörungstheorien und der neuen informationellen Superstruktur des Internets, als habe es nur darauf gewartet. Viele ungute Synergien zwischen den verschiedenen Fraktionen der Unvernunft wurden wirkmächtig. Es ist in diesem Zusammenhang vielleicht nützlich, daran zu erinnern, dass der „Hexenhammer" kein Produkt des Mittelalters war, sondern der frühen Neuzeit. Ohne die Erfindung des Buchdrucks hätte dieses Manifest des Wahns niemals eine solche Wirkung entfalten können. Nach der Erstausgabe von 1486 erlebte es bis zum Ende des 17. Jahrhunderts 29 Auflagen.

Die Ironie an der Sache mit dem Internet als Gerüchtereaktor ist natürlich, dass sowohl das ursprüngliche Internet als auch das später entstandene World Wide Web als technologische Anstrengungen zur Verbreitung von Wissen gedacht waren – und nicht von Gerüchten. Man könnte mit den Schultern zucken und zu Recht darauf hinweisen, dass sich auch in jeder Bibliothek auf Papierbasis viel Unsinn findet, und dass das eben für die elektronische Weltbibliothek auch gilt. Allerdings sind hier quantitative Faktoren, wie allein die Masse an Inhalten, die Geschwindigkeit der Übermittlung und die Kosteneffizienz bei Produktion und Konsum der übermittelten „Bewusstseinswaren" in eine neue Qualität umgeschlagen.

19.2 Der zweite Gegner

Aber einen Moment bitte! Haben wir nicht ein enorm effektives Mittel zur Bekämpfung von Mythen, Gerüchten, Aberglauben an der Hand, ein Mittel, auf dessen Erfolge wir zu Recht stolz sein können, und das vor allem *schon einmal* mit dem Hexenhammer, veralteten medizinischen Lehren, dem Glauben an übernatürliche Phänomene und all dem anderen fertig geworden ist? Haben wir nicht – die

Wissenschaft? Die Probleme mit dieser Form der Selbstgewissheit haben leider nicht nur damit zu tun, dass die Lüge fliegt und die Wahrheit ihr hinterherhumpelt (Jonathan Swift, 1710) – verstärkt seit dem Auftauchen des Internets. Es geht um nichts weniger als um das Auftauchen eines neuen Denkmodells seit etwa 1945, eines Denkmodells, das grundsätzlich die Fundamente des wissenschaftlichen Diskurses in Frage stellt.

Gemeint ist das postmoderne Denken. Es ist hier unmöglich, die Philosophiegeschichte dieses Denkens auch nur anzureißen, es ist aber auch nicht nötig. Denn in unserem Zusammenhang interessieren uns nur zwei Aspekte: Erstens eine zentrale Figur dieses Denkens und ihre Auswirkungen auf die Wissenschaft. Zweitens der unbehagliche Grund, aus dem sich das postmoderne Denken überhaupt entwickeln konnte.

Eine zentrale Figur der Postmoderne als Philosophie ist die Idee, dass alle Formen der Theoriebildung zur Realität nur *Erzählungen* über die Realität erzeugen, die gleichberechtigt nebeneinanderher existieren. Religion, politische Ideologien, Kunst, Wissenschaft: alles Erzählungen. Wenn in den letzten Jahren in den Medien so viel von „Narrativen" die Rede war, dann ist das nur das sichtbarste Anzeichen für das Ausmaß, in dem diese Denkfigur das öffentliche Bewusstsein durchdrungen hat. Was zunächst liberal, aufgeschlossen, egalitär wirkt, hat Auswirkungen, die viel weiter reichen als nur bis zum journalistischen Jargon. Denn die Idee vom Erzählungscharakter jeder nur denkbaren Aussage sabotiert die Möglichkeit von Wahrheit. Ja, ins Extreme weitergedacht, brandmarkt sie sogar jede Aussage, die einen Wahrheitsanspruch vertritt, als tendenziell autoritäres Konstrukt, das sich über die Vielzahl aller anderen Erzählungen erheben und eine Hierarchie des Wissens errichten will, mit sich selbst an der Spitze.

19.3 Das Experiment

Mitte der 1990er Jahre hatte der US-amerikanische Physiker Alan Sokal genug. Zu sehr war sein Ärger angewachsen über Großdenker aus der Philosophie und den Sozialwissenschaften, die ohne nachvollziehbare Berechtigung versucht hatten, ihre Theorien mit Erkenntnissen der Naturwissenschaft oder der Mathematik auszupolstern. Ob Quantenphysik, Chaostheorie oder die Gödel'schen Unvollständigkeitssätze: Die Naturwissenschaften schienen zu einem Selbstbedienungsladen für Philosophie und Sozialwissenschaften geworden zu sein. Dort stattete man sich mit Begriffen und Metaphern aus, um der eigenen, empirisch nicht untermauerten Theorie etwas mehr wissenschaftliche Respektabilität zu verschaffen. Ein seltsamer Synkretismus hatte um sich gegriffen, der seinem staunenden Publikum einen kryptischen Jargon um die Ohren schlug und dabei laut darauf pochte, dass das die wahre, moderne Wissenschaft sei – interessanterweise eine Parallele zur Esoterik, die ja ganz gern von Schwingungen und Quanten redet. Paradoxerweise bastelten vor allem Denker und Denkerinnen an dieser Wissenschaftscollage, die von ihrer philosophischen Grundlage her als Relativisten bezeichnet werden mussten: Sie waren nicht so sehr mit Wahrheitsfindung beschäftigt, als mit einer Kritik der Wege zur Wahrheit, ja, einer Kritik des Begriffs der Wahrheit selbst. Um zu demonstrieren, wohin dieser Budenzauber schnell führen konnte, entschloss sich Alan Sokal, einen Aufsatz im Stil dieser Leute zu schreiben. Der Text trug den bemerkenswerten Titel „Auf dem Weg zu einer transformativen Hermeneutik der Quantengravitation" und bestand von vorne bis hinten aus komplex formuliertem Unsinn. Er behauptete, dass die Theorie der Quantengravitation ein exzellentes Sprungbrett für eine wissenschaftliche Revolution sei: Weg von den tyrannischen Ansprüchen einer angeblichen empirischen, objektiven Wirklichkeit, hin zu einer emanzipatorischen Wissenschaft, die die Knechtung nicht nur durch Kapitalismus, Militarismus und Patriarchat abgelegt hat, sondern auch die traditionelle Einengung durch die Sprache der Mathematik selbst. Das schräge Pamphlet, das noch heute Spaß macht, jubelte Sokal dann einer namhaften sozialwissenschaftlichen Zeitschrift unter: „Social Text" veröffentlichte es in seiner Ausgabe 46/47 vom Frühjahr/Sommer 1996. Kurz darauf offenbarte er in einer anderen Zeitschrift namens „Lingua Franca", dass es sich bei dem Text um eine Parodie handelte.

Ganze Rudel von getroffenen Hunden bellten laut auf, was Sokal und seinem Kollegen Jean Bricmont die Gelegenheit gab, den „Social Text"-Hoax und die Reaktionen darauf in einem ganzen Buch zu diskutieren. Es trägt den Titel „Eleganter Unsinn – Wie die Denker der Postmoderne die Wissenschaften missbrauchen". Darin gingen die beiden dann wirklich in die Vollen. Sie machten jetzt alle Autorinnen und Autoren kenntlich, bei denen sie sich bedient hatten, um den Unsinns-Text zu schreiben. Darunter waren absolute Schwergewichte der Szene, wie zum Beispiel Jacques Lacan, Bruno Latour, Jean Baudrillard, Gilles Deleuze, Paul Virilio und andere. Zusätzlich brachte das Buch eine ausführliche Kritik der Idee von den „Erzählungen":

> „Unser Buch richtet sich zum zweiten gegen den epistemischen Relativismus, also die (. . .) Vorstellung, dass die moderne Wissenschaft nur ein ‚Mythos' sei, eine ‚Erzählung' oder ‚gesellschaftliche Konstruktion' unter vielen anderen." (Sokal/Bricmont)

Das fröhliche Schlachtfest wurde mit noch weniger Gegenliebe aufgenommen als der kleine Scherz vorher. Allerdings war das Buch auch so gut recherchiert und geschrieben, dass es kaum möglich war, es einfach abzutun. Ohne ihm jetzt zu viel Bedeutung zumessen zu wollen, kann man sagen, dass es in die schimmernde Rüstung der postmodernen Wissenschaftssimulation einige Löcher und Dellen hineinschlug, die sich nicht einfach wieder ausbessern ließen. Insofern war das kleine sozialwissenschaftliche Experiment von Alan Sokal sehr erfolgreich. Dass es keinen Schlussstrich unter den eleganten Unsinn ziehen konnte, wird daran sichtbar, dass die Rede von den „Narrativen" heute zum Standardrepertoire der politischen, sozialen und vor allem der journalistischen Rhetorik gehört.

19.4 Die beschädigte Wissenschaft

So brillant es ist: Das Buch von Alan Sokal und Jean Bricmont hat einen entscheidenden Fehler. Denn die beiden schreiben der Wissenschaft eine Art Opferrolle zu. Ja, man könnte nach der Lektüre sogar vermuten, es habe eine Verschwörung von postmodernen Schwindlern gegeben, die mit Absicht und völlig ohne Grund versucht hätten, die hehren Ideale der Wissenschaft in den Schmutz zu ziehen. Das allerdings wäre eine ahistorische und idealisierende Sichtweise, die schlicht leugnen will, dass die Wissenschaft in der Moderne oft genug eine unglückliche, tragische und in einigen Fällen bestialisch böse Rolle gespielt hat. 1919 erhielt der deutsche Chemiker Fritz Haber den Nobelpreis für seine Leistungen im Zusammenhang mit der Ammoniaksynthese, bis heute eines der wichtigsten Verfahren in der chemischen Industrie. Aber es gab Viele, die ihm dazu nicht gratulieren wollten, und das aus gutem Grund: War er doch außerdem im Ersten Weltkrieg auch der Erfinder des Giftgaskriegs gewesen. Dass er darüber hinaus 1919 auch die „Deutsche Gesellschaft für Schädlingsbekämpfung" (Degesch) gründete und bereits 1917 einen „Technischen Ausschuss für Schädlingsbekämpfung" (TASCH) ins Leben gerufen hatte, der mit Blausäure experimentierte, muss als besonders tragisch angesehen werden. Zwar schied Haber 1920 aus der Degesch aus, aber seine verbliebenen Mitarbeiter entwickelten für die Degesch zunächst „Zyklon" und später „Zyklon B": Das Mittel, mit dem in der Nazizeit zahllose Menschen vergast wurden. Seine Anwendung beim industrialisierten Massenmord erlebte Haber nicht mehr, weil er 1934 in der Schweiz an einem Herzinfarkt starb. – Selbstverständlich wären der ganze Erste und der Zweite Weltkrieg in all ihrer Destruktivität ohne wissenschaftlich-technische Forschung vollkommen unmöglich gewesen, von dem nachfolgenden Wettrüsten zwischen Ost und West und den heutigen Fortschritten in der Waffentechnologie ganz abgesehen.

Die beiden Philosophen Max Horkheimer und Theodor W. Adorno hatten bereits 1944 ihr Werk „Dialektik der Aufklärung" veröffentlicht, in dem sie erörterten, wie es *nach* dem Zeitalter der Aufklärung zu Phänomenen wie Faschismus und Stalinismus kommen konnte. Sie interpretierten die tiefen Krater, die diese Bewegungen in der Geschichte hinterließen, als ein Scheitern der Aufklärung, und zwar besonders im Zusammenhang des Bündnisses der Wissenschaften mit der politisch-sozialen Macht. Sie identifizierten einen Zug der europäisch-abendländischen Aufklärung, der das Bündnis mit der Macht erleichterte, indem er nicht auf Wissen an sich, sondern auf Beherrschung von Mensch und Natur ausgerichtet war. Für sie war dieser Zug zur „instrumentellen Vernunft" unauflösbar mit der Aufklärung verbunden.

Es fällt schwer, dieser radikalen Kritik die Berechtigung abzusprechen, wenn man sich die Wissenschaftsgeschichte nicht nur der letzten zweihundert Jahre anschaut. Der Brief von Leonardo Da Vinci an Fürst Ludovico Sforza von 1482, in dem er konkret und ausführlich seine Fähigkeiten als Militärtechniker anpreist, mag als ein frühes Beispiel für „instrumentelle Vernunft" gelten. Der Einstein-Szilárd-Brief vom 2. August 1939 an Roosevelt, in dem dringlich auf die Notwendigkeit zur Erforschung der nuklearen Kettenreaktion hingewiesen wird, ist ein weiterer, viel modernerer Beleg.

Max Horkheimer und Theodor W. Adorno waren keine postmodernen Philosophen im Sinne von Sokal/Bricmont, ganz im Gegenteil. Aber ihre berechtigte Kritik an der Blutspur von Aufklärung und Wissenschaft macht deutlich, wie es geschehen konnte, dass die Wissenschaft für die postmodernen Scharlatane anfällig wurde: Sie hat selbst mit Macht dazu beigetragen.

Was Horkheimer und Adorno auch behaupteten: Die Wissenschaft unterhöhlt sich nicht nur in totalitären Gesellschaften selbst, sondern auch in solchen, die sich für liberal halten. Man kann in der Gegenwart mehrere Tendenzen identifizieren, die diese Behauptung stützen. Konkurrenzdruck, eine brutale Aufmerksamkeitsökonomie und ganz generell die Kommerzialisierung der Wissenschaft führen teilweise zu Auswirkungen, die wissenschaftliches Arbeiten pervertieren. So törichte Imperative wie „publish or perish“, die Installation einer Hitparade durch die mechanisierte Erfassung des *Impacts* von wissenschaftlichen Studien und der ständig wachsende Einfluss der Privatwirtschaft auf die Universitäten haben zu einem Klima geführt, in dem wissenschaftliche Unabhängigkeit und die gute Praxis wissenschaftlichen Arbeitens wenig gelten. Stattdessen sieht man inflationäres Publizieren in Schrottmagazinen, die für Geld alles drucken, „Stiftungsprofessuren“ und den Zwang zur Akquise von Drittmitteln aus der Industrie, unfassbaren Konkurrenzdruck bei Jungwissenschaftlern, die von Uni zu Uni ziehen, um sich irgendwie mit Zweijahresverträgen durchzubringen, und dazu eine ständig wachsende Anzahl von wissenschaftlichen Arbeiten, die aufgrund von Datenfehlern oder schlichtem Betrug zurückgezogen werden müssen. So zum Beispiel verschiedene jüngere Arbeiten zu Hochtemperatur-Supraleitern, die zunächst für sensationell gehalten wurden, letztendlich aber auf Irrtümern oder Betrug beruhten. Noch weitaus dramatischer können die Konsequenzen sein, wenn sich Forschungsergebnisse als fehlerhaft oder gefälscht herausstellen, die ihr Gebiet über lange Zeit dominiert haben. Ein aktuelles Beispiel aus der Demenzforschung ist die bahnbrechende Arbeit von Sylvain Lesné und anderen, die den angeblichen Beweis dafür erbrachte, dass die Ansammlung eines Proteins namens Aß*56 im Gehirn ursächlich mit der Alzheimer-Demenz in Verbindung steht. Diese Arbeit, 2006 von dem namhaften Wissenschaftsjournal Nature veröffentlicht, wurde in der Folge über 2500-mal von anderen wissenschaftlichen Studien zitiert – ein gewaltiger „Impact“. Sie stellte so die Grundlage für kostspielige pharmakologische Forschungen zur Entwicklung von Medikamenten vor, deren Einsatz die Alzheimer-Demenz bekämpfen sollte. Im Juni 2024 musste Nature die Studie zurückziehen, weil sich einige enthaltene Abbildungen als Fälschungen herausstellten. Mittlerweile steht in Frage, ob Aß*56 überhaupt existiert.

19.5 Das Trotzdem-Programm

Wir haben hier also folgenden Antagonismus: Technisch versierte, publikumswirksame Esoteriker, Verschwörungstheoretiker und Gerüchtemacher stehen einer beschädigten Wissenschaft gegenüber, die unangenehm oft den Eindruck erweckt, ihren inneren Kompass verloren zu haben. Ist also Zynismus die Antwort? Ist es letztendlich egal, was propagiert und geglaubt wird, weil man ja „ohnehin nicht mehr wissen kann, was überhaupt stimmt“? Ganz im Gegenteil. Es gilt nach wie vor: Denken heißt unterscheiden können. Die Schwächen der Wissenschaft anzuerkennen macht nur Sinn, wenn man auch ihre einzigartigen Stärken benennt.

- *In mehr als 500 Jahren hat die moderne Wissenschaft, aufbauend auf den Leistungen ihrer Vorläufer, ein Regelset geschaffen, das bei gewissenhafter Anwendung unvergleichliche Erkenntnisleistungen ermöglicht, einschließlich der praktischen Anwendungen, die auf diesen Erkenntnisleistungen beruhen. Was die Lebenserwartung und die Lebensqualität von Milliarden Menschen auf diesem Planeten angeht, sind ihre Beiträge unschätzbar. Wer das heutzutage leugnet, ist sich seiner Privilegien nicht bewusst.*
- *Es gibt Korruption und Betrug in wissenschaftlichen Institutionen, es gibt betrügerische und korrupte Wissenschaftlerinnen und Wissenschaftler. Es hat leider genug Fälle gegeben, in denen sich die Wissenschaft als Instrument des institutionalisierten Betrugs (der Propaganda) und sogar als unverzichtbarer Helfer bei massenhaften Verbrechen hergegeben hat. Das ist wahr. Genauso wahr ist, dass Esoterik und Verschwörungstheorien von vornherein auf Betrug und Selbstbetrug sowie auf Korruption beruhen – zuerst der Korruption der eigenen Urteilskraft und dann der Urteilskraft von anderen.*
- *Die Erzählung, dass alle Aussagen über die Wirklichkeit letztendlich nur gleichwertige Erzählungen sind, hat in der ideologischen Auseinandersetzung, die von Verschwörungstheoretikern geführt wird, nur einen einzigen Zweck: Zunächst sollen Zweifel an gut geprüften und belegbaren Aussagen gestreut werden, um dann in einer plötzlichen Volte die eigene, verzerrte Sicht auf die Wirklichkeit als die einzig richtige Erzählung zu installieren. Dieses Bewusstseinsjudo, das die narzisstischen Bedürfnisse des Publikums und seine Ahnungslosigkeit ausbeutet, ist seit langem einer der wirksamsten Tricks der erklärten Feinde der Wissenschaft. Wenn die einzig richtige Erzählung erst einmal kanonisiert ist, gilt das Zweifeln plötzlich als Teufelswerk.*
- *Gegen den denkfaulen und korrupten Relativismus in Sachen Erkenntnis gilt festzuhalten: „Absolute Wahrheit“ kann niemals das Ziel der Wissenschaft sein, aber es gibt Gewissheiten unterschiedlichen Grades und unterschiedlicher Qualität. Gerade die Erstellung von Kriterien zur Qualität von Erkenntnissen war ein langer Prozess in der Wissenschaftsgeschichte, und gerade er macht die Wissenschaft unersetzlich. Mit absoluten Wahrheiten hantieren Religionen, Sekten, Verschwörungstheoretiker und Esoteriker, und die Überprüfung des Weges zu ihren „Wahrheiten“ scheuen sie wie nichts anderes. Die Wissenschaft ist ein nie endender Prozess aus Versuch, Irrtum und Korrektur. Der Glaube, dass daraus kein Fortschritt entstehen kann, ist, man muss es so deutlich sagen, ein Ergebnis von Wohlstandsverwahrlosung.*

Dies sind nur einige Aspekte des Trotzdem-Programms im Kampf gegen die Feinde der Erkenntnis. Es gibt noch viele andere, die hier nicht einmal angedeutet werden können. Ganz wesentlich aber wäre die massenwirksame Kommunikation der Grundsätze, die in ein solches Programm Eingang finden sollten. Das ist nicht als Aufforderung an die Universitäten zu verstehen, aus dem sogenannten Elfenbeinturm auszubrechen – die Universitäten hätten beim Stand der Dinge zunächst genug mit der antirationalen Korruption innerhalb der eigenen Mauern zu tun. Es geht viel eher um ein massenhaftes Empowerment von Menschen, die weder in der Schule, noch in ihren Familien und schon gar nicht im Internet erfahren haben, wie Erkenntnisse eigentlich entstehen und wie nicht. Es geht um nicht mehr und nicht weniger als den massenhaften Ausgang von Menschen aus der *selbst- und fremdverschuldeten* Unmündigkeit. Und so finster die Corona-Jahre in Bezug auf diese Utopie auch waren: Es gibt die Kommunikatoren und Kommunikatorinnen im Internet, in der Zivilgesellschaft und ja, auch an Universitäten und Schulen, die eine über sich selbst aufgeklärte Aufklärung wirksamer machen könnten. Es ist Zeit, dass der Kampf gegen die organisierte Unvernunft im Ernst beginnt.

Credit: C. Einsele

Marcus Hammerschmitt (1967 Saarbrücken). Mehrfach preisgekrönter Schriftsteller, Journalist, Fotograf. Lebt in Norddeutschland. Bisher 23 Bücher, u. a. bei Suhrkamp („Target"), Aufbau („Instant Nirwana"), Sauerländer/Patmos („Yardang"). Zuletzt: „Halbdunkles Licht" (Gedichte, Schiler @ Mücke, Tübingen/Berlin 2022).*

Literatur

1. Hammerschmitt, M. (2005). *Instant Nirwana*. Alibri Verlag.
2. Sokal, A. und Bricmont, J. (1999). *Eleganter Unsinn – Wie die Denker der Postmoderne die Wissenschaften missbrauchen*. CH Beck.
3. Horkheimer, M. und Adorno, T.W. (1988). *Dialektik der Aufklärung – Philosophische Fragmente. Ungekürzte Ausgabe*. Fischer Taschenbuch Verlag.

20

Good bye, Moon Hoax!

Gagarin, Nixon-Tapes, Watergate, Prawda und das Ende der Moon-Fake-Theorie

von Harald Lesch und Harald Zaun

Um die Jahrtausendwende erreichte die Debatte über die Mondlandungslüge – getriggert durch das Internet – ihren Höhepunkt. Deren Anhänger postulieren auch heute noch, dass die US-Weltraumbehörde NASA in Zusammenarbeit mit dubiosen konspirativen Gruppen die Mondlandungen aus propagandistischen Gründen simuliert hat, um das eigene Versagen zu kaschieren. Doch das Schweigen der Geheimdienste der UdSSR, das ihrer Presse und Propaganda, sprechen eine deutliche Sprache. Nicht zuletzt erweisen sich die völlig vernachlässigten Nixon-Tapes als sprudelnde Informationsquelle, mit der die Moon-Hoax-Theorie (Abb. 20.1) nunmehr endlich ins Land der Fabeln verbannt werden kann.

Abb. 20.1 Eugene Cernan. Dezember 1972. Apollo 17. Der letzte Mann auf dem Mond. Vom Mondstaub benetzt und sichtlich müde, weil er nämlich wirklich knochenharte Arbeit auf dem Erdtrabanten verrichten und nicht auf Area 51 in einem finsteren Militär-Hangar schauspielern musste . . .. *Quelle:* NASA / gemeinfrei.

Expedition in die Raumzeit: Wissen – Denkbares – Unerklärliches, 1. Auflage. Harald Zaun (Hrsg.).
© 2026 Wiley-VCH GmbH. Alle Rechte vorbehalten, einschließlich derer für Text- und Data-Mining und Training von Technologien der Künstlichen Intelligenz oder ähnlichen Technologien. Published 2026 by Wiley-VCH GmbH

„Er trug immer noch den zerfetzten Raumanzug, den er auf der Flucht durch die Wüste angehabt hatte. Aber er ging sehr gerade, den Kopf zurückgeworfen. Und er lächelte." [18]

(„Unternehmen Capricorn", Roman zum Film 1979)

„Wir sind neun Mal am Mond gewesen. Wenn das gefälscht wäre, warum hätten wir das neun Mal fälschen sollen?"

(Charles Duke, Apollo-16-Astronaut)

Als sich der 27-jährige sowjetische Kosmonaut Juri Gagarin (Abb. 20.2) am 12. April 1961 um 9:07 Uhr Moskauer Zeit mit der zweistufigen Wostok-1-Rakete (auch Vostok 1) als erster Erdbewohner ins All begab, schlug er eine neue Seite in den Annalen der Menschheit auf und markierte zugleich eine der größten Zäsuren der Geschichte. Der „Kolumbus des 20. Jahrhunderts", wie Gagarin kurz nach seiner Weltumsegelung bezeichnet wurde, brach zu neuen Ufern auf, tauchte dabei aber nur einen Fuß weit ins stellare Meer ein. Dennoch brachte er den ersten Dominostein in der jungen Raumfahrthistorie zum Fallen und sorgte für eine zarte Kettenreaktion, die dem Homo sapiens den Weg ins All ebnete. Er schob den unsichtbaren kosmischen Vorhang zur Seite und gab eine von Sternen- und Mondlicht durchflutete Bühne frei, auf der bislang mehr als 650 Astronauten, Kosmonauten, Euronauten und Taikonauten ihr Gastspiel gaben. Bereits acht Jahre nach Gagarins Premiere wirbelten Neil Armstrong und Buzz Aldrin mit ihren Raumstiefeln als erste Menschen den grauweißen Mondstaub auf. Zehn weitere wandelten auf den Spuren der Apollo-11-Lunanauten und beehrten den Mond ihrerseits mit einer Kurzvisite.

Abb. 20.2 Juri Gagarin. Viele Moon-Hoax-Befürworter zweifeln auch an seiner historischen Leistung. Um keine Missverständnisse aufkommen zu lassen: Gagarins Raumflug hat de facto stattgefunden, nicht zuletzt deshalb, weil auch der amerikanische Geheimdienst seinerzeit nichts Gegenteiliges offenlegte. *Quelle:* alldayru.com (frei / ESA).

20.1 Orbitaler Top-Secret-Trip

Doch so unumstritten die historische Leistung Gagarins in der Forschung heute auch sein mag – die Quellenlage hierzu gilt als höchst unbefriedigend. Was damals im Vorfeld, während und kurz nach seinem Flug im Einzelnen geschah, blieb lange Zeit völlig nebulös, weil sich sein Raumflug ganz nach dem Willen des damaligen Regimes abseits der Öffentlichkeit, fernab der Zivilisation und jenseits allen medialen Trubels abzuspielen hatte.

Während 1969 bei der Apollo-11-Mission praktisch jede Sekunde vom Start bis zur Rückkehr der Mondastronauten peinlichst genau dokumentiert wurde, protokollierte 1961 kein einziger neutraler Beobachter und unabhängiger Chronist im Verlauf der insgesamt 148 Minuten währenden Mission das Geschehen. Als Gagarin, eingequetscht in seiner wenig komfortablen und beengten Kapsel, seine *einmalige* Weltumrundung zelebrierte, hatte sich die sowjetische Führung seinerzeit selbst von der Welt abgekapselt.

Schließlich fand das höchst riskante Abenteuer des bis dahin völlig unbekannten Leutnants, dem Experten eine Überlebenschance von 47 Prozent attestierten, unter Ausschluss der Öffentlichkeit und unter strengster Geheimhaltung statt. Keine Reporter oder Fotografen, weder ausländische noch inländische, wurden zum Raketenstart und ins Kontrollzentrum geladen oder durften der Landung beiwohnen. Kein unabhängiger Zeitzeuge konnte die Authentizität des Fluges bestätigen. Noch heute liegen von dem Flug kaum aussagekräftige Fotos oder überprüfbare Filmaufnahmen vor. Nur einige vom Militär beauftragte Kameraleute filmten das Großereignis, von dem nur eine kurze sekundenlange Sequenz von minderer optischer Qualität erhalten und archiviert ist.

Hinzu kommt, dass die einzigen Journalisten vor Ort ausgewählte Vertreter der staatlichen großen Nachrichtenagentur TASS waren. Sie sahen das Geschehen naturgemäß vollends durch die kommunistische Brille und berichteten über Gagarins großen Tag getreu den Vorgaben der Propaganda und Zensoren. Jeder Fauxpas, jeder Fehler, jede Unregelmäßigkeit wurde verschwiegen, derart effektiv, dass die TASS den gesamten Flug Gagarins als völlig normal und planmäßig darstellte, obwohl die Wahrheit eine andere war. Denn neu veröffentlichten Quellen zufolge befand sich Gagarin mindestens einmal in mittelbarer und ein anderes Mal in unmittelbarer Gefahr. „Niemand hat beim Flug von Gagarin mehr gelogen, getrickst, verschwiegen und gefälscht als die damalige Sowjetführung unter Partei- und Regierungschef Nikita Chruschtschow. Das Sündenregister ist ellenlang und bis heute noch nicht ganz aufgearbeitet“, konstatiert der Gagarin-Biograf Gerhard Kowalski nüchtern [26].

20.2 Das Gagarin-Märchen

Angesichts der schlechten Quellenlage, der fehlenden Daten, Fotos und geschönten Pressekommentare verwundert es nicht, dass diverse Verschwörungstheoretiker den legendären Flug Gagarins schnell ins Reich der Legenden verwiesen. Auch Gagarins historische Leistung wurde vom bösen Geist der Mondlandungslüge (engl. Moon Hoax, Moon Fake) heimgesucht. Für die Moon-Hoax-Anhänger war seine vermeintliche Premiere im All ebenso ein perfider choreografierter Betrug wie die sechs Apollo-Missionen der NASA.

Mit Blick auf Gagarin ist der Vorwurf einiger Mondverschwörungsanhänger unmissverständlich: Der historische Erstflug hat nicht stattgefunden und war ein inszenierter reiner Propagandaakt, eine rein nationale PR-Aktion. Moskau sei 1961 technisch zu einem solchen Schritt noch nicht in der Lage und vielmehr daran interessiert gewesen, vier Jahre nach dem Sputnik-Schock einen weiteren, den Gagarin-Schock, folgen zu lassen. Der Weltöffentlichkeit sollte die Überlegenheit der sowjetischen Technik und die des eigenen politischen Systems vor Augen geführt werden. Mit einem geheimen Staatscoup sollte machtvoll demonstriert werden, wer beim Wettlauf ins All die Nase vorn hat, so der Einwand der Skeptiker.

Lässt man sich einmal auf die Spekulation ein, Gagarins Raumflug sei wirklich ein sowjetisch-propagandistisches Täuschungsmanöver gewesen, stellt sich unweigerlich die Frage, ob Washington infolge seines sehr guten Agentennetzwerkes hiervon nicht direkt Wind bekommen hätte. Musste die CIA oder die NSA hierüber nicht zwangsläufig Kenntnis haben?

Schenkt man den Worten des Münchener Bestsellerautoren Gerhard Wisnewski Glauben, dann war dies in der Tat so. Vor zwanzig Jahren wartete der studierte Politikwissenschaftler und führende deutsche Moon-Hoax-Vertreter mit der Behauptung auf, dass der Flug des Kosmonauten nicht stattgefunden habe. Obwohl die amerikanische Presse Gagarins Weltumrundung kritisch kommentierte und die US-Administration mitsamt NASA-Behörde den ganzen Vorgang mit Skepsis beäugte, kolportierten diese das vermeintliche sowjetische Täuschungsmanöver nicht. Und dies aus gutem Grund, glaubt Wisnewski: „Den Flug in Frage zu stellen, wäre zumindest ein unfreundlicher, wenn nicht sogar feindlicher Akt gewesen. Außerdem hätten die USA vor der Weltöffentlichkeit als schlechter Verlierer dagestanden.“ [38] Die USA habe seinerzeit ihre Bedenken bewusst überspielt und den Erstflug des Kosmonauten deshalb nicht angeprangert, weil die sowjetische Lüge ihnen dabei half, das stockende Raumfahrt- respektive das Mondprogramm „so richtig in Fahrt zu bringen“.

Gernold L. Geise, ein weiterer deutscher Akteur der Moon-Hoax-Szene, geht noch einen Schritt weiter und stellt sogar die Existenz des Eisernen Vorhangs und somit auch die Authentizität des *Space Race* glattweg in Frage: „Es ist bis heute nicht einwandfrei geklärt, wie sehr Russen und Amerikaner hinter dem Rücken der Weltöffentlichkeit zusammengearbeitet haben, der das Märchen vom *Kalten Krieg* erfolgreich vorgegaukelt wurde, um auf beiden Seiten durch eine Ankurbelung der Rüstungsausgaben die eigene Wirtschaft zu stärken.“

Den CIA-Verantwortlichen hätte damals die unzureichende Dokumentation des Fluges von Gagarin ins All ebenso auffallen müssen. Nicht zuletzt hätten sie beim Studium des einzigen, nur wenige Sekunden langen und in qualitativer Hinsicht schlechten Filmschnipsels Skepsis walten lassen müssen. Aber dennoch hatten sich die Vereinigten Staaten in diesem Punkt in Zurückhaltung geübt. „Die Amerikaner hatten den ersten Raumfahrtschwindel toleriert, der von der UdSSR aller Welt vorgemacht wurde."

Geise spinnt diesen Gedanken aber noch weiter und verknüpft ihn mit der Moon-Hoax-Debatte. Für ihn ist evident, dass die Sowjetunion 1961 in der Bredouille und erpressbar war, weil die Amerikaner von dem angeblichen Schwindel rund um den Wostok-1-Flug wussten und ihr Wissen jederzeit als Druckmittel einsetzen konnten. Hätte Amerika die „Gagarin-Fälschung" publik gemacht, hätte die damalige Sowjetunion vor aller Welt ihr Gesicht verloren. Daher hielt Moskau auch still, als die Apollo-Missionen zum Mond fingiert wurden: „Damit dürften die Amerikaner die Sowjets in der Hand gehabt haben. Hätten die Sowjets nur einziges Wort zu Apollo gesagt, hätten die USA Gagarin auffliegen lassen. ‚Gentlemans Agreement' sagt man dazu: ‚Kavaliersabkommen'." [15]

Doch das genaue Studium der Fakten offenbart schnell den ridikülen Kern der beiden Fantasiegebilde und verdeutlicht, wie sehr beide Behauptungen die historische Realität verfehlen. „Dass Gagarin niemals im Weltraum gewesen ist und es einem Deal mit den USA gegeben hat, ist ausgemachter Unsinn, über den es sich nicht lohnt zu reden. Da ist kein Platz mehr für Verschwörungstheorien", so der Zeitzeuge, Chronist und Berliner Wissenschaftsjournalist und Raumfahrtexperte Harro Zimmer. Passend hierzu erinnert der britisch-italienische Raumfahrtjournalist Paolo Attivissimo an die historisch leicht überprüfbare Tatsache, dass auch die sowjetischen Medien über den Coup der Amerikaner seinerzeit (fast) live berichteten, wenngleich mit der gebotenen Zurückhaltung: „Als die Crew zur Erde zurückkehrte, berichtete Radio Moskau, dass die tapferen Astronauten Armstrong, Aldrin und Collins wieder auf unserem Planeten seien. Und das Staatsoberhaupt der Sowjetunion, Nikolai Podgorny, telegrafierte dem US-Präsidenten Richard Nixon nach dem Splashdown: ‚*Bitte übermitteln Sie unsere Glückwünsche und besten Grüße an die mutigen Weltraumpiloten*'." [3]

Auch der promovierte Astrophysiker Thomas Eversberg, der sich eingehend mit dem Moon-Hoax-Phänomen befasst hat, weist die Gagarin-Fake-Theorie emphatisch zurück und erinnert an den *Zeitgeist*, den viele Moon-Hoax-Anhänger offenbar nicht mehr zu reflektieren in der Lage sind: „Als jemand, der den Kalten Krieg selbst erlebt hat, bewerte ich ein solches Argument als fahrlässig. Es verharmlost einen Zustand, bei dem mehrere Millionen Soldaten sich bis an die Zähne bewaffnet gegenüberstanden, um sich im Ernstfall gegenseitig umzubringen." [14].

20.3 Geisterhafte Theorie

Ungeachtet solch klarer Statements ist für die Fraktion der hartnäckigen Verschwörungstheoretiker der Fall indes sonnenklar. Deren Hypothese ist so abenteuerlich wie bizarr: Da Gagarin nicht im All war, konnten die USA einige Jahre später ihre Lügengeschichte lancieren und diese der Weltöffentlichkeit auf perfide Weise auftischen. Auf dem Mond seien deshalb keine realen Spuren menschlicher Aktivität zu finden, weil dort bis auf den heutigen Tag keine Menschenseele den Regolithboden betreten, keine NASA-Rakete mit Landefähre jemals Astronauten zum Mond befördert habe. Alles sei nur eine böswillige Mystifikation. Die Mondlandungslüge sei die größte Jahrhundertlüge, so das Narrativ der Skeptiker.

Ja, das *Moon-Hoax-Gespenst*, das schon seit einigen Jahrzehnten durch die Raumfahrtgeschichte geistert, ist längst zur Spuktheorie avanciert, die heutige Wissenschaftler und Autoren bestenfalls mit einem Augurenlächeln quittieren. Freilich gehen die Anhänger dieser Theorie nach wie vor felsenfest davon aus, dass die erste und auch die folgenden fünf Apollo-Missionen von der amerikanischen Regierung oder einer im Untergrund operierenden Geheimorganisation simuliert und *gefakt* wurden. Nicht aus Jux und Tollerei, sondern weil die NASA damals nicht über das technische und wissenschaftliche Know-how verfügte, Menschen sicher zum Erdtrabanten und wieder zurückzubefördern. Darüber hinaus habe man mit dem *Projekt Apollo 11* die Bevölkerung von den Schrecken und Grauen des Vietnamkriegs ablenken wollen, mithilfe des Mondfluges die nach der Ermordung von Martin Luther King Jr. (4. April 1968) und Robert Kennedy (6. Juni 1968) im Land grassierenden Unruhen überspielen wollen.

Deshalb habe Armstrongs kleiner Schritt und großer Sprung für die Menschheit nicht auf dem Mond, sondern in einem Militärhangar oder einem irdischen Fernsehstudio stattgefunden. Alle Mondmissionen waren nichts anderes als hinterhältige Täuschungsmanöver, zu denen sich die US-Regierung nach dem verlorenen Weltraumrennen gezwungen sah. Nicht zuletzt deswegen, um den drohenden Gesichtsverlust gegenüber der UdSSR abzuwenden, so der Vorwurf der Moon-Fake-Mythologen.

Bei alledem ist die Idee einer getürkten Mondlandung so alt wie das Apollo-11-Programm selbst. Bereits unmittelbar nach dem ersten *Moonwalk* begannen nicht wenige Zeitzeugen am Wahrheitsgehalt der Ereignisse fernab der Erde leise zu zweifeln, die die Mehrheit der Weltbevölkerung bekanntlich nur via TV und Radio „live" verfolgen konnte. Kein Geringerer als der spätere US-Präsident Bill Clinton bestätigt diese Beobachtung. Als der junge Clinton während seiner Studienzeit in Hot Springs, einer Kleinstadt im Bundesstaat Arkansas mit 35 000 Einwohnern, mit dem Aufbau von Fertighäusern ein wenig Geld dazuverdiente, überraschte ihn sein 67-jähriger Chef mit einem delikaten Statement, das er nur wenige Wochen nach dem Ende der Apollo-Expedition zum Besten gab:

> „Der alte Zimmermann fragte mich, ob ich die Geschichte mit der Mondlandung wirklich glaube. Ich hatte keinen Grund, daran zu zweifeln – schließlich hatte ich es ja im Fernsehen gesehen. Er war anderer Meinung und erklärte

mir, er habe diese Geschichte keine Sekunde für wahr gehalten. Es sei doch bekannt, dass diese ‚Burschen vom Fernsehen' Dinge echt aussehen lassen könnten, die das gar nicht waren." [11]

Aber es sollten noch einige Monate durchs Land ziehen, bis solcherlei düstere Gedanken ihren Weg zum gedruckten Papier fanden. Es war William Kaysing, der zwei Jahre nach dem Ende des Apollo-Mondprogramms mit seinem Buch „We Never Went to the Moon: America's Thirty Billion Dollar Swindle" den Beginn der Moon-Hoax-Theorie markierte. Er lieferte erstmals die bekannten Argumente, die heute in der Moon-Fake-Gemeinde Kultstatus genießen. „Er war der erste, der Sterne auf den Mondaufnahmen vermisste und verschiedene Schattenlängen ‚bemerkte' und zog daraus den Schluss einer Verschwörung durch die US-Regierung", so Thomas Eversberg. Kaysing, der ein Bachelor in Arts in Englisch hatte, behauptete auch erstmals, dass alle NASA-Aufnahmen im militärischen Sperrgebiet aufgenommen worden seien [14].

Auch wenn Kaysing kein ausgebildeter Ingenieur oder Wissenschaftler war, arbeitete er von 1957 bis 1963 als Leiter der technischen Dokumentation bei einer NASA-Zuliefererfirma, der für die Herstellung der Saturn-V-Triebwerke zuständig war – und schrieb zuvor auch einige Sachbücher. In seiner Arbeit behauptete er, dass damals selbst viele Insider die Chancen für eine erfolgreiche bemannte Expedition zum Mond auf noch nicht einmal ein Prozent beziffert hätten und die NASA angesichts dieser schlechten Prognose keine andere Möglichkeit gesehen habe als zu fälschen. Wenig später warfen andere der NASA vor, sie habe 1968 – inspiriert vom Science-Fiction-Klassiker „2001 – A Space Odyssey" – Arthur C. Clarke und Stanley Kubrick (Abb. 20.3) beauftragt, das Drehbuch für das Hollywood-Spektakel zu schreiben und alles filmisch sehr wirklichkeitsnah umzusetzen. Die inszenierten Mondspaziergänge setzten versierte Regisseure und Kamera- sowie Effektspezialisten mediengerecht um.

Abb. 20.3 Stanley Kubrick (links) und Arthur C. Clarke, die Kreatoren des genialen Films „2001: A Space Odyssey", der 1968 seine Premiere feierte. Sie sollten laut Moon-Hoax-Vertreter als helle Köpfe und Spezialisten an der großen Täuschung mitgewirkt haben. Dabei sollen ausgerechnet den beiden brillanten professionellen „Illusionisten" just jene Anfängerfehler unterlaufen sein, auf die sich die Moon-Fake-Fans jetzt berufen. Was für ein Widerspruch! *Quelle:* NASA / gemeinfrei.

Zu guter Letzt hätte noch der unverwüstliche Walt Disney als Sponsor fungiert, der damals tatsächlich in engem Kontakt mit der NASA und Werner von Braun stand. Richtig populär wurde die Mondverschwörungsthese aber erst nach der Premiere des sehenswerten Science-Fiction-Thrillers „Capricorn One“ (siehe YouTube B), in dem einige führende Köpfe der NASA als Verschwörer gegen den Willen der Besatzung einen bemannten Flug zum Mars vortäuschen, als sie in einem geheimen, abgelegenen Filmstudio eine Marslandung und -erkundung aufzeichnen [18].

Angeregt durch diesen Film scharte sich nach und nach eine immer größer werdende Fangemeinde um die Moon-Hoax-Theorie, die allerdings erst mit dem Aufkommen des Internets ihre kruden Thesen rund um den Globus verbreiten konnte. Mit der Jahrtausendwende und dem Siegeszug des World-Wide-Webs vergrößerte sich die Moon-Hoax-Interessengemeinschaft zusehends. Hierzu trugen vor allem Fernsehproduktionen bei, die sich erstmals dokumentarisch mit dem Thema auseinandersetzten. Anfang 2001 produzierte der Journalist und Filmemacher Bart Sibrel den Streifen „A Funny Thing Happened on the Way to the Moon“ (siehe YouTube A) und traf damit den Nerv der Zeit. Seine Recherchen bestärkten ihn in der Annahme, dass bei den Apollo-Flügen nicht alles mit rechten Dingen zugegangen war und es sich hierbei um einen kompletten Schwindel handeln musste.

Sibrel verewigte sich auf wenig ruhmreiche Weise in die Mediengeschichte, als er 2002 auf offener Straße den Apollo-Veteranen Buzz Aldrin angriff und ihn beschuldigte, ein Lügner und Betrüger zu sein. Mit einer Bibel in der Hand forderte er den sichtlich überraschten Astronauten auf, feierlich zu schwören, dass bei der Apollo-11-Mission alles mit rechten Dingen zugegangen sei, der daraufhin wenig diplomatisch dem perplexen Journalisten einen kräftigen Schlag ins Gesicht verpasste. Der Vorfall wurde von einem Zeugen gefilmt und verbreitete sich viral rasend schnell im Internet, wo er zu einem symbolträchtigen Moment in der anhaltenden Debatte über die Mondlandung und der damit verbundenen Verschwörungstheorie als Meme seine eigene Geschichte schrieb.

Als im selben Jahr die Dokumentation „Conspiracy Theory: Did We Land On The Moon?“ (siehe YouTube C) des US-Fernsehsenders Fox über die Bildschirme flimmerte, bekam Kaysings Theorie weiteren Auftrieb. Weltweit griffen andere Autoren die These auf und kolportierten diese medien- und auch marketingwirksam. In zahlreichen Büchern, Artikeln und vor allem auf Websites und in Internet-Foren wurden immer mehr Leser und Foristen mit dem Moon-Hoax-Virus infiziert und verbreiteten ihn als Superspreader weiter. Unter dem Titel „Die Apollo-Akte – Auf den Spuren der Mondlandung“ strahlte der WDR im Oktober 2002 eine knapp 45-minütige Dokumentation aus (siehe YouTube D), in der die Mehrheit des bundesdeutschen TV-Publikums erstmals mit den Thesen der Mondlandungsgegner konfrontiert wurde. In dieser gerierte sich der überzeugte Skeptiker Gernold L. Geise erstmals der deutschen Öffentlichkeit als deutscher Vorreiter der Moon-Fake-Szene und befeuerte die Debatte mit den bekannten klassischen Argumenten, die er ein Jahr später in seinem Machwerk „Die Schatten von Apollo" vertiefte [15].

20.4 In die Karten gespielt

Einen weiteren Höhepunkt der Mondverschwörung erlebten deren Vertreter im Jahr 2006, als die NASA freimütig einräumen musste, dass ihr mehr als 13 000 Originalfilme fehlen, auf denen einzigartige Live-Szenen der Apollo-Mondmissionen verewigt seien. Von den unauffindbaren Filmrollen mit einer durchschnittlichen Bandlänge von 15 Minuten, verteilt auf 698 Kisten, gebe es zudem kein einziges digitalisiertes Duplikat mehr, gab die NASA zähneknirschend zu. „Allein von der Apollo-11-Mission gibt es drei Kisten, in denen 15 Filmrollen lagern. Sie erzählen die ganze Geschichte der Mission", sagte damals der NASA-Ingenieur Stan Lebar, der die Fernsehkameras aller Apollo-Missionen und die der ersten Raumstation *Skylab* konstruierte und stetig verbesserte.

Ursprünglich wollte Lebar mit einigen Kollegen seine Zeit als Rentner nutzen, um die antiquarisch hochsensiblen Magnetbänder auf den alten NASA-Geräten abzuspielen und mit einer modernen Kamera zu digitalisieren. Doch stattdessen mussten die NASA-Veteranen im Archiv des Goddard Space Flight Center (GSFC) in Greenbelt (US-Bundesstaat Maryland) den Staub von den Regalen kratzen. Von historischen Filmrollen keine Spur.

Immer noch rätseln die Freizeitforscher über den Verbleib der Spulen – und die NASA mit ihnen. Gleichwohl ist aktenkundig, dass das Material im Jahr 1970 zum GSFC in Maryland und anschließend zur US-Nationalarchiv NARA und erneut zurückgesandt wurde. Wohin es von dort wanderte, ist unklar. Aber die Suche lohnt offensichtlich. „Die Qualität ist drei- bis viermal besser, als wir jemals gesehen haben", schwärmt Lebar. Tatsächlich klaffen zwischen den Originalfilmen und den laufenden Bildern, die im Juli 1969 über die Fernseher flackerten, in puncto Tiefenschärfe Welten. „Auf einem sieht man sogar, wie sich die Gestalt von Armstrong auf dem Helmvisier von Buzz Aldrin spiegelt", so Lebar. Doch die hochaufgelösten Bilder, die 1969 vom Erdtrabanten zu den drei Empfängerstationen des Deep Space Network (DSN) in Kalifornien und Australien gefunkt wurden, sahen bis heute nur wenige Eingeweihte. Was seinerzeit über die DSN-Monitore flimmerte, ging nicht über den Äther. Die geister- und schemenhaften Bilder dagegen, die weltweit in die Fernsehkanäle gespeist wurden, waren dem antiquierten technischen Equipment der NASA zu verdanken: Es war nicht kompatibel mit der damaligen Fernsehtechnik. Um dem Geschehen auf dem Mond Konturen zu geben, musste die NASA daher vor einem der DSN-Monitore eine Fernsehkamera platzieren, welche die Originalbilder abfilmte. Auf den Mattscheiben daheim flimmerte somit nur eine Kopie des Originalbilds – und eine schlechte obendrein. „Die Originalbänder spielten in Australien zehn Bilder pro Sekunde", sagt Lebar. „Aber das Fernsehen brauchte dafür 60 Bilder pro Sekunde, sodass jedes Bild sechsmal wiederholt wurde. Die Zuschauer sahen Geisterbilder."

20.5 Moon-Hoax-Krise

Doch 2009 kam die Wende, die so manchen Skeptiker ins Grübeln brachte. Grund dafür war der immer noch aktive „Lunar Reconnaissance Orbiter“ (LRO), der seit 2009 zu Kartierungszwecken den Mond umkreist und seither die bislang schärfsten und detailreichsten Bilder (Abb. 20.4) von der Mondoberfläche zur Erde funkt. Bereits Mitte Juli 2009 veröffentlichte die NASA erstmals Bildmaterial aus dem LRO-Archiv. Auf einigen Fotos sind deutlich Spuren menschlicher Aktivitäten auf dem Mond zu erkennen.

Aufgenommen mit der beeindruckenden Auflösung von bis zu maximal einem Viertelmeter pro Pixel schoss der Orbiter aus 50 Kilometer Höhe exorbitant gute Bilder vom Erdtrabanten. Auf ihnen konnten die Wissenschaftler nicht nur die Landeplätze und Mondfähren von Apollo 12, 14, 15 und 17 ausmachen, sondern auch die Fußspuren der dort einst arbeitenden Astronauten, darunter sogar jene, die Eugene Cernan (Abb. 20.1) als letzter Mensch in lunaren Gefilden hinterlassen hat. Der Orbiter fotografierte auch die parallelen Fahrspuren des Mondfahrzeugs, mit dem die Astronauten der Apollo-15, -16 und -17-Missionen die Umgebung des Landeplatzes erkundeten – überdies sogar die zurückgelassene Unterstufe der Apollo-11-Mondfähre (Abb. 20.5).

Dank der hohen Auflösung der Bilder entdeckten einige NASA-Mitarbeiter sogar die von den Lunanauten zurückgelassenen Rucksäcke und darüber hinaus westlich der Landezonen die wissenschaftlichen Instrumente der Expedition. Diese hatten die Apollo-Besucher damals für Messungen abgelegt, darunter auch drei Mondlaser, die Laser-Reflektor-Experimente, die Apollo 11, 14 und 15 auf den Mond platziert hatten. Das Leistungsstärkste von Apollo 15 misst noch heute die Laufzeit des Lichts zur Erde zuverlässig – und kann so die aktuelle Entfernung zum Mond bis auf wenige Zentimeter genau bestimmen und damit die historische Dimension der bemannten Mondlandungen belegen.

Abb. 20.4 Juli 1971: Momentaufnahme der Landestelle von Apollo 15. Dieses Bild hat eine Auflösung von genau 27 Zentimeter pro Pixel und zeigt eine Fläche von 262 mal 186 m. Die untere Stufe der Mondlandefähre bzw. die Startplattform sind deutlich zu erkennen, ebenso wie viele Spuren des Lunar Roving Vehicle, dessen endgültiger Ruheplatz sich direkt östlich des Bildrands befindet. Die Apollo-15-Astronauten hinterließen an diesem Ort eine Reihe von wissenschaftlichen Instrumenten. *Quelle:* NASA / gemeinfrei.

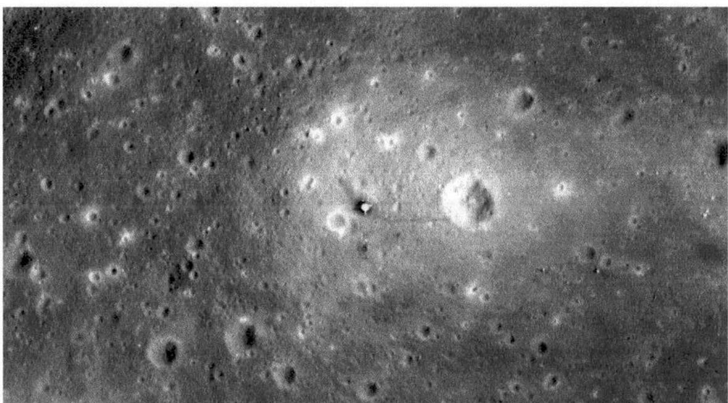

Abb. 20.5 Ein Bild für die Ewigkeit. Aufgenommen vom LRO – 50 Kilometer über dem Zielgebiet. Auf dem Bild sehen wir die untere Stufe des Mondlandemoduls von Apollo 11 im Mare Tranquillitatis. Die Bildauflösung beträgt hier 50 Zentimeter pro Pixel. *Quelle:* NASA / gemeinfrei.

Auch wenn die bis heute kolportierten Pseudoargumente der Mondverschwörungstheoretiker einfallsreich und unterhaltsam anmuten, ist es seit der Veröffentlichung der Lunar Reconnaissance Orbiter-Bilder in der Moon-Hoax-Szene nur scheinbar ruhiger geworden. Während viele Autoren, Hardliner und Dokumentarfilmer, die einst auf den Moon-Hoax-Zug aufgesprungen, ihr Abteil wieder verlassen haben und thematisch längst auf anderen Gleisen unterwegs sind, bleiben einige hartgesottene ihrem Kurs treu – wie der bereits erwähnte Autor und Filmemacher Bart Sibrel, der 2021 in dem Buch „Moon Man" seine bekannten Argumente und Statements auf derart geschickte Weise aktualisierte, dass sein Buch zwei Jahre später sogar in Deutschland publizistischen Niederschlag fand [34].

Insgesamt aber hat die Diskussion um und über eine fingierte Mondlandung etwas an Verve, an Dynamik und anfänglicher Faszination eingebüßt. Das liegt daran, dass die Argumente der Skeptiker über die Jahre nicht besser oder überzeugender geworden sind. Anstatt echte Beweise oder zumindest neue, prägnante Indizien zu liefern, stagniert ihr Markt der Ideen, wohingegen engagierte Autoren wie Thomas Eversberg [14] und Paolo Attivissimo [3] in ihren Büchern sehr detailliert längst jedes Argument der Moon-Fake-Fraktion mit spielerischer Leichtigkeit widerlegt haben. Sie verwiesen selbst jene Theorie ins Reich der Fabeln, die ihrerseits versuchte, alle Mondlandungen ins Land der Märchen zu verbannen.

Moon Hoax versus Wissenschaft in nuce: Zehn erlesene Argumente

Seltsame Schatten und Lichtquellen

Moon-Hoax: Auf den Fotos der Mondlandung laufen die Schatten in verschiedene Richtungen, was darauf hindeutet, dass mehrere Lichtquellen, so wie es in einem Filmstudio wäre, verwendet wurden.

Wissenschaft: Die unterschiedlichen Schattenverläufe ergeben sich aus der unebenen Mondoberfläche und der Kameraperspektive. Es gab nur eine Lichtquelle: die Sonne.

Fehlende Sterne am Himmel

Moon-Hoax: Auf den Bildern der Mondlandung sind keine Sterne zu sehen, obwohl der Himmel auf dem Mond schwarz ist.
Wissenschaft: Die Kameraeinstellungen (kurze Belichtungszeit, Blende) waren auf die stark beleuchtete Mondoberfläche ausgerichtet und konnten daher die schwachen Lichtquellen der Sterne nicht erfassen.

Flatternde Flagge

Moon-Hoax: Die US-Flagge, die die Astronauten aufgestellt haben, wehte, obwohl es auf dem Mond keinen Wind gibt.
Wissenschaft: Die Bewegungen der Flagge wurden durch das Hantieren der Astronauten und die Vibrationen des Flaggenmastes verursacht. Die fehlende Atmosphäre führte zu einer längeren Nachschwingung.

Kein sichtbarer Einschlagskrater unter der Mondlandefähre

Moon-Hoax: Beim Aufsetzen der Mondlandefähre hätte der Raketenantrieb einen sichtbaren Krater erzeugen müssen.
Wissenschaft: Der Schub des Triebwerks war reduziert, da die Landung bei sehr geringer Schwerkraft stattfand. Außerdem besteht die Mondoberfläche aus einer festen Schicht unter lockerem Regolith, der weggeblasen wurde, ohne einen tiefen Krater zu hinterlassen.

Strahlungsgefahr im Van-Allen-Gürtel

Moon-Hoax: Die Astronauten hätten den Van-Allen-Strahlungsgürtel nicht unbeschadet passieren können.
Wissenschaft: Die NASA hatte die Flugbahn so geplant, dass die Astronauten den Gürtel schnell durchqueren und nur einer minimalen Strahlendosis ausgesetzt waren, die weit unter den gefährlichen Werten liegt.

Ähnlichkeit mit Filmaufnahmen

Moon-Hoax: Die Mondlandungsvideos wurden im Studio gedreht, da die Bewegungen der Astronauten *gemächlich* wirken, wie bei Zeitlupenaufnahmen.
Wissenschaft: Die Bewegungen entsprechen der Realität in der Mondgravitation, die nur ein Sechstel der Erdgravitation beträgt. Die Sprünge und Bewegungsabläufe sind physikalisch nachvollziehbar.

Technologische Überforderung

Moon-Hoax: Die NASA verfügte in den 1960er-Jahren nicht über die notwendige Technologie, um Menschen sicher auf den Mond und wieder zurückzubringen.
Wissenschaft: Die Apollo-Missionen waren das Ergebnis jahrelanger Forschung und eines massiven technologischen Fortschritts. Tausende von Ingenieuren, Wissenschaftlern und Technikern arbeiteten an den Programmen.

Manipulierte Fotos

Moon-Hoax: Einige Fotos zeigen auffällige Bildfehler wie doppelte Lichtreflexe oder inkonsistente Schattenlängen.
Wissenschaft: Solche Phänomene lassen sich durch Reflexionen auf den Helmvisieren oder durch den unebenen Mondboden erklären. Außerdem wurden die Fotos digital nachbearbeitet, was zu Artefakten führen kann.

Keine unabhängige Überprüfung

Moon-Hoax: Kein anderes Land hat die Mondlandung unabhängig bestätigt.
Wissenschaft: Andere Länder wie die Sowjetunion verfolgten die Apollo-Missionen genau und hätten einen Betrug sofort aufgedeckt. Das *Space Race* war voll im Gange. Die Landeplätze der Apollo-Missionen wurden später durch Satelliten bestätigt (z. B. LRO).

Verdächtige Todesfälle

Moon-Hoax: Viele Menschen, die an der Apollo-Mission beteiligt waren, sind unter mysteriösen Umständen gestorben, was auf Vertuschung hindeutet.
Wissenschaft: Es gibt keine statistisch auffällige Häufung von Todesfällen. Solche Behauptungen beruhen auf selektiver Wahrnehmung und Spekulation. Auf dem Höhepunkt des Apollo-Programms arbeiteten 400 000 Mitarbeiter für die NASA. Insgesamt wurde auch hier keine signifikante Häufigkeit festgestellt.

Der Glaubenskrieg, der vor allem um die Jahrtausendwende hinter den Kulissen zwischen Experten, Astronauten, Weltraumenthusiasten und Moon-Hoax-Fans an Fahrt aufnahm, ist heute einer erstaunlichen Nonchalance gewichen. Nur noch wenige Protagonisten der ersten Generation haben noch Muße und Lust, das Thema wieder aufzugreifen. Und doch gibt es sie immer noch: hartgesottene Unbelehrbare, junge Querdenker oder schlicht Verunsicherte, die von einem großen Apollo-Spektakel in einem abgelegenen Filmstudio ausgehen, das unter der Regie von Stanley Kubrick, abgeschirmt von der Außenwelt durch das Militär und der CIA, zur größten Jahrhundertlüge avancierte. Der Mythos lebt.

In Vergessenheit geraten ist dabei aber nur ein weiteres, sehr wichtiges Argument, das bis heute kaum reflektiert und diskutiert wurde. Eines, das den Zweiflern den letzten Wind aus den Segeln nehmen sollte und bei dem ausgerechnet ein skrupelloser Politiker eine tragende Rolle spielen sollte, dem in der Tat eine hinterlistige Aktion à la Moon Hoax durchaus zuzutrauen gewesen wäre . . .

20.6 Die Abhörbürokraten

Der 37. Präsident der Vereinigten Staaten, der Republikaner Richard Milhous Nixon (1913–1994), war alles andere als ein Kind von Traurigkeit, sondern vielmehr ein konsequenter und radikaler Machtpolitiker im besten machiavellistischen Sinne, dessen politische Gerissenheit sich nicht zuletzt in seinem bereits 1950 geläufigen Spitznamen *Tricky Dick* widerspiegelte.

Nixon liebte die Abgeschiedenheit, bisweilen sogar die Einsamkeit. Der Eigenbrötler traf sich ungern mit Fachleuten anderer Behörden, Politikern und Diplomaten. Legendär ist seine Abneigung gegen die demokratische Pflicht eines amerikanischen Präsidenten, regelmäßig Kabinettssitzungen abzuhalten. Statt den offenen Diskurs im erlauchten Kreis seiner Minister zu pflegen, schottete sich Nixon vom Kabinett (Abb. 20.6), vom Kongress und zeitweise sogar vom Oval Office im Westflügel des Weißen Hauses ab und gefiel sich darin, die meisten Mitglieder des Kabinetts mit Verachtung zu strafen [37]. Anstatt die dort bestens organisierte Infrastruktur zu nutzen, bezog er ein paar Meter weiter im Eisenhower Executive Office Building (EEOB) ein Privatbüro. Dort fühlte sich der exzentrische Politiker zeitweise wohler als im Amtssitz.

Wie kein anderer Präsident zuvor konzentrierte Nixon unter seiner Ägide die Macht im Weißen Haus – und degradierte die Ministerien weitgehend zu ausführenden Organen. Sein Misstrauen gegenüber der Ministerialbürokratie, die er von politischen Gegnern und Ivy-League-Absolventen unterwandert sah, war so groß,

Abb. 20.6 26. März 1971. Aufnahme von Nixon (3. Person rechts) und seinem Kabinett während einer Sitzung in dem Cabinet Room des Weißen Hauses. *Quelle:* Oliver F. Atkins, 1916-1977 (NARA record: 8451334) / U.S. National Archives and Records Administration / gemeinfrei.

dass er nur seinem eigenen Stab beziehungsweise seinem engsten Umfeld vertraute, in dem sich vor allem seine Berater die Türklinken in die Hand gaben.

Zu diesem erlauchten Kreis gehörte kein Geringerer als Henry Kissinger. Als außen- und sicherheitspolitischer Berater und Außenminister (seit 1973) gehörte er nicht nur zum exklusiven Kreis vertrauter Republikaner und Spezialisten, die Nixon häufig konsultierte. Vielmehr trug er ebenso wie die Entourage der *Palastgarde* im Weißen Haus dazu bei, ein effektiv funktionierendes Informationsnetzwerk aufzubauen, das sich allerdings in Teilen verselbständigen sollte. Am Ende waren vier der engsten Berater Nixons so tief in kriminelle Machenschaften verstrickt, dass sie nicht nur ihren Hut nehmen, sondern hinter schwedische Gardinen wandern mussten, darunter auch Nixons unverwüstlicher Stabschef Harry Robbins („Bob") Haldeman in persona.

Kissinger hingegen, dessen Weste etwas reiner, aber nicht ganz unbefleckt war, rettete sich nach Nixons Sturz ins nächste Kabinett, in dem er weiterhin als Außenminister fungierte. Dass er selbst kein unbescholtenes Blatt war, beweisen die sogenannten Kissinger-Wanzen. Die Kissinger-Wanzen stehen für den von Kissinger initiierten Lauschangriff auf Mitarbeiter des National Security Council (NSC = Nationaler Sicherheitsrat) und auf ausgewählte Journalisten. Darüber hinaus wurden ab Mitte 1969 im Auftrag Kissingers auch Mitarbeiter des State Departments (US-Außenministerium) beschattet, insbesondere deren Telefonleitungen abgehört.

Die nächste Stufe der illegalen Abhör- und Spionagepolitik Nixons sollte mit dem sogenannten Huston-Plan erreicht werden. Der nach einem seiner Berater im Weißen Haus benannte Plan, der von Nixon gebilligt, aber wegen der Watergate-Affäre letztlich nicht umgesetzt wurde, sah vor, alle Sicherheitsbehörden vom FBI bis zur CIA mit mehr Kompetenzen und Rechten auszustatten. Die direkte Kontrolle sollte demnach beim Weißen Haus liegen. Ausgestattet mit mehr Exekutivrechten sollten die Protagonisten vom Amtssitz des Präsidenten aus alle Aktionen koordinieren. Auf allen Ebenen sollten Staatsfeinde, Vietnamkriegsgegner und *Linke* abgehört und ihre Korrespondenz überwacht werden. Um an weitere Informationen zu gelangen, waren systematische Wohnungseinbrüche geplant. Sogar die Einrichtung eines Internierungslagers für Antikriegsdemonstranten stand zeitweilig zur Debatte.

Während das auf Abhörmaßnahmen und Wohnungseinbrüche spezialisierte Agentennetz auf Hochtouren lief, offenbarte sich zugleich dessen Verwundbarkeit. Nixon hätte durch die in seine Amtszeit fallende Veröffentlichung der „Pentagon Papers" gewarnt sein müssen (siehe „Links"). In der vertraulichen 7000-Seiten-Studie, die der damalige Verteidigungsminister Robert McNamara in Auftrag gegeben hatte, dokumentierten das Pentagon und das US-Außenministerium die Vorgeschichte und Entwicklung des Indochina-Krieges von 1945 bis 1967 aus politischer und militärischer Sicht. Seit 2011 sind die zeithistorischen Quellen online zugänglich. Als der damals noch unbekannte Daniel Ellsberg, ein hochrangiger

Offizier im Verteidigungsministerium, die Papiere kopierte und die 7000 Seiten der *New York Times* und anderen Medien zuspielte, war der Scoop perfekt und Ellsberg schlagartig in aller Munde. Schließlich enthüllten die Akten, dass die USA seit Harry S. Truman den Vietnamkrieg von langer Hand vorbereitet und die hohen Verluste an Menschenleben billigend in Kauf genommen hatten. Sie zeigten auch, dass Washington entgegen allen Beteuerungen bewusst falsche Informationen weitergegeben hatte. Trotz aller Bemühungen Nixons und seiner Mitarbeiter, die Artikelserie in der *New York Times* zu zensieren und ihre Verbreitung zu verhindern, veröffentlichten im Juni 1971 neben der weltberühmten Tageszeitung in Manhattan noch 18 weitere Medien Auszüge aus den Geheimdokumenten, flankiert mit Leitartikeln und Kommentaren.

20.7 Im Schatten von Watergate

Während die *New York Times* die erschütternde Wahrheit über die Pentagon Papers enthüllte, arbeiteten Nixons Wanzen, Agenten und Einbruchsspezialisten unbeirrt weiter auf Hochtouren. Doch so effizient das illegale Netzwerk phasenweise operierte, so ungeschickt und unbeholfen agierten seine Protagonisten in Sachen Geheimhaltung. Spätestens nach der für die USA traumatischen Watergate-Affäre, dem dilettantischen Einbruch in die Wahlkampfzentrale der Demokraten im Washingtoner Watergate-Gebäudekomplex am 17. Juni 1972 und der Veröffentlichung der Nixon-Tonbänder wurde deutlich, dass es offenbar selbst im engsten Umfeld des Präsidenten nicht möglich war, streng geheime Informationen unter Verschluss zu halten.

Als das Repräsentantenhaus 1974 ein Amtsenthebungsverfahren gegen Nixon einleitete und sich im Kongress eine Mehrheit gegen ihn abzeichnete, trat Nixon die Flucht nach vorn an. Um nicht als erster US-Präsident in die Geschichte einzugehen, der infolge eines *Impeachment* seines Amtes enthoben wurde, trat Nixon am 9. August 1974 als erster Präsident in der Geschichte der USA von seinem Amt zurück. Doch erst nach seinem erzwungenen Rücktritt wurde vielen das Ausmaß der Abhöraktionen bewusst. Vor allem die Nixon-Tapes, die bereits während der Ermittlungen sukzessive veröffentlicht wurden, legten schonungslos offen, was für ein Kontrollfanatiker und Misanthrop in Washington, D.C. an den Schalthebeln der Macht saß, der seine arrivierte Position bis zum Äußersten ausreizte. „Er meinte, er stehe über dem Gesetz – das war ein fataler Fehler, und so stürzte er wie ein König, der im letzten Akt der Tragödie sterben muss", so der Journalist, Korrespondent und Pulitzer-Preisträger Tim Weiner über Nixon [37].

Die Nixon Tapes sind geheime Tonbandaufnahmen, die im Auftrag von Richard Nixon zwischen Februar 1971 und Juli 1973 größtenteils im Weißen Haus gemacht wurden. Die Bänder enthalten Aufzeichnungen von Gesprächen, die während Telefonaten, Ministertreffen, Sitzungen oder Small Talks im Oval Office, im Cabinet

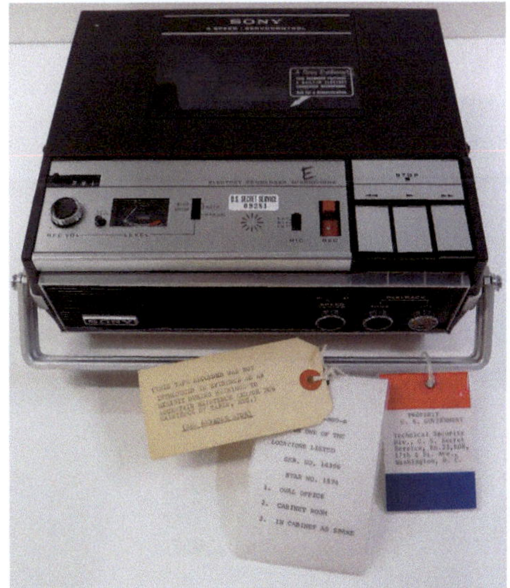

Abb. 20.7 Ein Sony-Aufnahmegerät, mit dem die Nixon-Tapes gemacht wurden. Nixon und sein Team nutzten verschiedene Modelle, aber fast ausschließlich Sony-Fabrikate. *Quelle:* Richard Nixon Presidential Library and Museum / National Archives and Records Administration, 2010.1.31 / gemeinfrei.

Room, im Lincoln Sitting Room des Weißen Hauses, in seinem Büro im EEOB und in seinem Feriendomizil in Camp David geführt wurden.

Um das Spektrum der Aufnahmen zu erweitern, versteckten Spitzel des Weißen Hauses seinerzeit in all diesen Räumen Mikrofone und in den angeschlossenen Telefonen Wanzen. Mindestens neun Tonbandgeräte des Typs Sony TC-800B (Abb. 20.7) zeichneten die Gespräche auf. Die Existenz der Abhöranlage, die vom Geheimdienst gewartet und kontrolliert wurde, war nur wenigen bekannt. Dies galt auch für die Aufbewahrung der inoffiziellen Aufzeichnungen, die der Secret Service separat in einem Kellerraum des Weißen Hauses deponierte. Von den 3700 Stunden Gesprächen (siehe „Links“), die damals innerhalb von knapp zweieinhalb Jahren aufgezeichnet wurden, konnten im Rahmen des Nixon-Tape-Projects bereits 3000 Stunden Tonbandaufnahmen zugeordnet und digitalisiert werden. Inzwischen verteilen sich die für jedermann online zugänglichen Aufzeichnungen auf 10 000 Audiodateien. Aus Gründen der nationalen Sicherheit und zum Schutz von Privatpersonen bleiben die restlichen 700 Stunden vorerst noch unter Verschluss.

Nixon war nicht der erste US-Präsident, der seine offiziellen Gespräche aufzeichnen ließ. Begonnen hatte dieser Brauch mit Franklin D. Roosevelt. Fast alle nachfolgenden US-Präsidenten – von Harry S. Truman über Dwight D. Eisenhower, John F. Kennedy, George W. Bush bis hin zu Barack Obama (Abb. 20.8) arbeiteten mit diesem System. Allerdings mit einem Unterschied: Während in der Nixon-Ära die Gespräche in verschiedenen Büros an verschiedenen Orten automatisch aufgezeichnet wurden, sobald sich jemand akustisch bemerkbar machte, wurde bei den anderen Präsidenten der Rekorder im Beisein und mit Wissen der Anwesenden manuell eingeschaltet – und das in der Regel nur in den Räumen des Weißen Hauses.

Warum Nixon alle Treffen heimlich aufzeichnete, ist bis heute nicht vollständig geklärt. Einige Historiker gehen davon aus, dass Nixon die Bänder als sein persönliches Vermächtnis betrachtete und eine Nixon-Bibliothek für die Nachwelt schaffen wollte. Andere vermuten, dass er seine persönlichen Gespräche, die einen hohen

Abb. 20.8 Auch unter Barack Obama wurden Gespräche im Oval Office weiterhin aufgezeichnet. Ob dies auch am 1. November 2011 geschah, als er die Besatzung der Space Shuttle Atlantis STS-135 empfing, ist unklar. *Bild*: Photo by Pete Souza / NASA / gemeinfrei.

Quellenwert haben, nur als Grundlage und Erinnerungsstütze für seine späteren Memoiren nutzen wollte.

20.8 Moon Hoax ohne Nixon undenkbar

Um zu verstehen, was für ein informationsbesessener, misstrauischer und korrupter Machtmensch dieser Richard Nixon war, lohnt es, seine Audiofiles zu studieren. Sie zeigen einerseits eindrucksvoll, wie neugierig und kontrollsüchtig Nixon war. Andererseits reflektieren sie auch seine Geistes- und moralisch-ethische Grundhaltung, selten zu seinem Vorteil, waren doch seine Kommentare über Afroamerikaner, Menschen jüdischen Glaubens, Minderheiten, Homosexuelle, politische Gegner oder in- und ausländische Staatsmänner höchst abwertender Natur, obendrein begleitet von einer rüden Wortwahl und schockierender Aggression: „Was die Amerikaner nach der Veröffentlichung besonders erschütterte, war die vulgäre und obszöne Ausdrucksweise ihres Präsidenten. Es war eine Diktion, die mit der Würde des Amtes nicht vereinbar schien", so der US-Kenner und Wissenschaftskorrespondent Ronald D. Gerste [16].

Das stimmt nachdenklich, ebenso wie das, was auf den Bändern nicht zu hören ist. Vor allem, wenn man die Bänder mit den Ohren eines Moon-Hoax-Anhängers hört. In diesem Fall gewinnt das Schweigen Nixons und das seiner Gäste eine gewisse Dramatik. Denn gerade für die Mondverschwörungstheoretiker muss es eine herbe Enttäuschung sein, dass Nixon auf seinen historischen Tonbändern über eine angebliche Apollo-Verschwörung à la Moon Hoax kein Sterbenswörtchen verlor. Mit keiner Silbe deutete er an, dass das Mondabenteuer von Armstrong und Aldrin simuliert war. Weder auf den brisanten Tonbändern noch in seinen 1978 erschienenen Memoiren äußerte sich der exaltierte Republikaner zu einer angeblichen Apollo-Verschwörung. Selbst in der berühmten 1977 ausgestrahlten Interviewreihe mit dem britischen Talkmaster David Frost, in der Nixon seine Verfehlungen, illegalen Praktiken und Vertuschungsversuche weitgehend eingestand, ging er auf eventuelle Unregelmäßigkeiten im Apollo-Programm nicht ein.

Unterstellt man dennoch einmal, die Apollo-Mondlandungen wären allesamt vorgetäuscht, wäre Nixon als Präsident der USA mit Sicherheit in die Verschwörung eingeweiht gewesen. Denn ein perfides Täuschungsmanöver dieses Ausmaßes wäre ohne ihn undenkbar gewesen. Dieses Szenario spielt auch der 52-minütige fiktionale Dokumentarfilm „Kubrick, Nixon und der Mann im Mond" (Originaltitel: „Dark Side of the Moon"; siehe D) durch. In dieser Mockumentary aus dem Jahr 2001, die auf dem Höhepunkt der Moon-Hoax-Debatte entstand, verwendete der Autor zahlreiche Fragmente aus Interviews mit US-Beamten, Politikern und Schauspielern. Dabei handelte es sich um echte und gefälschte Interviews, die aus dem Zusammenhang gerissen, zusammengeschnitten und zu einer Handlung montiert wurden. Die mit dem Grimme-Preis 2003 ausgezeichnete Doku-Satire erzählt die Geschichte einer gefälschten Mondlandung, die im Auftrag der Nixon-Administration in einem CIA-Studio simuliert wurde – unter tatkräftiger Mithilfe von Stanley Kubrick. Nachdem die Apollo-11-Show erfolgreich über die Bühne gegangen war, wurde Nixon unruhig und befürchtete, dass die Beteiligten an der Filmproduktion irgendwann ihr Schweigen brechen könnten. Um dem vorzubeugen, ließ Nixon, so dramatisiert die Doku-Satire, alle an den Dreharbeiten Beteiligten liquidieren – mit Ausnahme von Kubrick.

Die Mockumentary verdeutlicht zurecht, dass ohne Nixon ein Moon-Hoax-Manöver – in welchem Ausmaß auch immer – undurchführbar gewesen wäre. Nixons Wanzen und Spione waren überall, seine Abhöranlagen ständig in Betrieb. Immer auf dem Laufenden zu sein – das hatte für ihn oberste Priorität. Es ist daher höchst illusorisch anzunehmen, er hätte von einer geplanten Verschwörung dieses Ausmaßes keine Kenntnis gehabt. Dafür war das von ihm aufgebaute Informationsnetzwerk zu engmaschig und auch zu prominent besetzt. Während seiner Präsidentschaft bezeichnete Richard Nixon den legendären FBI-Direktor J. Edgar Hoover, mit dem er seit 1947 in engem Kontakt war, einmal sogar als den „engsten Freund in meinem ganzen politischen Leben". [37]

Es schien so, als hätte Hoovers notorische Jagd auf Kommunisten, Landesverräter und Spione Nixon Attitüde geprägt, als hätte Nixon den gut vernetzten Überwachungsapparat des FBI en détail verinnerlicht. Hinzu kam, dass er sich der Loyalität seines Sicherheitsberaters Henry Kissinger, der gerissen und wachsam wie kein anderer war, sicher sein konnte. Ein noch wichtigerer Protagonist in den Reihen seiner Geheimnisträger war zweifelsfrei sein Stabschef und Faktotum Bob Haldeman, der mit ihm mehr Zeit als mit seiner Frau verbracht haben soll. Er schirmte Nixon vor jedem unliebsamen Gast ab, hielt alle Fäden des filigranen Informationsnetzwerks im Weißen Haus in der Hand und spielte mit beiden virtuos die erste Geige, während er seinen Dirigenten bedingungslos folgte und zugleich beschützte. Wer dem *Meister* die Aufwartung machen wollte, brauchte sein unbedingtes Vertrauen, sein persönliches Placet. „Kein Präsident und kein König hatte jemals einen loyaleren Diener", so Tim Weiner über jenen Gefolgsmann Nixons, der für seinen „König" sogar ins Gefängnis ging und diesen in seinem (kurz nach Nixons Ableben) 1974 publizierten Tagebüchern auch partiell in Schutz nahm. Haldeman nahm mit seinen Zeilen keine Rache, verlor aber auch kein Sterbenswort über ein wie auch immer arrangiertes Theater rund um die Mondlandungen [20].

Bei alledem war Nixons Misstrauen gegenüber anderen Menschen derart ausgeprägt, dass er weit davon entfernt war, jemals der Leichtgläubigkeit zu verfallen. Vor allem wäre er – seinem Naturell entsprechend – irgendwann in seiner unnachahmlichen Art im Gespräch von selbst auf das Thema *Mondlandungslüge* gekommen. Es gehört nicht viel Fantasie dazu, sich auszumalen, wie sich Nixon in diesem Fall in seinem Refugium – wäre er tatsächlich in ein solches Komplott verwickelt gewesen – über die Naivität der Medien, der Bevölkerung oder anderer Offizieller lustig gemacht, den Betrug selbst gelobt oder kritisiert hätte. Zweifellos hätte er den größten Mediencoup der Menschheitsgeschichte nicht unkommentiert gelassen.

Jedenfalls kann sich jeder selbst davon überzeugen, dass Nixon auf den Tonbändern tatsächlich kein Blatt vor den Mund nahm und kein Thema ausließ. Verstärkt und gefördert wurde diese Offenheit zweifellos auch durch sein im Laufe der Jahre immer stärker werdendes Verlangen nach hochprozentigem Alkohol. Problematisch war diese Sucht deshalb, weil Nixon, nach Aussagen vieler Zeugen, bereits nach einem Glas seine Contenance und Selbstbeherrschung verlieren konnte. So gesehen ist es nicht verwunderlich, dass er in diesem Zustand oft seinen düsteren Gedanken freien Lauf ließ und über Gott und die Welt spottete, mal im Monolog, mal im Kabinett vor versammelter Mannschaft. Vor nichts machte er Halt – nur über eine Verschwörung à la Moon Hoax schwadronierte er niemals. Nicht die geringste Andeutung, nicht der kleinste Scherz oder alkoholbedingter Versprecher, nicht der subtilste verdächtige Hinweis aus seinem Mund sind überliefert. Weder Nixon noch seine Besucher und Gäste machten damals auch nur die geringste Andeutung, die den Mondverschwörern in die Karten gespielt hätte.

20.9 Hoher Quellenwert

Dass weder Nixon noch seine Mitarbeiter, Berater und geladenen Gäste aus Politik, Wirtschaft, Wissenschaft und Raumfahrt die finstere Mondverschwörung mit irgendwelchen Kommentaren garnierten, ist umso bemerkenswerter, weil die Nixon-Tonbänder aus Sicht des Historikers einen hohen Quellenwert haben. Denn in der Geschichtswissenschaft zählen die Nixon-Tapes zu den Primärquellen, streng genommen sogar zu den Überrestquellen, die je nach Fragestellung von hoher Aussagekraft sind.

Überrest- bzw. Reliktquellen sind per Definition unbeabsichtigt überlieferte Informationen aus der Vergangenheit. Sie haben zufällig dem mahlenden Strom der Zeit getrotzt. Ihre Verfasser haben das Quellengut nicht wissentlich für die Nachwelt archiviert. Solcherlei Quellen haben keine an die Zukunft gerichtete Botschaft, sind somit fragmentarische, historische Relikte. Auf die Nixon-Tonbänder trifft dies zu, da Nixon die Daten nur für den privaten Gebrauch aufbewahrt hat und an einer Veröffentlichung seiner persönlichen verbalen Randbemerkungen nicht im Geringsten interessiert war. In dieses Bild passt auch, dass Nixon nach den Watergate-Enthüllungen große Anstrengungen unternahm, um die Verbreitung seiner *persönlichen* Tonbandaufnahmen zu verhindern. Als im Juli 1973 die Existenz des Tonbandsystems von Alexander Butterfield, einem Beraterassistenten im Weißen Haus, enthüllt wurde, wehrte sich Nixon mit Händen und Füßen gegen die Forderung des Watergate-Untersuchungsausschusses des Senats, das Material herauszugeben. Niemand sollte von seinen privaten Entgleisungen und unbedachten Äußerungen erfahren. „Lieber riskierte er ein Amtsenthebungsverfahren als eine Gefängnisstrafe, als dass er seine geheimen White House Tapes [. . .] freigab“, so Tim Weiner [37].

Um seine persönlichen Geheimnisse zu wahren, schreckte Nixon nicht davor zurück, einige Tonbandskripte zu fälschen und einige wenige Aufnahmesequenzen nachträglich zu löschen. Besonders deutlich trat diese Strategie zutage, als Nixon das Gespräch mit seinem Stabschef Bob Haldeman, das er drei Tage nach dem Watergate-Einbruch geführt hatte, absichtlich löschte. Bis heute rätseln Historiker darüber, was Nixon in den fehlenden 18,5 Minuten gesagt haben könnte, die angeblich nur zufällig verschwanden, mit großer Wahrscheinlichkeit aber auf Nixons Anweisung gezielt überspielt wurden, um komprimierende Informationen über Watergate der Öffentlichkeit vorzuenthalten.

20.10 Nixon, NASA und Apollo

Nixons Kontroll- und Informationswahn manifestierte sich auf vielen Ebenen. Auch die NASA und das Astronautenkorps blieben davon nicht verschont. So schaffte er es, die US-Raumfahrtbehörde und die Apollo-Besatzungen derart eng an sich zu binden, dass man mit Fug und Recht davon ausgehen kann: Eine geheime NASA-Moon-Hoax-Operation wäre ohne seine Einwilligung, sein Wissen und das seiner Berater nicht durchführbar gewesen. Selbst eine streng geheime Abteilung oder dunkle Unterorganisation innerhalb der NASA hätte eine solch gravierende Verschwörung nicht ohne den Machtmenschen Nixon in die Tat umsetzen können. Keine NASA-Gruppe wäre in der Lage gewesen, eine solch perfide Aktion im Alleingang hinter verschlossenen Türen zu initiieren, zumal Nixon über die internen Vorgänge in der US-Raumfahrtbehörde bestens informiert war – dank seiner Wanzen,

Spione und dank eines Top-Astronauten, den er für sich gewinnen konnte, der ihn ständig auf dem Laufenden hielt.

Natürlich stellt sich zunächst die Frage, warum sich ein kleiner illustrer Kreis innerhalb der NASA überhaupt die Mühe machen sollte, die Mondlandung in eigener Regie zu fälschen und das ganze Drama auf eigene Rechnung diskret zu finanzieren. Die Öffentlichkeit und die Medien eine Zeit lang hinters Licht zu führen wäre für eine kleine konspirative Gruppe vielleicht noch machbar gewesen. Aber das System Nixon komplett zu umgehen, hätte einen unverhältnismäßig großen Aufwand bedeutet, der die Kosten unweigerlich in exorbitante Höhen getrieben hätte. Und welchen Nutzen hätte eine konspirative, anonyme Gruppe aus den fingierten Mondlandungen ziehen sollen?

Nein, da für Nixon die Mondastronauten und damit die NASA eine Herzensangelegenheit und ein großer Prestigefaktor obendrein waren, war der US-Präsident über alle NASA-internen Vorgänge bestens informiert. Aus gutem Grund: Nixon sonnte sich gerne im Erfolg der NASA. Und ein erfolgreiches Apollo-Programm erhöhte seine Chancen, die anstehende Wiederwahl 1972 zu gewinnen. Genau diese Grundhaltung warfen ihm die liberalen Zeitungen der Ostküste immer wieder vor, allen voran die *Washington Post* und die *New York Times*. Dass Nixon den wissenschaftlichen Erfolg der Apollo-11-Mission in einen privaten ummünzen wollte, wurde ihm natürlich auch vom gegnerischen politischen Lager immer wieder vorgehalten. Dieser nicht zu unterschätzende Aspekt führte dazu, dass Nixon, wann und wo immer er öffentlich auftrat, stets unter strengster Beobachtung zahlreicher investigativer Journalisten stand. Diese registrierten und kommentierten jeden seiner Schritte – so gut sie konnten. Dem US-Präsidenten blieb wahrlich nicht viel Raum und Platz, um eine groß angelegte Moon-Fake-Verschwörung ins Rollen zu bringen und in Gang zu halten.

Um Nixons Einstellung zum Raumfahrtprogramm zu verstehen, muss man wissen, dass er von der Raumfahrt fasziniert war und eine deutliche Schwäche für Astronauten hatte. Tatsächlich hielt er generell große Stücke auf Raumfahrer. Sie verkörperten für ihn die besten amerikanischen Ideale und Tugenden und waren in seinem Weltbild die amerikanischen Helden schlechthin. So verwundert es nicht, dass Nixon während seiner Amtszeit alle Apollo-Crews vor und nach der jeweiligen Mission im Oval Office begrüßte, um mit ihnen abseits des Presserummels ein paar persönliche Worte zu wechseln. Praktisch alle Teams, egal ob sie den Mond umrundeten, auf ihm gelandet oder wie im Fall von Apollo 13 das Missionsziel verfehlt hatten, wurden von ihm persönlich im Weißen Haus begrüßt. Und wenn ihm danach war, zitierte er auch schon mal einzelne Apollo-Astronauten außerhalb des Protokolls ins Oval Office des Weißen Hauses – wie Apollo-16-Astronaut Charles Duke bestätigt:

> „Er hieß uns sehr herzlich willkommen, gab uns das Gefühl, zu Hause zu sein. Wir redeten kurz über unseren Flug und überreichten ihm dann als Erinnerungsstück die Zange, mit der wir auf dem Mond Steine gesammelt hatten. Wir besuchten ihn für 30 Minuten.“ [12]

Abb. 20.10 Apollo 8: Lunarer Erdaufgang – 24. Dezember 1968. *Quelle:* NASA / gemeinfrei.

Für seine Idole opferte Nixon stets Zeit und Energie. Traf er mit Apollo-Astronauten zusammen, bekamen sein Gesicht Farbe und sein Gang eine besondere Dynamik, berichtete einmal der Time-Life-Korrespondent und Zeitzeuge Hugh Sidey. „Das sind die Söhne, die er nie hatte. Das sind die Jungs, die Nixon für die besten im Land hielt.“ [5]

Einer dieser Söhne, mit denen Nixon engen Kontakt pflegte, war Frank Borman, Kommandant der Apollo-8-Mission, des ersten bemannten Fluges zum Mond. Weihnachten 1968 umrundete er mit seiner Mannschaft den Erdtrabanten. Den Heiligen Abend nutzte die Crew, um eines der berühmtesten Fotos der Geschichte auf Zelluloid zu bannen. Mit der ikonischen Aufnahme „Earthrise“ (Abb. 20.10) brachten sie die Verlorenheit und Zerbrechlichkeit der Erde im All erstmals visuell zum Ausdruck.

Sichtlich fasziniert von den eindrucksvollen Bildern der Apollo-8-Mission und der ersten Mondumkreisung in der Geschichte der Menschheit, suchte der frisch gewählte Präsident die Nähe zu Frank Borman. Wie eng und vertrauensvoll das Verhältnis war, zeigte sich bei seiner Amtseinführung am 20. Januar 1969, zu der auch Borman eingeladen war. Noch deutlicher wurde diese Verbundenheit bei der Mondlandung, als Borman zu dem kleinen Kreis gehörte, mit dem Nixon die weltraumhistorische Sternstunde am 20. Juli 1969 um 15 Uhr und 17 Minuten Houstoner Zeit erlebte – gemeinsam im Eisenhower Executive Office Building (EEOB) neben dem Weißen Haus. In seinen umfangreichen Memoiren bestätigte Nixon die exponierte Stellung Frank Bormans:

> „Am Abend des 20. Juli, einem Sonntag, saßen der Astronaut von Apollo 8, Frank Borman, Bob Haldeman und ich in meinem kleinen Büro vor dem Fernseher und sahen zu, wie Neil Armstrong den ersten Schritt auf den Mond setzte. Dann ging ich nach nebenan in das ovale Arbeitszimmer [sic], wo die Fernsehkameras mit dem geteilten Fernsehbild für mein Telefongespräch zum Mond bereitstanden“.[30]

Für den Raumfahrthistoriker John Logsdon von der George Washington University in Washington, DC war Borman bis zu seinem Ausscheiden aus der NASA der vielleicht wichtigste Kenner und Informant, den Nixon oft um Rat fragte. Borman diente Nixon als eine Art *In-House-Astronaut*, den er häufig in Fragen der Raumfahrtpolitik, aber auch in persönlichen Angelegenheiten konsultierte. Während der Missionen Apollo 11, 12 und Apollo 13 agierte er als Verbindungsmann zwischen dem Weißen Haus und der NASA. In praktisch allen NASA-Fragen stand der Apollo-Astronaut dem Präsidenten mit Rat und Tat zur Seite. Borman, der über alle Vorgänge in der US-Raumfahrtbehörde außerordentlich gut informiert war, war Nixons *Spion* in der NASA. Wie vertraut sein Umgang mit Nixon war, bestätigt Borman unverblümt: „Ich mochte ihn wirklich. Ich wusste, dass er schrecklich schüchtern war. (. . .) Wenn es zum Small Talk kam, war es eine Katastrophe. Aber zwischen uns gab es solche Situationen nicht. Jedes Mal, wenn wir uns trafen, besprachen wir wichtige Dinge auf Augenhöhe." [5]

Manchmal folgte Nixon seinem Rat, manchmal habe er ihn ignoriert, erinnert sich Borman. Von großem Nutzen für Nixon war, dass der Apollo-8-Kommandant über sehr gute persönliche Kontakte zur NASA verfügte und viele hochrangige Manager, Ingenieure der US-Raumfahrtbehörde persönlich kannte – inklusive der Apollo-11-Crew. So konnte Borman den US-Präsidenten stets aus erster Hand über alle Entwicklungen und Neuigkeiten bei der NASA informieren.

Wären beispielsweise die bemannten Missionen zum Mond allesamt in einer Werkstatt oder in einem tristen Militärhangar produziert worden – Borman hätte von dem Komplott Kenntnis bekommen und Nixon sofort informiert. Tatsache ist, dass sich auch in Bormans späteren Memoiren [5] keine versteckten Andeutungen finden, die auf nebulöse Aktivitäten im Zusammenhang mit den Apollo-Mondlandungen schließen lassen. Dies gilt umso mehr für die Autobiographien der anderen Apollo-Astronauten [1, 2, 9, 10, 11, 12, 17, 23, 28, 29, 39, 40], in denen ebenfalls an keiner Stelle von obskuren Vorgängen rund um das Apollo-Programm die Rede ist. Wer sich die Mühe macht, die Erzählungen der schreibwütigen Mondfahrer zu durchforsten, wird beim besten Willen nicht den kleinsten Hinweis, nicht die geringste Andeutung auf eine Verschwörung finden. Die Lebenserinnerungen, die ein nicht unbeträchtlicher Teil des Astronautenkorps niedergeschrieben und aufbewahrt hat – fast alle Apollo-Astronauten haben autobiografische Bücher oder Notizen hinterlassen – gehören zu den wichtigen zeitgeschichtlichen Quellen, die für sich sprechen. Sie geben keinen Anlass zu Spekulationen, auch wenn der Quellenwert von Memoiren historiographisch zweifellos eine Sonderstellung einnimmt, treffen doch deren Verfasser mit ihren emotionalen Worten absichtlich oder unbewusst nicht immer den Kern der Wahrheit.

Aber vergessen wir an dieser Stelle nicht all die anderen „Lebensbeichten" und Berichte der mehr als 400 000 NASA-Mitarbeiter, die damals am Mondprojekt direkt oder indirekt beteiligt waren. Bis heute hat kein seriöser Whistleblower aus dieser großen Schar, kein kompetenter Insider oder Geheimnisträger nachweislich jemals auf dem *Narrativ-Niveau* der Mondverschwörungsneurotiker argumentiert.

Ja, keiner der Apollo-Raumfahrer selbst hat jemals die Moon-Hoax-Behauptungen bestätigt – weder in Form einer Publikation posthum noch mit einer notariell beglaubigten schriftlichen Hinterlassenschaft.

Notabene Richard M. Nixon (1913–1994)

Trotz seiner ambivalenten Rolle in der amerikanischen Geschichte und eines überwiegend negativen historiographischen Urteils kann Richard Nixon (Abb. 20.11) als 37. Präsident der USA durchaus auf Erfolge verweisen. Zum Beispiel die Annäherung an China, mit der er eine historische Wende in den Beziehungen zu Peking einleitete. Sein Besuch in Peking 1972 war ein entscheidender Schritt zur Normalisierung des bilateralen Verhältnisses zwischen den USA und der Volksrepublik. Diese Politik trug zur Entspannung im Kalten Krieg bei und mündete in den Strategic Arms Limitation Treaty (SALT I) mit Moskau, der die Begrenzung von Atomwaffen vorsah. Erstmals wurde das nukleare Wettrüsten vertraglich begrenzt. Nixon besuchte als erster amtierender US-Präsident die Sowjetunion. Er beendete zwar offiziell den Vietnamkrieg mit dem Pariser Friedensabkommen 1973, aber unter viel zu großen Opfern viel zu spät. Nach dem Jom-Kippur-Krieg 1973 unterstützte er den Friedensprozess zwischen Israel und seinen Nachbarn. Innenpolitisch gründete er 1970 die Environmental Protection Agency (EPA) und verabschiedete wichtige Umweltgesetze wie den Clean Air Act und den Endangered Species Act, die bis heute grundlegende Standards für den Umweltschutz setzen. Nixon förderte auch Programme zur Aufhebung der Rassentrennung an Schulen im Süden der USA und unterstützte Maßnahmen zur Förderung der Gleichberechtigung der Afroamerikaner, obwohl seine Regierung in dieser Frage umstritten und sein latenter Rassismus allseits bekannt war [22]. Rückblickend fällt das Urteil über seine Regierungszeit negativ aus. Der Investigativjournalist Tim Weiner bringt es auf den Punkt: „In seiner Amtszeit wurde die Verfassung bis zum Äußersten gebeugt. Die Wahrheit war Nixons Sache nicht, Geheimniskrämerei und Täuschung bestimmten sein Tun.“ [37]

Abb. 20.11 Richard Nixon (1971). *Quelle:* gemeinfrei.

20.11 Die Apollo-Tapes

Bei alledem erweisen sich die Tonbandaufnahmen mit dem Betreff *Apollo* (wir wollen sie hier Apollo-Tapes nennen) als wenig ertragreich, weil sie im Informationsmeer der klassischen Nixon-Tapes untergehen und nur einen schwindend geringen Teil der Quellen ausmachen (siehe „Links"). Gerade einmal vier Audiodateien liegen uns vor. Sie belegen einerseits, wie wichtig dem US-Präsidenten die Begegnungen mit allen NASA-Astronauten des Apollo-Programms waren. Andererseits weisen sie aber auch auf einen anderen Aspekt hin: Wäre nämlich das ganze Mondabenteuer nur eine geschickte Finte gewesen, hätte sich Nixon wohl kaum die Mühe gemacht, alle Astronauten persönlich zu empfangen und mit ihnen offen über Gott und die Welt zu plaudern. Viel zu groß wäre die Gefahr gewesen, dass sich einer der Astronauten bei den Besuchen verplappert hätte oder sich Gesprächsfetzen in die falschen Ohren verirrt hätten.

Gleichwohl sind auf den Nixon-Tapes nur die Begegnungen des US-Präsidenten mit Mondfahrern der letzten drei Apollo-Missionen festgehalten. Leider gibt es keinen Mitschnitt vom Treffen Nixons mit den drei Astronauten der Apollo-11-Mission im Oval Office, da Nixon erst am 16. Februar 1971 das Tonbandsystem reaktivierte und mit den Aufzeichnungen der ersten Gespräche begann. Dokumentiert sind daher nur die Treffen mit den Besatzungen von Apollo 15 (1. Februar 1972) und Apollo 16 (15. Juni 1972) im Weißen Haus (Abb. 20.12) sowie das Telefongespräch, das Nixon einen Tag vor dem Start der Saturn-V-Rakete (5. Dezember 1972) von Camp David aus mit der Besatzung von Apollo 17 führte.

Wie nicht anders zu erwarten, ist auf dem Mitschnitt ein gut gelaunter Präsident zu hören, der seine Vorzeige-Astronauten mit hörbar emotionalen Worten begrüßt

Abb. 20.12 Apollo 16-Astronaut John W. Young wurde auch von Nixon im White House empfangen. Mit dem „Lunar Roving Vehicle (LRV)" hielt er garantiert nicht die lunare Geschwindigkeitsbegrenzung ein. Seine wilde und staubige Fahrt am 21. April 1972 wurde zwar von einem Kollegen „geblitzt", führte aber zu keiner Verwarnung seitens der NASA oder Nixon. *Quelle:* NASA / gemeinfrei.

und mit ihnen ein weitgehend politisch belangloses Gespräch führt. Gerade wenn man bedenkt, dass Nixon dem Watergate-Untersuchungsausschuss des Senats zunächst einige veränderte Tonbandskripte und später einige Tonbänder mit Lücken vorlegte, keimt der Verdacht auf, Nixon hätte auch hier einige der vermeintlichen Moon-Fake-Tapes manipuliert. Sollte die Verschwörung, abgesegnet von Nixon, tatsächlich mit irgendwelchen Komparsen durchgeführt worden sein, wäre es nur allzu logisch, die Bänder vor der Veröffentlichung nachträglich zu vernichten oder vollends zu löschen.

Hier drängt sich der Gedanke auf, ob Nixon und seine engsten Mitarbeiter in der Zeit zwischen dem Bekanntwerden der Existenz seiner Bänder (Juli 1973) und der Entscheidung des Supreme Court (Juli 1974), alle Tapes freizugeben, überhaupt genügend Zeit hatten, um sich hinter verschlossenen Türen durch den Gesprächsdschungel von 3700 Stunden zu kämpfen und alle Äußerungen über einen Moon Fake herauszufiltern. Dafür war das Zeitfenster einfach zu eng, die Technik noch zu *analog* und schwerfällig. Ohnehin wären wahllose Löschungen nicht unbemerkt geblieben. Außerdem waren in der kritischen Phase nach Bekanntwerden des Watergate-Skandals alle Beteiligten mehr damit beschäftigt, ihren eigenen Kopf aus der Schlinge zu ziehen. Während vielen Beratern, die von dem Tonbandsystem wussten, eine Gefängnisstrafe drohte, war Nixon selbst mehr darauf bedacht, das nahende *Impeachment* abzuwenden und mit allen Tricks den letzten Rest seiner Ehre zu verteidigen.

Erschwerend kam hinzu, dass die Tonqualität der mitgeschnittenen offiziellen Gespräche sehr bescheiden war, weil die Bänder mit einer sehr langsamen Geschwindigkeit von 23 mm pro Sekunde liefen. Die Aufnahmen waren dermaßen schlecht, dass nicht einmal Nixon selbst später jedes Wort genau verstehen konnte, geschweige denn seine Mitarbeiter. Ein gezieltes und schnelles Löschen einzelner Passagen wäre aufgrund der geringen Aufnahmequalität praktisch unmöglich gewesen. Bestätigt wird dies durch die einfache und leicht nachprüfbare Tatsache, dass die meisten Nixon-Bänder und insbesondere die Apollo-Tapes keine Lücken aufweisen, also frei von Manipulationen sind.

Alles in allem scheint die Vermutung daher gerechtfertigt, die Nixon-Tapes als ein weiteres, allerdings bisher vernachlässigtes Indiz gegen die Moon-Hoax-These anzuführen, geht doch aus den 3700 Stunden langen Gesprächen nichts Verdächtiges hervor, was die Theorie einer früheren Mondverschwörung rechtfertigen und stützten würde. Dennoch sind sie nur ein Indiz und weit davon entfernt, Beweischarakter zu haben, obwohl der historische Quellenwert der fragwürdigen Tonbandaufnahmen fraglos hoch ist.

So gesehen hat Nixon, der selten eine Gelegenheit ausließ, seine Meinung im kleinsten Kreis kundzutun, der Nachwelt und den Historikern ungewollt eine wichtige Primärquelle hinterlassen, die auch die Moon-Hoax-Anhänger studieren und zur Kenntnis nehmen sollten, haben doch die Rekorder nichts Suspektes aufgezeichnet, mit dem die sie punkten könnten. Im Gegenteil – da weder Nixon noch seine Gäste und Apollo-Astronauten, geschweige denn sein NASA-Spion Frank

Borman ein Wort über eine „lunare Intrige“ verloren haben, darf ihr Schweigen getrost als Indiz dafür gewertet werden, dass in den Jahren 1969 bis 1972 tatsächlich zwölf Raumfahrer realen Kontakt mit dem pulverigen Mondstaub hatten.

Die Apollo-Tapes haben – und hieran sei nochmals erinnert – als historische Überrestquelle eine hohe Aussagekraft – wie auch das Gros der Nixon-Aufnahmen. Das bestätigt kein Geringerer als der US-Historiker Luke A. Nichter von der Texas A&M University in Killeen, der als Experte und Herausgeber der „Nixon-Tapes“ fast alle Bänder studiert hat.

> „Ich kenne keine Aufzeichnung – weder die Nixon-Tapes noch andere Aufnahmen aus dem Weißen Haus – die besagt, dass die Mondlandungen ein schlechter Scherz waren. Auf der Grundlage der derzeit zugänglichen Aufzeichnungen kann ich das nicht bestätigen. Ich kenne auch keine Stelle auf den Tonbändern, wo Nixon darüber scherzt, dass die Mondlandungen ein reiner Schwindel waren“.

Zu guter Letzt sollten sich alle Moon-Fake-Enthusiasten stets vor Augen halten, dass Nixons krimineller Bespitzlungsapparat einerseits sehr effektiv funktionierte, sein direkter Kontakt zu den Apollo-Astronauten sehr eng, sein Wissen über alle NASA-Interna durch seinen Agenten Frank Borman sehr groß war. Andererseits war die Geheimhaltungspolitik und die seiner Mittelsmänner während seiner Präsidentschaft aber auch so dilettantisch und amateurhaft organisiert, dass viele Geheimnisse, die nicht für die Öffentlichkeit bestimmt waren, dennoch an die Öffentlichkeit gelangten. Watergate war nur die Spitze des Eisbergs. Wie sollte es in diesem Klima unter solch unprofessionellen Bedingungen überhaupt möglich gewesen sein, ein Top-Secret-Manöver à la Moon Hoax über Jahre und Jahrzehnte hinweg geheim zu halten – bis heute?

Ja, auf den Nixon-Apollo-Tapes spricht Nixons Schweigen zu einem möglichen Moon Fake Bände. Sein Schweigen lässt aufhorchen, denn die meisten Gespräche wurden zu einer Zeit aufgezeichnet, als das Apollo-Programm noch in vollem Gange war und Nixons Intrigen und Abhöraktionen noch nicht ihren Höhepunkt erreicht hatten.

Allerorts Spione und Wanzen – überall Wanzen und Spione

In der Nixon-Ära war praktisch ganz Washington, Washington, D.C. verwanzt. Da, wo die Fäden der Macht und Information zusammenliefen, wo sich die wichtigen Entscheidungsträger die Türklinken in die Hand gaben, waren auch die Moskauer Agenten zugegen und viele ihrer Mittelsmänner nicht minder hellhörig wie ihre „Kollegen“ aus China oder anderen Ländern. Richard Nixons internes Spionagenetz war ausgesprochen groß, wenngleich löchrig und undicht. Seine Handlanger setzten bereits vor der Watergate-Affäre an verschiedenen Orten Wanzen und andere Abhörgeräte ein, um politische Gegner auszuspionieren und geheime Informationen zu sammeln. Neben Nixons im Weißen Haus respektive im Oval Office installierten umfassenden Aufzeichnungssystems zapften seine Spezialisten auch Telefonleitungen an. Diese wurden mit Abhörsystemen verknüpft, um Telefongespräche von unliebsamen Personen und Rivalen zu überwachen, wozu auch linksgerichtete Journalisten zählten. So wurden fünf Mikrofone in Nixons Schreibtisch, zwei in Lampen und eines im Kaminsims versteckt. Die bekannteste Abhöraktion wurde im Hauptquartier des Demokratischen Nationalkomitees (DNC) im Watergate-Komplex in Washington, DC durchgeführt. Die Installation erfolgte durch eine Gruppe von Personen, die im Auftrag von Nixons Wiederwahlkomitee (CREEP) tätig waren. Für Nixon war es selbstverständlich, auch amerikanische Staatsbürger generell zu bespitzeln, „in ihre Wohnungen einzudringen, ihre Telefone abzuhören und in ihre Büros einzubrechen". [37] Nicht zu vergessen die zuvor erwähnten Kissinger-Wanzen, mit denen Mitarbeiter des NSC ausspioniert werden sollten. Alles in allem war es deshalb seinerzeit unmöglich, abseits oder parallel dieses Abhörsystems einen gigantischen Komplott wie Moon Hoax durchzuführen, geheim zu halten und zu vertuschen. Noch nicht einmal die Vollprofis, mithin Nixon und Entourage, bewerkstelligten dies bekanntlich mit Bravour. Sie stolperten stattdessen auf dilettantische Art und Weise über ihre eigenen Wanzen.

20.12 Prawda und die Wahrheit

Heute zeigt uns der Blick ins Raumfahrtarchiv, wie eng das Kopf-an-Kopf-Rennen zwischen den Sowjets und den Amerikanern während und nach den Apollo-Missionen um die Vorherrschaft im Orbit und um die erste bemannte Mondlandung gewesen war. Als der Eiserne Vorhang zugezogen wurde, kämpften die Hauptakteure auf der großen Bühne der Weltpolitik um jeden Zentimeter und um jede Requisite. Während Juri Gagarin 1961 Weltgeschichte schrieb, steuerte der Kalte Krieg seiner heißesten Phase entgegen: Die Zweite Berlin-Krise war noch nicht beendet. Knapp ein Jahr vor dem Wostok-1-Flug belastete der Abschuss des amerikanischen Aufklärungsflugzeugs U-2 über dem Ural durch eine sowjetische Boden-Luft-Rakete die ohnehin schlechten bilateralen Beziehungen weiter. Fünf Tage nach dem Weltraumflug des Kosmonauten scheiterte die von der CIA angezettelte Schweinebucht-Invasion in Kuba, woraufhin die Kuba-Krise im Oktober 1962 ihren Höhepunkt fand.

Tatsächlich steuerten zu dieser Zeit die beiden Supermächte USA und Sowjetunion geradewegs auf einen militärischen Konflikt zu, der die Menschheit beinahe bis an den Rand des Abgrunds geführt hätte. Hätten Politiker und Diplomaten nicht einen kühlen Kopf bewahrt, allen voran Robert Kennedy und Anatoli Fjodorowitsch Dobrynin, die dank ihres Verhandlungsgeschicks die militärische

Eskalation eine Minute vor zwölf entschärften und die Kuba-Krise rechtzeitig eindämmten, wäre ein Dritter Weltkrieg die fatale Folge und damit eine Moon-Hoax-Debatte obsolet gewesen.

Daher hatte in dieser spannungsgeladenen Epoche keine Seite auch nur den geringsten Anlass, der anderen auf Kosten einer welthistorischen Lüge einen wie auch immer gearteten Kredit und technischen Vorsprung zu gewähren. Es ging um viel Prestige, um nationale Ehre und um ultimative Demonstration von Macht.

Vor dem Hintergrund, dass die UdSSR mit ihrem Trägersystem N1 selbst einen bemannten Mondflug planten, aber letzten Endes nach vier Testflügen mit katastrophalem Ausgang das lunare bemannte Abenteuer wieder aufgaben, darf getrost davon ausgegangen werden, dass Moskau das gesamte Apollo-Programm mit Argusaugen überwachte. Auf Seiten der Sowjetunion war der Neidfaktor derart groß, dass der Erfolg der Apollo-11-Mission mit allen Mitteln heruntergespielt wurde. „Im Kreml wurde bereits im Vorfeld des Fluges darüber diskutiert, wie man mit einem Erfolg der Amerikaner umgehen sollte. Ein Apollo-11-Erfolg sollte medial nur als knappe Meldung auf den hinteren Seiten der Presse erscheinen", erinnert sich der Berliner Zeitzeuge, Chronist und Raumfahrtexperte Harro Zimmer.

Es liegt zweifelsfrei auf der Hand, dass Washington ohnehin nicht den Hauch einer Chance gehabt hätte, eine Mondlandung vorzutäuschen und diese Lüge über Dekaden hinweg zu vertuschen, ohne dass der sowjetische Geheimdienst davon Wind bekommen hätte. Schließlich verfügten die Sowjets während des Kalten Krieges über ein hervorragend organisiertes Netzwerk von Agenten sowie Wirtschafts- und Technikspionen. Allein für das „Komitee für Staatssicherheit", den KGB, arbeiteten in den späten 1960er Jahren mehr als 200 000 Menschen und zusätzlich noch rund 300 000 Informanten. Hinzu kommt die GRU, die „Hauptverwaltung für Aufklärung". Sie war und ist der militärische Nachrichtendienst der russischen Streitkräfte, der unter der Kontrolle des Generalstabs steht. Um 1970 spielte die GRU eine entscheidende Rolle im Kalten Krieg und war für die militärische Aufklärung und Spionage außerhalb der Sowjetunion zuständig. Für den Nachrichtendienst arbeiteten in den 1970er-Jahren Tausende von Agenten im In- und Ausland, etliche Zivilisten Techniker, Analysten und Wissenschaftler. Zusammen mit dem KGB bildeten beide Behörden einen schlagkräftigen und effektiv organisierten Informationsapparat, der für seinen Einfallsreichtum und seine Improvisationsgabe berüchtigt war. So konnten Agenten des russischen Geheimdienstes in den 1960er Jahren Wanzen in das britische Königshaus schmuggeln. Selbst die US-Botschaft in Moskau wurde damals Opfer eines sowjetischen Lauschangriffs, als es den Russen gelang, eine passive Wanze in einem Faksimile des Großen Staatssiegels der Vereinigten Staaten zu verstecken [36].

Fast in allen westlichen Regierungsparteien fasste irgendein Spitzel Fuß oder konnte von Moskau aus rekrutiert werden. Mal als Journalist, als Diplomat oder als Wissenschaftler getarnt, erlangten sowjetische Agenten Zugang zu hochsensiblen Daten. Vor allem während des Kalten Krieges waren die *Spitzel* des Warschauer Pakts hochaktiv und auf dem Bereich der Technikspionage führend. Historiker vermuten, dass bis zum Beginn der 1980er-Jahre ungefähr 70 Prozent der eigenen Waffensysteme auf westlichem Know-how beruhten. Viele Experten gehen davon aus, dass KGB-Spezialisten inzwischen summa summarum 152 Geheimcodes von 72 westlichen Ländern dechiffrieren können.

Bei alledem verfügten die Russen seit Sputnik über ein gut funktionierendes Radarsystem und effektive Radioteleskope. Eine im Orbit kreisende Apollo-Kapsel, die laut den Verschwörungsaposteln während der Mondmissionen dort bis zur *realen* Landung geparkt wurden, hätten die Sowjets detektieren, insbesondere den Funkverkehr zwischen Raumkapsel und Mission Control abhören können. Die UdSSR hätte im ureigensten Interesse Hinweise oder Indizien für solch ein perfides globales Täuschungsmanöver gefunden. „Der KGB und die anderen Nachrichtendienste waren über die Entwicklungen der US-Raumfahrt jederzeit sehr gut informiert", erklärt Matthias Uhl vom Deutschen Historischen Institut (DHI) in Moskau. Für den Spezialisten für Osteuropäische Geschichte und Experten für sowjetische Geheim- und Nachrichtendienste im Kalten Krieg war die UdSSR vor allem über die amerikanischen Weltraumprojekte bestens unterrichtet:

> „Die Ausrüstung des KGB, aber auch insbesondere die der sogenannten kosmischen Truppen der Sowjetunion ermöglichten eine effektive Überwachung der amerikanischen Aktivitäten im Weltraum. So wurden die gesamten Gespräche der Apollo-11-Mission abgefangen, aufgezeichnet und für das Politbüro übersetzt."

Harro Zimmer, der für den RIAS Berlin alle Apollo-Missionen vom Start bis zur Landung live kommentierte, bestätigt Uhls Ausführungen [36]:

> „Zum Zeitpunkt der Apollo-Flüge war die UdSSR sehr wohl in der Lage, den Funkverkehr und die Landungen zu verfolgen. Seit den sechziger Jahren war in Yevpatoria auf der Krim ein großer Antennenkomplex für die interplanetare Kommunikation in Betrieb."

Keine Frage, im Zeitalter des *Space Race* herrschte zwischen den beiden Großmächten ein gnadenloser gegenseitiger Kontrollwahn, ein harter Wettkampf, der keinen Raum für erfundene Raumfahrtabenteuer bot. Schließlich galt es, den politischen Klassenfeind mit allen Mitteln auszubooten, ihn mit militärischen oder Weltraummissionen die Grenzen des eigenen Systems vor Augen zu führen und aufzuzeigen, wer in technisch-wissenschaftlicher, aber auch in politischer Hinsicht schlichtweg der Überlegene war.

Da die Führungsriege der Sowjetunion den amerikanischen Erfolg damals bekanntlich nur mit Murren zur Kenntnis nahm, hätte sie im Wissen um eine inszenierte Mondlandung nicht gezögert, alle Fakten auf den Tisch zu legen und den angeblichen historischen Triumph des politischen Feindes mit Freuden diskreditiert. „Ich halte es daher für unwahrscheinlich, dass die UdSSR einen Trumpf wie eine *gefakte Mondlandung* im Wettstreit der Systeme nicht ausgenutzt hätte", resümiert Matthias Uhl.

In diesem Fall hätte das Sprachrohr des Systems, die größte und allgegenwärtige Tageszeitung Prawda („Wahrheit"), mit Sicherheit ihrem Namen gerne alle Ehre gemacht. Doch sie schwieg, ebenso wie die TASS und alle anderen Ostblock-Medien. Alle schwiegen – auch die folgenden sowjetischen und späteren russischen Regierungen, die nach dem Ende des Apollo-Raumfahrtprogramms und nach „Glasnost" sowie „Perestroika" folgen sollten.

Es war ein *lautes* Schweigen, das bis Juli 2024 nachhallte und bis dahin alle Mondverschwörungs-Apol(l)ogeten nicht überhören konnten. Doch als am 5. Juli 2024 der damalige Leiter der russischen Raumfahrtbehörde Roskosmos Yuri Borissow vor der Staatsduma offiziell einräumte, dass die USA der Sowjetunion bereits 1971 eine Probe des während der Apollo-Missionen gesammelten Mondgesteins übergeben hatten, war die Überraschung perfekt (siehe „Links").

> „Was die Frage betrifft, ob die Amerikaner auf dem Mond waren oder nicht, so habe ich eine Tatsache zu berichten. Ich war persönlich an dieser Angelegenheit interessiert. Sie haben uns einst einen Teil der Monderde zur Verfügung gestellt, die die Astronauten von ihrer Expedition mitgebracht hatten."

Historisch gesichert ist: Am 21. Januar 1971 wurde eher im Verborgenen ein wegweisendes Abkommen zwischen der Sowjetischen Akademie der Wissenschaften und der NASA unterzeichnet, das den Austausch von Mondbodenproben vorsah. Fünf Monate später wurde trotz des Kalten Krieges dieses Abkommen in einer feierlichen Zeremonie erstmals in die Tat umgesetzt, was einen bedeutenden Schritt zur Intensivierung der Zusammenarbeit in der Raumfahrtforschung und -exploration darstellte. Im Rahmen dieses symbolträchtigen Austauschs übergaben Lee R. Scherer, ein hochrangiger Vertreter der NASA, und Aleksandr V. Vinogradov, Vizepräsident der Sowjetischen Akademie der Wissenschaften, jeweils Materialproben. Scherer überreichte sechs Gramm Mondboden, der von den Apollo-11- und Apollo-12-Missionen gesammelt worden war. Im Gegenzug übergab Vinogradov drei Gramm Mondmaterial, das im September 1970 von der sowjetischen, autonom operierenden Raumsonde Luna 16 auf dem Mond aufgelesen und zur Erde gebracht wurde. Die daraufhin durchgeführten umfangreichen Untersuchungen der russischen Wissenschaftler ergaben, dass die amerikanischen Proben tatsächlich aus extraterrestrischem Material bestanden. Hier lag eine fremde Substanz aus lunaren Gefilden vor, die Moskau als stichhaltigen Beweis dafür wertete, dass die Landung der Amerikaner 1969 auf dem Mond zweifelsfrei stattgefunden hatte (siehe Link „New York Times").

Dass Yuri Borissow, der Anfang 2025 von Präsident Wladimir Putin entlassen werden sollte, in seiner Rede vor der Duma an diese in Vergessenheit geratene alte Geschichte erinnerte und damit der Apollo-Verschwörungstheorie unbewusst den letzten Wind aus den Segeln nahm, ist bemerkenswert. Seine Worte sind deshalb so bedeutsam, weil sie auf dem Höhepunkt des Ukraine-Konflikts erfolgten, also zu einer Zeit lanciert wurden, in der das politische und wirtschaftliche Verhältnis der beiden Großmächte noch angespannter war (ist) als zu Zeiten der Apollo 11-Expedition, als die Menschheit noch mutig und verwegen den ersten Schritt zu den Sternen wagte, um dorthin vorzustoßen, wo bislang noch keine Seele zuvor gewesen war.

Ja, es besteht kein Zweifel daran, dass Neil Armstrong und Buzz Aldrin dereinst im Juli 1969 die größte Zäsur der Menschheitsgeschichte markierten, von der auch in 1000 Jahren noch Cyborgs, Androiden oder unsichtbare Mega-KI-Schwarm-Intelligenzen noch schwärmen werden . . .

Dr. Harald Lesch (1960 Gießen). Professor für Theoretische Astrophysik am Institut für Astronomie und Astrophysik an der Universitätssternwarte der Ludwig-Maximilians-Universität München. Er unterrichtet seit 1998 zudem Naturphilosophie an der Hochschule für Philosophie München. Arbeitsgebiete: relativistische Plasmaphysik, Schwarze Löcher und Pulsare, Bioastronomie und philosophische Konsequenzen physikalischer Theorien. Zahlreiche Fernsehsendungen beim Bayerischen Rundfunk (allein 217 Folgen „α-Centauri") und Rundfunkbeiträge für BR, HR, MDR, SWR und WDR. Seit 2008 moderiert er das ZDF-Wissenschaftsmagazin „Abenteuer Forschung". Erfolgreiche YouTube-Kanäle wie „Terra X Lesch & Co.". Zahlreiche Preise und Ehrungen sowie Bestseller-Buchveröffentlichungen* (Foto: ZDF/Gerald von Foris).

Dr. phil. Harald Zaun (1962 Köln) ist Historiker und Philosoph mit naturwissenschaftlichem Hintergrund. Als Wissenschaftsautor schrieb er von 1997 bis 2018 für*

Print- und Online-Publikationen auf regionaler und überregionaler Ebene. Schwerpunkte seiner Arbeiten: Wissenschaftsgeschichte – Kosmologie, Astrophysik/Astronomie, Bioastronomie, SETI, Raumfahrt, AI und Philosophie. Herausgeber und Autor sowie Co-Autor zahlreicher Bücher (Hörbücher), hierunter auch Bestseller in mehreren Sprachen. Seither als Wissenschaftshistoriker im Rahmen von Buchprojekten und Vortragsreihen aktiv. Mitglied der Deutschen Astrobiologischen Gesellschaft, Carl-von-Weizsäcker-Gesellschaft und WPK. Förderer von Wissenschaft, Kunst und Kultur. Sein letztes Buchprojekt mit Harald Lesch avancierte zum Bestseller „Die unheimliche Stille" (Herder 2023)

Literatur

1. Aldrin, B. (2009). *Magnificent Desolation: The Long Journey Home from the Moon.* Bloomsbury.
2. Allen, J.P. and Martin, R. (1984). *Entering Space. An Astronaut's Odyssey.* Stewart, Tabori & Chang.
3. Attivissimo, P. (2023). Moon Hoax: Debunked! [Online] [last update 2023]: https://moonhoaxdebunked.blogspot.com
4. Bennett, M. and Percy D.S. (2001). *Dark Moon. Apollo and the Whistleblowers.* Adventures Unlimited Press.
5. Borman, F. and Serling, R.J. (1988). *Countdown. An Autobiography.* Silver Arrow Books.
6. Brinkley, D. and Nichter, L. (Hrsg.). (2015). *The Nixon Tapes 1971–1972.* First Mariner Books.
7. Brinkley, D. and Nichter, L. (Hrsg.). (2016). *The Nixon Tapes 1973.* First Mariner Books.
8. Büdeler, W. (1979). *Geschichte der Raumfahrt.* Sigloch Edition.
9. Cernan, E. (1998). *The Last Man on the Moon: Astronaut Eugene Cernan and America's Race in Space.* St. Martin Griffin.
10. Collins, M. (1974). *Carrying the Fire: An Astronaut's Journey.* Cooper Square Press.
11. Clinton, B. (2004). *Mein Leben.* Econ-Verlag.
12. Duke, C. and Duke, D. (1990). *Moonwalker.* Rose Petal Press.
13. Eisele, D. (2017). *Apollo Pilot. The Memoir of Astronaut Donn Eisele.* Lincoln.
14. Eversberg, T. (2013). *Hollywood im Weltall. Waren wir wirklich auf dem Mond?* Springer.
15. Geise, G.L. (2003). *Die Schatten von Apollo. Hintergründe der gefälschten Mondflüge.* Michaels Verlag.
16. Gerste, R.R. (2019). *Trinker, Cowboys, Sonderlinge. Die 13 seltsamsten Präsidenten der USA.* Klett-Cotta.
17. Glenn, J. and Taylor, N. (2000). *A Memoir.* Bantam Books.
18. Goulart, R. (1979). *Unternehmen Capricorn. Das Buch zum gleichnamigen Film nach dem Drehbuch von Peter Hyams.* Wilhelm Heyne Verlag.
19. Hadfield, C. (2015). *An Astronauts Guide to Life on Earth. Life Lessions from Space.* Pan Macmillan.

20. Haldeman, H.R. (1994). *The Haldeman Diaries. Inside the Nixon White House*. PP Putnam's Sons.
21. Hepfer, K. (2015). *Verschwörungstheorien. Eine philosophische Kritik der Unvernunft*. transcript-Verlag.
22. Hersh, S. (2019). *Reporter: A Memoir*. Penguin.
23. Irwin, J. (1989). *Destination: Moon*. Multnomah Press.
24. Kaysing, B. (1974). *We Never Went To the Moon: America's Thirty Billion Dollar Swindle*. Amazon Reprint 2015.
25. Kissinger, H. (1979). *Memoiren 1968–1973*. C. Bertelsmann.
26. Kowalski, G. (2015). *Der unbekannte Gagarin: Die letzten Geheimnisse von Juri Gagarin*. Machtwortverlag.
27. Logsdon, J.M. (2015). *After Apollo? Richard Nixon and the American Space Programm*. Palgrave MacMillian.
28. Lovell, J. (1994). *Lost Moon: The Perilous Voyage of Apollo 13*. Houghton Mifflin.
29. Mitchell, E.D. (2014). *Earthrise: My Adventures as an Apollo 14 Astronaut*. Verlag Chicago Review Press.
30. Nixon, R. (1978). *Memoiren*. Ellenberg-Verlag.
31. René, R. (2015). *NASA Mooned America!* Amazon Reprint 2015.
32. Scott, D.R. (2004). *Two Sides of the Moon: Our Story of the Cold War Space Race*. St Martins Press.
33. Shepard, A. (1994). *Moon Shot: The Inside Story of America's Race to the Moon*. Turner Publishing.
34. Sibrel, B. (2024). *Moon Man. Die wahre Geschichte eines Filmemachers, der auf die Abschussliste der CIA geriet*. Kopp-Verlag.
35. Uhl, M. (2024). *GRU: Die unbekannte Geschichte des sowjetisch-russischen Militärgeheimdienstes von 1918 bis heute*. Theiss-Verlag. Stuttgart.
36. Uhl, M. (2001). *Stalins V-2: Der Technologietransfer der deutschen Fernlenkwaffentechnik in die UdSSR und der Aufbau der sowjetischen Raketenindustrie 1945 bis 1959*. Bernard und Graefe.
37. Weiner, T. (2016). *Ein Mann gegen die Welt. Aufstieg und Fall des Richard Nixon*. S. Fischer-Verlag.
38. Wisnewski, G. (2005). *Lügen im Weltraum. Von der Mondlandung zur Weltherrschaft*. Knaur.
39. Worden, A. (2011). *Falling to Earth: An Apollo 15 Astronaut's Journey to the Moon*. Smithsonian Books.
40. Young, J.W. and Hansen, J.R. (2012). *Forever Young. A Life of Adventure in Air and Space*. University Press of Florida.
41. Zimmer, H. (2007). *Aufbruch ins All. Die Geschichte der Raumfahrt*. Primus Verlag.

Links: [alle zuletzt abgerufen: 1. September 2025]

Nixon Tapes: http://nixontapes.org

Nixon-Apollo-Tapes: https://nixontapes.org/nasa.html

3000 Stunden Tonbandaufzeichnungen klassifiziert und digitalisiert: https://www.nixonlibrary.gov

http://www.archives.gov/dc-metro/college-park

Pentagon Papers online (National Archives): https://www.archives.gov/research/pentagon-papers

US-Soviet Space Pact Lets Exchange of Moon Soil Samples, in: New York Times (11.06. 1971, S. 10).

Times of India (05.07.24): https://timesofindia.indiatimes.com/world/us/russian-scientist-debunks-us-moon-landing-conspiracy-theories/articleshow/111506888.cms

YouTube: [alle zuletzt abgerufen: 1. September 2025]

[A] A Funny Thing Happened on the Way to the Moon (Doku 2013 von Bart Sibrel): https://www.youtube.com/watch?v=xciCJfbTvE4

[B] Capricorn One (1978) HD: https://www.youtube.com/watch?v=0Z9yNHIolnM

[C] Conspiracy Theory: Did We Land on the Moon? (FULL) (February 2001): https://www.youtube.com/watch?v=MIy8ZqqK5G8

[D] „Die Apollo-Akte – Auf den Spuren der Mondlandung“ (Doku WDR, Oktober 2002): https://www.youtube.com/watch?v=4Y1Vjr3-wsM

[E] Kubrick, Nixon und der Mann im Mond (Fiktive Doku 2001 – Mockumentary): https://www.youtube.com/watch?v=eDhNljexxgw

[F] The Moon Landing – World’s Greatest Hoax? | Free Documentary History (2021): https://www.youtube.com/watch?v=DxW__ZtZApo&list=WL&index=13